西北绿洲特色棉花栽培

◎ 汤秋香　崔建平　林　涛　李春平　主编

中国农业科学技术出版社

图书在版编目（CIP）数据

西北绿洲特色棉花栽培／汤秋香主编．—北京：中国农业科学技术出版社，2019.12

ISBN 978-7-5116-4544-9

Ⅰ.①西… Ⅱ.①汤… Ⅲ.①棉花-栽培技术-西北地区 Ⅳ.①S562

中国版本图书馆 CIP 数据核字（2019）第 292162 号

责任编辑 于建慧
责任校对 马广洋

出 版 者 中国农业科学技术出版社
北京市中关村南大街 12 号 邮编：100081
电　　话 (010)82109708(编辑室) (010)82109702(发行部)
(010)82109709(读者服务部)
传　　真 (010) 82106638
网　　址 http://www.castp.cn
经 销 者 各地新华书店
印 刷 者 北京建宏印刷有限公司
开　　本 787 mm×1 092 mm 1/16
印　　张 15.75
字　　数 403 千字
版　　次 2019 年 12 月第 1 版 2019 年 12 月第 1 次印刷
定　　价 68.00 元

《西北绿洲特色棉花栽培》

编 委 会

策　　划： 曹广才

顾　　问： 石书兵

主　　编： 汤秋香　新疆农业大学农学院

崔建平　新疆农业科学院经济作物研究所

林　涛　新疆农业科学院经济作物研究所

李春平　新疆农业科学院经济作物研究所

副 主 编： 颜　安　新疆农业大学

马　辉　新疆维吾尔自治区阿克苏地区农业技术推广中心

赵　强　新疆农业大学农学院

苏秀娟　新疆农业大学农学院

郭仁松　新疆农业科学院经济作物研究所

刘　琦　新疆农业大学农学院

于建慧　中国农业科学技术出版社有限公司

编写人员： 王同仁　阿瓦提县农技推广中心

徐金虹　阿瓦提县农技推广中心

米娜娃·马汗　乌苏市农业技术推广站

徐海江　新疆农业科学院经济作物研究所

王　亮　新疆农业科学院经济作物研究所

杨卫君　新疆农业大学农学院

苏丽丽　新疆农业大学农学院

李　瑜　新疆维吾尔自治区标准化研究院

牙森·沙力　新疆农业大学农学院

任燕萍　新疆农业大学农学院
翟云龙　塔里木大学植物科学学院
李晓君　新疆生产建设兵团第三师农业技术推广站
吴凤全　新疆农业大学农学院
徐高羽　新疆农业大学农学院
尔　晨　新疆农业大学农学院
雷　蕾　新疆农业大学农学院
王会平　阿克苏地区纤维检验总站
孙　婷　轮台县农业技术推广中心
李鹏发　阜康市农业局
刘忠山　新疆农业科学院经济作物研究所
袁继勇　新疆金丰源种业股份有限公司
赵素琴　新疆维吾尔自治区种子管理总站
曹　阳　新疆生产建设兵团第五师农业科学研究所

前 言

新疆维吾尔自治区（以下简称新疆）隶属于西北内陆棉区，是后发的全国棉花生产大区，也是一个地方产能约占七成和兵团产能约占三成的特殊结构产区，还是全国唯一热资源适合种植海岛棉的产区。棉花是重要的战略物资，也是新疆的支柱产业，该地区属于温带大陆性气候，光热充足，干旱少雨，采用灌溉植棉，非常利于棉花生长。

20 世纪 50—80 年代，新疆植棉面积和总产占全国的比例都很低。90 年代初期，由于内地棉铃虫的暴发危害，加上新疆得天独厚的植棉优势，国家鼓励支持开发新疆棉区，新疆这一机遇出台“一黑（指煤炭）一白（指棉花）”战略，棉花生产迎来第一次高峰发展期。到 90 年代后期，全疆棉花生产才初具规模，1997 年总产首次跃上百万吨台阶，达到1 150千 t，占当年全国总产比例的 25%，这标志着全国棉区“三足鼎立”的优化布局形成。进入 21 世纪，特别是自 2010 年的“高棉价”，加上后几年的临时收储政策，新疆棉花迎来第二次发展高峰期。目前，新疆棉区是中国最大的棉花生产区。截至 2018 年新疆棉花种植面积和总产量分别占全国的 74. 32%和 83. 84%（中国统计年鉴，2018）。至此，新疆棉花总产、单产、商品调拨量连续 24 年位居全国首位。

新疆特殊环境条件下形成了适宜的特色棉花栽培技术。高密度“密矮早膜”种植、水肥一体化滴灌技术在新疆棉花沿用多年，并有效保障了新疆棉花产量和品质优势。另外，新疆棉花生产的机械化程度都远远领先于全国其他棉区。据统计，2016 年新疆全区棉花机收面积达 24. 2 万 hm^2，北疆棉区棉花全程机械化水平已达 89%，机采率达 65%。新疆棉区生产对保障国家棉花产业健康发展发挥着重要作用。因此，系统总结现阶段新疆棉花特色栽培技术对植棉业和棉花产业发展具有重要意义。

《西北绿洲特色棉花栽培》前期以集体研究、讨论的形式确定了写作提纲并明确了写作分工，后期通过邮件和电话交流、研讨等形式对各章节的具体内容进行了修改及确认。本书以新疆棉花为对象，阐述棉花生产布局和种质资源现状，棉田现代耕作、精量播种与保苗、机采棉棉花化学打顶与群体塑形、水肥药高效管理，机采棉采摘及储运等一系列现代植棉技术，以及棉田清洁生产——残膜污染防控和特色间作模式——枣棉立体高效种植。全书分为九章，第一章对中国和新疆棉花生产布局进行了概述；第二章对介绍了中国和新疆棉花种质资源情况；第三章围绕棉田清洁生产和可持续发展方面阐述，重点讲述棉田残膜污染现状及主要防控措施；第四章讲述棉田现代耕作技术，主要针对新疆棉田通过合理耕作措施调节打破连作障碍系列研究现状；第五章阐述现代植棉中使用的精量播种与保苗技术；第六章阐述机采棉棉花化学打顶与群体塑形技术；第七章围绕覆膜滴灌棉田水肥药高效管理技术进行阐述；第八章讲述机采棉采摘及储运技术；第九章讲述新疆特色间作模式——枣棉立体高效种植技术。编写期间，编委会组织全体成员对新疆棉花产业进行了实地考察及调查研究，并结合多年研究成果撰写。以确保本书内容的科学性、翔实性、实用性和可操作性。

本书是在中国农业科学院作物科学研究所曹广才研究员的策划下，由新疆农业大学、新疆农业科学院等多家单位共同组织撰写。

本书是集体编撰的科技书籍，注重理论联系实际，强调实用性和可操作性，文字表达上力求简练，内容上深入浅出，结构确保系统完整。在统稿过程中力求全书体例的统一。

本书参考文献按章编排，国内文献以作者姓名拼音字母顺序排列，国外文献以作者姓名英文字母顺序排列，同一作者的文献则按发表或出版年代先后为序。

在本书编写过程中参考了大量文献和数据资料，并汇聚了众多研究人员的科研成果，是集体智慧的结晶。本书编写和出版是在中国农业科学院作物科学研究所曹广才先生全面悉心指导下，在全体编者和中国农业科学技术出版社编辑人员共同努力下完成的成果，并得到了参编者所在单位的大力支持，在此表示衷心感谢。

本书面向广大农业科技工作者，也可作为农业院校相关专业师生的参考用书。

这部著作的出版将为西北绿洲棉田特色栽培管理、有限可耕地生产力提高和建立良好的可持续农业系统提供科学的理论依据与技术指导。由于时间仓促，本书在编写过程中难免出现疏漏和不妥之处，敬请同行专家和读者不吝指正。

汤秋香

2019 年 7 月

目 录

第一章　中国棉花生产布局

中国是世界棉花主要生产国之一，也是纺织服装生产贸易第一大国。棉花生产关系国家纺织工业和农村经济发展，受到政府的高度重视。随着农业结构的调整和区域经济发展，棉花生产逐渐从黄河流域、长江流域逐渐向种植条件和生产基础较好的新疆棉区转移。目前，新疆已经成为中国棉花的主产区。

第一节　中国棉花种植传统

虽然中国不是棉花的起源地，但是棉花种植历史却很悠久，也是世界上种植棉花较早的国家之一。棉花种植在中国的农业史和经济史上都有着重要的影响。

中国古代很早就有关于棉花的大量文字记载，其中《尚书·禹贡》中记载“淮海惟扬州。……岛夷卉服，厥篚织贝”，“织贝”古人解释为木棉织成的布。这是记录棉花的最早历史文献，距今已有两千多年的历史。《后汉书·西南夷传》西南夷传“哀牢人……有梧桐木华，绩以为布，幅广五尺。”左思《蜀都赋》：“布有橦华”，刘渊林诠云：“橦华者，树名橦，其花柔毳，可绩为布也，出永昌。”，《齐民要术》摘引：“交址定安县有木棉树，高仗，果如酒杯，中有绵也，可作布，名日白蝶，一名毛布”。《梁书》西北诸戎传“高昌国……多草木，草实如茧，茧中丝如细纳，名为白叠子，国人多取织以为布，布甚软白”。《新唐书》西域传称：“高昌……有草名白叠，撷花可织为布”。上述文献所叙述“梧桐木华”“橦华”“木棉”“草实如茧”就是指的棉花。而上述文献提到的珠崖、哀牢、永昌，交址定安县、高昌国分别指海南岛东北部、滇南、滇西地区和吐鲁番地区。这说明中国华南及边疆地区很早已经开始种植和利用棉花了。

对于棉花的种植和利用从边疆开始的观点质疑比较少，但是对于中国最早种植棉花地方却有很多不同观点。在最早棉花文献《尚书·禹贡》中记载“淮海惟扬州。……岛夷……”中的岛夷具体位置众说纷纭，据南宋专治《尚书》数十年的蔡沈解释，岛夷是东南海岛之夷。根据这个解释很多人认为是属于岛屿范围，而《禹贡》分全国为九州。根据《尔雅·释地》说，江南曰扬州，《周官·职方》说，东南曰扬州，从中可以看出扬州所指长江以南东南的地区。对于“岛夷”的位置出现不同解释，也就造成了关于中国最早的木棉织物产地有很多说法，其中比较流行是“台湾说”和“海南说”。1993 年，于少杰认为中国最早植棉地区是华南地区。2019 年，冯志浩对于这个问题综合利用历史文献研究法和纺织品文物方法提出新的观点，他认为“岛夷”所指位置位于福建境内，也是中国最早种植和利用棉花的地方。

在中国不仅留存大量文献记载，而且也出土了大量的文物。1964 年在新疆的哈拉和卓2号唐墓里，发掘出土了一件长48cm，宽24cm的棉布口袋。1976年在民丰县尼雅遗址的东汉墓中发掘出蜡染棉布。1966年8月浙江省兰溪市香溪镇南宋荆湖南路转运使潘慈明夫人高氏墓中出土的由木棉纱织成棉毯。1978年福建崇安武夷山白岩崖船棺出土的距今有3000历史的一小块青灰色棉布”。这是中国目前出土最早的棉纺织物。

这些大量的历史文献记载以及出土文物，说明中国在棉花种植和利用方面具有悠久历史传统。

中国古代种植利用的主要是旧大陆棉，包括草棉和亚洲棉，亚洲棉的起源中心是印度河流域，而草棉原产非洲。这些旧大陆棉通过贸易以及人员往来逐渐传入中国。关于棉花传播总体来说分为南北两个方向，三条传播路径。

第一条路径是亚洲棉通过缅甸传入中国的云南、贵州和四川地区。这些地区种植的棉花有大量的历史记载，如：郭义恭《广志》曰：“木绵树赤华，为房甚繁，倡侧相比，为绵甚软，出交州永昌”；沈怀远《南越志》载“南诏诸蛮不养蚕，惟收娑罗木子中白絮，纫为丝，织为幅，名娑罗笼段”；王维《送梓州李使君》中“汉女输橦布，巴人讼芋田”。木绵树、娑罗木就是棉花，“橦布”即为棉布。交州永昌位于云南省宝山一带、南诏位于云南大理、、梓州现为四川省三台县地区。

第二条路径是印度的亚洲棉经由东南亚传入中国的海南岛及两广地区。《后汉书·南蛮传》载：“武帝末，珠崖太守会稽孙幸调广幅布献之。”珠崖，即今海南岛东北部，广幅布就是棉布。《吴录》（公元3世纪，张勃）载“交趾定安县有木棉树，高仗。实如酒杯，口有绵，如蚕丝之棉。又可做布，名曰緤。”交趾所指位于现在的广东、广西以及越南北部地区。《南州异物志》（公元3世纪，万震）载：“五色班衣以丝布，古贝木所作。此木熟时状如鹅毛，中有核如珠殉，细过丝绵”。这里所指的“南州”泛指中国华南地区，“古贝”就是棉花。唐代诗人白居易《新制布裘诗》中写道“桂布白似雪，吴绵软于云”，其中“桂布”指的就是广西所产的棉布。从历史文献记载可以看出这些地区种植棉花历比久远。

第三条路径是非洲草棉经过埃及、阿富汗、伊朗等中亚国家传入中国新疆地区，然后从新疆又传入河西走廊一带。新疆是西北地区最早的植棉和用棉地区，历史文献《梁书》中最早记载的高昌国（高昌国位于新疆吐鲁番地区）种植棉花和利用棉花。《北史》（北朝终于公元581年）西域传记载：“康国者，康居之后也，……其王素冠七宝花，衣绞罗锦绣白叠”。《南史·列传》第六十九，记西域诸国之产棉者云：高昌……其国盖车师之故地。……其地高燥，……寒暑与益州相似，备植九谷，……多草木，有草如实茧，茧中丝如细纑，名曰“白叠子”，国人取织以为布。布甚软白，交市用焉。”这说明古代吐鲁番地区已经开始棉花种植和进行交易。《旧唐书》>（唐终于公元907年）西戎传记载：“高昌……有草，名白叠，国人采其花，织以为布”。白叠所指的就是棉花。根据1959年，新疆巴楚县脱库孜沙来古城在古城遗址的晚唐地层中发现棉籽，经中国农业科学院棉花研究所鉴定，确定为草棉，即非洲棉。这也印证了中国古代新疆西北地区种植的棉花就是非洲棉。

新疆地区不仅有大量历史文献记载，同时也出土了很多棉纺织品。1959年，民丰县东汉合葬墓中，出土了两块蓝白印花布和棉布衣裤等棉织品。同年，于田县屋于来克遗址的北朝墓葬中出土了一件棉纺织品“搭连布”。1960年吐鲁番阿斯塔那309号高长时期墓葬出土用丝、棉混合织成的织锦，同年，这个时期的墓葬中，也出土有纯棉纤维织成的白布，还发现了和平元年（西魏大统十七年，551 年）借贷棉布（叠）和锦的契约。从出土文物和历史记载来看新疆地区是中国较早种植棉花地区之一。

旧大陆棉通过以上三条道路传入中国边疆地区，并开始大量种植，随着时间推移棉花逐渐向内地传播。在中国旧大陆棉种植历史长达两千多年直到近代才逐渐被陆地棉和海岛棉所取代。1980 年，王缨把中国漫长的植棉史，划分为四个时期：边疆植棉时期（公元前 2—3 世纪到公元 3 世纪），主要种植区域海南岛、云南和新疆地区；岭南植棉时期（公元 3 世纪至 13 世纪），棉区主要在岭南，同时，四川也有种植；长江、黄河流域植棉时期（13 世纪至 20 世纪初），棉区逐渐扩展到长江流域及黄河流域；现代植棉时期（从 12 世纪初到现在）。

这四个时期特点各不相同，其中前三个时期种植的棉花主要是亚洲棉、非洲棉，进入现代植棉期后，种植了 2 000多年的旧大陆棉逐渐被产量高品质优良的陆地棉所取代。

18 世纪末到 19 世纪初，英国发生工业革命，纺织行业快速发展，由于效率的极大提高，造成原棉产量难以满足纺织业的发展需求，激发了世界范围内的植棉热情，同时，也加速了中国棉花行业快速的发展。由于中国种植的中棉品种纤维粗，强度差，难以适应纺织的需求，因此，美国棉种开始逐渐引进中国，并且逐步推广到全国省份。

美棉引入时间大致在鸦片战争以后。最早美棉引种的文字记录是 1966《天津海关年报》中登载的英国人 Thomas Dick 的记述“尽管中国的棉花品种来源与印度，但是中国的气候条件与印度差异较大，而和美国更为相似，中国的棉花播种季节也和美国一致，因而我们十分关注去年（1965 年）将美棉种子引来上海种植的结果”。1880 年梁子石还曾编译《美国种植棉花法》一书，向中国植棉者介绍美国棉花种植技术。

鸦片战争后，外国棉纱、棉布的输入，美国陆地棉的引进和中国近代纺织工厂的设立棉的引进种植加速了中国棉花品种的更替，为纺织工业生产提供大量优质棉花原料；近代纺织工厂凭借高生产效率逐步取代了落后手工棉纺织业。1892 年湖北引进了中国最早的一批美棉种子，但直到 1904 年，商部从美国引入美棉种子分发给山东、河南、直隶、陕西等省进行试种，在此之前只有湖北、江苏试种美棉。美棉不仅产量高于中棉近一倍，而且品质也明显好于中棉，其收购价格也明显高于中棉近一倍。农民种植的美棉收益明显高于中棉，激发了美棉的种植热情。从这开始拉开了美棉在中国大规模种植的序幕。

第二节 中国棉花种植基本情况

中国不仅是世界上棉纺织大国和消费大国，同时，也是世界主要产棉国之一。中国的棉花种植涉及大部分省市，种植面积、产量也位于世界前列。

改革开放以来，中国棉花种植业迎来快速发展时期，但是发展过程中受到国家农业种植结构政策的调整，市场的调节、自然灾害等因素影响。棉花种植面积呈现“增加—减少—增加—减少”的变化，总体呈现下降的趋势。

根据 2009—2018 年《中国统计年鉴》，从 1978 年到 2017 年，中国棉花种植面积达到 1992 年高峰683.5万 hm^2 到 2017 年的319.5万 hm^2，整体下降了 46.7%（表 1-1）。从 2008 年到 2017 年十年间，全国种植棉花的省（自治区、直辖市）由 25 个快速下降到 18

个，同时，各省份植棉面积也大幅萎缩。

中国棉花产区变化过程中，各主产省份棉花种植发生较大的变动。根据2009、2018年《中国统计年鉴》，2008—2017年十年间，全国多个主要传统棉花种植省份连续10年面积不断减少，而且降低幅度也比较大。植棉省份十年间减少5万 hm^2 以上有10个，其中山东减少71.4万 hm^2，减少面积最大，降幅80.3%；河南减少56.6万 hm^2，降幅93.4%，河北减少46.9万 hm^2，降幅68%；湖北减少33.8万 hm^2，降幅62.3%；安徽减少30.2万 hm^2，降幅77.4%；江苏减少27万 hm^2，降幅93%；湖南减少8.7万 hm^2，降幅47%；陕西减少8.6万 hm^2，降幅90%；陕西减少7.7万 hm^2，降幅90%；甘肃减少5.3万 hm^2，降幅73.3%。棉花种植大面积减少主要集中在黄河流域棉区和长江流域棉区，其中山东、河南、河北种植面积减少均在40万 hm^2，位居面积减少的前三位，其次湖北、安徽、江苏面积减少均在20万 hm^2 以上。

各省份棉花面积下降的主要有几方面因素：一是国家政策的影响。由于国家保障粮食的安全，对全国农业布局进行调整，造成不同地区棉花种植面积下降。例如：2008年，国务院制定《国家粮食安全中长期规划纲要》，河南省列为中国的粮食生产功能区之一，而河南省的棉花与粮食主产区相互重叠，因此，在农作物优化调布局下，粮食作物大幅增加，棉田面积逐渐下降，形成“粮增棉降”局面。

二是植棉成本较高，比较收益低。棉花属于高投入经济作物，由于受到棉花市场价格因素影响以及种植成本居高不下的影响，其单位面积收益低于其他农作物，因此，农民植棉热情不高，导致面积减少。例如：安徽省淮北生态区种植短季棉与种植玉米或大豆的投入产出相比，棉花比种植玉米纯利润低9 805元/hm^2，比种植大豆纯利润低10 630元/hm^2；棉花投入产出比为1∶0.68，低于种植玉米或大豆的投入产出比。

从种植规模来说，2015—2017年，棉田种植面积三年平均超过20万 hm^2 以上的4个省（自治区）——新疆、山东、河北、湖北，占全国总面积的84%以上，其中新疆面积占比全国70%以上。平均10万~20万 hm^2 的有6个省——安徽、湖南等，占总面积约8%。平均5万~10万 hm^2 的有3个省——河南、江西、江苏，占总面积约6%。平均1万~5万 hm^2 的有4个省——陕西、甘肃、天津、浙江，占全国面积约2%。其他分散在四川、山西、广西壮族自治区（全书简称广西）、贵州、上海、内蒙古自治区（全书简称内蒙古）、辽宁、福建、云南。目前，新疆、山东、河北、湖北三年统计结果，已经集中了80%以上的面积，成为中国棉花生产优势产区，其他省份占比非常小，而新疆的棉花种植面积、总产占据全国第一位，并大幅度超越其他省份，其土地资源、自然资源、机械化程度等是其他省份所不具备的。

表1-1　全国棉花种植面积和总产变化

年　份	播种面积（千 hm^2）	总产量（万t）	单产（kg/hm^2）
1978	4 866	216.7	445.0
1980	4 920	270.7	550.0
1985	5 140	414.7	807.0

（续表）

年　份	播种面积 （千 hm²）	总产量 （万 t）	单产 （kg/hm²）
1990	5 588	450.8	807.0
1991	6 538	567.5	868.0
1992	6 835	450.8	660.0
1993	4 985	373.9	750.0
1994	5 528	434.1	785.0
1995	5 422	476.8	879.0
1996	4 722	420.3	890.0
1997	4 491	460.3	1 025.0
1998	4 459	450.1	1 009.0
1999	3 726	382.9	1 028.0
2000	4 041	441.7	1 093.0
2001	4 810	532.4	1 107.0
2002	4 184	491.6	1 175.0
2003	5 111	486.4	951.0
2004	5 693	632.4	1 111.0
2005	5 062	571.4	1 129.0
2006	5 816	753.3	1 295.0
2007	5 199	759.7	1 461.0
2008	5 278	723.2	1 370.0
2009	4 485	623.6	1 390.0
2010	4 366	577.0	1 322.0
2011	4 524	651.9	1 441.0
2012	4 360	660.8	1 516.0
2013	4 162	628.2	1 509.0
2014	4 176	629.9	1 508.0
2015	3 775	590.7	1 565.0
2016	3 198	534.3	1 671.0
2017	3 195	565.3	1 769.0

注：本表由李春平，刘忠山，赖成霞整理（2019）。资料来源：《中国统计年鉴》（中国统计出版社，2009—2018）。

中国改革开放后，纺织业进入快速发展，棉花需求大增，也带动棉花种植业的快速发展，总产量快速增加。棉花总产量从 1978 年的 216.7 万 t，快速增长到 1985 年的 414.7 万 t，增长近一倍。随后，中国棉花生产也开始进入平稳发展期。

当前，中国棉花年度需求量在 800 万 t 左右，而国内生产在 500 万 t 以上满足国内大部分纺织需求。从表 1-1 可以看出：从 1978 到 2017 年，中国棉花总产经历“快速增加—趋于稳定—快速增加—趋于稳定”的趋势。1978、1980 年棉花总产变化不大，产量在 200 多万 t，到 1985 年快速增加突破 400 万 t，增幅近一倍。在 1985—1999 年，棉花总产量稳定在 400 万~500 万 t，各别年份略变化，整体变化不大。在 2000—2009 年，全国棉花总产量又进入一个快速发展期，2007 年达到最高值 759. 7 万 t，是 1978 年 3. 5 倍，总产量从 441. 7 万 t 增加到 623. 6 万 t，增加了 41. 8%，最高年份增加 72%，平均达到 601. 6 万 t。在 2010 年后，总产量在 530 万~660 万 t 之间变化，平均产量在 604. 7 万 t，处于基本稳定期。

随着棉花相关各项技术的发展，中国棉花单产水平有了很大的提高。根据 2009—2018 年《中国统计年鉴》，从 1978—2017 年，全国棉花平均单产从 445. 0kg/hm^2 提高到 1 769. 0kg/hm^2，增加近 4 倍，其变化经历“快速增加-趋于稳定-稳步增加”阶段。1978—1985 年属于快速增长期，棉花平均单 445. 0 增长到 807kg/hm^2，8 年时间提高 81. 3%。在 1985—1999 年，全国平均单产属于稳定期，单产在 900kg/hm^2 以下，产量总体变化不大。在 1997 年，全国棉花平均单产突破 1 000kg/hm^2，较 1996 年提高 15. 2%，随后历经 9 年时间产量徘徊在 1 200kg/hm^2。在 2006 年，棉花平均单产突破 1 200kg/hm^2 后，进入稳步增加阶段，到 2017 年达到 1 769. 0kg/hm^2，较 2006 年提高 36. 6%。棉花平均单产增加主要原因是中国不同棉区大批育种家和栽培专家，经过多年坚持不懈的努力，选育了适应当地生态区的，生产需求的大量棉花新品种，建立适应当前栽培要求的棉花高产优质栽培新技术，保证了新品种和新技术符合时代发展的要求，为棉花更新换代和新技术更替做好了保障，实现了产量不断提高。

20 世纪 80 年代以来，棉花生产布局经历两次大范围结构性调整。第一次调整在 80 年代，调整期大约 10 年，整体呈现棉花主产区从南向北转移。南方棉区的湖北、四川、湖南、安徽省棉花种植面积迅速减少，导致南方占全国比重从 44. 2%下降至 33. 3%。黄河流域的山东、河北、河南三省和西北内陆棉区的新疆棉花面积增长迅速，使北方种植面积比重迅速增加，从 1980 年的 47. 8%上升至 1990 的 66. 1%。

第二次调整始于 20 世纪 90 年代初至 21 世纪初，黄河流域和长江流域传统植棉区向西北内陆棉区逐渐转移，西北内陆棉种植面积不断增加，成为全国棉花种植面积最大棉区，并逐渐形成长江流域、黄河流域、西北内陆“三足鼎立”格局。2010 年，三个棉区棉花的种植面积：长江流域约为 25%，黄河流域约为 44%和西北内陆棉区约 35%。棉花的总产量：长江流域约为 20%左右；黄河流域 30%左右，西北内陆棉区约为 45%。

进入 2010 年后，全国棉区经过结构性调整，棉花生产进一步向适宜植棉地区集中。中国三个主要的棉花产区中黄河流域和长江流域棉区继续萎缩，西北内陆棉区种植面积和总产量进入了一个稳定发展期，其全国各占比不断增加，2017 年种植面积上升到 70%以上，总产量超过 80%以上。

从 2010 到 2017 年，西北内陆棉区棉花种植面积占全国的比重从 35%左右上升到约 70%以上，总产量从 45%左右上升到占 80%以上，所占全国比重均增长近一倍。长江流域、黄河流域种植面积比较接近，14%左右，总产量均在 10%左右，均出现大幅下降，而华南棉区、辽河流域棉区只有零星种植，比重也非常小。这次棉花大范围的转移，形成了西北内陆棉区一家独大的局面。西北内陆棉区快速增长主要来源于新疆棉区快速发展，从而带动整个棉区的发展，而甘肃、陕西棉区呈现整体下降的趋势，由于所占比重较小，西北内陆棉区整体还是呈现快速发展的趋势。

30 多年来，从中国棉花生产布局变化情况来看，棉花生产经历先由南方向北方转移，然后再向新疆地区转移，生产格局由分散走向集中。在棉花产区“北上西移”过程中，新疆所占全国比重也越来越大，已经成为全国的主产棉区。中国棉花生产区域呈现向光热条件好、气候干燥的灌溉农业地区集中的趋势与世界棉花生产布局的变化趋势一致。

第三节　中国棉花生产区域划分发展概况

中国可种植棉花区域涉及的省份多，有 20 多个省（自治区、直辖市）；跨度大，从北纬 18°到 46°，从东经 73°到 125°的广大区域，东至吉林省东南部、长江三角洲，西达新疆塔里木盆地西缘，东西纵横 4 000多 km 以上，南自海南岛南部，北达玛纳斯河流域，南北绵延3 000多 km。从环境和自然条件来看，全国有两大生态区：东部季风棉区和西部干旱棉区。中国植棉区范围比较广，自然条件差异大，农村社会经济状况差异极大，地域性十分突出，这就需要对中国棉区进行划分，科学的棉区区域划分，有利于发挥地区与生态优势综合，有利于提高资源利用率，能充分发挥棉花品种的增产潜力，有利于纺织工业用棉和提高国产原棉在国内外市场的竞争力，是提高中国原棉品质的一条简捷有效的途径。

全国棉花区域划分从新中国成立前就已经开始了。由于中国棉花种植区域复杂性和社会发展，国内学者对全国棉区及亚区根据不同划分依据不断对中国的棉区进行划分，一直持续到现在。

20 世纪 40 年代，中国著名的棉花科学家冯泽芳根据中国棉区的气候特点、生产地区和棉种适应性，将全国分为黄河流域、长江流域及西南三大棉区，开创了中国棉区划分的先河。到 50 年代将西南棉区范围扩大为华南棉区，增加了北部（特早熟）和西北内陆两棉区，与黄河、长江流域形成了五个棉区。从这开始农业科技工作者根据不同划分依据陆续对中国棉区进行了划分。60 年代初，胡竞良以地理、气候等为棉区划分依据，把玛纳斯河流域棉区、辽宁、承德，河西走廊、陕北、陇南等划分为长城带棉区。这一划分并未被科技界所认同。80 年代，“全国棉花种植区划和生产基地建设学术讨论会”，于 1980 年6 月在江苏省召开了，会议肯定全国 5 大棉区，并将西北内陆棉区划分为若干区域，结合长江 4 个亚区，全国划分 11 个亚区。1983 年，徐培秀将中国棉花区划分为 5 个一级棉区和 12 个二级棉区或称亚区：Ⅰ. 黄河流域棉区：华北平原、黄淮海平原、汾渭洛河平原、京津唐四个亚区；Ⅱ. 长江流域棉区：长江下游、长江中游、长江上游、南襄盆地、南方红壤丘陵五个亚区；Ⅲ. 西北内陆棉区：南疆，东疆、北疆—河西走廊三个亚区）；Ⅳ. 北部特早熟棉区；Ⅴ. 华南棉区。黄河流域、西北内陆棉区和北部特早熟棉区统称为北方棉区；长江流域棉区和华南棉区统称为南方棉区。90 年代，王素云等（1994）在中国棉花集中生产带划分的探讨中，以生产带作为划分棉花产区的依据，将分布在全国集中产棉省、区的 369 个产棉县划分为：黄淮海、长江流域、新疆 3 个集中产区。

进入 21 世纪，黄滋康等（2002）根据≥10℃积温，无霜期，以适于长江流域种植的棉花品种定位为中熟类型作基础，将棉花熟性作为划分依据，将中国植棉区域划分为：特早熟（辽河流域）、早熟（北疆）、次早熟（南疆）、中早熟（黄河流域）、中熟（长江流域）和晚熟（华南）6个生态区，其中的4个生态区由于地域与无霜期的不同，又各划分为2个生态地区（亚区）。毛树春等（2010）根据棉区结构调整和布局转移出现的新情况、热量资源和气候变化、棉区种植制度和复种指数，棉花品种的熟性和促早栽培措施的重大变革，按照"区域划分同一性"原则，总结前人研究成果，将辽河流域棉区替代特早熟棉区，提出12个亚区替代原来的11个亚区，对一级大区和二级亚区的区域划分范围进行了相应调整。许乃银等（2017）以棉花纤维品质为依据进行生态区划，把中国主产棉区分为四个生态区：优质纤维生态区，低马克隆值生态区，高比强度与马克隆值生态区，普通纤维生态区。优质纤维生态区包括长江上游和长江下游棉区，棉花纤维特点：品质指标协调较好，且纺纱均匀性指数表现最好；低马克隆值生态区包括南疆和北疆棉区，棉花纤维特点：马克隆值和比强度低，纺纱均匀性指数较好；高比强度与马克隆值生态区包括长江中游、南襄盆地和淮北平原棉区，棉花纤维特点：比强度和马克隆值高，其余性状表现一般；普通纤维生态区包括华北平原和黄土高原棉区。

虽然中国学者对棉区、亚区进行不同的划分，但是划分中都遵循一定区划原则。刘巽浩（2002）指出，研制农作制区划：第一，要以农作制为主体，这是农作制区划区别于其他各类区划的关键。这里强调环境与生物的结合，自然环境与人工环境的结合，农林牧的结合，生产过程与产后升级的结合。农作制的区划框架：范围、自然环境与人工环境、农作制类型与特色、种植业、畜牧业、林业、生态保护、农业现代化前景、分区等。分区的原则是：一级区为农作制水平，共12个，反映农、牧、林区的划分。二级区为亚系统水平，共41个，反映种植业中作物类型、熟制，畜牧业的畜群、饲养方式等。第二，强调从中国农业、农作制实际出发。中国农业人口属于人多地少，农户分散经营，规模较小、土地生产率较高而劳动生产率甚低，机械化程度总体来说较低，农村经济不发达的传统农业，与西方发达国家不同。中国的农作制要强调在可持续基础上，走集约持续发展的农作制的道路；强调农作制的目的在于生产、经济与生态环境的三者结合，在农作方式上要强调作物的高产、优质、多熟、高效；在生产与经济的关系上要强调加工、流通、交易等环节，来适应国内外市场的需要；在生产与环境关系上强调保护自然生态，改善人工环境，促使环境与农林牧各业以及产后环节协调发展。在总体上，农作制要促使传统农业向农业产业化、现代化、持续化的方向发展。第三，遵守区划分类的"同一性"原则。每级区划采用同一指标进行划分，不能将不同性质的东西混淆在一起。例如，时而以热量区标准划分，时而又按土壤区标准划分，这就违反了同一性原则。农作物制定区划统一以环境与生物这条农作制主线为纲进行区域的划分。

1983年，徐培秀提出五项棉区划分依据：Ⅰ. 自然生态条件的相对一致。中国棉区自然环境差异较大。一级棉区（大棉区）主要根据热量和水分条件，根据维度高低和流域范围划分。二级棉区（亚区）划分不仅要考虑热量、水分条件外，也要着重考虑土壤和地貌因素。Ⅱ. 社会经济条件基本相似。划分棉区范围应当考虑人口、劳动力条件、民族特点和农业生产水平的相似；Ⅲ. 棉花生产基本特征大致相同。划分时考虑种植区，棉花的生育特点、品种类型、栽培技术、存在问题和发展方向等大致相似，同时，考虑棉花的连片分布；Ⅳ. 尽可能与农业地理界线（如复种北界、秦岭淮河、南岭）、地貌单元（如平原、盆地）、水文单元（流域、水系）相一致；V. 保持县级行政区界的完整。

虽然划分的棉区有很多，但是国内比较公认是五大棉区，即：华南棉区、长江流域棉区、黄河流域棉区，辽河流域棉区、西北内陆棉区，其中长江流域棉区、黄河流域棉区和西北内陆棉区为目前的三大主产棉区，各主产棉区又可划分出不同的亚区。合理的生产区域布局不仅利于合理利用棉花生产资源，发挥不同区域比较优势，对防止自然和生物灾害导致的棉花大幅减产具有积极意义。研究我国棉花区域布局变化情况及比较优势，不仅对国家制定科学的棉花生产和贸易政策具有重要意义，且对促进棉花生产可持续发展、保障棉花供给平衡以及促进棉纺业稳定发展均具有重要现实意义。

第四节　中国五大棉区划分

中国棉区主要划分为五个棉区：华南棉区、长江流域棉区、黄河流域棉区、辽河流域棉区、西北内陆棉区，跨越南、北热带，中亚、北亚热带和南温、北温带六个气候带。全国五个棉区由于结构性调整，棉花生产进一步向适宜植棉地区集中，目前棉花生产主要集中在西北内陆棉区、黄河流域棉区、长江流域棉区三个棉区，而辽河流域棉区和华南棉区的棉花种植和生产棉花量已经占比非常小。

一、华南棉区

华南棉区位于中国长江流域以南，分布在北纬 18~25°。北边界线从东端的福建省戴云山，沿九连山向西，经两广北部的五岭，贵州省中部的分水岭，四川省南部的大凉山，直至云南省西部的雪山、高黎贡山，包括云南大部分，四川西昌地区、贵州以及福建省南部，广州、广西、海南和台湾。

华南棉区位于北热带、南亚热带地区，气候湿润，适宜种植热带作物。土壤类型属于赤红壤和砖红壤，呈现酸性或强酸性反应。冬季基本没有霜或雪，年平均气温在 19~25℃之间，≥10℃活动积温在 6 000~9 400℃，≥15℃活动积温 5 500~9 000℃，年降水量 1 600~2 000mm，全年日照时数 1 867~2 377h 日照不足。

本棉区由于气候高温多水造成病虫发生较为严重，病害主要是角斑病和铃病。虫害发生特点：虫害发生种类比较多，主要害虫有棉铃虫、红铃虫、棉叶蝉、金刚钻等；虫害世代多，发生量大。如一年棉铃虫发生 5~8 代，红铃虫发生 5~7 代。此外，棉区害虫还有其他棉区没有和少见的埃及金刚钻和两点红椿。

华南棉区是中国种植棉花历史比较久远的地区之一。20 世纪 70 年代之后，棉花只有零星种植直至现在。棉区种植两熟制和多熟制，复种指数 200%以上，种植棉花品种为中熟品种。棉区的海南省三亚市已成为中国棉花不可替代的重要的繁育中心。

二、长江流域棉区

长江流域棉区位于华南棉区以北地区，从东部浙江杭州湾起，西至四川盆地西缘，北以秦岭、伏牛山、淮河、苏北灌溉总渠以南为界，南至华南棉区的北界的广泛区域，包括上海、浙江、江西、湖北和湖南全境，江苏和安徽的淮河以南，四川盆地、河南南阳和信阳两地，福建北部和贵州北部、陕西秦岭以南和汉中地区、云南东北部等。

本棉区位于中亚热带、北亚热带，气候湿润，热量充足，水资源丰富，土壤条件好。土壤类型有潮土、水稻土、红壤、滨海盐土，除红壤外，均适合种植棉区。气候较好，全年无霜期为227～228d，4—10月平均温度22.5℃，≥10℃活动积温为4 600～5 900℃，≥15℃活动积温为3 500～5 500℃，年降水量为1 000～1 600mm，全年日照时数为1 200～2 500h；长江流域棉区种植中熟、中早熟棉花品种类型。熟制为两熟、多熟制，种植以油棉两熟连作移栽或直播，麦后连作移栽棉花模式，还有部分的一熟制田，复种指数200%以上。棉花病害有枯萎病、黄萎病等，害虫包括棉铃虫、红铃虫、棉叶螨、棉蚜、棉盲蝽和烟粉虱，其中棉盲蝽和烟粉虱危害呈加重趋势。本棉区为中国三个棉花主要生产区之一。

根据气候和生态条件，长江流域又分为四个亚区：长江上游亚区，长江中游亚区，长江下游亚区和南襄亚区。

（一）长江上游亚区

从鄂西部山区至四川盆地西缘，主要分布四川盆地丘陵地带。棉花主要集中在四川盆地丘陵地带。本亚区的热量资源丰富，日照条件差，秋季雨水较多，≥10℃活动积温持续有效天数为250～300d，≥10℃活动积温为4 900～5 900℃，全年日照时数为1 000～1 400h，年降水量为1 000～1 500mm土壤类型为紫色土为主，熟制为两熟制为主。主要病害黄萎病、枯萎病、棉铃虫、红铃虫、棉盲蝽和烟粉虱等。主要灾害性天气，秋季旱，秋雨较多。

（二）长江中游亚区

东起马鞍山西至宜昌，北以荆山、大红山为界，与南襄盆地亚区相邻的地域。洞庭湖、江汉平原、鄱阳湖等地相对集中。本亚区的热量资源丰富，日照充足，无霜期长，≥10℃活动积温持续有效天数为240～280d，≥10℃活动积温为5 100～5 800℃，全年日照时数为1 700～1 900h，年降水量为1 200～1 400mm土壤以水稻土为主，熟制为一、两熟，主要病虫害黄萎病、枯萎病、棉铃虫、红铃虫、棉盲蝽和烟粉虱等。主要灾害性天气梅雨天气时间长，极端高温。

（三）长江下游亚区

西起马鞍上以东的长江下游，北起苏北灌渠以南至杭州湾沿海的区域。包括江苏大部分，上海郊区和浙江省。本亚区具有丰富的光、热、水资源，≥10℃活动积温持续有效天数为220～250d，≥10℃活动积温为4 600～5 400℃，全年日照时数为2 000～2 400h，年降水量为1 000～1 200mm土壤类型为潮土、水稻土、滨海盐碱土。熟制为一年两熟制，主要病虫害黄萎病、枯萎病、棉铃虫等。主要灾害性天气梅雨天气，秋季雨水引发的水涝。

（四）南襄盆地亚区

包括汉水流域的襄樊和唐白河流域的南阳两个地区。本亚区光、热、水资源丰富，≥10℃活动积温持续有效天数为230～250d，≥10℃活动积温为4 700～5 100℃，全年日照时数为1 800～2 100h，年降水量为900～1 200mm，土壤类型褐土和水稻土为主。熟制以两熟为主，主要病虫害黄萎病、枯萎病、棉铃虫等。主要灾害性天气夏、秋连旱。

三、黄河流域棉区

黄河流域棉区位于长江流域棉区以北，东起黄海、渤海，西至内蒙古中西部、与蒙古国毗邻，北起山海关，南抵淮河和苏北灌渠总渠。包括山东、北京、天津和山西，河北（长城以南地区）大部，河南（除南阳、信阳两地）大部，安徽淮河以北，江苏苏北灌溉总渠以北，陕西洛川、延安以西，宁夏，甘肃河西走廊以东，内蒙古阴山以东到河套地区。黄河流域地棉区地处南温带半湿润区气候区。土壤类型潮土、褐土、潮盐土、滨海盐土。气候属于光热资源丰富、日照充足，无霜期为180~230d，平均温度12~25℃，4—10月平均温度19~22℃，≥10℃活动积温为4 000~4 600℃，≥15℃活动积温为3 500~4 500℃，年降水量为500~1 000mm，全年日照时数为2 200~3 000h。本棉区的西部棉花种植区属于荒漠和半干旱气候，无霜期为140~170d，≥10℃活动积温为2 600~3 300℃，≥15℃活动积温为2 600以上，年降水量为250~400mm。黄河流域棉区种植中熟、早熟和特早熟类型棉花品种，棉区属于一熟制、二熟制，两熟制采用套种或者套栽，复种指数100%~200%。棉花病害有枯萎病、黄萎病等，害虫包括棉铃虫、红铃虫、棉叶螨、棉蚜、棉盲蝽和烟粉虱，其中棉盲蝽和烟粉虱危害呈加重趋势。本棉区为中国三个棉花主要生产区之一。黄河流域又划分为四个亚区，特早熟棉亚区、黄土高原亚区、华北平原亚区、淮北平原亚区。

（一）特早熟棉亚区

包括山西太原以西、陕西洛川、延安以西、宁夏回族自治区（全书简称宁夏）全部、内蒙古阿拉善盟以东至河套（磴口）地区，以及兰州以西。本亚区日照充足，在四个亚区中年日照时数最高，达到2 600~3 300h，降水量和≥10℃活动积温在四个亚区中最低，分别为300~500mm和2 600~3 800℃。土壤类型为灌漠土、潮盐土，种植的熟制为一熟制田，宽膜覆盖，“矮密早”模式种植。棉花品种为早熟和特早熟棉花品种；春季风沙危害比较大，春季寒潮、初霜早，棉田病虫害少，危害轻。

（二）黄土高原亚区

位于岷山以东，太行山以西，与长江流域北界相邻，包括河南豫西、山西南部、山西关中及甘肃河西走廊以东。≥10℃活动积温为3 500~4 500℃，日照时数为2 200~2 500h。土壤类型潮土、褐土，熟制为一、二熟制并存，地膜覆盖和灌溉种植。种植品种中早熟、早熟短季棉。主要灾害性天气春旱、夏季雨量多较集中，秋季降水较多，降温快。

（三）华北平原亚区

东起渤海和黄海，西至太行山以东，北与黄土高原亚区相接，北至燕山，南以黄河花园口—微山湖—连云港为界。包括河南的豫北地区，河北（除承德）大部，北京市和天津市，山东省。本亚区≥10℃活动积温为3 800~4 800℃，日照时数为2 600~2 900h，年降水量为550~800mm。土壤类型潮土、滨海盐土和褐土，熟制为一年两熟和一年一熟，麦棉、蒜棉两熟种植方式。种植棉花品种早熟、中早熟棉花类型。主要灾害性天气，春季干旱、春季寒潮、夏涝、秋季低温等。

（四）淮北平原亚区

北与华北平原相邻，南界位于淮河—洪泽湖—苏北灌渠总渠，嵩山—平顶山—铜山以东地区。包括江苏徐淮、安徽北部、河南豫东及东南部。本亚区≥10℃活动积温为4 600~4 900℃，日照时数为2 100~2 200h，年降水量为700~1 000mm，土壤类型潮土、潮盐土，熟制为一年两熟，棉麦种，采用套种、套栽的植方式，采用地膜覆盖或育苗移栽。主要灾害性天气春季干旱，夏季雨水集中，容易出现夏涝。

四、辽河流域棉区

辽河流域棉区位于黄河流域棉区以北，内蒙古高原以南，东从千山山脉，西达内蒙古赤峰市。包括河北承德以西以北，辽宁千山山脉以下，辽宁大部和吉林长春以南、内蒙古东中部。棉花种植比较集中产区喀左、黑山、康平等。

本区位于中温带半湿润半干旱季风带，无霜期为150~170d，≥10℃活动积温2 000~4 000℃，年降水量为400~700mm，日照充足，年日照时数2 200~3 000h。土壤类型为草甸土、棕壤土，熟制一熟，复种指数100%，种植棉花品种为早熟、特早熟棉花品种，采用“矮密早”，地膜覆盖种植模式。主要在灾害性天气春季干旱多风，寒潮频率高，强度大，易造成冻害，秋季降温快，易发生低温冷害。主要病虫害，枯黄萎病，虫害主要棉蚜、棉铃虫。

五、西北内陆棉区

西北内陆棉区位于六盘山以西包括新疆、甘肃河西走廊和内蒙古西部黑河灌区，棉花种植主要集中在新疆，其他地方棉花种植较少。本区位于南温带及中温带，属于干旱区，由于区域范围广，地形复杂，日照充足，降水量小，蒸发量大，昼夜温差大，地区差异较大，无霜期为170~230d，年平均气温11~12℃，≥10℃活动积温为2 000~5 500℃，≥15℃活动积温为2 500~5 300℃，年降雨量250mm以下，年蒸发量为1 600~3 100mm，年日照时数为2 600~3 400h。土壤类型为棕漠土、旱盐土、灌漠土、灌淤土、盐化潮土等，种植棉花品种中熟、中早熟、早熟、特早熟棉花品种，种植有陆地棉、长绒棉品种。熟制为一熟制。本区棉花是中国最大棉花生产区，在规模化、集约化和机械化程度方面，远高于其他棉区，也是中国最大优质棉生产基地，并且种植面积、总产量均高于其他棉区。采用“矮密早膜”种植模式，宽膜覆盖，膜下滴灌，实现大面积机械采收。棉区主要灾害天气是春季大风、倒春寒、秋季降温快，早霜等。主要病虫害有枯萎病、黄萎病，近年来黄萎病发病有加重的趋势，棉区主要防治害虫有棉蚜、棉叶螨、棉铃虫。内陆棉区分为四个亚区，即东疆亚区、南疆亚区、北疆亚区和河西走廊亚区。

（一）东疆亚区

位于吐鲁番盆地和哈密南平原。包括吐鲁番、鄯善、托克逊、红星农场、221团等。本亚区热量资源丰富，35℃以上的高温天气持续时间长，极端温度最高可以达到49. 6℃，≥10℃活动积温5 400℃以上，降水量小于36mm。土壤为灌淤土、棕漠土为主。种植中熟海岛棉和晚熟陆地棉品种，种植模式“矮密早膜”，地膜覆盖，采用滴灌和灌溉方式。灾害天气有春季大风，夏季极端高温天气。病虫害有棉铃虫、棉蚜、枯黄萎病等。

（二）南疆亚区

位于天山以南，塔里木盆地边缘，主要集中库尔勒、尉犁县、阿克苏地区、温宿、库车、沙雅、农一师、农二师等地。本亚区无霜期186~239d，≥10℃活动积温为3 800~4 400℃。土壤类型为灌淤土、旱盐土、棕漠土，种植棉花品种早中熟棉、早熟棉、早中熟海岛棉。种植模式“矮密早膜”，地膜覆盖，采用滴灌和灌溉方式，棉花机械采收和人工采收。主要害虫棉铃虫、棉蚜、棉叶螨等，病害主要有枯黄萎病。

（三）北疆亚区

位于天山北坡，包括玛纳斯河流域、奎屯河流域、博尔塔拉河下游河伊犁河流域等地。本亚区无霜期为175～193d，≥10℃活动积温为3 100～4 100℃，年降水量为185mm左右。土壤类型为灰漠土和棕钙土。种植模式“矮密早膜”，地膜覆盖，采用滴灌和灌溉，棉花机械采收。种植棉花类型为早熟、特早熟棉花品种。灾害性天气春季大风、霜冻，秋季早霜，主要害虫棉铃虫、棉蚜、棉叶螨等，病害主要有枯黄萎病。

（四）河西走廊亚区

包括甘肃河西走廊和内蒙古西部。棉区位于腾格里和巴丹吉林沙漠绿洲，西端东起古浪峡和阿拉善左旗，西至敦煌，南靠祁连山，北临马鬃山到阿拉善盟的大部。本亚区无霜期为140～180d，≥10℃活动积温为2 900～3 700℃，降水量为33～133mm，蒸发量大于2 500mm。土壤类型为灌棕漠土、潮盐土和风沙土。种植棉花品种为特早熟棉，种植模式“矮密早膜”，地膜覆盖，灌溉种植。灾害性天气大风沙尘、寒潮天气，后期降温快；病虫害主要以枯黄萎病，蚜虫为害等。

本棉区的东疆亚区、南疆亚区、北疆亚区均位于新疆维吾尔自治区，其中棉花种植主要集中在南、北疆亚区，东疆亚区棉花较少。西北内陆棉区中新疆划分为三个亚区，而姚源松等根据热量条件，无霜期长短，结合新疆棉花生产实践将新疆棉区划分为四个亚区分别为中熟棉区亚区、早中熟棉亚区、早熟棉亚区和特早熟棉亚区。

第五节　新疆棉花生产基本情况

一、新疆在全国棉花生产中的地位

新疆地处亚洲腹地，光照充足、干旱少雨、蒸发量大、热效率高，同时，土地资源相对丰富、水资源供给相对稳定、病虫草害发生较轻，具有大规模发展棉花生产的得天独厚的自然生态资源。新疆经过20多年的快速发展，棉花生产从1994年起连续25年实现了总产、单产全国第一。

随着中国进行了农业生产结构的调整以及长江中下游和黄淮海两大棉区由于单产偏低、植棉比较效益逐年下降、自然灾害频发等原因，棉花生产规模呈现逐年减少的趋势，近年来的下降趋势更为显著。棉花生产逐渐向自然条件和生产条件较好的新疆地区转移，其种植面积和总产量逐年增加。目前，新疆已经成为中国棉花主产区，同时，也是中国唯一的长绒棉产区。因此，新疆棉花健康稳定的发展，直接关系到棉花产业的健康发展。

从20世纪70年代开始，新疆棉花发展呈现快速上升的趋势。1978年，新疆棉花种植面积和产量分别占全国的3.1%和2.5%，位居全国的第十一位和第十三位。1985年，新疆棉花面积和总产量分别占全国的4.9%和4.5%，均位居全国的第六位。1993年新疆棉花总产量全国占比18.2%，位居全国之首。1997年，新疆种植面积和总产量分别达到全国19.7%和24.9%，均位列全国第一，并一直保持至今。从1997年至2013年，经历十七年的发展，新疆棉花总产量翻了一倍，占比达到全国的50%以上，面积占比达到47%，增加近一倍。2017年新疆棉花总面积和总产量分别占全国80.8%和64.4%，成为全国主产棉区。新疆不仅在种植面积和总产量处于首位，同时，新疆棉花单产水平也处于全国首位。

新疆种植长绒棉始于20世纪50年代初，在此之后长绒棉种植迅速发展。1978年，新疆长绒棉面积达到2.90万hm^2，总产量1.19万t；1990年，种植面积6.27万hm^2，总产量3.48万t；2000年，种植面积4.93万hm^2，总产量6.16万t；2010年，新疆长绒棉种植面积8.26万hm^2，总产量达到13.03万t；2017年，新疆种植长绒棉面积达到11.33万hm^2，总产量达到17.39万t；新疆种植长绒棉地区主要集中在阿克苏地区，占全疆长绒棉生产面积的60%以上，而阿克苏地区主要集中在阿瓦提县，其长绒棉种植面积约占该地区99%以上，约占全疆长绒棉生产面积50%以上。

通过多年科学研究以及实践，新疆科技工作者提出了适宜新疆当地“矮、密、早”的种植方式，并在此基础上建立适应新疆地区高产栽培管理技术，使新疆棉花单产大幅提升。新疆植棉水平位居全国第一位，实现了规模化种植、标准化生产、精细化管理生产模式，从播种、施肥、灌溉、收获全部实现机械化作业。在新疆节水滴灌、精量播种、病虫害综合防治形成一批成熟技术。随着科技发展一批新技术也逐渐应用于新疆棉花生产种植中，例如：无人机防控技术，GPS定位播种，化学打定等。这些新技术的应用进一步提升新疆植棉水平。

二、棉花生产在新疆经济中的地位

棉花种植业是新疆农业发展的主导产业，也是新疆国民经济的支柱产业。棉花相关产业税收是自治区地方财政收入的重要来源，新疆棉花无论在振兴农业经济，促进农民脱贫致富奔小康过程中，还是推动全区纺织业、轻工业、商业、交通运输业、外贸出口业的发展中，乃至在带动县域经济发展，增加县级财政收入都有不可替代作用。在新疆主要农作物中，棉花是综合比较优势最强的农作物，全疆86个县市中有63个植棉，其棉花产值占种植业总产值的40%以上。

近年来林果业发展棉花的比重有所降低，但棉花依然是新疆最重要的支柱产业。只有棉花能覆盖全疆800万农民实现脱贫致富的产品或产业，而尚无其他产品和产业可替代。全疆农民纯收入中35%左右来自棉花收入，棉花主产区和主要植棉团场则占到60%~70%以上，南疆地区主要产棉县棉花收入占农民收入的50%~60%。棉花生产已经成为新疆国民经济的主导产业和农民增收的主要途径，在新疆经济发展中具有不可替代的重要地位，棉花生产的稳定发展对于新疆社会经济的稳定与发展具有重要意义。

三、新疆棉花发展历程

新疆棉花种植历史虽然比较悠久，但是棉花生产未得到较大的发展。民国时期全疆棉花种植面积比较少在1.2万~5.9万hm^2，总产量在0.2万~1.42万t，单产也比较低。

新中国成立后至20世纪70年代末，新疆棉花进入快速发展阶段，1959年棉花种植面积达到14.01万hm^2，总产量5.71万t，产量为405kg/hm^2，是1949年棉花种植面积的4倍，总产量的10倍，单产提高了2.7倍。从60年代到70年代末，新疆棉花生产基本处于稳定状态，面积在14万hm^2上下浮动，总产量在5万t上下。新疆棉花发展经历了快速上升、徘徊不前的过程。

1978—1995年，新疆棉花生产进入了全面的发展时期。棉花种植面积从1978年15

万 hm^2增加到 1990 年 43. 5 万 hm^2，扩大 2. 9 倍，总产量也有 5. 5 万 t 增长至 46. 88 万 t，增加 8. 5 倍，单产由 336kg/hm^2提高到 1 077kg/hm^2，提高了 3. 2 倍。1991—1995 年，棉花种植面积进一步扩大至 76. 3 万 hm^2，单产提高至 1 258 kg/hm^2，总产量增加至 94. 5 万 t。这一阶段，棉花受到市场需求的刺激，价格的调整以及棉花种植较其他农作物具有较高经济效益等因素的影响，新疆棉花种植进入了全面发展时期。

1996—2017 年，新疆棉花整体经历了“稳定发展、迅猛发展，稳定发展”的过程，其中 1996—2005 年新疆棉花是平稳发展期，棉花种植面积从 79. 92 万 hm^2增加到 115. 79 万 hm^2，平均年增长 4. 48%，总产量从 94. 04 万 t 增加至 195. 70 万 t，增加了 2. 1 倍，其中，2000 年首次突破 100 万 hm^2。在此十年间，棉花生产年度间增加较为平稳。2006 年是新疆棉花发展的一个特殊的年份，实现了跳跃式的发展。棉花种植面积从 2005 年 115. 79 万 hm^2猛增至 2006 年 166. 44hm^2，增加 43. 7%，棉花总产量 195. 70 万 t 猛增至 267. 53 万 t，增加 36. 7%，首次突破 200 万 t。2006—2017 棉花进入新的发展阶段，棉花面积在 2006 年基础上平均每年 3. 3%速度增加至 2017 年的 221. 47 万 hm^2，扩大至 1. 3 倍，产量增加至 456. 60 万 t 增加了 1. 7 倍。2014 年，新疆棉花种植面积 242. 13 万 hm^2，首次突破 200 万 hm^2以上，同年，总产量 429. 55 万 t，也首次达到 400 万 t 以上。2014—2017，全新疆种植面积基本稳定在 200 万 hm^2 以上，总产量在 400 万 t 以上，平均单产 1 964. 75kg/hm^2。新疆棉花又将步入一个长期稳定发展历史时期。

从新中国成立后至 2017 年，新疆棉花发展经历了由小到大，并一举成为中国棉花的主产区，其发展速度和取得成绩举世瞩目。新疆棉花种植具有独特优势和不可替代性，同时也是新疆最大的农业产业，为新疆乡村振兴做出巨大贡献（表 1-2）。

表 1-2　新疆棉花生产发展情况

年份	面积（万 hm^2）	总产量（万 t）	其中长绒棉总产量（万 t）
1978	15. 04	5. 50	1. 19
1980	18. 12	7. 92	1. 74
1985	25. 35	18. 78	1. 40
1990	43. 52	46. 88	3. 48
1995	74. 29	93. 50	1. 13
1996	79. 92	94. 04	1. 72
1997	88. 36	115. 00	3. 10
1998	99. 92	140. 00	1. 39
1999	99. 59	140. 75	1. 67
2000	101. 23	150. 00	6. 16
2001	112. 97	157. 00	9. 71
2002	94. 39	150. 00	6. 67
2003	103. 70	160. 00	10. 10

（续表）

年份	面积 （万 hm^2）	总产量 （万 t）	其中长绒棉总产量 （万 t）
2004	112. 76	175. 25	11. 22
2005	115. 79	195. 70	11. 87
2006	166. 44	267. 53	18. 59
2007	178. 26	290. 00	25. 02
2008	166. 80	301. 55	19. 73
2009	140. 93	252. 40	11. 04
2010	146. 06	247. 90	13. 03
2011	163. 80	289. 77	12. 16
2012	172. 08	353. 95	5. 95
2013	171. 83	351. 80	5. 35
2014	242. 13	429. 55	8. 24
2015	227. 31	409. 36	40. 45
2016	215. 49	420. 00	40. 84
2017	221. 74	456. 60	17. 39

注：本表由李春平，刘忠山，赖成霞整理（2019）。资料来源：《新疆统计年鉴》（中国统计出版社，2009—2018）。

四、新疆主要产棉地区及县市

新疆棉花生产主要分布在北疆、南疆、东疆地区，其中南疆种植面积最大，北疆种植面积次之、东疆地区少量种植，其中南疆地区也是中国唯一的长绒棉产区。新疆棉花种植品种有早熟陆地棉、早中熟陆地棉、长绒棉品种和彩色棉品种。下面介绍新疆主要地区和各县市棉花种植的基本情况。

（一）北疆

北疆棉区种植主要分布在伊犁哈萨克自治州、昌吉回族自治州、博尔塔拉蒙古自治州以及北疆兵团第七师、第八师等地。北疆地方棉花面积的大小依次为伊犁哈萨克自治州、昌吉回族自治州、博尔塔拉蒙古自治州，占北疆种植面积（含兵团）的 60%以上，主要集中在沙湾县、乌苏市、玛纳斯县、呼图壁县、博乐市、精河县等地。北疆棉区种植品种为早熟陆地棉。种植模式“矮密早膜”，采用滴灌灌溉方式，北疆棉花机械采收已经覆盖全部北疆棉区，机采率达到 95%以上。

伊犁哈萨克自治州棉花种植主要集中在沙湾县、乌苏市，同时两地也是棉花高产区。伊犁州直属县（市）、奎屯市、和布克赛尔蒙古自治县种植面积略大，察布查尔锡伯自治县、霍城县、托里县、霍尔果斯市少量种植。2008—2017 年期间，全州的棉花种植面积在 9. 34 万～23. 92 万 hm^2，约占北疆地方棉花面积的 45%以上，总产量 15. 55 万～50. 84

万 t，约占北疆地方棉花总产量的 45%以上。2014 年，全州棉花种植面积达到 23.92 万 hm^2，首次突破 20 万 hm^2成为历史最高点。沙湾县棉花种植面积 3.75 万～11.21 万 hm^2，占全州棉花面积的 38.5%～51.1%以上，总产量 6.63 万～24.47 万 t，占全州总产量 40.5%～53.0%，单产最高达到 2 184 kg/hm^2。乌苏市棉花种植面积 3.67 万～11.24 万 hm^2，占全州的 38.1%～46.6%，总产量 6.63 万～24.08 万 t，占全州 39.6%～47.4%。这两个县市种植面积占全州 77.5%～96.0%，总产量占全州 83.8%～96.7%。

昌吉回族自治州棉花种植主要集中在玛纳斯县、呼图壁县、昌吉市三地，占到全州的 95%以上，其中植棉面积玛纳斯县最大、呼图壁次之，昌吉市第三，其他县市阜康市、吉木萨尔县都有小面积种植。玛纳斯县棉花种植面积常年占自治州的 40%左右，也是自治州总产量和单产最高的植棉县，并被誉为“中国优质棉之乡”。2008—2017 年，全州的棉花种植面积在 7.31 万～13.30 万 hm^2，总产量在 13.11 万～27.08 万 t，全州平均单产逐年在增加从 1 624 kg/hm^2 增长至 2 179 kg/hm^2。玛纳斯县棉花种植面积在 2.93 万～5.00 万 hm^2，占全州 35.5%～62.7%，总产量 5.81 万～11.55 万 t，占全州 39.3%～51.8%，单产从 1 905 kg/hm^2 增加至 2 308 kg/hm^2。呼图壁县棉花种植面积 2.33～5.26 万 hm^2，年际间波动较大，占全州 28.2%～39.6%，总产量 3.69 万～9.07 万 t，占全州 26.5%～35.2%，单产最高 2 054kg/hm^2。昌吉市种植面积 2.30 万～4.05 万 hm^2，占全州 20.2%～34.4%，种植面积和所占比例呈现下降的趋势，，总产量 2.98 万～6.66 万 t，占全州 19.7%～30.9%，所占比重也不断在下降。这三个县市集中全州棉花种植面积的 95.7%～99.7%，总产量全州的 96.2%～99.8%。

博尔塔拉蒙古自治州棉花种植全部集中在博乐市和精河县两地，其中精河县种植面积较大。该州热量条件比较丰富，可以种植南疆早中熟棉花品种中生育期较短的棉花品种。2008—2017 年，全州的棉花种植面积在 3.62 万～10.69 万 hm^2，总产量 9.44 万～21.52 万 t，单产最高 2 161kg/hm^2。博乐市棉花种植面积 1.15 万～3.40 万 hm^2，占全州 31.8%～43.1%，总产量 3.68 万～7.29 万 t，占全州 31.8%～41.7%，单产最高 2 142kg/hm^2。精河县棉花种植面积 2.47 万～6.56 万 hm^2，占全州 56.9%～68.2%，总产量 5.42 万～14.23 万 t，占全州 58.3%～68.2%，单产最高 2 142kg/hm^2。

（二）南疆

南疆棉花种植主要分布在巴音郭楞蒙古自治州、阿克苏地区、喀什地区以及南疆兵团各师，其中，阿克苏种植面积最大、喀什地区次之、巴音郭楞蒙古自治州第三，克孜勒苏柯尔克孜自治州和和田地区也有少量种植。棉花品种主要以早中熟陆地棉为主，还有部分长绒棉品种和早熟陆地棉品种。

巴音郭楞蒙古自治州棉花种植分布在库尔勒市、尉犁县、轮台县、且末县、和硕县、博湖县、若羌县、焉耆回族自治县和和静县，其中库尔勒市、尉犁县、轮台县三市县集中占全州绝大分种植面积，其他种植面积较小或零星种植。2008—2017 年，全州棉花种植面积 13.66 万～31.39 万 hm^2，总产量为 28.68 万～51.61 万 t，单产最高 2 154kg/hm^2。库尔勒市种植面积 3.87～10.47 万 hm^2，占全州 25.6%～37.0%，产量 7.02 万～17.19 万 t，占全州 24.5%～39.2%，单产最高 2 180kg/hm^2。尉犁县种植面积 3.67 万～7.93 万 hm^2，占全州 21.4%～35.3%，产量 7.59 万～17.12 万 t，占全州 20.4%～35.4%，单产最高 2 287kg/hm^2。轮台县种植面积 2.33 万～7.61 万 hm^2，占全州 17.1%～27.3%，产量 5.02

万~13.90万t，占全州17.5%~30.6%，单产最高2 124kg/hm²。这三个县市种植面积占全州的68.7%~92.2%，总产量占全州70.5%~94.3%。

阿克苏地区是新疆棉花种植面积第一地区，分布在该地区的八县一市，种植面积大小依次为沙雅县、库车县、阿瓦提县、阿克苏市、温宿县、新和县、乌什县、柯坪县，其中乌什县和柯坪县种植面积较少，面积均低于1万hm²以下。2008—2017年，阿克苏地区种植棉花面积29.16万~52.72万hm²，总产量为43.43万~100.44万t，单产最高1 905kg/hm²。沙雅县种植面积5.33万~12.53万hm²，占全州18.3%~23.8%，产量8.46万~24.44万t，占全州24.5%~39.2%，单产最高1 951kg/hm²。库车县种植面积4.54万~11.95万hm²，占全州15.5%~22.7%，产量6.15万~22.67万t，占全州14.2%~22.6%，单产最高1 897kg/hm²。阿瓦提县种植面积6.15万~10.16万hm²，占全州19.0%~24.9%，产量7.30万~18.15万t，占全州14.7%~22.6%，单产最高1 786kg/hm²。阿瓦提县种植品种以长绒棉面积为主，长绒棉种植比例在50%以上，并且种植面积约占全疆长绒棉总面积的50%以上，是新疆长绒棉主产县。阿克苏市种植面3.71万~7.10万hm²，占全州12.3%~14.9%，产量7.07万~12.17万t，占全州12.1%~19.9%，单产最高1 873kg/hm²，种植面积增加趋势，但是所占比重有所下降。2014年以后，新和县棉花种植面积6.44万hm²左右，占阿克苏地区比例12%左右，面积和总产量年度之间变化不大，并且该县也有部分长绒棉种植。温宿县棉花种植面积常年在3.5万~4.5万hm²变动，个别年份超过5.0万hm²，最高单产2 020kg/hm²。上述的7个县市，棉花种植面积约占整个阿克苏地的90%以上，总产量的96%以上，其中沙雅县、库车县、阿瓦提县棉花种植面积和总产量呈现增加的趋势，同时所占比重也有所增加。

喀什地区是新疆棉花种植面积第二地区，棉花种植有12个县市，其种植棉花面积大小依次为伽师县、巴楚县、莎车县、麦盖提县、疏勒县、岳普湖县、叶城县、喀什市、英吉沙县、泽普县、疏附县、塔什库尔干塔吉克自治县。2008—2017年，喀什地区棉花种植面积从21.28万hm²增加到44.40万hm²，增加了一倍，从占全疆12.8%增加至20.0%，总产量从36.41万t增加72.51万t，增加近一倍，全疆占比从12.8%增加至15.9%，单产却降低4.5%。伽师县棉花种植面积从2.13万hm²增加至8.74万hm²，增加四倍，总产量从3.75万t增加至14.68万t，增加3.9倍，单产降低4.5%。巴楚县种植面积从5.06万hm²增加至8.10万hm²，增加1.6倍，总产量从8.22万t增加至14.36万t，增加1.7倍，单产增加9%。莎车县种植面积从2008年的5.00万hm²增加至2014年的9.45万hm²至然后持续下降至6.58万hm²，总产量从9.37万t增加至高峰期的16.74万t然后下降至9.38万t，整体经历了“增长、下降”的过程，单产下降了24.0%。麦盖提县种植面积3.41万hm²增加至5.00万hm²，高峰期达到5.59万hm²，经历“增长、下降”的过程，总产量6.12万t增加至8.59万t，单产下降4.2%。疏勒县种植面积从1.0万hm²增加至4.91万hm²，增加4.9倍，总产量1.86万t增加至7.37万t，增加近4倍，单产下降19.3%。岳普湖县种植面积从1.50万hm²持续增加至4.7万hm²，增加了3倍，总产量从1.71增加至8.11万t，增加4.7倍，单产变化不大。喀什市、疏附县、泽普县、叶城县、英吉沙县种植面积均小于2万hm²，塔什库尔干塔吉克自治县仅有零星种植。

和田地区虽然有8个县市种植棉花，但是种植面积比较小，2017年种植仅有2.72万hm²。克孜勒苏柯尔克孜自治州种植面积1万hm²左右，仅有阿图什市、阿克陶县种植。克拉玛依市、吐鲁番市、哈密市都有种植。2008—2017 年，生产建设兵团棉花从 56.32 万 hm^2 增长至最高点的 70.05 万 hm^2，然后下降至 63.96 万 hm^2，整体呈现上涨趋势，所占全疆比重从 33.8%降低至 28.8%，总产量 131.33 万 t 增长至最高点的 171.69 万 t，然后下降至 168.90 万 t，所占全疆比重从 43.6%下降至 37.0%，单产2 328~2 555kg/hm^2，平均高于全疆单产 20%左右。

第六节　新疆棉区的气候变化特点

新疆地形特点是“三山夹两盆”。“三山”指是北部阿尔泰山，南部昆仑山，中部天山，“两盆”指南部的塔里木盆地，北部的准噶尔盆地。天山以南习惯上称为南疆，天山以北称为北疆。新疆属于典型大陆性气候，温度随着纬度、海拔变化而变化。盆地存在增温效应，地形的复杂造成气候类型多样性。

随着全球性的气候变暖，各地气候变化及其对农业的影响具有明显的区域性差异。新疆棉区气候也发生了一些变化，年平均温度和最热月（7 月）平均气温总体明显升高趋势、无霜期显著延长，热量条件明显改善，气温、降水在时间和空间上均呈增加趋势，呈现出暖湿化现象。

一、温度变化特点

新疆不同季节温差较大，年均气温 2~14℃；北疆年均温为 4~9℃，南疆年均温为 10~13℃，南疆气温明显高于北疆。全疆平均气温呈现不同程度的增加，积温增多，受其影响适宜种植棉花区域也随之增加。新疆的年均温度呈显著上升趋势，平均气温变化在 6.2~9.0℃，年平均气温在波动中逐渐上升。新疆各站点多年平均气温为 0.95~14℃，整体上表现为由南向北降低的趋势，南疆的气温最高，天山山区，北疆的气温最低。新疆年均温、四季均温的年际变化均呈现出明显的增加趋势。东疆、北疆西部和北部增温明显。新疆地区≥10℃积温明显增多，全疆及各区域日平均气温稳定通过 10℃的积温变化不一，北疆总体增幅高于南疆。≥10℃积温每 10 年以 53.2℃的速率增加，由于 10℃的起始日期与终霜日都有不同程度提前，使得棉花播种期提前，平均提前 2.0~7.5d/10a。≥0℃的初日表现为南疆早，北疆晚，平原和盆地早，山区晚。≥0℃终日的空间分布与≥0℃初日基本相反。≥0℃持续日数与≥0℃积温表现为南疆多，北疆少，盆地多，山区少。≥0℃初日呈显著提早趋势，≥0℃终日呈极显著推迟趋势，≥0℃的持续日数和积温分别以 2.58d/10a和 66.26℃·d/10a 的倾向率呈极显著的增多趋势，并且分别于 1997 年或 1994 年发生了突变。但突变后较突变前各要素的变化量具有明显的区域性差异。南疆地区热量资源的空间分布总体呈现平原和盆地多，山区少的特点。南疆地区平均温度年际变化呈现上升趋势，南疆地区≥10℃积温、7 月平均气温分别以 56.64℃·d/10a、0.15℃/10a（$P<0.05$）的倾向率呈显著上升趋势，受到温度和积温的增加，1997 年后较其之前，南疆地区中熟棉、中早熟棉适宜种植面积分别扩大17 682km^2和43 033km^2，早熟棉区面积变化不明显，特早熟棉区和不宜棉区分别减少4 940km^2和56 589km^2，占比减少 4.8%。地区温度的增高以及积温的增加，准噶尔盆地、吐鲁番盆地及哈密盆地、塔里木盆地和新疆东北部的区域棉花种植的界限均有向四周扩的变化趋势，其中准噶尔盆地区域东扩趋势最大，准

噶尔盆地区域南扩趋势次之，平均扩大 65 和 30km；哈密盆地区域东扩趋势明显，变化范围在 10~90km；新疆东北部的北扩范围在 10~40km；塔里木盆地区域南扩最大为 20km；阿克苏地区除库车县气象站年平均温度呈现降低趋势外，其余均呈上升趋势。在总体上，阿克苏地区和年平均温度均呈上升趋势。喀什地区月平均气温和降水呈现出较明显的变暖变湿趋势。喀什地区年和各季平均气温、平均最高气温、平均最低气温总体呈线性上升趋势，其中春、秋季平均最低气温的升温率最大。主要产棉县巴楚县年和各季平均气温、平均最高气温、平均最低气温总体呈线性上升趋势，其中年平均最低气温的升温率最明显；各季节中春、秋季平均最低气温的升温率最大；棉花生长期（4—10 月）平均气温呈显著增加趋势；7 月平均气温呈显著减少趋势；≥10℃、≥20℃积温均呈增加趋势，两界限温度初日提前，终日推迟，持续日数呈增加趋势，巴楚县棉花各发育期均表现出不同程度的提前趋势，其中现蕾期的提前趋势最明显，为 4.8d/10a（$P<0.01$）；棉花停止生长期呈延迟趋势，延迟幅度为 3.7d/10a（$P<0.01$）。巴音郭楞蒙古自治州的轮台县的无霜期、0℃和 10℃积温呈线性增多的趋势；年平均气温、最热月平均气温、最高气温都有线性增高的趋势，但增温幅度不大；最低气温趋势变化不稳定。从整体来看，热量资源的增加，降水量的增多，使农作物生长季延长，对提高作物产量和作物种植结构调整提供了有利的气候条件。

北疆热量资源的空间分布总体呈现平原和盆地多，山区少的特点；北疆地区年及季节平均气温出现多次冷暖波动，均呈显著增温趋势，增温幅度较大区域主要在准噶尔盆地、塔城地区及富蕴。在气候变暖背景下，1961—2012 年，北疆≥10℃积温、7 月平均气温和无霜冻期分别以每 10 年 75.657℃、0.218℃和 4.36d 的斜率呈显著的上升趋势，并且 20 世纪 90 年代以来上升速率呈增大趋势，受其影响尤其是 20 世纪 90 年代以来，北疆宜棉区面积明显扩大，次宜棉区和不宜棉区有所减小，风险棉区变化不大。2001—2012 年与 20 世纪 60 年代相比，宜棉区面积扩大了 $6.54164\times10^4km^2$；次宜棉区和不宜棉区分别缩小了 $0.99982\times10^4km^2$ 和 $5.28675\times10^4km^2$。棉花区划总体呈现风险棉区向东缩小并南移、次宜棉区向东缩小和宜棉区南移，东西双向扩展的变化特征，风险棉区从石河子市站点附近以及呼图壁县以东广大地区缩小至乌鲁木齐市站点附近，面积缩小 98.4%；次宜棉区从原来的呼图壁县以西的大部分县市缩小至乌鲁木齐市站点以南的地区，面积缩小 88.0%；宜棉区面积则增加 18.4 倍，占天山北坡经济带棉花总分区的 91.2%。

北疆 3 月下旬、4 月上、中、下旬平均气温分别以 0.8、0.5、0.1 和 0.5℃/10a的倾向率呈增加趋势，但是≥12℃初日却以-0.5d/10a 的倾向率呈提前趋势。各气象要素均在 20 世纪 90 年代发生突变，突变年后 3 月下旬、4 月上旬、中旬、下旬平均气温依次增加 2.5、1.9、1.1 和 1.5℃，分别达到 7.2、10.0、13.2 和 15.6℃。3 月下旬至 4 月下旬各旬平均气温的高值区普遍位于天山北坡东部棉花主产区的乌苏市、沙湾县和玛纳斯县站点周围，而低值区基本在东部的乌鲁木齐市附近。≥12℃初日的空间分布具有地区差异性，初日较早的区域由精河县向西扩展到棉花主产区玛纳斯县周围，而日序较晚的区域从乌鲁木齐市以南的大部区域缩小至乌鲁木齐市周围．随着突变年后≥12℃初日逐年提前，大部县市棉花适宜播期 4 月 15—21 日。

根据 1998—2017 年逐日气象资料，乌苏市棉花生长季平均气温呈不显著上升趋势；各月平均气温除 8 月呈显著下降趋势外，其他各月变化均不显著；≥10℃界限温度的初日、终日及初霜日、终霜日呈不显著提前趋势，≥10℃积温、日最高气温≥35℃的高温日数均呈不显著增多趋势。乌苏市棉花播种、出苗、现蕾和停止生长期均表现出不同程度的提前趋势，其中出苗期提前显著，开花期和吐絮期均呈不显著延后趋势。苗期和蕾期呈延长趋势，其中蕾期延长趋势显著，而花铃期和吐絮期则呈不显著缩短趋势。

1998—2017 年，新疆奎屯柳沟垦区历年平均稳定≥0℃积温为4 200.1℃，持续期为243d。≥0℃积温年际变化存在3~4 年的变化周期，≥0℃积温累积距平曲线整体也呈现出下降的趋势。稳定≥10℃积温平均为3 844.4℃，持续期为 184d。≥10℃积温累积变化情况与≥0℃积温基本一致，存在约4 的变化周期，累积距平曲线整体呈现出减少的变化趋势。在80%的保证率下，稳定≥0℃积温值为4 116.2℃，稳定≥10℃积温值为3 769.5℃。

二、无霜冻期变化特点

新疆南北疆无霜期南北由于气候条件差异较大，北疆无霜冻期短，南疆无霜期较长。随着全球性气候变暖。南北疆无霜期也发生变化。

1960—2011 年，新疆初霜日推迟 11d，终霜日提前 7d，无霜期延长 17d。北疆、南疆和天山初、终霜日及无霜期与新疆整体变化趋势一致，但变化程度不同。天山地区变化最显著，其次是北疆，最后是南疆。初、终霜日的出现和无霜期的长短与地理因素和温度密切相关，随着海拔的升高，纬度的增加，初霜日提前，终霜日推迟，无霜期缩短。而随着温度的升高，初霜日逐渐推迟，终霜日逐渐提前，无霜期延长。新疆终霜日提前比初霜日推迟更明显，无霜期延长比霜期缩短趋势更显著；初霜日推迟、终霜日提前、霜期延长和无霜期缩短的趋势北疆均比南疆地区更显著；新疆初霜日变化趋势上升型占 44%，终霜日变化趋势下降型占 44%，霜期变化趋势下降型占 72%，无霜期变化趋势上升型占 42%。1967—2017 年，新疆地区无霜期分别以每 10 年 3.3d 的速率增多。

三、光照变化特点

新疆棉区光照充足，光照条件优于中国其他棉区。新疆各地年日照时数 2 450~3 450h，其空间分布总体呈现东部多，西部少；平原和盆地多，山区少的格局，其中吐鲁番全年日照实数3 056~3 224h，日照率 67%~73%；叶尔羌河为2 716~2 982h，日照率61%~67%；塔里木河流域为2 924~3 121h，日照率 65%~71%；玛纳斯河和奎屯河流域为2 747~2 856h、2 620~2 698h，日照率分别为 62%~64%。年日照时数高值区位于东部哈密和吐鲁番，低值区位于北部的巴伦台、巴音布鲁克及西南的和田地区。

新疆年及四季太阳总辐射均呈减少趋势，以冬季减少最明显，春季最弱。新疆年、季、月日照时数空间分布均呈东多西少的分布形式，夏季最多，其次为春、秋与冬季。新疆日照实数不同季节呈现各自特点，春季日照时数总体呈现从东北向西南递减；夏季为北疆多，南疆少，东部多、西部少，平原和盆地多，山区少；秋季呈现由东南向西北递减；冬季具有东部多，西部少。1961—2010 年，新疆除春季日照时数呈不显著的略增趋势外，新疆夏季、秋季、冬季和年日照时数倾向率呈显著的减少趋势。1982 年后较其之前，除吐鲁番、哈密盆地，塔里木盆地南缘等少部分区域年日照时数有所增多外，全疆大部为减少的态势。云量是影响新疆日照时数的主要因素，新疆日照时数主要受到云量的影响。近50 年，新疆总云量变化不明显，但低云量明显增多，这是导致日照时数减少的主要成因。

1961—2013年，南疆地区年日照时数以25.7h/10a的速率呈明显的下降趋势。除春季以外，其余各季均呈下降趋势，冬季和秋季对年日照时数的变化贡献最大，夏季最小。年日照时数高值区位于东部哈密和吐鲁番，低值区位于北部的巴伦台、巴音布鲁克及西南的和田地区。南疆地区日照时数变化受到受沙尘天气、降水、相对湿度、水汽压等共同作用的结果。

第七节　新疆棉花区划发展概况

新疆棉区划分从20世纪50年代开始，农业专家根据不同棉花划分标准方法，将新疆棉花划分不同的棉区。中国农业专家将河西走廊和新疆划入西北内陆棉区。70年代末将新疆棉区划分为东疆、南疆、北疆三个亚区。农业专家根据不同指标对新疆棉区进行了划分。

根据棉区区域性划分标准将新疆划分为南疆棉区、北疆棉区、东疆棉区，涉及14个地州市的60多个县（市）和新疆兵团13个农业师局的90多个团场。南疆棉区包括巴音郭楞蒙古自治州、阿克苏、喀什、克孜勒苏柯尔克孜自治州和田地区的39个县（市）和兵团第1师、第2师、第3师、和田管理局及单位的44个团场。北疆棉区位于天山北坡，包括昌吉族自治州、博尔塔拉蒙古自治州及伊犁哈萨克自治州、塔城地区各植棉县（市）州（含克拉玛依市）16个县市和兵团农四师、第5师、第6师、第7师、第8师、兵直单位的47个团场（占全疆产棉市县的25%，占兵团产棉团场的47%）。东疆棉区吐鲁番、哈密地区的6个县（市）和兵团哈密管理局的9个团场。

根据棉区流域性划分标准，兼顾流域水系和灌溉体系与行政管理范围相对一致性的原则，将新疆划分为11个棉区。①叶尔羌—喀什噶尔河流域，包括喀什地区、克孜勒苏自治州区包括12个产棉县（市），兵团农三师的16个植棉团场，种植棉花为中、早熟陆地棉和早熟长绒棉品种；②阿克苏—渭干河流域棉区，包括阿克苏地区的10个产棉县（市），兵团第1师的17个植棉团场，种植棉花为中、晚熟陆地棉和早、中熟长绒棉品种。③开都河—孔雀河流域棉区，包括巴音郭楞蒙古自治州的包括6个产棉县（市）和兵团第2师的9个植棉团场，种植棉花为中、晚熟陆地棉和早熟长绒棉品种。④和田河流域棉区，包括和田地区的8个产棉县（市）和兵团和管局的2个植棉团场，种植棉花为中、早熟陆地棉和早熟长绒棉品种。⑤东昆仑—阿尔金山北麓棉区，包括巴音郭楞自治州的2产棉县，种植棉花为中、早熟陆地棉和早熟长绒棉品种。⑥玛纳斯河流域棉区，7个产棉市县、兵团第6师、第8师的21个植棉团场，种植棉花为早熟陆地棉品种。⑦奎屯河流域棉区，包括乌苏、奎屯、农七师128团、130团等团场。种植棉花为早熟棉品种。⑧博尔塔拉河流域棉区，包括博尔塔拉自治州的2个产棉县（市）和兵团第5师的9个植棉团场，种植棉花为早熟品种。⑨伊犁河下游流域棉区，包括4个市县和7个团场，种植棉花为特早熟棉品种。⑩吐鲁番棉区，吐鲁番地区的3个产棉县（市），适宜种植早熟长绒棉、中早熟长绒棉品种。⑪哈密棉区，包括哈密地区的3个产棉县（市）和兵团哈管局的9个植棉团场，种植棉花为中熟陆地棉品种。

根据气候指标进行划分将新疆划分为宜棉区包括塔里木盆地西南缘海拔1 400m以下和北缘天山南坡海拔1 000m以上的平原，呈环形带状分布。东疆宜棉区包括吐鲁番盆地与哈密平原的产棉区；次宜棉区北疆几乎均是属于次宜棉区，主要分布于海拔高度400m以下的平原，南疆天山南坡海拔1 000~1 100m的地带，属于次宜棉区。风险棉区海拔较高的近山区或纬度偏北的地区，温度条件达不到棉花生育要求。在南疆包括天山南坡海拔1 100m以上的山间盆地，如乌什盆地、拜城盆地和焉耆盆地。在北疆包括塔城盆地和阿勒泰农区，天山北坡海拔500m以上的地带，即玛纳斯县以东的昌吉州各县，以及博尔塔拉河谷与伊犁河谷海拔高度600m以上的地方，均为不宜棉区（表1-3）。

表1-3 新疆棉区区划指标

区名	区号	≥10℃积温（℃）	无霜期d	7月平均气温（℃）
中熟棉亚区	Ⅰ	4 500~5 400	≥200	≥29.0
早中熟叶塔次亚区	$Ⅱ_1$	4 100~4 660	≥200	≥24.6
早中熟塔哈次亚区	$Ⅱ_2$	3 800~4 370	≥180	≥23.6
早熟棉亚区	Ⅲ	3 500~3 800	≥175	≥25.5
特早熟棉亚区	Ⅳ	3 190~3 550	≥165	≥23.0

注：资料来源于姚源松主编《新疆棉花高产优质高效理论与实践》（新疆科技出版社，2004）.

新疆棉区的划分为新疆棉花生产做出贡献，但是都有一定的局限性。新疆农业专家根据前人研究基础上，利用气象资料和生产实践进行科学的划分，将新疆棉区分为四个亚区：中熟棉亚区、早中熟亚区、早熟棉亚区、特早熟棉亚区，其中的早中熟棉亚区又划分为两个次亚区，即叶尔羌河、塔里木河流域次亚区（简称叶塔次亚区；塔里木盆地边缘北、东、南部，东疆的哈密次亚区（简称塔哈次亚区）。

棉区区划依据气候条件，以温度条件最重要，结合光照和水分等作为区划的主要依据。根据全疆62个气象台站1961—1998年38年的气象资料，选用≥10℃积温、无霜冻期及7月份平均气温为区划指标，结合新疆和内地棉区的生产实践与气象资料，制定了棉区区划的界限指标（表1-4）。

表1-4 新疆棉区主要生态条件及生产特点

		中熟棉亚区	早中熟叶塔次亚区	早中熟塔哈次亚区	早熟棉亚区	特早熟棉亚区
生态条件	生态条件无霜期（d）	≥200	206~239	186~216	175~220	175~189
	≥10℃积温（℃）	4 500~5 400	4 147~4 658	3 823~4 366	3 500~4 100	3 190~3 550
	≥15℃积温（℃）	4 110~4 980	3 547~3 999	3 730~3 844	3 000~3 200	2 500~3 000
	≥28℃日最高积温（℃）	5 000~5 700	3 521~3 837	2 915~4 686	3 200~3 700	2 600~3 200
	7月平均温度（℃）	29~32.3	24.6~27.4	23.6~28.6	25.5~27.8	23.0~25.6
	全年日照时数（h）	3 000~3 500	2 700~3 000	2 700~3 000	2 700~2 800	2 850
	日照率（%）	67~80	61~71	61~71	59~64	64

（续表）

		中熟棉亚区	早中熟叶塔次亚区	早中熟塔哈次亚区	早熟棉亚区	特早熟棉亚区
生产特点	适宜品种	中熟陆地棉中熟长绒棉	早中熟陆地棉、早熟长绒棉	早中熟陆地棉	早熟陆地棉	特早熟品种
	主要病虫害	棉铃虫、棉蚜、枯萎病	棉铃虫、棉蚜、枯黄萎病	棉铃虫、棉蚜、枯黄萎病	棉铃虫、棉叶螨、棉蚜、枯黄萎病	病虫害较轻

注：资料来源于姚源松主编《新疆棉花高产优质高效理论与实践》（新疆科技出版社，2004）

一、中熟棉亚区

中熟棉亚区位于天山东段山间吐鲁番盆地中，包括吐鲁番市、鄯善、托克逊县及兵团221团，是我国地势最低的棉区。

该亚区是中国夏季最干热、热量最多的棉区。该棉区灾害性天气较多，夏季高温酷热、春末夏初大风频繁，高温期比较长，最热月份平均气40℃以上的酷热天数，北部为2~10d，中部为32~38d，南部为45~49d，绝对最高温度达到49.6℃。≥35℃的天数70~98d，8级以上大风平均为23~24d，最多达63~68d。最热月份平均温度28~30℃，无霜期190~211d，≥10℃积温在4 500~5 400℃。高温造成致使大量蕾铃脱落，春季大风也不利于保苗。该亚区种植早熟、早中熟长绒棉和中熟陆地棉为主。2008—2017年，吐鲁番市棉花种植面积从2.55万hm^2下降至0.82万hm^2。该区域国家葡萄、瓜果基地，其经济效益比棉花高，故该地区扩大棉花面积潜力不大。

二、早中熟棉亚区

早中熟棉亚区是全疆最大的棉区，该区分布广，生产条件差异大，根据热量条件又划分成两个次亚区分别是叶塔次亚区和塔哈次亚区。

（一）叶塔次亚区

本亚区集中在叶尔羌河、塔里木河流域，简称叶塔亚区，地处塔里木盆地边缘的西北部及西南部。从塔里木盆地西部的沙雅县经阿拉尔市、阿瓦提县城以南沿314国道至西部的阿图什市经疏勒县城东部、英吉沙县城东部、莎车县城东部至泽普县城东部，包括沙雅、阿拉尔、阿瓦提、阿克苏市南部、巴楚、麦盖提、伽师、岳普湖、阿图什、疏勒东部、英吉沙东部、莎车东部、泽普东部、皮山、墨玉、和田、洛浦、策勒、农一师1~3团、9~16团，农三师42~53团，以及库尔勒市和农二师28~30团。该亚区海拔980.4~1 375.4m，热量条件丰富，≥10℃积温在4 100~4 660℃之间，无霜冻期较长，在200~239d，7月平均温度在24.6~27.4℃，适宜棉花生长发育，是新疆棉花生产潜力最大的棉区。

本区适宜种植早中熟陆地棉品种、早熟海岛棉品种。病害主要是枯萎病和黄萎病、非抗病品种不宜种植；虫害主要是棉铃虫和棉蚜。

（二）塔哈次亚区

该次亚区跨度大、范围广，南、东疆均有分布，塔里木盆地边缘北部、东部、南部，以及东疆的哈密（简称塔哈次亚区），从阿克苏市沿314国道以南至叶塔亚区北界；东南部沿塔里木盆地边缘，从尉犁县经若羌县至于田县止，包括阿克苏市北部、新和、库车、轮台、尉犁、若羌、且末、民丰、于田等县和农一师6～8团、农二师31～36团、还包括东疆哈密市和兵团哈管局农场。

该亚区最热月平均温度在23.6～28.6℃，热量条件较丰富，但不如叶塔次亚区，可种植早中熟陆地棉，但不能种植海岛棉。该次亚区的哈密≥10℃积温在3 944℃，≥28℃积温3 946℃，最热月平均温度26.5℃，无霜期185d。该亚区主要种植早中熟棉花品种，病虫害主要有黄枯萎病，棉铃虫、棉蚜。

三、早熟棉亚区

早熟棉亚区分部南、北疆区域，其中以北疆片面积最大。北疆分布在天山北坡，准噶尔盆地西南缘，古尔班通古特沙漠以南，海拔40m以下地区。西起阿拉山口经塔斯海、大河沿子；东至石河子、玛纳斯县城以北农六师的新湖、芳草湖总场；北至车排子、下野地、莫索湾一带；南至乌伊公路以北地区，包括博乐市东部、精河、乌苏、奎屯、沙湾、石河子、玛纳斯、克拉玛依市等县市的大部分以及农五师的81～82团、89～91团和农七师、农八师的大多数团场、农六师的新湖、芳草湖总场。南疆主要分布在塔里木盆地西部的喀什市、疏勒县西部、疏附县西部、阿克陶县、农三师41团、英吉沙县西部、叶城县等狭长地带以及温宿县南部。

该亚区北疆片区≥10℃积温3 500～3 800℃，无霜期175～193d，最热月平均温度25.2～27.8℃，是典型的早熟陆地棉区，也是新疆主要优质棉产区。南疆分布在昆仑山脚下，海拔均在1 200m以上，实际积温较低。

该区虽热量条件适宜早熟品种生长发育，但热量条件，无霜期年际间变幅大，适宜种植品种为早熟棉品种。病虫害主要是黄萎病、枯萎病、棉蚜和棉叶螨。

四、特早熟棉亚区

特早熟棉亚区主要集中在准噶尔盆地西南部，海拔400m以上的地区，以及南北疆零星植棉区。该亚区按海拔等高线西起博乐市青得里乡，海拔在400～500m地区；南部沿精河、乌苏、沙湾、玛纳斯县等乌伊公路以南至海拔550m的狭长地带；东部自呼图壁县至吉木萨尔县，北至103、105团、北沙窝地区。该区包括乌苏、沙湾、石河子、玛纳斯等县市乌伊公路以南的乡镇、呼图壁县、昌吉市、阜康市吉木萨尔县和农六师101～103、105、共青团、六运湖、红旗等团场。其他零星植棉地区184团伊犁河谷海拔750m以下的霍城县、伊宁市、察布查尔县以及农四师的62～68团场；南疆焉耆盆地的焉耆县、和硕县、和静县、博湖县；阿克苏地区拜城县东南部海拔1 200m以下乡镇、温宿县西北部和乌什县东部等乡镇。

该亚区≥10℃积温在3 100～3 550℃之间，无霜期165～190d，最热月平均温度在23.0～25.5℃之间，热量条件较差，无霜期较短。灾害性天气较多，特别是终霜和初霜对棉花生长影响较大，适宜种植特早熟棉花品种。

（本章作者：李春平，徐海江，任燕萍）

本章参考文献

阿布都克日木·阿巴司，胡素琴，努尔帕提曼·买买提热依木. 2015. 新疆喀什气候变化对棉花发育期及产量的影响分析［J］. 中国生态农业学报，23（7）：919-930.

艾力夏提·阿不力米提，巴哈古力·买买提，张仕明，等. 2018. 1961—2016年新疆轮台县农业气候资源变化特征分析［J］. 江西农业（4）：51-59.

陈光良，2012. 海南纺织史若干问题的探讨［J］，海南大学学报·人文社会科学版，30（1）：1-5.

冯志浩. 2019. 中国最早木棉织物的地望研究［J］. 服饰导刊，8（1）：10-15.

国家统计局. 2009—2018. 中国统计年鉴［M］. 北京：中国统计出版社.

海热提·涂尔逊，倪天麒，等. 1999. 新疆棉区划分与可持续性评价［J］. 干旱区地理，22（1）：53-61.

韩若冰，胡继连. 2014. 山东棉花生产布局的"双穷"特征和扶贫开发设想［J］. 中国农业资源与区划，35（3）：105-112.

郝宏飞，郝宏蕾，辜永强. 2015. 新疆巴楚县近30年热量资源变化及其对棉花生产的影响［J］. 中国棉花，42（4）：18-21.

胡竞良，1960. 论"特早熟棉区"的区划、命名及其育种栽培特点［J］. 中国农业科学（6）：1-6.

胡莉婷，胡琦，潘学标，等. 2019. 气候变暖和覆膜对新疆不同熟性棉花种植区划的影响［J］. 农业工程学报，23（2）：90-100.

黄滋康，崔读昌. 2002. 中国棉花生态区划［J］. 棉花学报，14（3）：185-190.

康丽娟，巴特尔·巴克，罗那那，等. 2018. 1961—2013年新疆气温和降水的时空变化特征分析［J］. 新疆农业科学，55（1）：123-133.

李景林，普宗朝，张山清，等. 2015. 近52年北疆气候变化对棉花种植气候适宜性分区的影响［J］. 棉花学报，27（1）：22-30.

李兰，杜军，宋玉玲，等. 2010. 近45年来新疆≥10℃期间积温和降水量的变化特征［J］. 中国农业气象，31（增1）：35-39.

刘强吉，武胜利，房靓. 2016. 1961—2013年巴州地区日照时数变化特征分析［J］. 气象与环境学报，32（2）：79-88.

刘强吉，武胜利，徐珊，等. 2016. 1961—2013年南疆日照时数变化特征及其影响因子分析［J］. 中国农学通报，32（11）：101-108.

刘咸，陈渭坤. 1987. 中国植棉史考略［J］. 中国农史（1）：14-24.

刘巽浩. 2002. 农作制与中国农作制区划［J］. 中国农业资源与区划，23（5）：11-15.

毛树春，李亚兵，韩迎春，等. 2010. 关于全国棉花种植区域划分的几个问题［M］. 中国棉花学会2010年年会论文汇编.

毛树春. 2013. 中国棉花栽培学［M］. 上海：上海科学技术出版社.

潘淑坤，张明军，汪宝龙，等. 2013. 1960—2011年新疆初终霜日及无霜期的变化特征［J］. 干旱区研究，30（4）：735-742.
普宗朝，张山清，李景林，等. 2013. 近50a新疆≥0℃持续日数和积温时空变化［J］. 干旱区研究，32（5）：781-788.
冉海林，吴友均，谢再顺. 2010. 1961—2008年新疆阿克苏地区降水、温度变化特征［J］. 新疆环境保护，32（4）：11-15.
热孜宛古丽·麦麦提依明，杨建军，刘永强，等. 2016. 新疆近54年气温和降水变化特征［J］. 水土保持研究，23（2）：128-133.
任妍，赵巧华，刘濛濛. 2017. 基于EEMD的新疆1971—2013年初、终霜日及霜期变化趋势分析［J］. 干旱区资源与环境，31（7）：133-138.
宋艳玲，张强，董文杰. 2004. 气候变化对新疆地区棉花生产的影响［J］. 中国农业气象，25（3）：15-20.
苏香峰，何团结. 2018. 安徽省棉花生产的困局与对策［J］. 安徽农学通报，24（2）：43-44.
谭娇，丁建丽，张钧泳，等. 2018. 1961—2014年新疆北部地区气温时空变化特征［J］. 干旱区研究（5）：1 181-1 191.
王爱根，刘伟，张金宝，等. 2018. 河南省棉花生产现状调查及面积下滑的原因分析［J］. 中国棉花，45（7）：7-12.
王素云. 1994. 中国棉花集中生产带划分探讨［J］. 中国棉花，21（4）：5-6.
王缨. 1980. 对我国植棉史分期的讨论［J］. 中国棉花（4）：43-47.
武胜利，刘强吉. 2016. 近50a新疆巴州地区气温与降水时空变化特征［J］. 干旱气象，34（4）：45-49.
肖海峰，俞岩秀. 2018. 中国棉花生产布局变迁及其比较优势分析［J］，农业经济与管理（12）：38-49.
谢芳，童忠，刘静. 2018. 新疆乌苏市近20 a气候变化及其对棉花生育期的影响［J］. 中国棉花，45（10）：36-38.
新疆农学会. 1995. 北疆棉区划分及相应对策［J］. 新疆农业科学（1）：5-8.
新疆维吾尔自治区统计局. 2009—2018. 新疆统计年鉴［M］，北京：中国统计出版社.
徐培秀、梅方权、唐志发. 1983. 中国棉花区划研究［J］. 地理研究，2（1）：12-22.
许乃银，金石桥，李健. 2017. 利用GGE双标图划分我国棉花纤维品质生态区［J］. 应用生态学报，28（1）：191-198.
杨伟华，熊宗伟，唐淑荣，等. 2002. 从不同领域棉花品质差异谈实行区划种植的必要性［J］. 中国棉花，29（4）：2-6.
姚源松. 2001. 新疆棉花区划新论［J］. 中国棉花，28（2）：2-5.
姚源松. 2004. 新疆棉花高产优质高效理论与实践［M］. 乌鲁木齐：新疆科技出版社.
于绍杰. 1993. 中国植棉史考证［J］. 中国农史，12（2）：43-47.
苑朋欣. 2008. 商部—农工商部与清末棉业的改良［J］. 南京农业大学学报（社会科学版），8（2）：99-118.
曾桂婷. 2018. 新疆奎屯柳沟垦区积温变化特征初探［J］. 黑龙江农业科学，23（1）：33-36.

张建磊，刘蕴莹，程隆棣. 2017. 鸦片战争后中国手工棉纺织业的衰落及原因［J］, 丝绸，54（9）：73-79.
张立波，肖薇. 2013. 1961—2010 年新疆日照时数的时空变化特征及其影响因素［J］. 中国农业气象，34（2）：130-137.
张山清，普宗朝，李景林. 2013. 近 50 年新疆日照时数时空变化分析［J］. 地理学报，68（11）：1 481-1 492.
张山清，普宗朝，李景林，等. 2015. 气候变暖背景下南疆棉花种植区划的变化［J］. 中国农业气象，36（5）：594-601.
赵黎，李文博，吾米提·居马泰，等. 2018. 气候变化对新疆棉花种植布局与生长发育的影响［J］. 新疆农垦科技，41（7）：7-10.
只娟，张山清，徐文修，等. 2015. 天山北坡经济带棉花播期对气候变暖的响应［J］. 应用生态学报，26（7）：2 074-2 082.
只娟，张山清，徐文修，等. 2015. 天山北坡经济带棉花精细化气候区划研究［J］. 中国生态农业学报，23（8）：1 045-1 052.
周得宝，徐茂林，窦乐，等. 2017. 淮北生态区短季棉种植经济效益比较分析［J］. 中国棉花，42（7）：35-42.
朱启荣. 2009. 中国棉花主产区生产布局分析［J］. 中国农村经济（4）：31-39.

第二章　棉花种质资源

第一节　中国棉花种质资源

一、分类地位和类型

棉花是世界上重要的经济作物，棉花纤维一直以来都是世界纺织工业的主要纺织原料，中国也是棉纺织物品生产与出口大国。除此之外，棉籽油也是棉产区居民主要食用油，其维生素 E 含量高，具有天然抗氧化能力。棉仁蛋白也可作为高级食品添加剂，可应用于粮食与饲料工艺。

棉花属于锦葵科（Malvaceae）棉族（Gossypieae）棉属（*Gossypium*）。从世界分布来看，非洲、南美洲、中美洲、澳洲等地都有分布，除栽培种外，均是热带、亚热带植物。棉族共有 8 个属，分别为桐棉属、白脚桐棉属、哈皮棉属、勒布鲁棉属、拟似棉属、柯基阿棉属、美非棉属以及棉属。棉属各种的区分是以形态特征、地理分布、细胞遗传学等为依据。其中广为接受的分类学体系是 Fryxell 对棉属的分类学研究。棉属分为 4 个亚属，52 个亚种，共包括 7 个异源四倍体种，45 个二倍体棉种。野生种有 48 个，包括 5 个异源四倍体和 43 个二倍体棉种。目前，在世界范围内广泛种植的四个栽培种分别为亚洲棉（*G. arboreum*）、非洲棉（*G. herbaceum*）、陆地棉（*G. hirsutum*）、海岛棉（*G. barbadense*）。经过长期的天然选择和人工选择，形成一年生习性，广泛适应于亚热带、温带地区条件，形成了各种不同的亚种、变种、种系和品种。

（一）亚洲棉（中棉）

原产于印度。亚洲棉在中国栽培历史长，分布广，故又称中棉。亚洲棉的主要特征是茎秆较细软，叶裂片呈较尖长的矛头形，花瓣基部多数有较大红斑，铃柄下垂，铃圆锥形，铃面有凹点，其纤维粗短，商品上称粗绒棉，弹性好，是绒布、绒衣以及棉毛混纺和棉絮的好原料。亚洲棉较抗旱、抗病抗虫，可作为较好的种质资源。中国自 19 世纪末开始种植陆地棉，目前亚洲棉已陆续被陆地棉代替。

（二）非洲棉（草棉）

原产非洲南部，是非洲大陆栽培和传播较早的棉种，因而得名。中国新疆及甘肃河西走廊很早就种植。草棉的叶裂片短而略圆，短矛头形，花小，花瓣基部有红斑，铃柄向上，铃小，圆形，一般有明显的铃肩，铃面光滑，无凹点。草棉和中棉一样，产量低，纤维品质差，目前在中国已被陆地棉和海岛棉代替。但它具有极早熟和抗旱等特性，可作为种质资源加以利用。

（三）陆地棉

原产于中美洲墨西哥南部和加勒比海地区及一些太平洋岛屿上。它在栽培过程中逐步形成了一年生习性、对光周期反应不敏感的早熟、合轴分枝生长类型，适合于广大亚热带、温带地区栽培。19 世纪中叶，由美国传入中国，当时称之为“美棉”。植株粗壮，叶缺刻较浅，裂片呈宽三角形（也有裂片窄长的鸡脚棉），花瓣乳白色、通常无红心，铃大，圆形或卵圆形，铃面光滑，无凹点，其纤维细长，品质优良，商品上称为细绒棉，适合纺织业的需要。由于铃大，衣分高，皮棉产量高，适应性广，现已成为世界上种植最广的棉种，其产量占世界各棉花栽培种总产量的 90%以上，已广泛栽培于全国各产棉区。

（四）海岛棉

原产于南美洲、中美洲及加勒比海地区，后传入北美洲东南沿海岛屿种植，因而得名。现在世界上栽培的一年生海岛棉有海岛型海岛棉和埃及型海岛棉两种。

1. 海岛型海岛棉

棉花纤维品质好，可纺 200 支以上的高支纱，但其产量低且适应地区小，仅适于沿海湿润、阳光充足、无霜期长的地区，目前已经很少栽培。中国 20 世纪 50 年代选育的长绒 3 号属于这种类型。

2. 埃及型海岛棉

又称埃及棉，19 世纪初引入埃及后，经过杂交选育面成。此种棉花更适合干旱的灌溉棉区栽培，其纤维品质稍次于海岛型海岛棉，但适应性强，产量较高，是目前世界上栽培最广的海岛棉，产量约占全部海岛棉的 90%以上。

二、中国棉花种质资源概况

（一）种质资源丰富

中国棉花具有丰富的种质资源。截至 2015 年 12 月，国家棉花种质中期库共保存来自世界 53 个产棉国棉花种质资源 10 116份，其中陆地棉 8 620份、海岛棉 918 份、亚洲棉 561 份、草棉 19 份，国内资源 6 359份、国外资源 3 757份。这些种质资源分别保存在北京国家长期库、青海省复库和安阳中期库内（喻树迅，2018）。中国野生棉种质资源主要保存在海南三亚的野生棉种植圃内。据中国农业科学院棉花研究所杜雄明等（2017）介绍，100 多年来，中国已经从 53 个产棉国引入国外棉花种质资源 100 次以上，引入种质 2 222份。其中，陆地棉 2 013份，海岛棉 209 份。

（二）中国棉花种质资源研究概况

多年来，涉及棉花种质资源的研究报道甚多，科研人员从不同研究角度对中国棉花种质资源开展了深入研究。王芙蓉等（2002）对 1 300多份棉花品种资源的纤维品质性状进行了测试分析，并与现代纺织业对棉纤维性状的需要做比较。结果表明，中国陆地棉品种的纤维长度已经能够满足纺织业的需要，但纤维强度和细度尚需提高。朱青竹等（2002）对来自中国、美国、法国等国家的 114 份棉花种质资源进行了生育性状、产量性状、纤维品质及抗黄萎病、棉铃虫性鉴定，发现国内品种成熟早、产量、衣分高，结铃数多、铃重小；在纤维品质上，国内品种的马克隆值、伸长率、整齐度均超过国外品种，但纤维长度、比强度不及国外品种。孙东磊等（2008）分析了 61 份彩色棉种质材料，综合分析表明，供试材料的农艺性状和纤维品质较差，但遗传多样性较丰富。苗培明（2009）应用

TRAP 分子标记方法对 65 份棉花种质资源进行遗传多样性分析，所获得的聚类结果与种质资源的地域来源和形态特征有一定的相关性。陈耕等（2010）通过国内棉花品种的系谱分析，发现绝大多数品种与岱字棉 15、斯字棉、乌干达棉和福字棉有亲缘关系，而国内育成品种的遗传基础较窄。董承光等（2011）对 153 份陆地棉种质资源的主要农艺性状进行综合评价，揭示了各种质材料的特征特性和种质资源群间的遗传关系，为选育优质棉花品种提供亲本来源。孙亚莉等（2012）对棉花种质资源的光子性状做了遗传分析，发现陆地棉和海岛棉材料的光子程度有很大差异，环境对短绒的发育存在一定程度的影响，陆地棉在海南光子程度有所提高，海岛棉在新疆光子程度有所提高，说明棉花短绒多少可能与气候存在一定的关系。赵君等（2013）研究了低酚棉花种质资源的遗传多样性，发现中国目前选育的低酚棉品种（系）具有较丰富的遗传基础；不同棉种及品种的棉酚含量有很大差异，提示不同棉种及棉花品种棉酚含量有可能受不同基因控制。代攀虹等（2016）利用 17 个表型性状数据分析了 419 份陆地棉核心种质的遗传多样性，得出中国保存的陆地棉核心种质具有较为丰富的遗传多样性，不同地理来源遗传变异有较大的差异，不同生态区的核心种质具有独特的性状特性。

三、棉花良种利用

（一）中国棉花品种演替

棉花品种改良是棉花生产的基础，是每个棉花育种者的方向。纵观近代中国棉花的引种和品种演变，中国棉花品种的每一次更新换代都有不同的特点，且不同程度提高了中国棉花生产水平。随着经济水平和社会需求的变化，棉花的优良性状逐步强化、不利性状也正被逐步改良。19 世纪以来，中国棉花品种的更换历经六次重大变化，每次都伴随着丰产性、品质或者抗性的显著改良。

第一次品种更替，从 1904 年开始，历时 44 年。这期间的主要特征是国外陆地棉逐步替代本地亚洲棉。当时，长江流域主要推广德字棉 531、珂字棉 100 和岱字棉 15，黄河流域主要推广斯字棉 4 号和斯字棉 2B，东北棉区主要推广特早熟品种木浦 113－4。截至 1948 年，陆地棉占据了全国棉田总面积的 60%以上。

第二次品种更替，发生在新中国成立的第一个 10 年间（1949—1958），主要特征是岱字棉 15 的发展壮大。长江流域主要推广的岱字棉 15，逐步取代了本区域的珂字棉、德字棉和黄河流域的斯字棉及其退化种，并且取代了中国种植两千多年的亚洲棉以及退化的陆地棉。这次更新换代，对中国适应现代化机器纺织业需要并促进中国棉花品种丰产性与绒长的增长有重要意义，是中国棉花产业史上一次重要的革新。

第三次品种更替，是随后的 5 年期间（1959—1964），主要特征是中国自己选育的棉花新品种得到了推广，促进棉花增产和绒长增加，并开始建立海岛棉基地。长江流域、黄河流域和西北内陆三大棉区的自育新品种逐渐代替了岱字棉 15。在北部特早熟棉区和早熟棉区推广了锦育 5 号和克克 1543 等品种。这次更新，中国棉花单产在之前的基础上增加了两成，部分地区绒长增加 2～3mm。

第四次品种更替，延续了第三次的特点，直到 20 世纪 70 年代末期（1965—1979）。这期间继续推广自育品种，主要特征是棉花丰产性的提高。主要是在长江流域以岱字棉 15 的繁育原种进行了更新，并推广了洞庭 1 号、鄂光棉等品种；在黄河流域推广徐州

209、徐州1818、中棉所3号等；特早熟棉区推广了朝阳棉1号等品种；新疆棉区推广了新海棉、8763依等海岛棉品种。这次更新换代，不同棉花产区的单产较之前增加了10%~30%。自育品种表现丰产、稳产，且生育期短、适应性广，纤维长度有所增加，但综合品质仍然较低。由于这次品种更替，棉花增产15%左右。

随后，抗枯萎病品种开始在生产上应用。主要是在长江流域推广沪棉204、通棉5号、徐州142、泗棉1号、鄂棉6号、岱红岱等；在黄河流域推广徐州142、邢台6781、中棉所7号、冀邯3号；在南北棉区纷纷以自育品种取代岱字棉15。在特早熟棉区推广晋中200、辽棉4号及黑山棉1号；在枯萎病区开始推广抗病品种陕棉4号、陕401及86-1等；在新疆推广了军海1号等自育海岛棉品种。由于这次更替，在不同区域棉花增产10%~20%。据不完全统计，1979年中国自育棉花品种种植面积266.7万hm^2，约占全国棉田面积的60%。

第五次品种更替，历经了10年（1980—1990），主要特征是自育品种完全取代了国外品种，结束了美棉一统天下的局面。这期间，泗棉2号、鲁棉2号、冀棉11号、中棉所12号等新品种得到了极大的推广。长江流域主推泗棉2号，其广适、高产、稳产，整体性能优秀；中棉所12号累计推广面积达1 000多万亩，不仅集合了高产、优质、抗病性，而且稳产、适应性广。黄河流域推广了中棉所8号、中棉所10号、鲁棉1号、鲁棉6号、冀棉8号、豫棉1号、河南79、徐州514、陕1155及86-1等品种；在特早熟棉区推广了辽棉8号、辽棉9号；在新疆推广军棉1号、新陆早1号、巴棉1号及海岛棉新海3号。此期，中国主要棉区基本普及了自育陆地棉品种及自育海岛棉品种，且品种的丰产性有较大提高，但就总体看纤维的断裂长度稍有下降。具有代表性的品种是鲁棉1号。它比岱字棉15增产36%，1980年在山东广为种植，尔后迅速推广到河北、河南、山西、陕西等省和长江流域部分棉区。这一阶段育成的品种极大地促进了棉花丰产、抗病性、纤维品质的提升。中棉所12是综合性状优良、生产效益巨大的代表品种，1990年获国家科技发明一等奖。

第六次品种更替，从20世纪90年代至今（1991至至今），主要特征是抗虫棉和杂交棉的推广。90年代初期棉铃虫的危机，通过中国自主研发的外源抗虫基因转育技术得以解除，体现了现代生物技术在棉花育种中的重要地位，并因此获得了许多抗虫新品种。从20世纪90年代中期开始，转Bt基因抗虫棉33B（国外引入）、国抗系列品种（国内育成）迅速在河北、山东、河南、安徽、山西等省推广，取代原有品种。至2003年，全国抗虫棉种植面积达300万hm^2，对控制棉铃虫为害，确保增产发挥了重要作用。与此同时，杂交棉如中棉所29、鲁棉研15、冀杂56、湘杂棉2号、皖杂40、科棉1号、科棉3号等在南北棉区推开，到2000年种植面积约53万hm^2，为历史上前所未有。此外，在长江流域推广泗棉3号、苏棉8号、苏棉12号、鄂抗棉5号、川棉109；在黄河流域推广中棉所19、中棉所23、冀棉24；在新疆除推广军棉1号、新陆早1号、新陆中5号外，内地的中棉所12、中棉所19、豫棉15、冀棉24等也引人推广。这个阶段极大地利用了杂种优势，选育出一系列高产优质的杂交棉品种，完善了中国棉花产业的育种体系。

综上所述，前两次更新换代主要依靠引进外国品种，而从第三次更替开始，中国自育品种得到了推广，随后逐渐选育出适应不同棉区的优良新品种，建立了较完整的育种体系。由此可以看出，中国棉花育种的发展趋势是：从国外引进到自主选育；从产量改良到品质改良；从感病虫品种到抗病虫品种；从常规棉品种到专用棉品种；从纯合型棉种到杂交棉品种。每一次棉种的更新换代，棉花的单产和抗性都逐步提高，纤维品质也得到了显著改良。

（二）良种简介

优良品种是在一定时期和一定地区表现优良的品种。随着育种技术、栽培技术和产业化水平的不断提高，某一品种的优良性状和比较优势可能逐渐消失或相对变弱，因此优良品种具有时效性。近年来，随着科学技术的快速发展，促使中国棉花新品种标准不断更新。

1. 中棉所 35

类型　中早熟陆地棉。

选育单位及年代　中棉所 35（中 9409）母本为丰产品系中 23021，父本为抗病、优质杂交材料（中棉所 12×川 1704），杂交选育而成。是中国农业科学院棉花研究所选育的丰产、优质、多抗新品种。于 1909—2000 年先后通过河南、山东、新疆和国家农作物品种审定委员会审定。

形态特征　在南疆全生育期 135d 左右。植株清秀呈塔型，茎秆坚韧富有弹性，抗倒伏，绒毛少，茎色深绿红绿茎比高。果枝二式分支，第一果枝节位低，果枝节间短，与主茎夹角小，适宜“密、矮、早”模式种植。叶枝少且长势弱，赘芽少有利于简化管理。叶色深绿、缺刻中度皱、折明显、叶片厚实、大小适中、上举性好、群体通风透光性好。铃长卵圆形、铃面光滑、色深绿、铃尖突出、单株结铃 7~5 个，铃重 5g，子指 11.5g，衣分率 40%以上，是将种子大、衣分率高结合较好的一个品种。

产量和品质　1997—1998 年新疆维吾尔自治区两年区试，霜前皮棉产量分别 147.5kg/亩和 117.0kg/亩（1 亩≈667m^2。全书同）。南疆中等土壤肥力该品种皮棉产量可达 125~150kg/亩。纤维 2.5%跨长 30.5mm，比强度 22.3cN/tex，马克隆值 4.6。

抗性表现　枯萎病指分别为 1.0、3.4（蕾期）、5.0，高抗枯萎病；黄萎病指分别为 0、5.8（花铃期）、49.5，耐黄萎病。不抗虫。

适宜种植地区　适宜在黄河流域麦棉套种和新疆南部春播种植。

2. 中棉所 36

类型　早熟陆地棉。

选育单位及年代　中国农业科学院棉花研究所以早熟丰产 11109 母本与抗病优质的中 662 为父本的杂交后代经抗病选育而成的短季棉。1999 年通过天津农作物品种审定委员会审定。

形态特征　生育期 113d。生长发育快，如出苗快，现蕾后长势转旺；第一果枝着生节位低，为 5.2~5.4 节，株高 71~80cm，叶色深绿；茎秆硬，棕红色；果枝与主茎夹角小；单株成铃数 9~10 个，铃中等大小，单铃重 5.0g，衣分 36.6%，子指 11g；吐絮畅，易收摘。

产量和品质　在北疆示范种植，皮棉产量 154kg/亩。纤维品质经农业农村部棉花品质监督检验测试中心测定，2.5%跨长 29.3mm，比强度 23.2cN/tex，马克隆值 4.4。

抗性表现　枯萎病指 7.2，黄萎病指 17.5，属高抗枯萎病、黄萎病类型。不抗虫棉。

适宜种植地区　适宜在新疆北疆棉区种植。

3. 中棉所 49

类型　早中熟陆地棉。

选育单位及年代　亲本为中棉所 35×中 51504，中国农业科学院棉花研究所选育，2004 年分别通过新疆维吾尔自治区和国家农作物品种审定委员会审定。

形态特征　在塔里木垦区生育期 137d 左右，植株塔型，茎秆柔韧、茸毛少，叶片中等大小，上举，叶裂深，Ⅱ式果枝。铃卵圆型，单铃重 5.5～5.7g，铃壳薄，吐絮畅而集中。该品种出苗迅速，前期发育快，长势稳健，果节多，双铃、三铃率高。

产量和品质　棉絮洁白，衣分 41.8%，籽指 11.1g，马克隆值 4.3，纤维品质优良。2.5%跨长 28.8mm ，比强度 21.4cN/tex，纤维整齐度 48.2%，麦克隆值 4.3，伸长率 7.1%，反射率 77.5%，黄度 7.6，纺纱均匀性指数 142。

抗性表现　抗枯萎病，耐黄萎病，不抗虫。

适宜种植地区　适宜在西北内陆无霜期 180d 以上的早中熟棉区种植。

4. 中棉所 99

类型　转抗虫基因中熟三系杂交品种。

选育单位及年代　亲本为 P1528×sGK-中 23，由中国农业科学院棉花研究所选育，2016 年通过国家棉花品种审定。

形态特征　黄河流域棉区春播生育期 118d。植株较高，株型较松散，茎秆茸毛多，叶片中等大小，叶色中绿，叶片皱褶明显，铃卵圆形，较大，结铃性好，吐絮肥畅。株高 106.4cm，第一果枝节位 7.0 节；单株结铃 20.0 个，单铃重 6.5g，子指 11.0g，衣分 40.1%，霜前花率 94.2%。

产量和品质　2017—2018 年参加棉花新品种比较试验，连续 2 年籽棉产量均为第一，最高籽棉亩产可达 520kg，平均籽棉亩产 465kg/亩，丰产、稳产性好。HVICC 纤维上半部平均长度 30.4mm，断裂比强度 31.3cN/tex，马克隆值 5.1，断裂伸长率 5.2%，反射率 76.8%，黄色深度 7.8，整齐度指数 84.6%，纺纱均匀性指数 143。

抗性表现　抗枯萎病（病指 9.6），耐黄萎病（病指 34.4）。抗棉铃虫。

适宜种植地区　适宜在天津、河南、山东西南部、安徽淮河以北、新疆北疆棉区中高肥水、黄萎病非重病棉田种植地区等。

5. 中杂 306

类型　单价转基因抗虫杂交春棉。

选育单位及年代　亲本为鲁棉研 21 号×318，由中棉种业科技股份有限公司选育，2017 年通过国家棉花品种审定。

形态特征　生育期 117～119d。植株塔型，较松散，株高 104.0～123.2cm；叶片掌状，中等偏大，叶色深绿；结铃性较强，铃卵圆形，中等大小；第一果枝节位 6.4～6.9 节，单株果枝数 14.1～14.7 个，单株结铃 22.5～24.2 个，铃重 6.4～7.1g，衣分 39.96～42.5%，子指 11.1～11.8g，霜前花率 92.2～97.8%；吐絮畅，易收摘，纤维色泽洁白。

产量和品质　2014 年河南省杂交春棉区域试验，平均亩产籽棉、皮棉和霜前皮棉分别为 259.3kg、108.5kg 和 106.6kg；2015 年续试，平均亩产籽棉、皮棉和霜前皮棉分别为 312.7kg、126.3kg 和 117.3kg。2016 年河南省生产试验，平均亩产籽棉、皮棉和霜前皮棉分别为 295.0kg、117.9kg 和 112.4kg。纤维上半部平均长度 28.56/29.3mm，断裂比强度 28.99/29.1cN/tex，马克隆值 5.71/5.6，整齐度 84.64/85.4%，伸长率 5.60/6.7%，反射率 76.00/77.5%，黄度 7.62/7.50，纺纱均匀性指数 126.6/134.3。

抗病鉴定　枯萎病指 12.9，耐枯萎病；黄萎病指 19.5，抗黄萎病。抗虫株率 100%，Bt 蛋白表达量 238.00 ng/g。

适宜种植地区　适宜在河南省等黄河流域范围种植。

6. 中棉所 110

类型　转抗虫基因中熟常规品种。

选育单位及年代　由中国农业科学院棉花研究所、山东众力棉业科技有限公司选育，亲本为冀 1286×XU2006，2018 年通过国家棉花品种审定。

形态特征　黄河流域棉区春播生育期 122d。植株较高，株型松散，茎秆较粗壮，茸毛较少，叶片中等大小，叶色较浅，铃卵圆形，中等大，铃尖较明显，结铃性较好，吐絮畅。早熟性好，后期叶功能好。株高 106.1cm，第一果枝节位 6.7 节，单株结铃 19.6 个，单铃重 6.2g，子指 11.0g，衣分 40.2%，霜前花率 92.8%。

产量和品质　2015—2016 年参加黄河流域棉区中熟常规品种区域试验，两年平均籽棉、皮棉及霜前皮棉亩产分别为 278.1kg、111.7kg 和 103.6kg。2017 年生产试验，籽棉、皮棉及霜前皮棉亩产分别为 281.02kg、112.97kg 和 104.43kg。HVICC 纤维上半部平均长度 29.3mm，断裂比强度 31.0cN/tex，马克隆值 5.5，断裂伸长率 6.0%，反射率 76.0%，黄度 8.1，整齐度指数 85.1%，纺纱均匀性指数 141。

抗性表现　耐枯萎病（病指 12.2），耐黄萎病（病指 32.2）。抗棉铃虫。

适宜种植地区　适宜在山西南部、陕西关中、河北、山东、河南、江苏淮河以北和安徽淮河以北棉区种植。

7. 新陆中 87 号

类型　早中熟陆地棉。

选育单位及年代　亲本为 9019×K10，由新疆合信科技发展有限公司选育，2017 年通过审定。

形态特征　该品种生育期 135d，霜前花率 95.1%。植株塔型，植株较紧凑，茎秆多毛，花冠乳白色，花药乳黄色。叶层分布合理，通透性好。茎秆坚韧抗倒伏，宜机采。整个生育期长势强。Ⅰ~Ⅱ式果枝，第一果枝节位 5~6 节，果枝台数 8~10 台。子叶为肾形，真叶普通叶型，掌状五裂，叶片中等大小，绿色、缘皱，背面有细茸毛。铃卵圆形，中等偏大。多为 5 室铃，铃面光滑，有腺体。种子梨形，褐色，中等大，毛籽灰白色，短绒中量。单铃重 6.1g，子指 11.9g，衣分 42.8%。

产量和品质　2014—2015 年两年自治区早中熟陆地棉区域试验，平均亩产皮棉 167.4kg；2016 年生产试验，平均亩产皮棉 181.0kg，比对照增产 11.5%。纤维上半部平均长度 29.7mm，比强度 29.3cN/tex，马克隆值 4.3，整齐度指数 84.3%。

抗性表现　枯萎病病指 3.7，高抗枯萎病，黄萎病病指 23.2，耐黄萎病。

适宜种植区域　新疆南疆早中熟陆地棉区。

8. 新陆中 86 号

类型　早中熟常规棉。

选育单位及年代　亲本为新陆中 30 号×09164，由南京木锦基因工程有限公司选育，

2017 通过审定。

形态特征　生育期 136d。植株清秀，株型筒型，毛杆，叶片中等大小、上举，叶色、叶裂深，果枝中等长度，单株结铃较好。棉铃为卵圆形，较小。株高 76cm，果枝始节位 5.6 节，单株结铃 5.9 个，单铃重 5.2g，衣分 44%，子指 10.3g，霜前花率 95%。

产量和品质　2014—2015 两年自治区中早熟常规棉组区域试验，两年平均亩产 157.5kg，比对照增产 6.2%。2016 年生产试验，平均亩产 176.7kg，比对照增产 8.8%。经农业农村部棉花品质监督检验测试中心（安阳）检测，HVICC 纤维上半部平均长度 30.75mm，断裂比强度 31.55cN/tex，马克隆值 4.3，断裂伸长率 6.4%，反射率 76.7%，黄色深度 7.8，整齐度指数 85.2%，纺纱均匀性指数 157。Ⅱ型品种标准。

抗性表现　枯萎病指 3.8，属高抗类型，黄萎病指 43.3，属感病类型。

适宜种植区域　新疆南疆早中熟陆地棉区。

9. 新陆中 85 号

类型　早中熟陆地棉。

选育单位及年代　亲本为 03~734×03~217，由新疆生产建设兵团第一师农业科学研究所、新疆塔里木河种业股份有限公司选育，2017 通过审定。

形态特征　全生育期 139d，霜前花率 94.0%，株型筒型，株高 77.5cm，茎秆粗壮，Ⅱ类果枝。叶片中等大小、叶裂深、叶色深绿。花冠乳白色。铃卵圆型，铃室多为 4~5 室，单铃重 6.1g、衣分 43%。吐絮畅而集中，含絮力较好，絮色洁白。籽指 10.9g，种子圆锥形，褐色，毛籽，披灰白色短绒。

产量及品质　2014—2015 两年自治区早中熟组陆地棉区域试验，两年平均亩产皮棉 152.9kg，比对照增产 3.4%。2016 年生产试验，平均亩产皮棉 171.4kg，比对照增产 5.5%。经农业农村部棉花品质监督检验测试中心（安阳）检测，HVICC 纤维上半部平均长度 31.6mm、断裂比强度 32.2cN/tex、马克隆值 4.0、整齐度指数 84.7%。

抗性表现　枯萎病相对病指 4.1，高抗枯萎病，黄萎病相对病指 10.2，抗黄萎病。

适宜种植区域　新疆早中熟棉区种植。

10. 新陆中 42 号

类型　早中熟陆地棉。

选育单位及年代　由复配杂交组合［（新陆早 7 号×中 2621）×中棉所 35 号］×新陆早 16 号选育而成。由内蒙古自治区农牧业科学院选育，2009 年新疆维吾尔自治区农作物品种审定委员会审定通过

形态特征　生育期 132d 左右。株高 69cm，茎秆有茸毛，色淡绿，花冠呈乳白色。第一果枝节位在 5 节左右，高度在 19.7cm 左右，赘芽适中，Ⅰ~Ⅱ型果枝。叶色浅绿，叶柄长，茸毛多。长圆铃，棉铃表面不光滑，絮色洁白面有丝光，单株有效铃数 6.9 个，单铃重 5.4g。

产量及品质　2012—2014 年农业农村部棉花品质监测中心测定，纤维上半部平均长度 28.58mm，断裂比强度 28.47cN/tex，马克隆值 3.98，伸长率 7.4%，反射率 80.2%，黄度 7.5，整齐度指数 84.4%，纺纱均匀指数 144。

抗性表现　内蒙古自治区农牧业科学院植物保护研究所田间病虫害情况调查，个别植株发生枯萎病，少量蕾铃有棉铃虫危害，未发现其他病虫害。

适宜地区　内蒙古自治区阿拉善盟适宜区种植。

11. Z1112

类型　早熟陆地棉。

选育单位及年代　亲本为陕5051×97～185，由新疆兵团第七师农业科学研究所、新疆锦棉种业科技股份有限公司，2016年通过审定。

形态特性　西北内陆棉区春播生育期123d。出苗好，整个生育期长势较强，结铃性好，吐絮畅。株型较紧凑，茎秆坚韧，不易倒伏。株高75.7cm，Ⅱ式果枝，茎秆茸毛较少，叶片中等大小、叶量少、叶色较浅，第一果枝节位6.1节，单株结铃6.5个，铃卵圆形，铃较大，铃嘴突出，铃面较光滑，单铃重5.6g，衣分41.4%，子指11.5g，霜前花率93.9%。

产量和品质　2013—2014年参加西北内陆棉区早熟组品种区域试验，两年平均籽棉、皮棉及霜前皮棉亩产分别为352.2kg、146.2kg和136.9kg，分别比对照新陆早36号增产8.4%、9.6%、4.9%。2015年生产试验，籽棉、皮棉及霜前皮棉亩产分别为368.4kg、159.7kg和153.7kg，分别比对照新陆早36号增产9.7%、13.3%和10.8%。HVICC纤维上半部平均长度29.9mm，断裂比强度31.6cN/tex，马克隆值3.9，断裂伸长率7.5%，反射率80.9%，黄色深度8.0，整齐度指数85.2%，纺纱均匀性指数159。

抗性表现　抗枯萎病（病指5.0），感黄萎病（病指48.8），不抗棉铃虫。

适宜种植地区　适宜在北疆早熟棉区黄萎病无病或轻病棉田种植。

12. 新陆中60号

类型　早中熟陆地棉。

选育单位及年代　亲本为新陆中14号/20～965，由新疆生产建设兵团农业建设第一师农业科学研究所、新疆塔里木河种业股份有限公司，2012年通过审定。

形态特性　非转基因常规棉品种，西北内陆棉区春播生育146d。生育期间长势较强。株高63.3cm，植株塔型，Ⅱ式果枝，果枝较长松散，茎秆绿色、较硬有弹性、茸毛较少，茎秆和叶柄有腺体，子叶肾形，叶片中等大小、叶浅绿、缺刻较深、有茸毛，铃卵圆形、铃嘴尖，果枝始节位5.3节，单株结铃5.7个，铃中等大小，单铃重6.1g，衣分43.0%，子指11.0g，霜前花率91.9%。

产量和品质　2009—2010参加西北内陆棉区早中熟品种区域试验，两年平均籽棉、皮棉和霜前皮棉亩产分别为352.1kg、152.4kg和140.9kg，分别比对照品种增产0.7%、1.2%和减产0.1%。2011年生产试验，籽棉、皮棉、霜前皮棉亩产分别为369.0kg、153.1kg、149.0kg，分别比对照中棉所49增产1.2%、1.9%和0.7%。HVICC纤维上半部平均长度30.3mm，断裂比强度33.2cN/tex斯，马克隆值4.3，断裂伸长率5.5%，反射率79.75%，黄度7.5，整齐度指数86.85%，纺纱均匀性指数168.5。

抗性表现　高抗枯萎病，感黄萎病。

适宜种植地区　适宜西北内陆早中熟棉区黄萎病无病或轻病地种植。

13. 新陆中84号

类型　早中熟陆地棉。

选育单位及年代　亲本为新陆中27号×K3334，由新疆农业科学院经济作物研究所选育，2017年通过审定。

形态特征　Ⅱ式果枝，生育期140d左右，霜前花率92%，株型呈塔形，植株青秀，长势中等，叶片中等大小，通风透光好；株高75cm左右，第一果枝节位5.6节，果枝数8~10台；平均单株成铃7个左右；铃卵圆型，铃重5.5~6g，衣分率42.5%，子指10.5g；棉纤维色泽洁白，含絮好，吐絮畅而集中。

抗病性鉴定　枯萎病病指3.9，高抗枯萎病，黄萎病病指30.2，耐黄萎病。

产量和品质　2014—2015两年自治区早中熟陆地棉区域试验，两年平均亩产156.7kg，比对照增产8.7%。2016年生产试验，平均亩产183.8kg，比对照增产13.1%。2.5%跨长30.85cm，断裂比强度31.9cN/tex，马克隆值4.1，整齐度85.45%。

适宜种植区域　南疆早中熟陆地棉区。

14. 新陆中83号

类型　早中熟陆地棉。

选育单位及年代　亲本为新陆中21号×K3301，由新疆农业科学院经济作物研究所选育，2017年通过审定。

形态特征　Ⅱ式果枝，平均生育期135.5d。株型呈塔形，植株清秀，长势强，叶片较小，吐絮集中，吐絮后叶片易脱落，通风透光好；株高80cm左右，第一果枝节位5.4节，果枝数8~10台；平均单株成铃7个左右；铃卵圆型，铃重5.8g，衣分率41.8%，子指10.8g；棉纤维色泽洁白，含絮好，吐絮畅而集中，纤维品质优良。株型和果枝以及集中吐絮的特性适合机械采摘。

产量和品质　2015—2016两年自治区早中熟陆地棉区域试验，两年平均亩产154.0kg，比对照增产12.2%。2016年生产试验，平均亩产180.9kg，比对照增产11.4%。经农业农村部棉花品质监督检验测试中心（安阳）检测，HVICC纤维上半部平均长度33.1cm，断裂比强度34.0cN/tex，马克隆值4.0，整齐度85.7%。

抗性表现　枯萎病病指6.2，属抗枯萎病，黄萎病病指16.3，属抗黄萎病。

适宜种植区域　南疆早中熟陆地棉区。

15. 新陆中82号

类型　早中熟陆地棉。

选育单位及年代　亲本为A27×52~2，由新疆塔里木河种业股份有限公司、新疆劲丰合农业科技有限公司选育，2017年通过审定。

形态特征　全生育期133d左右，整个生育期长势强，整齐度好，早熟不早衰。植株清秀、较紧凑，株形筒形，Ⅰ~Ⅱ类果枝，株高83.6cm，茎秆粗壮、直立，叶片较大、深绿色，第一果枝节位5.4节，单株结铃6.7个，铃为长卵圆形，铃室4~5室，单铃重5.4g，衣分42.8%，子指9.7g，霜前花率96.4%。

产量和品质　2014—2015两年自治区常规陆地棉区域试验，两年平均籽棉、皮棉和霜前皮棉亩产分别为367.7kg、156.1kg和147.5kg，分别比对照中棉49号增产8.0%、8.0%、8.3%。2016年生产试验，平均籽棉、皮棉和霜前皮棉亩产分别为440.3kg、191.0kg和189.4kg，分别比对照中棉所49号增产14.2%、17.6%和18.1%。经农业农村部棉花品质监督检验测试中心（安阳）检测，上半部平均长度30.0mm、断裂比强度31.1cN/tex、马克隆值4.5、断裂伸长率6.5%、反射率76.6%、整齐度指数84.9%、纺纱均匀性指数151.4。

抗性表现　枯萎病病情指数 5.3，抗枯萎病，黄萎病病情指数 35.1，耐黄萎病。

适宜种植区域　新疆南疆早中熟棉区。

第二节　新疆棉花种质资源

一、新疆棉花种质资源概况

（一）种质资源丰富

新疆棉花种质资源收集始于 20 世纪 50 年代。起先从国内的长江棉区引进岱字棉，从云南、广东、江苏等引入海岛棉，从国外的前苏联、美国、埃及引进陆地棉和海岛棉，到陆续开展了从内地和国外的大量考察引种收集工作。种质资源的保存由最先的西北内陆棉区由新疆巴州地区农科所收集保存有关新疆棉区和前苏联陆地棉品种资源，吐鲁番地区农科所收集保存国内外海岛棉资源，到后来因工作需要等各种原因，发展为多家科研单位均有保存收集的状况。据不完全统计，目前新疆收集、保存棉花种质资源 6 224份，其中陆地棉5 020份，海岛棉 492 份，亚洲棉 348 份，非洲棉 14 份，陆地棉半野生种系 350 份。各资源保存单位对收集的资源根据需要不同程度地进行了生物学特征、农艺经济性状、耐旱性、耐盐性、纤维品质、抗病虫性等方面的鉴定，输入数据库，综合评选出若干优异种质供育种、生产利用。

（二）新疆棉花种质资源研究概况

1. 陆地棉品种遗传多样性

薛艳等（2010）以新疆自 1978 年以来审定命名的 42 个早熟棉品种为材料，利用 SSR 分子标记对新疆早熟棉品种进行研究。从 2300 对 SSR 引物中筛选出了 52 对具有稳定多态性的引物，每对引物可检测到 3~24 个多态性片段，共检测到 506 个，平均 9.7 个，片段大小介于 100~2 000bp 之间。对所得到的 52 个 SSR 指纹图谱进行组合和综合分析，用其中 2 对就可将所有供试品种区分开来，获得各个品种的特异性指纹；聚类分析发现，品种在 DNA 水平上彼此间的差异并不是很大，绝大多数供试品种的亲缘关系比较近，遗传基础比较狭窄。艾先涛等（2010）以南疆自育的 33 个新陆中品种为研究对象，通过遗传多样性研究发现：13 个表型性状中株高的遗传多样性指数最高，达到了 1.4749，其次为整齐度指数和果枝台数。遗传多样性指数最低的是铃重，仅为 1.2847。随着新疆栽培模式的变化，自育品种株型由紧凑型向松散型转变，果枝由短果枝向Ⅰ型和Ⅱ型中长果枝类型转变，蕾铃分布由内围铃向外围扩展，蕾铃空间结构更加合理。自育品种之间存在一定差异，但总体上差异不大，这主要是由于南疆自育品种遗传基础狭窄的问题未彻底改变，目前遗传基础的狭窄与品种本身材料来源狭窄有关，这一点与前人对中国陆地棉种质资源的遗传基础狭窄的研究结论一致。艾先涛等（2011）对北疆 38 个自育审定品种的表型性状遗传多样性进行全面分析后发现：13 个表型性状中果枝台数的遗传多样性指数最高，达到了 2.0777，其次为马克隆值、籽指和单铃重。遗传多样性指数最低的是伸长率，仅为 0.8673。通过聚类研究发现：①具有相近表型性状、相似遗传背景、相同选育单位和相同类型的品种均被较好的聚类在一起，聚类结果较为符合品种本身的真实特性和遗传背景演变趋势。②北疆自育品种一直成为主栽品种，究其遗传原因在于合理拓展美棉成分、黄河流域中棉系列以及特早熟棉区辽棉系列的遗传组分，这使得北疆自育品种的遗传基础不断拓展和丰富，产量不断提高，为新疆棉花育种打破遗传组分狭窄问题提供了启示、依据和拓展方向。艾先涛（2014）利用SSR标记对94份新疆自育陆地棉品种的遗传多样性进行了研究分析，结果表明：从分布于棉花全基因组的206对SSR标记中筛选出54对具有稳定多态性的引物，共检测出153个多态性位点，每对引物的等位变异为2~6个，平均为2.93个；基因型多样性（H′）变幅为0.0439~0.7149，平均为0.4491；引物多态信息含量（PIC）为0.0430~0.6640，平均为0.3831。表明SSR标记在品种间可以反映较丰富的遗传多样性信息。94份品种间成对遗传相似系数变幅为0.3846~0.9835，71.9%的品种相似系数在0.601~0.800内，反映出新疆陆地棉品种间的遗传相似性相对较高。根据UPGMA聚类分析，在阈值为0.63时，将94份品种划分为2个类群，说明新疆陆地棉品种间遗传关系相对简单，品种的遗传基础相对狭窄，品种遗传组分差异较小，总体上遗传多样性不够丰富；分子聚类结果与品种本身遗传系谱背景和演变趋势吻合度较高，符合品种的真实特性。研究表明，自育品种在分子水平上差异不大，需要努力拓宽品种选育的遗传基础。聂新辉等（2014年）以新疆截止2012年审定的51个新陆早常规棉花品种（杂交棉品种除外）为材料，利用SSR标记进行遗传多样性分析。实验从5000对SSR引物中筛选出多态性高、稳定性好、且明确定位在棉花26条染色体上（每条染色体上选择2~3对）的核心引物75对。SSR扩增检测到多态性基因型位点数共计226个，每个标记检测到的基因型位点数在2~12之间，平均为3.01个；引物多态信息量（PIC）值介于0.0799~0.8752之间，平均值为0.6624。聚类分析表明：51个新陆早棉花品种遗传相似系数变化范围为0.4269~0.9873，平均值为0.7071，表明新陆早棉花品种之间遗传多样性较狭窄；遗传相似系数矩阵和聚类分析将51个新陆早品种分为4大类型，与原品种选育系谱高度吻合。王欣怡（2018）利用SSR标记构建新疆近40年间审定的120个陆地棉品种的DNA指纹图谱并进行遗传多样性分析。从586对候选引物中筛选得到78对多态性高、扩增稳定且均匀分布于棉花染色体上的引物，并用这78对引物构建120个陆地棉品种的DNA指纹图谱。8对核心引物在120个材料中检测到392个等位位点，其中多态性位点324个，多态性比率达82.7%。24个标记位点在17个品种上具有特征谱带。采用12对引物组合即可鉴定120个棉花品种。聚类分析显示，120个陆地棉品种遗传相似系数变化范围为0.50~0.96，平均为0.73，遗传相似系数偏高，表明新疆陆地棉品种的遗传基础较狭窄。引物组合法是构建DNA指纹图谱最有效的方法。遗传相似系数矩阵将120个陆地棉品种分为三大类群，与系谱来源较为吻合。张大伟（2015）利用SSR分子标记对43份北疆早熟陆地棉部分种质资源材料进行了遗传多样性分析，筛选了24对核心引物，利用软件进行遗传相似性及聚类分析。共扩增出71个多态性条带，平均每个引物为2.84个条带，扩增98个等位基因。变异的多态信息含量（PIC）在0.12~0.80。43份资源材料成对遗传相似系数变化范围在0.458~0.944，其中63.75%的材料遗传相似系数在0.500~0.696，35.71%的材料遗传相似系数在0.700~0.944。根据UPGMA聚类分析，遗传相似系数在0.58时，可将43份材料聚类为2类群。43份资源材料中大部分材料成对间相似度较高，遗传性差异较小，遗传基础较狭窄。

2. 海岛棉品种遗传多样性

谢元元等（2013年）研究新疆不同时间选育的和从前苏联、美国等引种的127份海岛棉种质资源，选择了 207 对 SSR 引物，从 207 对 SSR 引物中筛选出 49 对多态性较高的引物，SSR 分子标记数据计算得出遗传多样性指数大小，其排列为，前苏联品种>新疆自育品种>内地品种>创新种质>美国品种>其他海岛棉品种，通过表型性状分析发现：所搜集到的 127 份海岛棉种质资源表型性状丰富，16 个表型性状中铃数的多样指数最大，达到 2.6，其次为株高和始节位数；遗传多样性指数最小的为植株腺体为 0.25。SSR 分析表明较多的海岛棉种质聚为一类，表明所搜集的海岛棉种质遗传基础比较狭窄，主成分分析结果表明新疆自育所审定的前期品种以军海 1 号为中心，后期通过不断地引种与种质创新所培育出的品种亲缘关系在逐渐加大。群体结构分析计算可以得出 127 份海岛棉种质资源可以划分为四个亚群，进一步证实了所搜集的海岛棉种质资源群体结构比较单一、遗传背景较为狭窄。杜雄明团队（2013）对来自于不同国家和地区的 56 份海岛棉（33 份来自于前苏联，5 份来自埃及，1 份来自美国，1 份来自阿尔巴尼亚，7 份来自中国云南、江苏等地，9 份来自中国新疆）进行遗传多样性分析，结果表明：56 份海岛棉品种两两间的相似系数分布在 0.585~0.926，主要集中在 0.6~0.8，占整个数据的 97%，平均遗传相似系数为 0.7。从整体上看，56 份海岛棉的相似系数较高。从聚类图可以看出，以遗传距离 0.69 为标准，56 份海岛棉品种可以分为四类。第一类主要是 2010 年从俄罗斯引进的前苏联海岛棉为主的 27 份品种，其中来自埃及的吉扎 77 和美国的派字棉以及中 239 都归到了这一类。第二类稍微复杂，但主要是以来自中国新疆的 6 份海岛棉的 6 份海岛棉和来自埃及的吉扎的 4 份海岛棉及国内其他地方的广海 63-5、长 605、L-3398、8040-2、跃 51-19，美国的比马 S-4，阿尔巴尼亚的洛塞雅和来自俄罗斯的 2 个海岛棉品种归到了一类。第三类包括 8 个品种，主要是来自前苏联的 6 个品种和来自新疆的巴 3116 和河北的冀 B91~45 。第四类只有一个来自前苏联的 L~8007，独成一类。综合说明新疆海岛棉品种遗传基础较为狭窄。马麟（2016）选取新疆选育具有代表性的 130 份海岛棉品种/系，基于其 24 个主要表型性状进行变异度、Shannon-Wiener 多样性指数及 Q 型聚类分析。24 个表型性状平均变异系数为 25.77%，叶片大小变异系数（53.32%）最大，整齐度指数变异系数（1.00%）最小；平均遗传多样性指数为 1.439，单株结铃数多样性指数（2.237）最大，纤维颜色多样性指数（0.288）最小；数值型性状遗传多样性水平极显著高于描述型性状，但其变异度不如后者丰富。当欧氏距离为 20 h，130 份新疆海岛棉资源被聚为Ⅰ（60 份材料）、Ⅱ（70 份材料）2 个大类群，当欧氏距离为 15 时，Ⅰ类群被划分为 A（26 份材料）和 B（34 份材料）2 个亚群，Ⅱ类群被划分为 C（10 份材料）和 D（60 份材料）2 个亚群，且各类群之间部分纤维品质指标差异显著（$P<0.05$）或极显著（$P<0.01$）。新疆海岛棉种质资源表型性状的变异度丰富、遗传多样性较高，数值型性状有遗传改良和利用潜力，有明显的类群关系，且各聚类群之间表现出了明显区域性和显著品质差异性。

3. *彩色棉品种遗传多样性*

李晓波（2008）根据新疆棕色棉的生长发育特性，进行了遗传特性分析。利用棉花数据库里的 SSR 标记，聚类分析表明新疆的棕色棉品种同新疆的陆地棉品种亲缘关系较近，与内地的陆地棉亲缘关系较远，与海岛棉关系最远。利用 SSR 标记，首次将纤维色素基因 Lc1 定位于第 7 染色体上的 NAU2862 和 NAU1043 的两个标记之间，距离分别为 7.8cM 和 3.8cM；以及纤维色素基因 Lc2 定位在第 6 染色体上的 NAU5433 和 NAU2968 两个标记之间，距离分别为 4.4cM 和 7.4cM。尤春源等（2014 年）以新疆截至 2012 年审定的23份新彩棉品种为材料，利用SSR标记进行遗传多样性分析。从5000对SSR引物中，挑选出多态性高、稳定性好、均匀分布在棉花26条染色体上的52对引物，在23份新彩棉品种中筛选出核心引物47对，SSR扩增检测到多态性基因型位点数共16个，每个标记检测到的基因型位点数在2~7之间，平均为3.45个；引物多态信息量（PIC）值介于0.4537~0.8686之间，平均值为0.7096。聚类分析表明，23个新彩棉品种遗传相似系数变化范围是0.3781~0.9298，平均为0.5511，表明新彩棉品种之间存在着丰富的遗传多样性。

二、棉花良种利用

（一）新疆棉花品种演替

近50年来新疆棉花生产品种经历了引进、自育、自育与引进并行，历经了7次较大范围的品种更换的演变过程，产量水平不断提高，品质性状有所改善。

1953—1960年为第一次品种更换期。以引种前苏联品种为主，更换农家土种和外引退化品种。通过鉴定筛选，应用于生产。南疆长绒棉引种2依35230费、司6022、5904依、8763依，陆地棉引种108夫、司3173、司1470、司4744、司4727、司1306、153夫（108夫、司1470使用时间最长）；北疆引种克克1543、611波、克克18819、司3173；东疆引种长绒棉8673依，同时引种美国光叶岱字棉和岱字80。外引品种为育种提供丰富种质资源，促进了棉花生产发展。1955年石河子垦区棉花平均单产817.5kg/hm^2，为当年全国平均值的2.4倍，成为全国高产棉区之一。

1961—1966年为第二次品种更换期。自育与外引品种交替推广应用，重视品种早熟丰产性状。南疆长绒棉引进早熟品种5904依、5230费和中熟品种司6022、司6002，同时，1959年从2依3中系选出胜利1号（中长纤维、早熟丰产），从9122依中系选出塔海1号，陆地棉，108夫中系选出大铃棉；北疆从克克1543中系选出61~72，61~72中系选出从棉品系中系选出66~241，从T5棉品系中系选出农垦5号；东疆在推广8763依、910依的同时，采用集团选育法从5230费中混选出新海棉。这些品种比老品种早熟丰产品质好。1965年北疆棉花发展到2.87×10^{4}hm^2，平均单产为895.5kg/hm^2，为全国平均值1.8倍，创全国最高纬度棉花大面积丰产纪录。

1972—1982年为第三次品种更换期。以自育为主，逐步取代外引品种。南疆长绒棉先后培育出军海1号、新海3号，解决了早熟丰产优质之间矛盾，东疆先后培育出吐海1号、吐海2号、新海2号；陆地棉采用品种间多父本杂交方法，培育出军棉1号，逐年取代了司1470，成为南疆主栽品种。北疆从农垦5号722品系中系选出新陆早1号，1979年彻底更换了克克1543，成为北疆主栽品种。

1983—1993年为第四次品种更换期。以杂交育种为主，重点解决纤维内在品质和含糖，淘汰纤维品质较差的品种。1978—1990年，种子管理部门组织了四轮区域化试验，进行长达12年育种攻关，新的自育品种不断通过自治区农作物品种审定委员会审定命名。长绒棉有新海4号、5号（1983—1984年）；新海6~10号（1988—1990年）、新海11号（1922年）；陆地棉有新陆早2~3号、新陆中1~3号（1988—1990），新陆中4号（1922年）。这些品种早熟、丰产、优质、耐枯萎病、特别纤维强力明显提高、逐步在各棉区推广。

1994—2000 年为第五次品种更换期。以品质育种为主，积极培育早熟、丰产、优质、抗病新品种、同时引进筛选抗病、高产、优质品种。先后引进中棉所系列 23 个，中植系列 3 个，冀棉系列 10 个，辽棉系列 6 个，豫棉系列 11 个，苏棉系列 3 个，鲁棉系列 2 个，川棉系列 4 个，晋棉系列 3 个，抗虫棉 9 个，低酚棉 2 个。共计 76 个。1994—1999 年，自治区农作物品种审定委员会先后审定命名的自育品种有新陆早 4～10 号、新陆中 5～7 号，长绒棉新海 12～15 号等 14 个品种；审认定引进品种有新陆早 11 号，中棉所 12 号、16 号、17 号、19 号、24 号、35 号、新陆中 8 号、豫棉 15 号、石远 321，C6524 等 11 个品种，初步解决了枯黄萎病区急需的抗病高产优质品种。北疆及南疆早熟棉亚区，新陆早 4 号、6～8 号和中棉所 24 号，逐步取代新陆早 1 号，成为主栽品种；南疆早中熟棉亚区正大力推广中棉所 35 号、17 号和豫棉 15 号、新陆中 8 号，除轻、无病区继续种植军棉 1 号外，有望成为主栽品种；东疆仍以新海 5 号、9 号、岱字 80 为主栽品种，哈密早中熟棉亚区以新陆，7～8 号为主栽；南疆长绒棉新海 14～15 号已更换为新海 3～11 号，成为主栽品种。2000 年，自治区农作物品种审定委员会审定品种为新陆早 12 号，新陆中 9～12 号，长绒棉新海 16～18 号，彩色棉新彩棉 1～2 号，抗虫棉国抗 19、岱抗 1560。抗病（虫）、高产、优质品种的改良和更换，为新疆棉花高速发展起到至关重要作用。

2000—2004 年为第六次品种更换期。南疆引进的中棉所 35 号等品种基本完全取代自育品种，新疆南疆棉花主栽品种的遗传组分基本以黄河生态型品种遗传组分为主，使南疆棉花产量得到明显提高。北疆抗病、高产的新陆早 12、13 号，逐渐成为主栽品种，新陆早 12 号在 2002 年推广面积达到 25 万 hm^2，新陆早 13 号 2004 年推广面积达 20 万 hm^2（郭江平，2005）。

2005 年至今为第七次品种更换期，随着生产的变化，中棉所 35 号逐渐不能适应日益严重的病虫害发生，品种自身也发生了退化，随后由中棉所 43、49 号及南疆自育的陆地棉品种逐渐取代了中棉所 35 号。北疆自育品种新陆早 33、36、45、48、50 号等品种陆续大面积推广应用。

（二）良种简介

从新疆实际出发，无论哪个生态区、哪个纤维类型的品种，早熟、高产、优质、抗病都是生产对优良品种的基本要求。在此基础上，对优良品种的要求强调早字当头，突出抗性，稳产与高产同等重要，兼顾品质。在其他性状上，还应具备播种品质好、适合机采、耐密性强、好拾花等特性。随着市场的不断变化，对棉花品种还会提出不同的利用价值要求。下面介绍在新疆范围内的棉花优良品种。

1. 新农大棉 1 号

类型　早熟陆地棉。

品种来源　由新疆农业大学、甘肃省农业科学院生物技术研究所合作选育，以 CQG 11 为母本，新陆早 35 号为第一父本、wg-28 为第二父本杂交选育而成。

形态特征　生育期 137d，霜前花比率 89.0%。株型紧凑，果枝Ⅰ式。株高 74.8cm，第一果枝着生节位 5.1，果枝层数 7.7 层。结铃性好，单株结铃 7.0 个，铃呈卵圆形，铃面粗糙不平整，铃壳薄，单铃重 4.9g。叶片中等大小，普通掌状五裂，叶色深绿。吐絮畅而集中，易拾花。

产量及品质　在 2013—2014 年甘肃省区域试验中，平均亩产籽棉 309.7kg，比对照酒棉10号增产5.9%，平均亩产皮棉129.1kg，比对照增产5.9%；2015年生产试验，平均亩产籽棉、皮棉分别为339.7kg、152.4kg，分别比对照增产5.5%、9.2%。衣分42.0%，子指10.7g。

抗性　高抗枯萎，耐黄萎病。

适宜范围　适宜在甘肃、新疆北疆等地棉区种植。

2. 新农大棉4号

类型　早熟陆地棉。

选育单位及年代　由新疆农业大学选育，以ND03~58为母本，新陆早25号为父本杂交选育而成。

形态特征　株型较紧凑，株形疏朗，Ⅰ~Ⅱ式果枝，茎秆粗壮多毛，叶片中等大小，叶色淡绿，棉铃卵圆形，铃壳薄，单铃重6.5g。株高78.8cm，第一果枝着生节位4.6，果枝层数8.1层，单株结铃6.9个，衣分46.3%，霜前花比率98.2%。纤维上半部长度32.0mm，断裂比强度31.9cN/tex。生育期120d。

产量及品质　2016—2017年参加甘肃省棉花品种区域试验平均亩产折合皮棉156.8kg，较对照酒棉10号增产11.0%。2018年生产试验平均亩产皮棉168.8kg，较对照酒棉10号增产6.7%。整齐度指数86.4%，马克隆值4.2，黄度6.7，反射率80.0%，纺纱均匀性指数166.4，

抗性　高抗枯萎病、耐黄萎病。

适宜范围　适宜在甘肃省河西走廊、新疆北疆棉区种植。

3. 新陆早45号

类型　早熟陆地棉。

选育单位及年代　由新疆农垦科学院棉花所与新疆西部种业有限公司共同合作选育。2003年利用优选新陆早13号做母本，9941做父本杂交，后代通过南繁加代、天然重病地中优选变异单株，经定向选择培育而成。2010年2月通过新疆维吾尔自治区农作物品种审定委员会审定命名。

形态特征　生育期128d左右，霜前花率96.2%。植株呈塔形，Ⅱ式果枝，果枝始节4节。叶片中等大小，叶色灰绿。铃中等大小、卵圆形，吐絮畅，含絮力一般，易摘拾。单铃重5.5g，衣分40.4%，子指9.9g。茎秆茸毛多，生长稳健，长势较强。

产量及品质　2008—2009年参加新疆维吾尔自治区早熟陆地棉区域试验，籽棉、皮棉和霜前皮棉产量分别为5 614.9kg/hm^2、2 294.6kg/hm^{2}和2 205.9kg/hm^2，分别较对照新陆早13号增产8.9%、8.2%和7.6%。2009年生产试验，籽棉、皮棉、霜前皮棉产量分别为5 554.2kg/hm^2、2 242.9kg/hm^{2}和2 157.3kg/hm^2，分别较对照增产17.4%，17.2%和15.2%。纤维上半部平均长度30.3mm，断裂比强度32.1cN/tex，整齐度指数86.1%，麦克隆值4.1，伸长率6.6%，反射率78.4%，黄色深度7.5，纺纱均匀性指数165.3。

抗性　属高抗枯萎病、感黄萎病类型。

适宜种植地区　适宜于北疆棉区种植。

4. 新陆早48号

类型　特早熟陆地棉。

选育单位及年代　由新疆惠远农业科技发展有限公司杂交育种，亲本为石选87×优系

604，后代经多年南繁北育定向选择而成，2010 年由自治区农作物品种审定委员会审定通过。

形态特性　生育期 118d 左右，植株呈筒形，Ⅰ式果枝，果枝始节 5～6 节，株型紧凑。棉铃卵圆形，中等偏大，结铃性较强，吐絮畅，含絮力适中，絮色洁白，适宜机械采收。单铃重 5.8g，衣分 41.8%，子指 11.5g。

产量及品质　2008—2009 年参加西北内陆棉区早熟品种区域试验，两年平均籽棉、皮棉和霜前皮棉分别为5 647.5kg/hm^2、2 287.5kg/hm^{2}和2 244kg/hm^2，分别比对照新陆早13 号增产 8.9%、14.4%和 15.1%。2010 年西北内陆棉区早熟品种生产试验，籽棉、皮棉、霜前皮棉亩产分别为5 376kg/hm^2、2 196kg/hm^{2}和2 034kg/hm^2，分别比对照新陆早 36 号增产 5.6%、4.7%和 7.6%。纤维上半部平均长度 28.8mm，断裂比强度 28.1cN/tex，马克隆值 4.3，断裂伸长率 7.0%，反射率 79.0%，黄度 7.2，整齐度指数 85.4%，纺纱均匀性指数 145。

抗性　抗枯萎病，耐黄萎病，不抗棉铃虫。

适宜种植地区　适宜在北疆棉区、南疆早熟棉区及甘肃河西走廊棉区种植。

5. 军棉 1 号

类型　早中熟陆地棉。

选育单位及年代　是新疆生产建设兵团农二师农业科学研究所于 1960 年以司 1467 为母本，五一大铃、3521、147 夫、早落叶、2 依 3、新海棉、司 1470 等品种混合花粉为父本杂交 1968 年选育而成。1979 年通过新疆维吾尔自治区农作物品种审定委员会审定并命名。

形态特征　生育期 131～133d,。植株呈塔形，果枝类型Ⅰ～Ⅱ式，第一果枝着生节位 4.1～4.2 节。茎秆坚实粗壮，茸毛较多。发叶性强，叶色淡绿，叶裂浅。花冠、苞叶均较大。铃卵圆形，铃嘴微尖，铃面油腺明显，吐絮畅易采收。单铃重 7.3～8.6g，衣分 38.8%，衣指 8.3g，子指 12.6～14.6g。

产量与品质　一般皮棉产量1 200～1 500kg/hm^2，最高可达2 700kg/hm^2。纤维主体长度 30～32mm，细度5 515m/g，单纤维强力 3.9g，整齐度指数 82.5%～92.5%，断裂长度 25.1 km。

抗性　耐瘠、耐旱和耐碱，但不抗枯萎病和黄萎病。

适宜种植地区　南疆早中熟棉区种植。

6. 新陆棉 1 号

类型　早中熟陆地棉。

选育单位及年代　由新疆农业科学院经济作物研究所与中国农业科学院生物技术中心合作，以 GK12 为父本，1772 为母本（自育品系）通过花粉管通道转导 Bt 基因，经多年加代性状聚合、选择、鉴定、基因安全评价等研究，纯化培育的新疆第一个国审抗虫棉品种。2006 年 6 月通过国家农作物品种审定委员会审定命名为新陆棉 1 号，于 2005 年 12 月通过农业农村部农作物转基因安全评价，农基安证字（2005）第 084 号。2006 年国家农作物品种审定委员会审定通过定名为 GK62。

形态特征　全生育期 143d。植株呈塔形，Ⅱ式果枝，果枝始节 5.0，株型松散。叶片中等大小，叶色深绿，缺刻较深。铃卵圆形铃嘴角尖，结铃性强。铃重可达

6.5g，衣分41%~42%，单株结铃7.96个，果枝数11个，籽指10.68g。全生育期生长稳健。

产量和品质　2004年参加国家西北内陆区域试验，籽棉、皮棉、霜前皮棉产量分别为4 705.5kg/hm^2、1 921.5kg/hm^{2}和1 753.5kg/hm^2，籽棉比对照中棉35增产5.1%，皮棉比对照增产5%，霜前皮棉比对照增产3.41%。在参试的8个品系中产量居第一位。2005年籽棉、皮棉、霜前皮棉平均产量分别为5 003.7kg/hm^2、2 023kg/hm^2、1 808.25kg/hm^2，籽棉比对照增产5.89%，皮棉比对照增产6.44%，霜前皮棉比对照增产3.03%。霜前花率88.92%。经农业农村部纤维品质检验检测中心测定，纤维绒长32.0mm，整齐度83.46%，比强度>31cN/tex，伸长率6.87%，反射率76.16%，马克隆值4.2，纺纱均匀性指数139。

抗性表现　黄萎病花铃期病指为7.6，达到高抗；枯萎病花铃期病指为16.7，达抗耐病水平；2000-2的Bt蛋白含量在558~820之间，均达到高抗虫性标准。

适宜种植地区　该品种是新疆第一个高产优质多抗棉花品种。适宜种植南疆和东疆的早中熟棉区。

7. 新陆中36号

适宜种植地区　适宜于新疆早中熟棉区种植。

类型　早中熟陆地棉。

选育单位及年代　由新疆石河子大学棉花研究所选育的，1995年以自育抗枯耐黄91~19优系为母本，优质丰产抗黄萎病的155系为父本进行杂交，后经连续三年的南繁北育和定向选择，2008年3月通过自治区审定命名。

形态特征　全生育期134d，霜前花率94.6%。Ⅱ式果枝，植株呈塔形，果枝始节5.1cm。叶片中等大小、叶量少，上冲，植株清秀，适合机采棉的高密度种植方式。结铃性强，铃卵圆形有铃尖，铃多为4~5室。铃重5.72g，子指10.58g，衣分43.85%。出苗快而整齐，苗期至蕾期、花铃期生长势强，吐絮畅集中，纤维色泽洁白，含絮力适中，易摘拾。

产量与品质　2005—2006年两年区域试验平均结果为：籽棉、皮棉和霜前皮棉产量分别为4 917kg/hm^2、2 155kg/hm^{2}和2 048kg/hm^2。纤维2.5%跨长30.83mm，断裂比强度29.83cN/tex，马克隆值4.2，断裂伸长率6.6%，反射率76.25%，黄色深度7.4，整齐度指数84.37%，纺纱均匀性指数151。

抗性表现　枯萎病病指7.54，黄萎病病指42.12，抗枯萎病，耐黄萎病。

8. 新陆中88号

类型　早中熟陆地棉。

选育单位及年代　亲本为A8578×FY321，由新疆农业科学院经济作物研究所选育，2017年经新疆维吾尔自治区第十届主要农作物品种审定委员会第一次会议审定通过。

形态特征　生育期137d左右。植株较清秀，呈筒形，毛杆毛叶，叶片较大，叶色、叶裂深，果枝中等长度，单株结铃较好。棉铃为卵圆形，铃较大。吐絮畅，易采摘。株高75~85cm，果枝始节位5节，单株结铃6.2个，单铃重5.8g，衣分41.9%，子指11g，霜前花率96.7%。

产量和品质　2014—2015两年自治区早中熟常规区域试验，两年平均亩产皮棉

160.4kg，比对照增产11.1%。2016年生产试验，平均亩产皮棉175.5kg，比对照增产8.0%。经农业农村部棉花品质监督检验测试中心（安阳）检测，HVICC纤维上半部平均长度31.9mm，断裂比强度32.9cN/tex，马克隆值4.3，断裂伸长率6.9%，反射率76.9%，黄色深度8.1，整齐度指数86.0%，纺纱均匀性指数168.1。达到Ⅱ型品种标准。

抗性表现　经石河子农业科学院棉花研究所鉴定，枯萎病病指5.4，抗枯萎病，黄萎病病指31.9，耐黄萎病。

适宜种植地区　南疆早中熟棉区种植。

9. 新海48号

类型　早熟海岛棉。

选育单位及年代　由新疆农业科学院经济作物研究所和新疆金丰源种业股份有限公司选育，2014年10月经新疆维吾尔自治区审定委员会审定通过。亲本为201~70（自育高代品系，母本）×新海21号（父本）。

形态特征　该品系生育期136~140d，全生育期长势较好，整齐度较好。植株呈筒形较紧凑，零式分枝，叶片较大，叶色深绿。株高95~100cm；平均始果节位3.4台，果枝数12.9台；单株铃数10.4个，铃中等大小，单铃重3.5g，棉铃长卵圆型，蒴果3~4室，子指12.8~13.7g；平均衣分33.9%；早熟性好、吐絮集中，霜前花率95.14%；纤维品质优良，絮色洁白有丝光，吐絮畅、易采摘。

产量与品质　两年区域试验结果，籽棉亩产388.7kg、皮棉亩产131.9kg、霜前皮棉亩产125.5kg，分别比对照新海28号增产9.3%、17.1%和15.4%；生产试验结果，籽棉亩产383.4kg、皮棉亩产131.1kg、霜前皮棉亩产126.1kg，分别比对照中新海28号增产16.1%、19.4%和19.4%，增产较显著。两年区试和一年生产试验检测平均结果，2.5%跨长38.6mm，断裂比强度46.5cN/tex，马克隆值3.9，整齐度指数88.2%。

抗性表现　该品种抗逆性好，适应性强。2013年经新疆棉花品种（系）抗枯黄萎病鉴定，该品种枯萎病发病率13.5，病情指数8.1，枯萎病反应型R，表现为抗枯萎病；生长期黄萎病发病率57.5，病情指数28.6，剖杆检查黄萎病发病率75.9，病情指数36.6，黄萎病反应型R，表现为抗黄萎病。

适宜种植地区　南疆早熟长绒棉区。

10. 新海49号

类型　早熟海岛棉。

选育单位及年代　由新疆农业科学院经济作物研究所选育，2016年1月经新疆维吾尔自治区品种审定委员会审定通过。亲本为AW0639×AW0576，以AW0639为母本，与AW0576父本杂交组合，经定向选择，连续自交纯和，以及自然病圃抗性鉴定和筛选而育成。

形态特征　该品系生育期143.6d，全生育期长势较好、整齐度好。植株中等，筒形，零式分枝，果枝较长。叶片较大，叶裂深，叶色深。铃较小，长卵圆形，植株平均99.66cm，第一果枝节位3.18台，果枝数12.42台，株铃数10.88个，单铃重3.36g，子指12.7g，衣分32.74%，早熟性好，吐絮集中，霜前花率平均97.1%。纤维品质优良，絮色洁白有丝光，吐絮畅、易采摘。

产量与品质　两年区域试验结果，籽棉亩产376.2kg、皮棉亩产127.2kg、霜前皮棉亩产 119.6kg，分别比对照增产 8.95%、11.53%和 111.60%；生产试验结果，籽棉亩产 339.6kg、皮棉亩产 111.3kg、霜前皮棉亩产 107.8kg，分别比对照中新海 41 号增产 8.8%、111.3%和 110.7%，增产显著。两年区试和一年生产试验检测平均结果，2.5%跨长 37.91mm，断裂比强度 43.9cN/tex，马克隆值 4.1，整齐度指数 88.2%。

抗性表现　抗逆性好，适应性强。2014 年经新疆棉花品种（系）抗枯黄萎病鉴定，该品种枯萎病发病率 10.3，病情指数 2.8，枯萎病反应型 HR，表现为高抗枯萎病；生长期黄萎病发病率 31.0%，病情指数 10.3，黄萎病反应型 HR，表现为高抗黄萎病。

适宜种植地区　南疆早熟长绒棉区。

11. 新海 61 号

类型　早熟海岛棉。

选育单位及年代　由新疆农业科学院经济作物研究所选育，2018 年 1 月经新疆维吾尔自治区品种审定委员会审定通过。母本（03293（X98635×AW99525））：是以自育的长绒棉材料 X98635 为母本，以自育的长势强、农艺性状优异、高产优质品系材料 AW99525 为父本，配置杂交组合，经多年南繁北育和抗性适应性鉴定筛选而成高代品系 03293，其早熟性好，长势强，稳健，整齐度好，结铃性好，铃较大，吐絮集中，含絮性好；父本（AW2572）：自育的优系材料，长势强，抗逆、抗病性好，纤维品质优良，丰产性好。

形态特征　该品系生育期 130d 左右，株高 90~100cm，生长势较强，植株筒形，零式分枝，茎干粗，果枝较长，结铃性强，铃重 3.3~3.5g，大小适中，长卵圆型，子指 12.5g 左右，叶片中等大小，叶色深，丰产性突出。霜前花率 98.1%，衣分 34.3%，增产较显著。早熟性好，吐絮集中，霜前花率高。

产量及品质　2015—2016 两年自治区早熟长绒棉区域试验，两年平均亩产 114.4kg，比对照增产 15.9%。2016 年生产试验，平均亩产 118.4kg，比对照增产 14.8%。经农业农村部棉花品质监督检验测试中心（安阳）检测，纤维上半部平均长度 38.3mm，断裂比强度 45.3cN/tex，马克隆值 4.4，整齐度指数 88.6%，絮色洁白，纺纱均匀性指数 228，纤维品质综合表现优良。

抗性表现　抗逆性好，适应性强。2016 年经新疆石河子棉花研究所棉花品种（系）抗枯黄萎病鉴定，该品种枯萎病病指 3.8，枯萎病反应型 HR，表现为高抗枯萎病；生长期黄萎病病指 6.5，黄萎病反应型 HR，表现为高抗黄萎病。

适宜在培地区　南疆早熟长绒棉区。

12. 新彩棉 3 号

类型　早中熟陆地型彩色棉。

选育单位及年代　新彩棉 3 号（绿）原代号绿 9803，由新疆天彩集团 1996 年从引进的绿色彩棉 BC~G01 品系中，经多年系统选育、定向选择和南繁加代育成。2002 年 1 月，新疆农作物品种审定委员会审定通过并命名。

形态特征　全生育期 129~135d。Ⅱ~Ⅲ型果枝，第一果枝着生节位为 5.11 台，株型较松散，呈塔形。叶片稍宽，掌状分裂，裂口稍深，发叶量中等。花瓣大，色乳白。铃为椭圆形，铃嘴稍尖，一般为 4~5 室，铃重为 4.63g，衣分 24.5%~26.6%，子指 11.58g，不孕籽 7%，单株结铃为 6.9 个。絮色为草绿色，吐絮集中。种子披绿色短绒。

产量及品质　该品种产量较高，在一般栽培条件下，平均皮棉产量 675～825kg/hm^2。据农业农村部棉花品质监督检验测试中心 HVI900 对区试棉样检测：2.5%跨长 27.6～28.23mm、比强度 13.88～16.6cN/tex、马克隆值 2.52～2.8，整齐度 45.76%、伸长率 8%。

抗性表现　据自治区植物检疫站枯黄萎病鉴定结果为感病。

适宜种植地区　新疆南、北疆早熟棉区种植。

13. 新彩棉 9 号

类型　早中熟陆地型彩色棉。

选育单位及年代　天然彩色杂交棉组合彩杂-1 系于 1998 年利用棉花三系配套技术，以白棉 H 型雄性不育系为母本，以彩棉新品系彩 174 为父本，进行杂交，连续 7 代回交，转育出彩色棉雄性不育系 6H，再与海岛型恢复系海 R1535 配制杂交组合，选育出新疆第一个彩色杂交棉优势组合彩杂-1。2006 年 2 月 13 日，经新疆农作物品种审定委员会审定通过并命名为新彩棉 9 号。

形态特征　生育期 126d，属早熟陆地棉类型。Ⅲ式果枝，植株呈筒形，第一果枝节位 4.0，主茎粗壮，株型较松散。单株结铃性强，为对照新彩棉 1 号的 175.9%，铃重 4.52g，衣分 31.29%，子指 12.58g。吐絮早、畅而集中，霜前花率 97.46%。整个生育期生长势极强。

产量和品质　该品种丰产性、稳产性突出。2004—2005 年自治区区试中，每公顷籽棉、皮棉、霜前皮棉分别为 4 653.45kg、1 455.3kg、1 320.75kg，比对照新彩棉 1 号增加 133.66%、125.35%、129.03%。经农业农村部棉花品质监督检验测试中心 2004—2005 年两年测定：纤维上半部平均长度 30.66mm，比强度 33.94cN/tex，马克隆值 3.57，整齐度指数 84.03，伸长率 7.76%。

抗性表现　经自治区植保站按全国统一病情指数标准分别在南北疆棉花枯黄萎病圃进行抗病性鉴定，彩杂-1 在发病高峰期对枯萎病免疫，病情指数为 0。对黄萎病指数 29.5，表现为耐病。

适宜种植地区　适宜新疆南北疆棉区种植。

14. 新彩棉 19 号

类型　早熟陆地型彩色棉。

选育单位及年代　新彩棉 19 号（原代号棕 643）是由中国彩棉（集团）股份有限公司于 2002 年以早熟高产的白色棉“S543”为母本，选用优良棕色棉品种“新彩棉 1 号”为父本配制杂交组合，对其后代分离群体经过多次南繁北育，定向选择与自交纯合，选育而成早熟、高产、优质的棕色棉新品种，2011 年 7 月经新疆农作物品种审定委员会审定通过。

形态特征　生育期 128d 左右。植株较紧凑，塔形，主茎粗壮，Ⅱ式果枝。叶片中等大小，叶色深绿，缺刻较深，发叶量适中。花冠较大，棉铃卵圆形。生长势稳健，第一果枝着生节位 5.5 台，平均果枝数为 7.13 台，吐絮畅；单株结铃 5.36 个，铃重 5.33g，子指 10.57g；霜前花率 95.53%，衣分 37.16%。

产量和品质　2008—2009 年自治区彩色棉品种区试试验表明，两年平均籽棉、皮棉、霜前皮棉产量每公顷为 4 372.35kg、1 642.65kg、1 563.15kg，分别为对照新彩棉 15 号的

99.48%、105.24%、105.08%。2010 年生产试验平均籽棉、皮棉、霜前皮棉产量每公顷为3 753.15kg、1 383kg、1 184.25kg，分别为对照新彩棉 17 号的 115.46%、115.11%、106.19%，增产优势显著。纤维品质经农业农村部棉花纤维品质监督检验测试中心 2008—2009 年区域试验及 2010 年生产试验连续三年测试结果，纤维上半部平均长度 29.55mm，整齐度指数 83.79%，比强度 30.1cN/tex，伸长率 6.46%，麦克隆值 4.01。

抗性表现　2008 年经自治区植物保护站按全国统一病情指数标准分别在南北疆枯、黄萎病圃进行了抗病性鉴定，鉴定结果为耐枯萎病。

适宜种植地区　适宜新疆南、北疆早熟棉区无黄萎病或轻病区种植。

（本章作者：苏秀娟，徐金虹，汤秋香，林涛）

本章参考文献

艾先涛，李雪源，沙红，等. 2010. 自育陆地棉品种遗传多样性研究［J］. 棉花学报，22（6）：603-610.

艾先涛，李雪源，王俊铎，等. 2011. 北疆陆地棉育成品种表型性状遗传多样性分析［J］. 分子植物育种，9（1）：113-122.

艾先涛，梁亚军，沙红，等. 2014. 新疆自育陆地棉品种 SSR 遗传多样性分析［J］. 作物学报，40（2）：369-379.

陈耕，范巧兰，李永山. 2010. 棉花特异种质资源创新研究［J］. 现代农业科技，19：88，90.

代攀虹，孙君灵，何守朴，等. 2016. 陆地棉核心种质表型性状遗传多样性分析及综合评价［J］. 中国农业科学，49（19）：3 694-3 708.

董承光，李成奇，李生秀，等. 2011. 棉花种质资源主要农艺性状的综合评价及聚类分析［J］. 新疆农业科学，48（3）：438-446.

杜雄明，刘方，王坤波，等. 2017. 棉花种质资源收集鉴定与创新利用［J］. 棉花学报，29（S1）：51-61.

何旭平，纪从亮. 2007. 现代中国棉花育种与栽培概论［M］. 北京：中国农业科学技术出版社.

马麒，宿俊吉，宁新柱，等. 2016. 新疆海岛棉种质资源表型性状遗传多样性分析［J］. 新疆农业科学，53（2）：197-206.

苗培明，范玲，师维军，等. 2009. 棉花种质资源遗传多样性的 TRAP 分析［J］. 棉花学报，21（5）：420-426.

聂新辉，尤春源，李晓方，等. 2014. 新陆早棉花品种 DNA 指纹图谱的构建及遗传多样性分析［J］. 作物学报，40（12）：2 104-2 117.

宋晓燕，杨天奎. 2000. 天然维生素 E 的功能及应用［J］. 中国油脂，25（6）：45-47.

孙东磊，孙君灵，杜雄明，等. 2008. 彩色棉种质资源农艺性状和纤维品质鉴定与分析［J］. 植物遗传资源学报，9（4）：469-474.

孙亚莉，贾银华，何守朴，等. 2012. 棉花种质资源光子性状的遗传分析［J］. 遗传，

34（8）：1 073-1 078.
田笑明. 2016. 新疆棉作理论与现代植棉技术［M］. 北京：科学出版社.
王芙蓉，张军，刘勤红，等. 2002. 棉花种质资源纤维品质分析及评价［J］. 山东农业科学（2）：29-31.
王欣怡，李雪源，龚照龙，等. 2018. 基于 SSR 标记新疆陆地棉的 DNA 指纹图谱构建及遗传多样性分析［J］. 棉花学报，30（4）：308-315.
谢元元，曲延英，陈全家，等. 2013. 新疆海岛棉育成品种表型性状的遗传多样性分析［J］. 新疆农业科学，50（12）：2 165-2 171.
薛艳，张新宇，沙红，等. 2010. 新疆早熟棉品种 SSR 指纹图谱构建与品种鉴别. 棉花学报，22（4）：360-366.
尤春源，聂新辉，张胜，等. 2014. 新疆彩色棉 23 个品种指纹图谱的构建及遗传多样性分析［J］. 棉花学报，26（2）：161-170.
喻树迅. 2003. 棉花品种改良［J］. 现代种业（2）：1-3.
喻树迅. 2018. 中国棉花产业百年发展历程［J］. 农学学报，8（1）：85-91.
张大伟，古丽阿扎提，祖丽皮亚，等. 2015. 新疆早熟陆地棉种质资源遗传多样性分析［J］. 新疆农业科学，52（7）：1 269-1 274.
赵君，肖华松，吴巧娟，等. 2013. 低酚棉花种质资源的遗传多样性［J］. 江苏农业学报，29（6）：1 211-1 220.
周有耀. 1996. 近 10 年我国棉花品种选育进展［J］. 中国棉花（6）：2-5.
朱青竹，赵国忠，赵丽芬. 2002. 不同来源棉花种质资源基于 RAPD 的遗传变异［J］. 河北农业大学学报，25（4）：16-19.
Fryxell P A. 1979. The Natural History of the Cotton Tribe（Malvaceae，Tribe Gossypieae）.［J］. Brittonia，32（3）：347.
Fryxell P A . 1992. A revised taxonomic interpretation of Gossypium L.（Malvaceae）. Pheedea，2（2）：108-165.
Grover C E , Gallagher J P , Wendel J F. 2015. Candidate Gene Identification of Flowering Time Genes in Cotton［J］. The Plant Genome，8（2）：1-13.
Wendel J F，Brubaker C L，Seelanan T. 2010. The Origin and Evolution of Gossypium［M］// Physiology of Cotton.

第三章　棉田残膜污染防控

第一节　棉田残膜污染现状及特点

一、地膜使用现状

自 20 世纪 80 年代，随着地膜覆盖栽培技术的引进和推广，地膜覆盖面积和使用量逐年增大，同时因地膜具有保墒、增温、抑盐、防草等优势，为地膜在作物生长方面使用量增加奠定了基础，30 多年以来，中国地膜使用量和覆膜种植面积持续上升，地膜使用量由 1991 年的 31.9×10^4t 增加到 2014 年的 14.4×10^5t，增加了近 50 倍（严昌荣等，2014）；覆膜种植面积也是持续上升，由 1981 年的 1.5×10^4hm^2，增加到 2014 年的 1.8×10^7hm^2，为 1981 年覆盖面积的1 200倍，增长速度速较快（严昌荣等，2016）。特别是新疆作为中国地膜使用量和覆膜种植面积最大的地区之一，到 2012 年，年地膜使用量就达到 18.5×10^4t，覆膜面积高达 31.3×10^5hm^2，而仅棉花而言，2015 年种植棉花的面积已达到 19.8×10^5hm^2，棉田地膜使用量达 7.9×10^4t，约占同年全国地膜使用总量的 43%（王佳琪等，2016）。覆膜栽培技术极大提高了农作物产量和水分利用效率，增产幅度高达 30%~50%，粮食作物单产提高 20%%~35%，为棉花贡献率大约为 30%，玉米增产率约 8%，水分利用效率提高 20%~35%（Liu Q 等，2016）。带来了巨大的经济收益，带动了农业生产力的飞跃和生产方式的改变，保障了国家和区域农产品粮食安全。

新疆棉田作为干旱及半干旱地区典型的绿洲棉田，地膜使用明显提高了新疆地区的棉花产量，而新疆地区的地膜使用情况也逐渐增加，图 3-1 为新疆 31 个典型县市地膜使用量情况。31 个县（市）的地膜平均使用量为3 692t，地膜使用量在平均值以上的县有 8 个，平均值以下的有 23 个。其中沙湾县最多，达到8 740t，是吉木萨尔县的近 90 倍。地膜使用量前 10 位的县市共使用46 858t，占 31 个重点监测县的 69.3%，所以治理全疆地膜污染的重点应该放在地膜使用量前 10 的县市上。作物种植面积差异是造成各县市地膜使用量差异的原因，如沙湾县种植面积较小、库尔勒市种植面积较大。此外，种植结构也对地膜使用量影响显著。伊宁县、巩留县的农业种植面积较大，但地膜使用量却相对较少，主要是因为种植玉米、小麦、甜菜等作物多不采用地膜覆盖技术；沙湾县、库尔勒市、精河县等地膜用量较大的几个县均是以种植棉花为主，而棉花的覆膜率已达到 100%。其中地膜回收状况也较差，新疆 31 个县（市）地膜的回收情况，差异较为明显。其中库尔勒市最多，吐鲁番市最少。31 个县（市）的地膜回收量为39 542t，占使用量的 1/2 以上。地膜回收量前 10 位的县（市）中，有 9 个是属于地膜使用量前 10 位的县

(市)。说明地膜的回收量与地膜使用量相关，因此，残膜污染的防控应注意使用量的状况。

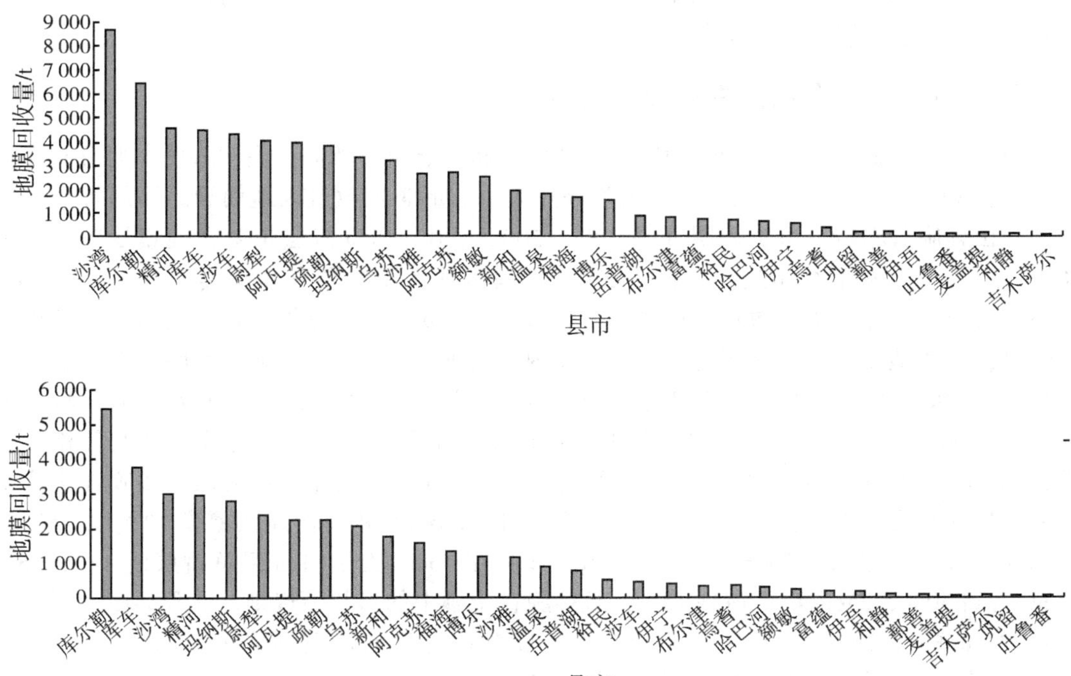

图 3-1 新疆 31 个县市地膜的使用量及回收情况（周明冬等，2015）

二、地膜污染现状

覆膜带来“白色革命”的同时也带来了严重的“白色污染”（Liu E K 等，2014），根据全国首次普查显示，2010 年中国农田残膜量达到 1.2×10^5t，约占使用量的 10%（舒帆，2014）。随着覆膜连作年限的延长和地膜高强度的使用，加之我国普通聚乙烯塑料（Polyethylene，PE）地膜特有的厚度薄、韧性低、易破碎、难降解的特点，长期连续覆膜种植致使农田残膜大量积聚。残膜污染问题已引起国家及农民的高度重视。由此发现，地膜残留污染相对严重。而中国耕地面积有限，为了提高农作物的产量及资源利用效率，致使地膜的应用面积逐渐变大，应用时间也较长，同时地膜的使用数量也逐渐增加，而农田残膜回收率也较低。在许多发达国家，地膜的厚度大多在 0.015mm 以上，而中国的农用地膜平均在 0.005~0.008mm。较厚的地膜拉伸性能、上机性能及韧度较好，不易破碎，而较薄的地膜拉伸强度低，上机性能差，易破碎，使用后难以回收，造成地膜残留污染较为严重（张东兴，1998）。在不同地区，地膜的使用量不同，种植方式，回收情况不同，因此导致地膜的残留特点也不一样。从全国来看，北方地区的残膜污染较为严重，尤其是在华北、西北地区地膜残留量较高，华北地区平均农田残膜量为 80kg/hm^2，西南地区残留量约为 70kg/hm^2，污染程度较轻；东北地区最高残膜量可达 129.7kg/hm^2，相对污染严重。而我国西北地区则是地膜残留的重度污染区，尤其是新疆植棉区污染程度远高于其他地区。据不完全统计（董伟伟等，2015），当前新疆棉区，耕层地膜平均残留量达 253.2kg/hm²，而南北疆因地域不同，残留差异也不同，北疆残留量在 200~400kg/hm² 之间，其中博乐地区甚至高达 450kg/hm²，南疆污染程度较北疆轻，平均残留量约在 130~290kg/hm² 范围内。可见，残膜污染“形势堪忧”。

三、地膜残留在农田中的分布特点

由于受地域差异和农事操作的影响，残膜分布特点也不相同，农田残膜主要分布在耕作层（王利，2014），且各层土壤中地膜碎片大小、形态及数量因地而异。马辉等对华北地区农田残膜分布特点调查表明（马辉等，2008），0~10cm 浅层土壤中残膜量较多约占 70%，30cm 土层残膜数量最少，仅占 5%，地膜碎片大小主要有 3 种类型（<4cm²、4~25cm² 和 >25cm²），3 类膜数量之比约为 7∶2∶1，且覆膜年限越长，残膜向深层移动现象较明显，小块地膜数量及比例有所增加。在内蒙古地区，0~10cm 土层残膜占总残膜量的 2/3，10~20cm 土层占 20%（陈晶等，1989）；巩明明对甘肃定西地区的残膜分布特点做了研究（巩明明等，2015），研究发现，地膜残片的面积与土壤深度呈明显的负相关关系，>100cm 的残膜碎片主要分布在土壤表层，约占 80%。同样，新疆棉区残膜在土壤中的分布特征与内陆地区存在明显的差异，李继红对玛纳斯和昌吉地区覆膜 10 年以上的耕地抽样调查（李继红，2006），结果显示，残膜在 15cm 土层内占到总耕层的 1/2，15~25cm 占到 30%、25cm 以下占到 15%，且残膜在土壤中的形状不规则。北疆兵团残膜主要以 4~25cm 的碎片存在，在 3 个土层中的残膜量占总量的比例约为 1∶1∶1（王序俭，2013）。在南疆地区平均棉田地膜残留量为 237.36kg/hm²，棉田残膜在 0~30cm 中均有分布，3 个层次（地表、0~12cm 和 12~30cm）棉田地膜残留量分别占棉田地膜残留总量的 8.33%、53.99% 和 37.68%；残膜主要以 4~25cm² 大小存在于土壤中（刘超吉等，2018）。综上所述，大部分覆膜种植区残膜主要分布于 0~30cm 耕层，表层土壤中居多，深层土壤残膜较少，且以中等及小块膜片偏多（图 3-2）。

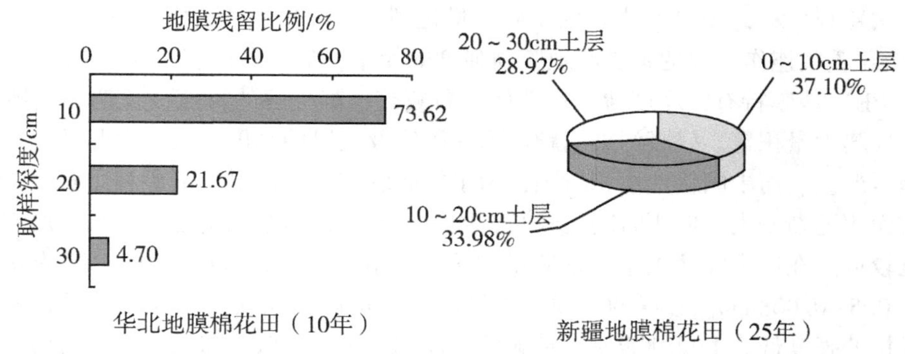

图 3-2　不同土层的地膜残留比例（严昌荣，2014）

四、地膜残留对土壤性状及作物的影响

由于地膜是一种有聚乙烯加抗氧化剂制成的高分析碳氢化合物（聚氯乙烯），具有分

子质量大、性能稳定、自然条件下可长期存在于土壤中等特点。残留地膜对农业生产及环境健康都具有极大的副作用，特别是对土壤和农作物生长发育的影响尤其严重。

（一）地膜残留对土壤的危害

由于PE地膜难分解、不易透水透气，因此，农田残膜的大量蓄积会严重破坏土壤的物理结构。土壤容重和孔隙度是衡量土壤通透性能以及阻碍根系生长的标准（白云龙等，2015）。随残膜量增加土壤容重逐渐增大而土壤孔隙度则显著降低，向振今等研究表明（向振今等，1992），残膜量为187.5kg/hm^{2}时，土壤容重增加3.8%，孔隙度降低0.5%，继续增大残膜量，其变化幅度明显增大，当残膜量达到900kg/hm^{2}时，土壤容重可增加5.4%，孔隙度减小4.6%（李青军等，2008），同时，残膜易切断土壤孔隙的连续性，使得水分、养分及气体交换受阻（张建军等，2014）。残膜存在的棉田土壤容重的增加，土壤板结程度严重，土壤的渗透性能较差，导致土壤水分运移困难，当残膜量超过360kg/hm^{2}时，对土壤水分下渗和上移影响明显，下渗量只相当于对照的2/3（吾甫尔江·托乎提等，2000），残留量达到450kg/hm^{2}时，含水量减少到14.2%，无疑降低了耕层土壤的保墒能力（赵素荣等，1998）（图3-3）。

残膜在破坏土壤物理结构的同时对土壤化学性质也产生影响，董合干等研究表明（董合干等，2013），残膜量的增加，土壤pH值呈上升趋势，土壤养分含量逐渐降低，残膜量为2 000kg/hm^{2}时，pH值上升10.2%，有机质、碱解氮、有效磷和有效钾分别下降16.7%、55.0%、60.3%和17.9%。，也有研究发现，随残膜量的增加碱解氮含量增加，有效钾呈先增后减的变化趋势（刘建国等，2010）。此外，残膜蓄积使得土壤通气性变差，从而影响到土壤微生物及土壤酶的活性，土壤中磷酸酶、脲酶等酶活性显著降低，好氧菌数量急剧下降，最终致使土壤肥力大幅度降低（李青军，2008）。此外，在一些地区，土壤中的残膜碎片还会导致地下水下渗困难，引起土壤次生盐碱化。

图3-3　新疆棉田地膜残留污染特征剖面图（严昌荣，2014）

（二）地膜残留对作物的危害

1. 地膜残留对作物出苗的影响

农田残膜蓄积引会引发机械阻隔作用及土壤孔隙度下降和容重增大，导致种子发芽困难，造成了播种期及苗期作物出苗困难、保苗率低的劣势。残膜主要分布在0~30cm的耕作层，而一般作物的播种深度在地下10cm左右，种子播在残膜上的概率较大，种子紧贴残膜或被残膜覆盖时，会因为吸水障碍、残膜阻隔等原因发不了芽，形成烂种或烂芽。高玉山等（2013）研究发现，残膜对玉米出苗存在抑制作用，尤其是紧贴种子的残膜对玉米出苗率影响最大，导致玉米出苗率低、出苗慢，进而影响地上部的生长发育，最终导致玉米产量下降。此外，当残膜量为960kg/hm^{2}时，棉花出苗率可降低17.3%（武宗信等，1995），在新疆兵团残膜污染棉田统计发现，污染区出苗率最高可降低11.3%（王序俭，2013），棉种落在膜片上，种子腐烂率会显著增大5%～6%。因此，苗期残膜的危害效果较明显，幼苗死亡率较大，缺苗断垄现象严重（张江华，2010）。

2. 地膜残留对作物根系的影响

根系是植物固定地上部分和吸收水分、养分的重要组织。根系的发育是否良好直接影响作物对养分和水分的吸收利用，进而影响作物的整体生长情况。在作物的生长发育和产量形成过程中，通常都是先影响到根系的生长分布，然后对地上部起作用进而影响产量（王启现等，2003）。而残膜与植株根系直接接触，所以残膜对根系的影响相对于其他组织而言更加直接，所以研究残膜对作物根系的影响是十分必要的。残膜的阻碍作用，改变了根系形态，使根呈现弯曲生长，根系弯曲程度在棉田可高达30%（程桂荪等，1993），残膜污染区作物根系以丛生型和鸡爪型较常见，连作5～10a的棉田异常型根系所占比重较高，达到50%左右。根系构型可用来衡量根系生长状况，残膜对根系构型的改变必定对根系生长状况造成影响。在耕作层残膜与棉花的根表面积、根长密度、根干重和根冠比呈正比关系，随残膜量的增加而增大，深层变化趋势相反，邹小阳研究残膜对番茄根系的影响认为（邹小阳等，2016），残膜量在0～1 280kg/hm^{2}范围内，通过改变水分状况，使土壤透气性变差，根系呼吸困难，造成根形态特征值显著减小。

3. 地膜残留对作物产量的影响

残膜的阻隔作用改变了土壤的水肥环境，阻碍根系生长，降低了根系的吸收性能，不利于地上部分生长和干物质量的积累，导致作物减产。须根系作物受残膜影响较大，残膜量>360kg/hm^{2}时，小麦分蘖数最大降低28.6%，产量最大减幅达到22.1%；残膜量为1 440kg/hm^2，玉米可减产27.5%（解红娥等，2007）。残膜量为2 000kg/hm^{2}时，棉花铃期生物量下降48.5%，产量下降41.7%（Dong H D等，2015）。当残膜量在210～900kg/hm^{2}内，收获株数比对照减少11.0%～16.5%，单株成铃数、单铃重依次降低16.4%和16.9%，棉花产量减少16.9%～30.4%（姜益娟，2001）。因此，土壤中地膜残留量，不仅给农业种植环境带来严重的负面影响，而且造成地力下降、土壤污染以及作物减产等生态环境问题和经济问题。

4. 地膜残留的其他危害

残留地膜不仅影响到土壤的物理和化学特性、作物的正常生长和发育，导致农作物产量降低，而且还有一系列的其他副作用。当残膜缠绕犁齿和播种机轮盘等，严重妨碍农田机械作业，使机耕和播种质量下降，耕层逐年板结，缺苗断垄严重；残膜碎片还会随农作物的秸秆和饲料混在一起，牛羊等牲畜吞食后还会造成肠梗阻，严重时会导致死。如在甘肃梁平地区，一些牛羊由于误食残留在农田的地膜而死亡（向平安等，2005）。由于回收残膜的局限性，加上处理回收残膜不彻底、方法欠妥，部分清理出的残膜弃于田边，地头，水渠，林带中，大风刮过后，残膜被吹至田间、树梢，影响农村环境景观，造成

“视觉污染”。此外，由于回收不力，农民经常会在地里焚烧残膜，还有一些地区农民习惯于用残膜作引火材料，塑料燃烧会产生氯化氢、二噁英等多种有害的气体，造成大气污染。

第二节　残膜污染防治机械及其效果

一、残膜回收机械发展概况

（一）国外残膜回收机械

残膜回收是世界各国都面临的一个棘手的问题，英国和前苏联采用悬挂式收膜，工作时松土铲将压膜土耕松，然后将薄膜收卷到羊皮网或金属网上，收下的薄膜洗净后卷好以备再次使用．日本对残膜的回收处理相对好一些，主要原因之一是日本覆盖地膜的土壤主要是火山灰土，土壤疏松不易损膜；二是地膜较厚、强度大、覆盖期相对较短，清除时可以保持较为完整，在回收时缠绕扎在地膜两边的绳索，将地膜收起。法国的一些地区采用地膜铲将压在地膜两侧的泥土刮除，随后起出残膜。在地头由人工将膜提起并缠在卷膜筒上，随着机组的前进，地轮带动卷膜筒旋转，连续不断地将地膜缠在卷膜筒上，完成残膜的回收过程（杨希晨等，2006）。（图 3-4）

从总体来看，在欧美，日本等发达国家，地膜覆盖一般用于蔬菜，水果经济作物，覆盖期相对较短。为了便于回收，这些国家使用的地膜较厚，一般为 0.020～0.050mm，可连续用 2～3 年，主要采用收卷式回收机进行卷收（马少辉等，2006）。该类机型结构比较简单，主要由起膜铲和卷膜组成，残膜成卷回收后以便后期处理或继续使用，对其研究主要集中在卷膜辊线速度与回收机前进速度如何相互匹配的问题上。

图 3-4　国外收卷式残膜回收机（陈学庚，2015）

（二）国内残膜回收机械

国内残膜回收机械研究方向与国外的区别较大：国外使用地膜厚度大于 0.20mm，其原理主要利用地膜自身的拉伸力实现地膜与土壤的分离，研究重点是卷收机构和清理机构（牛琪等，2014）。国内使用的地膜厚度小，回收时地膜拉伸强度低、膜面破损严重。因此，国内残膜回收机械研究重点围绕起膜、收膜、脱膜、集膜等关键部件，还包括膜土分离部件和膜杂分离机构的研究。中国地域广阔，农业技术措施地区差别大，开展研究的机具种类多，地域特点明显。中国地膜覆盖种植面积最大的地区为新疆、甘肃和内蒙古，其中新疆是残膜污染最为严重的区域，机械化残膜回收也主要应用于新疆、甘肃和内蒙古地区。新疆使用的残膜回收机具以宽幅、大型为主，主要应用于地膜覆膜栽培的棉田；甘肃和内蒙古主要以小型机械为主，应用于玉米、马铃薯等作物种植农田的残膜回收（王伟伟等，2015）。因此，根据农艺作业时间的不同，可分为苗期地膜回收机、秋后残膜回收机和播前残膜回收机（张学军等，2008），其中秋后回收作业机应用最广泛；按机具不同作业形式，可分为单项作业机和联合作业机，其中联合作业机包括秸秆粉碎还田残膜回收联合作业和整地残膜回收联合作业；按工作部件入土深度不同，可以分为表层残膜回收机和耕层残膜回收机；按关键收膜部件的不同，可分为滚筒式、弹齿式、齿链式、滚筒缠绕式等，其中滚筒式收膜部件主要依靠偏心机构、凸轮或滑道实现捡膜弹齿的伸缩，完成残膜的捡拾与脱送，整机结构复杂，成本高；弹齿式收膜部件结构简单、造价低，在新疆地区广泛使用，但残膜回收率低。以下是几种收膜部件的结构形式如图 3-5 所示。

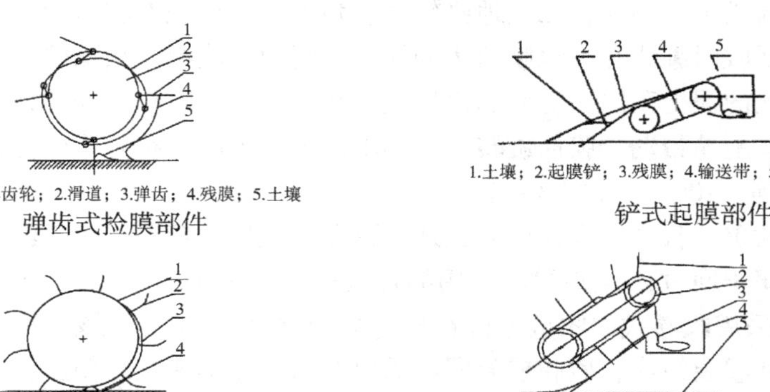

图 3-5　几种常见收膜部件的结构形式（陈学庚，2015）

二、主要残膜回收机的机型和特点

（一）苗期残膜回收机

苗期残膜回收机应用在玉米、棉花等作物浇头水前揭去地膜，适用于灌溉条件较好的地区。一般采用人机结合的方式回收，机械作业必须准行，不伤苗。其中典型的残膜回收机包括 4MSM-3 型苗期残膜回收机、CSM-130B 型齿链式悬挂收膜机等。

1. 4MSM-3 型苗期残膜回收机

该机由新疆农业科学院农业机械化研究所研制，主要由悬挂主梁，机加起膜导轨，起膜轮，卸膜叶轮，卷膜辊和地轮等组成（图 3-6），三点悬挂于拖拉机后方作业。机具一次作业可依次完成起膜，送膜、卷膜等收膜工序主要适用于宽膜播种棉花苗期的残膜回收，经过适当调整，本机亦可用于玉米、甜菜等中耕作物苗期的残膜回收。

（1）工作原理与技术参数　工作时，拖拉机牵引机组前进，起膜导轨前端插入土内 5~6cm，一边前进一边将地表地膜向上抬起，以利于起膜轮起膜，随后在地轮的驱动下，起膜轮上的起膜杆齿转动并顺势将逐渐抬起的地膜叉住，通过起膜轮的转动将地膜不断地

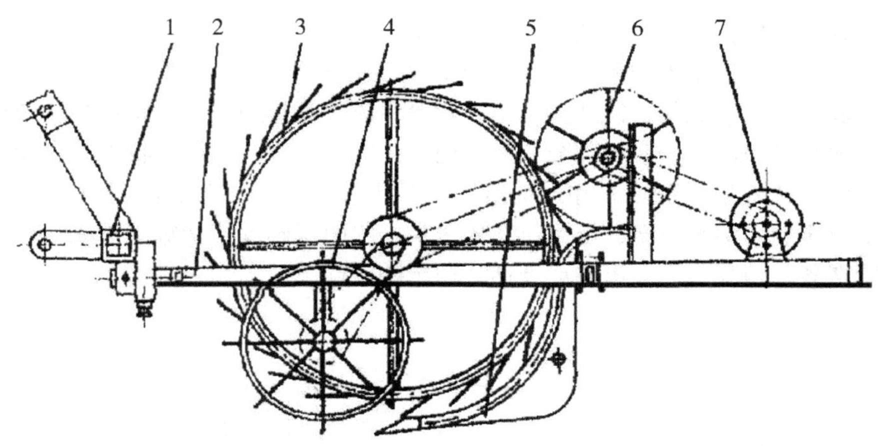

图 3-6 4MSM-3 苗期残膜回收机结构简图（倪国庆等，1999）

1. 悬挂主梁；2. 机架；3. 起膜轮；4. 地轮；5. 起膜导轨；6. 卸膜叶轮；7. 卷膜辊

向上向后输送，此时位于起膜轮后上方的卸膜叶轮，通过叶板将地膜从起膜轮的起膜杆齿上卸下，并向后输送到卷膜辊，由地轮传递的动力带动卷膜辊转动，并将整幅膜平整地卷到卷膜辊上，待直径卷到 30cm 左右，通过快速卸膜机构，迅速将成卷整体膜卸下，运出田外。机具的主要技术参数见表 3-1（倪国庆等，1999）。

表 3-1 4MSM-3 苗期残膜回收机主要技术参数（倪国庆等，1999）

机型	生产率（hm^2/h）	拾捡率（%）	伤苗率（%）	配套动力（kW）	挂接方式
单幅机	0. 2~0. 3	≤82	≤1	12~18	后三点悬挂
三幅机	0. 53~0. 67	≤82	≤1	40~55	后三点悬挂

2. 该机械的优点及存在的问题

该机具采用地轮传动，工作可靠，不会产生撕断膜或停滞现象。用管材或型材制成的单铰整体式机架、滚齿式起膜轮、起膜导轨、鼠笼式送膜叶轮和卷膜辊，重量轻，制造成本低，使用维修方便；该机具适应性好，经过调整能用于棉花不同栽培模式的残膜回收作业；该机具设置与送膜叶轮反向转动的准同步式卷膜装置，在卷膜过程中，膜面上的泥土、杂草，杂物被抛出，膜卷干净、紧密，不需要再打包，不会造成二次污染，便于运输和再利用。存在的问题是当作物株冠层较大时，常因枝冠封垄而限制作业速度。要求进行铺膜时在播种处打出两排撕膜孔，以便后期捡拾地膜能从此处撕开地膜。

（二）CSM-130B 型齿链式悬挂收膜机

该机由新疆生产建设兵团农机技术推广站和兵团农八师 134 团共同研制，在原齿链式悬挂收膜机上做了较多的重大改进，尤其在脱膜的可靠性以及减少人工辅助劳力、卸膜方便性等设计上有新颖的突破，使该机具有较好的适应性，可靠的揭膜脱膜性以及巧妙的废膜自动无，合卷捆功能。在使用中表现为能在多种条件下可靠揭收地膜及脱下废膜；无废膜缠绕机器现象；进入集膜机构内的废膜能自动无，已卷成捆，并可不停车顺利地随时取出卸下，也可据情况停车卸膜；作业中揭起的地膜从植株上脱出时，由于运动轨迹设计合理，能做到几乎不伤苗。因此易被广大农户接受。

该机主要由起膜、脱膜和集膜三大部分组成（图 3-7），起膜部分由机架，四连杆机构、地轮、起膜导轨、抓膜齿链和大，小导轮等组成，其作用主要是将地膜从植株行中揭起并强行抓送至脱膜部分。脱膜部分的主要构件是脱膜皮辊，作用是将没有自动脱落的地膜从链齿上脱下送入集膜部分，并保证所脱地膜不缠绕机器，使脱膜具有可靠性和连续性。集膜部分主要由集膜车架、链条帆布传送带、集膜车轮及传动机构组成，作用是将脱下的残膜能在各种情况下无心滚卷成圆捆，便于随时卸下。

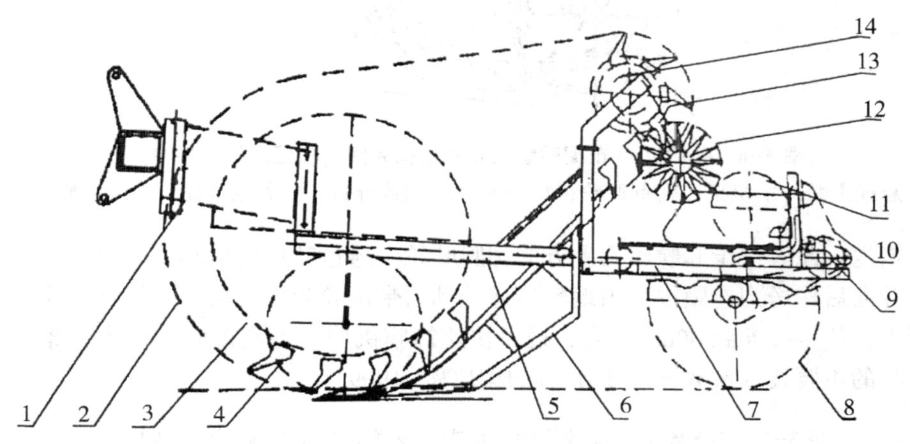

图 3-7　CSM-130B 型齿链式悬挂收膜机结构简图（王能勇，2000）

1. 四连杆机构；2. 抓膜齿链；3. 大导轮；4. 地轮；5. 机架；6. 起膜导轨；7. 集膜车架；8. 集膜车轮；9. 传动机构；10. 链条帆布传送带；11. 废膜捆；12. 脱膜皮辊；13. 小导轮；14. 链传动。

1. 工作原理与技术参数

在工作时，起限深作用的地轮压松边膜与覆土的黏土，同时苗行中的地膜在起膜导轨与抓膜齿链的配合作用下，被齿链强行抓取，并随抓膜齿链的传动而沿导轨弧面上升。地膜在被提升的同时，利用膜本身的撕裂强度，带动边膜也一起强行提升，整个地膜在提升过程中，地膜像脱汗衫那样从植株上脱下。当脱下的地膜沿导轨弧面上升至脱膜部位时，由于齿链上的链齿是向下的倒三角形，因此大部分地膜在自重下自行脱落，少量被齿链挂住而脱落不下的地膜就进入脱模皮辊的工作区。脱膜皮辊周边是软质胶片，随皮辊旋转的离心作用，胶片伸开将膜从抓膜齿链上刮落。胶片由于质软不会拉断膜，也不会挂缠地膜。脱下的残膜落入集膜车链条帆布传送带上，利用膜与帆布带之间的摩擦力，地膜随帆布带一起移动，当移动到链条帆布传送带的升起部位时，地膜也随之上升，但在自身重力作用下又随即下落，下落后再继续在传动帆布带带动下前移、上升。如此连续不断的动作，残膜被自行滚动而卷成一个无芯的圆捆。圆捆越卷越紧，越卷越大，滚卷地膜的同时残膜卷对齿链抓升的地膜又有一定的拉扯作用，进一步保证了更有效的脱膜。由于膜卷捆是无心的，又是自行滚卷的，因此，膜捆可大可小，可随时因需要而卸出集膜车，地膜的

滚卷也不需要人工进行如引膜等辅助。机具的主要技术参数见表3-2（王能勇，2000）

表3-2　CSM-130B型齿链式悬挂收膜机技术参数（王能勇，2000）

项目	外形尺寸（长×宽×高）（mm）	作业速度（km/h）	伤苗率（%）	适应株高（mm）	机器重量（kg）	配套动力（kW）	工作幅宽	植株行内收膜率（%）
技术参数	2 720×1 550×1 395	3~6	≤1	≤4 200	300	10~50	1~3条	≥90

2. 该机械的特点及存在的问题

该机具采用独立单组配置，每一幅地膜为一个独立单组，可与小型拖拉机配套作业。由于各个单组结构完全相同，因此可将若干个单组组配成一次可回收2幅或者3幅地膜的整机，与大中型拖拉机配套作业；作业过程中，可将各个作业单组按行距要求配置在中耕施肥机的主梁上，与中耕、开沟、施肥机具配置成复式作业机，既可省去单独为收膜而进行一次作业，又可使收膜和灌水紧密衔接。该机具使用过程中具有人工辅助少、卸膜方便等特点，行距可根据实际种植行距调整，具有良好的适应性；机具具有可靠的揭膜、脱膜性能及巧妙的地膜自动无芯卷捆功能，能在多种条件下可靠揭收地膜并顺利脱落地膜，无地膜缠绕机具现象，进入集膜机构内的地膜能自动无芯卷成捆，并可不停车随时取出卸下，也可根据情况停车卸膜；作业中揭起的地膜从植株上脱出时，运动轨迹设计合理，几乎对作物秧苗无任何机械损伤。存在的主要问题是机械的结构有待于进一步简化和优化；废膜捆中含土量偏大。在膜下滴灌作物种植区，不允许苗期揭膜，使该机具推广受到极大制约。

（三）秋后残膜回收机

秋后残膜回收机械是在作物收获后、耕地前回收地膜，收膜对象主要是当年铺设地膜。在苗期揭膜受到限制情况下，秋后是回收残膜的最佳时机。由于秋后作业时间短，为提高作业效率，减少秸秆对收膜的影响，该类机具常与秸秆粉碎、灭茬、耕地作业机具结合形成复式联合作业机。

秋后残膜的主要特性：虽然有破损，但膜面相对比较完整；松土拉起残膜需要力17.84N，不松土需要29.4~35.28N。为防止拉断，垄边松土很关键；延伸率在30%左右，在摩擦和静电吸附作用下，易缠绕工作部件。一旦缠绕，会越缠越多，卸（脱）膜环节对保证机具连续作业非常重要；秋后残膜上存在大量的枯叶、茎秆与根茬等杂物，收膜时如何避开根茬以及杂物分离关系到后续残膜的再生利用和收膜机集膜箱有效容积的利用。

秋后残膜回收作业的主要技术要求：膜与茎秆、叶片、杂草混杂及裹土要分离；防止残膜的缠绕与返带；保持统一规格和质量的农膜。厚度增加到0.01mm，强度可增加25%，避免过多使用超薄膜，给残膜回收带来困难；规范农田耕作方式（行距一致，无埂）；应尽量使用残膜回收联合作业机具。而在整个收膜工艺过程应包括有松土、起膜、挑膜、膜杂分离、脱膜、送膜和集膜等密切联系的环节，目前探索的收获工艺主要有：秸秆粉碎+搂膜集条+捡拾装车；犁地+轧膜+地头卸膜；拔棉秆+搂棉秆残膜+捡拾装车；秸秆粉碎还田及残膜回收联合作业。其中，典型的残膜回收机包括 4FS2 型联合残膜回收机、4SJ-1.6 残膜回收与茎秆粉碎联合作业机收膜机等。

1. 14FS2 型联合残膜回收机

该机于 1992 年由新疆农垦科学院农机研究所研制成型，主要由前置的茎秆切碎机和后置的残膜回收机两部分组成，能够一次完成茎秆粉碎和残膜回收两项作业，开辟了残膜回收与秸秆切碎联合作业的新思路。茎秆切碎机甩刀、搅龙、外壳、升降油缸及悬挂机架组成。残膜回收机由机架、逐膜轮、栅板、扒膜耙、起膜机构、捡拾滚筒、地轮、膜箱等部件组成（图 3-8）

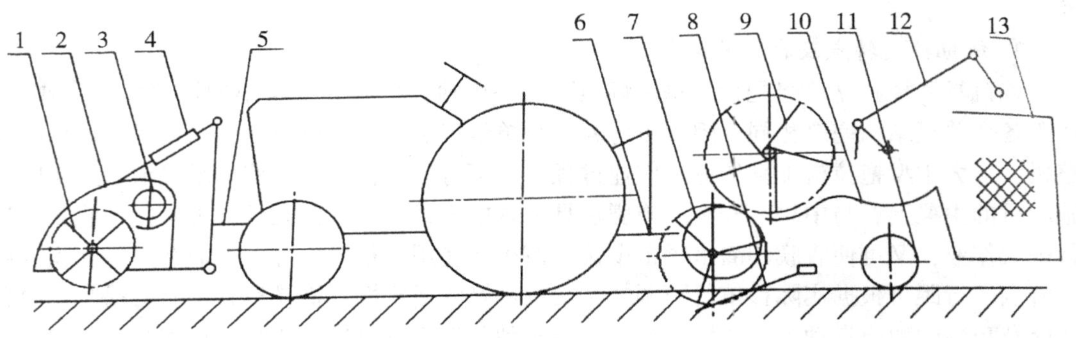

图 3-8　4FS2 型联合残膜回收机结构简图（汤国栋等，1994）

1. 甩刀；2. 外壳；3. 搅龙；4. 升降油缸；5. 悬挂机架；6. 机架；7. 捡拾滚筒；8. 起膜机构；9. 逐膜轮；10. 栅板；11. 地轮；12. 扒膜耙；13. 膜箱

（1）工作原理与技术参数　在工作时，首先由拖拉机动力输出轴传出动力分别驱动茎秆切碎机和残膜回收机。在动力驱动下，甩刀高速旋转切断茎秆，茎秆随着切断时的惯性甩入搅笼中，搅笼将茎秆输送到一边，为收膜创造较好的条件和环境。随后由起膜机构入土起膜，捡拾滚筒将残膜拾起，当滚筒转到上方偏后 15°时，滚筒杆齿缩入筒内，此时逐膜轮及时将残膜推到栅板上并向上推膜，同时将膜中的土分离出来，逐膜轮将残膜推到一定高度后，扒膜耙顺着栅板将残膜扒向膜箱，从而完成整个作业过程（表 3-3）。

表 3-3　4FS2 型联合残膜回收机技术参数（汤国栋等，1994）

项目	外形尺寸（长×宽×高）（mm）	收获行数	适应行距（mm）	割茬高度（mm）	结构重量（kg）	生产率（hm^2/h）	废膜收净率（%）
技术参数	7 300×2 100×1 500	2	300×6（宽窄行）	<200	1 350	0.5~0.9	>80

（2）存在的问题　该机的主要问题是在机具配置上，采用前后悬挂的方式，装卸比较困难，影响了机车的机动性；整机的结构复杂。可靠性不高。残膜输送部件结构复杂，输送距离较长，因残膜流动性较差，拨一下动一下，常常是拨到哪停到哪，残膜装箱效果有待提高。

2. 4SJ-1.6 残膜回收与茎秆粉碎联合作业机

收膜机该机主要由新疆农垦科学院农机研究所和克拉玛依五五机械制造有限责任公司共同研制。4SJ-1.6 残膜回收与茎秆粉碎联合作业机在作物收获后、犁地前作业，一次作业同时完成茎秆粉碎还田和回收地表残膜两道工序，减少了拖拉机的进地次数，降低了作业成本，争取了农时，是一种实用的残膜回收机具。该机主要由安装在机架上的齿轮箱、茎秆粉碎装置、茎秆机罩盖、茎秆输送铰龙、传动机构、残膜捡拾滚筒、松土齿、脱送叶轮、叶轮罩壳、集膜箱、地轮和半悬挂架组成。(图 3-9)

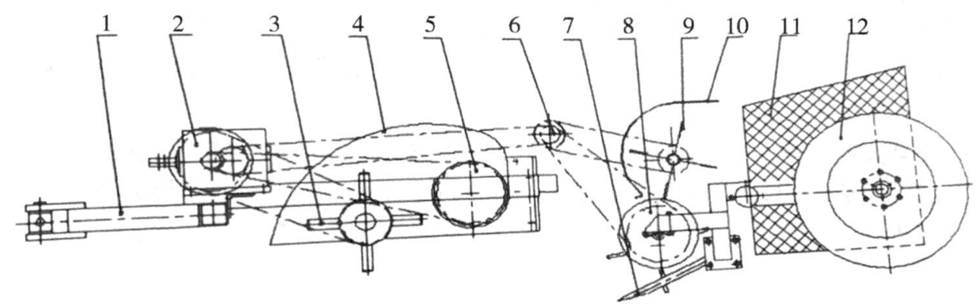

图 3-9 4SJ-1.6 残膜回收与茎秆粉碎联合作业机结构（曹肆林等，2009）

1. 机架；2. 齿轮箱；3. 茎秆粉碎装置；4. 茎秆还田机罩壳；5. 茎秆输送铰龙；6. 传动机构；7. 起膜梳齿；8. 捡拾滚筒；9. 残膜脱送叶轮；10. 叶轮罩壳；11. 集膜箱；12. 地轮

（1）工作原理及技术参数　机具作业时，拖拉机的下悬挂臂与该机半悬挂架连接，动力由拖拉机动力输出轴通过齿轮箱和传动机构传递给茎秆粉碎装置、茎秆输送铰龙、残膜捡拾滚筒和残膜脱送叶轮。茎秆粉碎装置对作物茎秆进行切割、粉碎后抛送到茎秆输送铰龙，茎秆输送铰龙将粉碎后的茎秆输送到机具的一侧。起膜梳齿入土 5~10cm 将表层土壤疏松，捡拾滚筒将土壤表面及表面以下 5cm 范围内的残膜挑起。随着捡拾滚筒的转动，残膜被带到脱膜位置，然后由脱送叶轮从捡拾滚筒上脱下并抛送到集膜箱中。机具的工作深度由半悬挂架和地轮控制。机具在道路运输和田间转移时，单作用油缸推动地轮向下摆动，同时半悬挂架由拖拉机下悬挂臂提升，使机具升起；在田间作业时，油缸柱塞在机具重量的作用下缩回，使机具下降到工作位置。技术参数如表 3-4 所示（曹肆林等，2009）

表 3-4 4SJ-1.6 残膜回收与茎秆粉碎联合作业机技术参数（曹肆林等，2009）

项目	技术参数	项目	技术参数
外形尺寸（长×宽×高）（mm）	4 190×2 550×1 400	配套动力（kW）	≥47.8
结构质量（kg）	1 100	工作深度（mm）	30~50
工作宽幅（mm）	1 600	当年残膜回收率（%）	≥80
作业速度（km/h）	4~6	茎秆粉碎长度（mm）	≤120
作业小时产生率（hm^2/h）	≥0.6	工作可靠性（%）	≥90

（2）该机械的特点及存在的问题 该机械的特点：一是采用半悬挂的方式与拖拉机进行挂接，操作简单、方便，整机配置合理。二是该机一次作业可完成残膜回收和茎秆粉碎还田两道作业工序，适应新疆地区的农艺要求，减少了拖拉机的进地次数和作业费用，提高了作业效率，可节约农时。残膜回收率达到 81%，茎秆粉碎长度合格率达到 94%，工作可靠性 91.6%。三是茎秆粉碎装置对作物茎秆进行切割、粉碎后抛送到茎秆输送铰龙将粉碎后的茎秆输送到机具的一侧，为后续残膜捡拾部件提供了一个干净的工作面，避免了茎秆被重新捡起，起到了茎秆还田的效果，工作过程中不会带起大量灰尘。四是采用液压油缸和半悬挂架控制整机的升降，保证机具在道路和田间的通过性。采用调节螺杆进行入土部件的定位，入土深度控制准确。五是残膜输送机构由叶轮、罩壳和膜土分离辊组成，结构简单、工作可靠，工作时形成负压区，避免了残膜缠绕，提高了残膜输送的可靠性。

存在的重要问题是：一是机械自动化程度有待提高。虽然机具的整个作业过程有拖拉机手一人即可完成，但是地头卸膜的时候，拖拉机手需要下车操作，不够方便。二是机具的可靠性需要进一步提高，由于传动路线较长，工作过程中有掉链现象，影响机具的正常工作。

3. 4JSM-1800 棉秆还田及残膜回收联合作业机

该机是由新疆农业科学院农业机械化研究所等单位联合研制的 4JSM-1800 棉秸秆还田及残膜回收联合作业机。采用秸秆粉碎还田和残膜回收联合作业，可使两项作业一次完成，既减少了作业费用，又节约了时间。该机由安装在机架上的牵引架、机架、边膜铲、水平刀盘式秸秆粉碎还田机、摆动式挑膜齿残膜清理滚筒、梳齿式松土齿、残膜脱送装置、膜箱、行走系统和传动系统构成如该机由安装在机架上的牵引架、机架、边膜铲、水平刀盘式秸秆粉碎还田机、摆动式挑膜齿残膜清理滚筒、梳齿式松土齿、残膜脱送装置、膜箱、行走系统和传动系统构成。如图 3-10 所示。

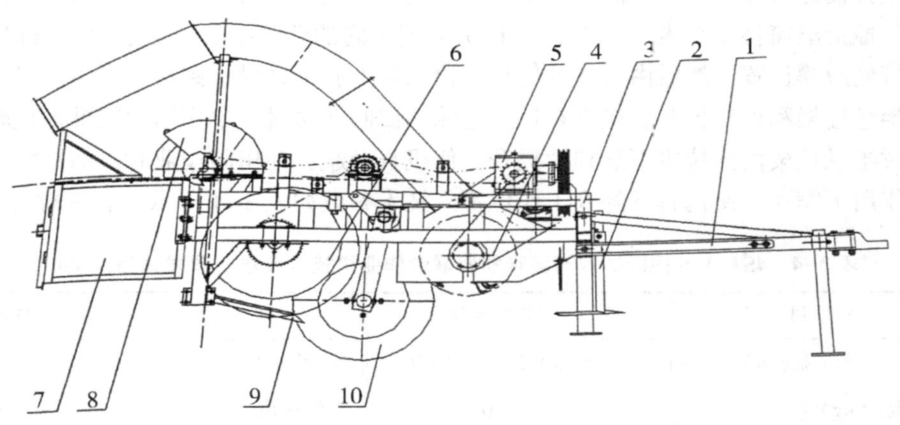

图 3-10 4JSM-1800 棉秆还田及残膜回收联合作业机结构简图（王学农等，2003）

1. 牵引架；2. 边膜铲；3. 机架；4. 后抛送式式秸秆粉碎还田机；5. 传动系统构；6. 摆动式挑膜齿残膜清理滚筒；7. 脱送装置；8. 膜箱；9. 梳齿式松土齿；10. 行走系统

（1）结构工作原理与技术参数 该机的工作原理边膜铲为单翼铲；水平刀盘式秸秆

粉碎还田机为新疆棉花产区秸秆粉碎还田普遍使用的机型，有两组水平刀盘，每组刀盘上有两层粉碎刀；梳齿式松土齿位于残膜清理滚筒下方与机架相连；残膜脱送装置由托膜板、脱送滚筒、橡胶板组成；膜箱为矩形，位于机具的后部。该机具有秸秆粉碎还田、松土、挑膜、脱膜、送膜集堆等功能，一次作业可完成秸秆还田和残膜回收两项作业，工作效率高、清膜率高，使用方便可靠。

工作过程：边膜铲深入膜边，将边膜上覆压的土层疏松，水平刀盘式棉花秸秆粉碎还田机将一个作业幅宽上的秸秆粉碎，向机具水平两侧抛出；梳齿式松土齿将残膜下的土层疏松，便于挑膜齿工作；挑膜齿从残膜下将残膜挑起，输送到脱膜位置，挑膜齿缩回到滚筒内；脱送膜轮从滚筒上将残膜脱下、输送到膜箱；膜箱装满后，机具停止工作，将膜箱底部箱板打开，残膜倾倒并集堆。其技术参数如表 3-5 所示（王学农等，2003）。

表 3-5　4JSM-1800 棉秆还田及残膜回收联合作业机技术参数（王学农等，2003）

项目	技术参数	项目	技术参数
外形尺寸（长×宽×高）（mm）	4 100×2 800×1 300	配套动力（kW）	36.7~58.8
结构质量（kg）	1 520	挂结方式	牵引式
工作宽幅（mm）	1 800	当年残膜回收率（%）	84 左右
作业小时产生率（hm^2/h）	≥0.6	作业速度（km/h）	≥5

（2）特点及存在的问题　该机具有以下几个主要特点。一、棉花秸秆粉碎还田和残膜回收两项作业一次完成，减少机具作业次数和作业费用，缩短了作业时间。残膜回收率达到 84%（含边膜区域），机具可靠性达到 98%，作业速度达到 6km/h，生产率 0.5hm^2/h。二、采用液压油缸驱动控制整机的升降，保证机具在道路和田间的通过性。机具入土工作部件深度控制调整方便。三、采用抽拉式行走轮轴适应多种轮距的可调性要求。可满足新疆地区棉花种植多种模式。可满足新疆当前棉花主要不同栽培模式，而且还可满足自身装车运输、机组地块转移的轮距要求。

存在的问题是该机组生产成本较高，售价过高，影响了推广应用；其次是作业时会产生大量尘土，影响驾驶员的作业环境。

（四）前残膜回收机

播前残膜回收是在作物收获、土地翻耕后，播种前进行的残膜回收作业，此时作物秸秆已基本腐烂，大片残膜以被回收，田间杂物较少，土壤疏松，播前残膜回收机具有通常和整地机具联合作业。整地过程中，弹齿或钉齿能够把地表浅层的残膜带出，利于收膜作业。播前残膜回收机具结构简单、作业幅宽较大、工作效率高的特点，在新疆地区得到广泛应用。典型机具有 CMJ-5 型春秋两用密排弹齿式残膜回收机、1QZ-3900 型清田整地联合作业机等。

1. CMJ-5 型春秋两用密排弹齿式残膜回收机

该机由新疆生产建设兵团农八师 149 团等单位联合研制的 CMJ-5 型春秋两用密排弹齿式残膜回收机 CMJ-5 型春秋两用密排弹齿式残膜回收机是与小四轮拖拉机配套的农业

机械，主要用途是在播种前对地表 5cm 以内的残膜进行回收，并能清除杂草，具有一定的碎土作用，以保证地表的清洁。该机主要由机架、前后弹齿组成（图 3-11）。

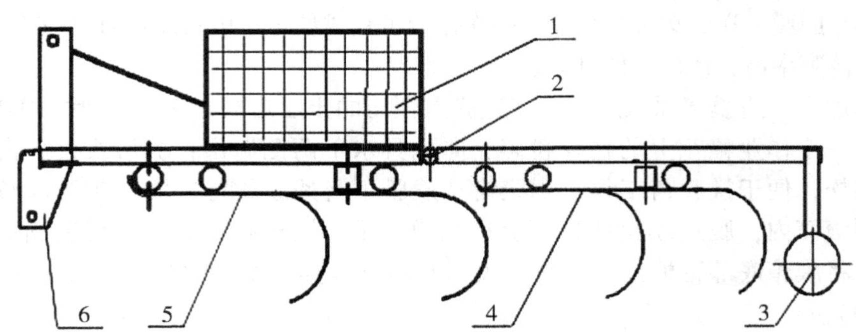

图 3-11　CMJ-5 型春秋两用密排弹齿式残膜回收机（李小兵，2010）

1. 集膜箱；2. 绞接销；3. 深浅调节轮；4. 后排弹齿；5. 前排弹齿；6. 机架

（1）结构工作原理与技术参数　该机主前排弹齿 100 根，由 6mm 的 60 号锰钢丝绕制而成，后排弹齿 200 根，用 3mm 的 60 号锰钢丝绕制而成，间距为 25mm，采用铰节式连接方式，装卸方便，结构简单，深浅可调。弹齿采用密排布置。工作原理是：拖拉机行进时，牵引回收耙前移，弹齿入土 30~50mm，由密排弹齿将地表和浅层的残膜收集成条，集结到地边，升起液压装置，自卸残膜。该机春秋两季都可使用。春季使用时，安装后排加密弹齿，前排弹齿搂出地块中 50mm 内大块残膜以及作物长秸秆和大土块，随后后排加密弹齿搂出地块中 20~50mm 小碎片残膜。技术参数如表 3-6 所示。

表 3-6　CMJ-5 型春秋两用密排弹齿式残膜回收机技术参数（李小兵，2010）

项目	作业宽幅（m）	单机重量（kg）	工作效率（hm^2/h）	配套机型	废膜收净率（%）
技术参数	5	80	<200	悬挂式轮式拖拉机	>80

（2）该机具的特点　由于该机采用加密排列弹齿，残膜回收率可达 80% 以上。工作几十米后升起残膜机，清理残膜，并将残膜堆放在田间。为了减轻农工转运残膜的负担，该机在机架上方加装了集膜箱，可将清理后的残膜装入箱内随机组运至地头地边，便于收集利用。秋季使用时，拆去后排弹齿，在粉碎秸秆前可直接进行大块残膜回收作业。该机型具有结构新颖、重量轻、不需保养、工作时无故障等特点，且工作效率高，单次作业收净率达 80%（指 5cm 土层内），也可重复作业达到收净为止。因该机制造价格低廉，作业成本每公顷仅 40~50 元。

2. 1QZ-3900 型耕层残膜收获机

该机具利用了振动筛、刮板和尾筛组合工作原理，设计了一种土壤残膜混合物分离装置；振动筛在刮板的配合下，能够有效将混合物抛起并向后输运，同时耕层细碎土壤从筛孔落下；在刮板作用下，残膜、残茬和大块土坷垃，被输送至尾筛，经再一次筛分；残膜、残茬被输送至集杂箱，完成对耕层残膜残茬的清理。经检测，残膜回收率达 89.1%，清理过的农田，地表土壤细碎松软，达到设计及后续播种要求。该机的总图设计如图 3-12 所示。

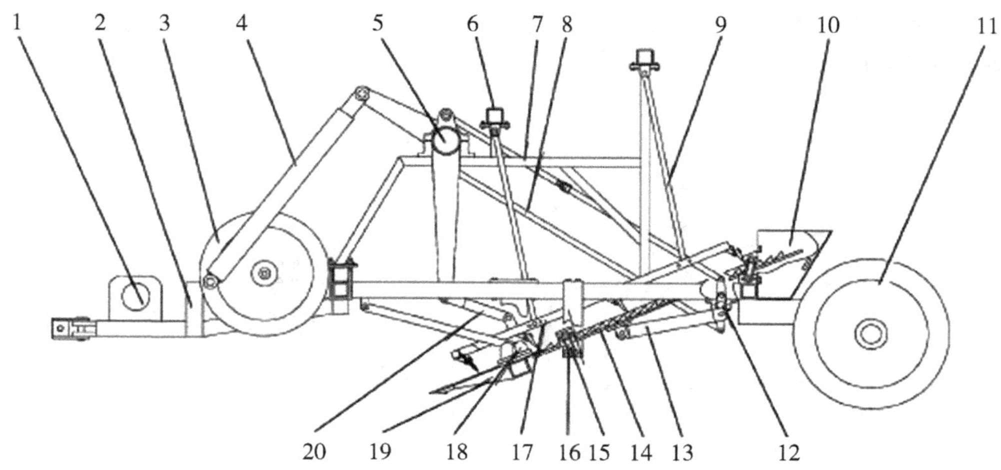

图 3-12　1QZ-3900 型耕层残膜收获机的结构和工作原理（马少辉等，2011）

1. 减速器；2. 机架；3. 飞轮；4. 主连杆；5. 曲轴 6. 悬架；7. 支架；8. 拉杆；9. 吊杆；10. 集杂箱 11. 行走轮；12. 筛曲柄；13. 曲柄连杆；14. 振动筛组；15. 支臂 16. 摇杆；17. 刮板总成；18. 单支臂；19. 铲总成；20. 连杆

（1）结构工作原理与技术参数　该机具振动筛组和刮板总成动力由拖拉机动力输出轴输出，工作时铲总成入土作业，将地表 50～100mm 的土壤、残膜和残茬铲起，并随着拖拉机的前进，进入振动筛；振动筛组和刮板总成，通过拖拉机动力输出轴，由减速器通过链轮带动飞轮旋转，飞轮带动主连杆和曲柄作摇动，由连杆带动刮板总成作摇动；同时，通过曲柄带动拉杆带动筛曲柄摇动，由曲柄连杆带动振动筛组作摇动；进入振动筛组的土壤、残膜、残茬混合物，其中大部分细碎土壤在通过筛子上的筛孔时，在振动的作用下漏入地表，小部分土壤和残膜和残茬在振动筛组的振动作用下和刮板总成的配合下，送至机械的后部尾筛，将混入到残膜和残茬中的土壤进一步进行分离；最终，残膜和残茬集中在集杂箱内，完成整个工作过程。其技术参数如表 3-7 所示。

表 3-7　1QZ-3900 型耕层残膜收获机主要技术参数（马少辉等，2011）

项目	工作幅宽（mm）	工作速度（km/h）	残膜回收率（%）	耕地深度（cm）	使用可靠性（%）	作业小时生产率（km^2/h）
技术参数	3 900	4～6	≥88	50～100	≥90	0.8

（2）该机具的特点　①该机采用振动筛对农田地表土壤进行过筛式清理，为农田残膜清理提供了一种新方法，可对多年来残留在耕层内残膜进行有效清理。②研制的齿形刮板残膜输送装置，具有不缠绕地膜、不卡塞、工作可靠和生产率高等优点。

（五）其他残膜回收机械

夹持式残膜回收机

该机由石河子大学机械电气工程学院尝试用“夹持”原理回收残膜，研制了夹持式残膜回收机，该机械不仅能回收不同大小和强度的残膜碎片，而且适用于各个时期的残膜回收。该机主要由牵引装置、动力传递系统、偏心夹持起膜轮、刮板式残膜输送装置、膜箱和边膜铲构成（图 3-13）。

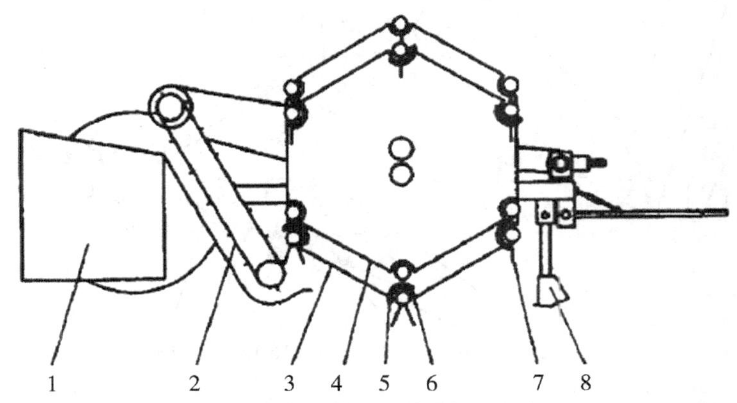

图 3-13　夹持式残膜回收机（王吉奎等，2006）

1. 膜箱；2. 输送装置；3. 主辐盘；4. 副辐盘；5. 脱膜凸轮；6. 夹膜凸轮；7. 夹膜夹板；8. 边膜铲

（1）结构工作原理与技参数术　偏心夹持起膜轮有主副两个辐盘，两辐盘外形尺寸相同，辐盘的周边装有多组曲柄轴，两辐盘通过曲柄轴组连接在一起，工作时两辐盘不同心。每个曲柄轴上都装有两个夹膜板，夹膜板上有可使两夹板闭合的弹簧；两辐盘靠夹膜板一侧各有两个凸轮，在凸轮和弹簧的作用下夹膜板实现张开和关闭动作。两个辐盘及其中心距离和曲柄构成一个平行四杆机构，工作时可使夹膜板始终指向地面。作业时，边膜铲将压在土层下的边膜铲出地面，在拖拉机动力输出轴及传递系统的带动下偏心夹持起膜轮和刮板式残膜输送装置转动，夹膜板随起膜轮做圆周运动，当夹膜板接近地面时，在夹膜凸轮的作用下夹膜板张开，起膜轮继续转动，张开的两夹膜板便扎入地表土层，此时夹膜板另一端离开凸轮，在弹簧力作用下夹膜板开始闭合，在闭合过程中，地表土层中的残膜被夹膜板夹住；当夹膜板离开地面转至残膜输送装置入口时，夹膜板在脱膜凸轮的作用下张开，夹起的残膜在重力和输送装置弹性刮板的作用下进入输送装置，随即夹膜板又闭合，在输送装置的作用下残膜进入膜箱，即完成一个收膜过程。其技术参数如表 3-8 所示（王吉奎等，2006）

表 3-8　夹持式残膜回收机的主要技术参数（王吉奎等，2006）

项目	3 600	项目	技术参数
外形尺寸（长×宽×高）（mm）	4 100×2 800×1 300	配套动力（kW）	26. 6~41. 6. 8
捡膜齿入土深度（mm）	50	挂结方式	牵引式

（续表）

项目	3 600	项目	技术参数
回收残膜含杂率（%）	≤30	当年残膜回收率（%）	≥92
作业小时产生率（hm^2/h）	≥0.5	作业速度（km/h）	4

（2）该机具特点　采用夹持方式提高了对残膜的捡起效果，对小尺寸和老化易碎残膜片也有较好回收能力。偏心夹持起膜轮转速可调，对残膜片尺寸较大的地块采用与作业速度同步的转速，以防止残膜缠绕；对残膜片尺寸较小的地块采用两倍于作业速度的转速，可以增大夹膜板对地表的夹持频率，提高残膜的收净率。输送装置底板上有顺着刮板运动方向的长槽孔，工作时夹杂在收起残膜中的土块或其他杂物可流出输送装置，减少了膜箱中残膜的含杂量。工作时夹膜板端部入土深度可达 5cm，可回收表层土壤内的残膜。用夹持方式回收残膜，工作部件对残膜有较高的捡拾能力，可回收不同大小的残膜片，从而提高了残膜的回收率。由于该机对秸秆等其他田间物料也有捡拾作用，收获后的残膜含杂率较高，还须进一步改进。

第三节　棉田可降解地膜的应用

一、可降解地膜的类型和特点

可降解地膜是降解塑料薄膜产品的一类，与传统的聚乙烯地膜相比，仍然具有增温保墒等功能效果，仅仅只是在各种因素的作用下，经过一段时间自动降解为无污染的小分子物质，从而可以防止残膜对农田环境的污染。目前关于降解地膜的分类和评定方法目前国内外还没有一个统一的标准。但根据降解地膜降解的客观条件和机理，一般可分为光降解地膜，生物降解地膜，光/生物降解地膜三种类型（黎先发，2004）。

（一）光降解地膜

光降解地膜是在高分子聚合物中引入光增敏基团或加入光敏性物质，使其在吸收太阳紫外光后引起光化学反应而使大分子链断裂变为低分子质量化合物的一类地膜。光降解地膜分为添加型光降解地膜和合成型光降解地膜两大类。光降解地膜的降解主要是地膜中的光敏剂吸收了来自太阳光中的紫外线，在其他助剂的协同作用下引发光氧化反应，聚乙烯分子链开始断裂，地膜变脆，物理机械性能下降，最后破裂破碎和消失。但是光降解地膜也存在不足：一是降解受紫外线强度、地理环境、季节气候、农作物品种等因素的制约较大，降解速率很难准确控制；二是大田覆盖使用时，埋入土壤中的部分不能被降解，而且其分解物对大气、水质、土壤是否产生二次污染尚不明确，因此它的应用受到限制（王朝云等，2007）。

光降解地膜在增温保湿、促进烟草生产，提高烤烟的单产、均价及等级方面与普通银膜具有同等作用；且光降解地膜在田间经自然光照射，日渐降解、粉化、消失而融合于土壤中，有利于保护烟田生态环境（南殿杰等，1996）。赵作民等（1992）研究表明，光降解地膜在提高地温、降低土壤容重、抗旱保墒等方面的效果及促进玉米生长发育、早熟、丰产方面的效应均优于普通地膜。光降解地膜应用于花生生产中，具有与普通地膜相似的增温保墒增产效果，又可节省人工拾膜用工（孟庆雷等，1992）。陈明周等（2000）研究表明，花生光降解除草地膜在覆盖栽培中也具有与普通地膜相同的保温、保湿作用，增产效果明显，产量增幅高达 14.13%～30.79%；且具有控制田间常见杂草生长的作用。另外，光降解性避蚜地膜与普通地膜相比，具有降解、防治蚜虫及其他病虫害、保持土壤水分和肥效、调节土壤温度、强化光合作用等功能。同时光降解地膜小残片进入土壤后，不会使土壤性质变劣而危害植物；并有降低土壤污染、水体污染和自然景观污染的优点（陈明周等，2006）。

（二）生物降解地膜

生物降解地膜是在自然条件下，通过土壤微生物的生命活动而进行降解的一类地膜。生物降解地膜分为化学合成高分子基地膜、天然高分子基地膜两大类。从降解机理看，生物降解地膜又可分为不完全生物降解地膜和完全生物降解地膜。其中，不完全生物降解地膜是指在通用塑料（PE、PP、PVC 等）中通过共混或接枝混入一定量的（10%～30%）具有生物降解性的物质；可完全生物降解地膜是使用中保持与现有塑料相同程度的功能，使用后能为自然界中细菌、真菌、海藻等微生物作用分解成低分子化合物，并最终分解成水和二氧化碳等无机物的高分子材料。尽管这类地膜能够降解，但都存在加工困难、力学性能和耐水性能差的问题，目前难以推广和应用（吕江南等，2007）。

生物降解地膜的保温作用与普通地膜相同，且在低温时的保温性优于普通塑料地膜；保水作用比普通地膜略好，同样可以达到早熟、丰产的栽培效果（金维续等，1995）。生物降解地膜配合滴灌技术还可显著提高番茄可溶性固形物含量和番茄红素含量及番茄的水分利用效率和肥料利用效率。梁兴泉等（1998）研究表明，淀粉地膜与塑料地膜相同，有保温、保湿和增产的作用，而且当淀粉含量达 30%以上时具有明显的降解作用，基本上消除了塑料地膜引起的土壤板结、阻碍农作物根系生长等农田耕作环境的污染。王延琴等（1998）研究表明，纤维素膜覆盖一样具有促进棉花早发稳长，增产增收和提高纤维品质的作用；且使用一段时间后会自然分解，减少环境污染，且可增加土壤有机质。麻地膜覆盖明显促进了作物地上部和地下部的生长，有明显的增产效果（王朝云等，2009），且由于不透光还可防止杂草生长，除草和降温效果明显。大量田间试验证明，生物降解地膜与普通 PE 地膜一样，具有保温、保水的作用，且在土壤性状及促进作物生长方面均优于普通 PE 地膜，可在田间产生降解而消失，对土壤无污染。

（三）光/生物降解地膜

光/生双降解地膜是在通用高分子材料（如 PE）中添加光敏剂、自动氧化剂、抗氧剂和作为微生物培养基的生物降解助剂等制作而成的一类地膜。光/生双降解地膜的特点是把地膜降解成小颗粒，短期内对作物生长不会有太明显的负面影响，不过随着使用时间的延长，土壤中塑料颗粒逐渐增加，会影响作物根系的生长，甚至减产。另外，非常难清除降解后的塑料小颗粒，可以说用人工方法无法清除，不利于农业的可持续发展。

利用光/生双降解地膜覆盖春玉米，比普通地膜用量少，节省投资，增温、保墒效果良好，还有自然降解作用。双降解地膜覆盖栽培棉花可增加果枝数，提高单株结铃率，增产作用更显著；且在光照和土壤微生物作用下是可以降解的，并且降解效应十分显著（张明荣等，2000）。光/生物双降解地膜经多年在粮、棉、油等多种作物上覆盖使用证明，其降解可控性好，保温保墒，作物长势与产量与普通地膜无差异；保水、保温性能在观测期内与普通膜相当，作物的生物发育状态基本一致。覆盖农作物后，出苗期提前，产量增加（晏欣等，2001）。地膜在曝晒条件下，当年基本上可降解成粉末状。而覆盖双降解地膜的农田生物效应、增产效益均优于普通地膜。总之，从生产应用来看，可降解地膜和普通地膜的保水、保温和增产效果基本相同，而可降解地膜之间差异不显著；比较各降解地膜的降解状况，生物降解地膜降解最快，其次是光/生双降解地膜，光降解地膜最慢（王星等，2003）。

（四）其他类型可降解地膜

近年来，液态地膜也得到了很多的关注，液态地膜可以促进土壤团粒形成，改善土壤板结，固定表层土壤，抑制水分蒸发，保持土壤水分。因此，液态地膜作为一种土壤改良剂，广泛应用于低产田改良，抗旱增产，在风沙区固沙植草，保护边坡，尤其是在水土保持中具有广泛应用。根据不同地区应用特点，这种膜中含有胶原蛋白、木质素、土壤保水剂、表面活性剂等天然高分子，在使用前为一种液体，喷洒土壤表面后形成黑色的膜，这种膜具有保温保墒的效果，可以在部分区域代替传统非降解地膜使用，同时还不阻碍雨水的正常入渗，从而彻底解决残膜污染问题。但是这种地膜是通过阻断水汽的流动来达到保温保墒的效果，目前市场上液态地膜大都是水溶性的，喷洒后只能在一定时期内形成膜的作用，另外喷洒过程中存在一些间隙，水分可以通过这些间隙，并不利于植物抗旱，同时水分蒸发带走热量不利于保墒作用，这些负面效应在新疆等干旱少雨地区表现得更为明显，因此，液态地膜的使用要根据当地气候和种植作物特点应用（李云光等，2015）。

二、可降解地膜对土壤环境及作物产量的影响

由于可降解地膜与普通 PE 地膜相比也具有增温、保墒、抑盐、防治杂草的效果，因此，应用于农业生产中也有人会对作物生长环境及生长发育状况存在的一定影响。

（一）可降解地膜对土壤环境的影响

在新疆等西北干旱或半干旱地区，地膜覆盖后能够直接提高土壤温度，保持土壤水分，保证作物能够在足够的温度和湿度下正常发芽出苗，从而促进棉花在苗期的生长发育，因此覆膜种植在这些区域得以大面积推广。地膜覆盖后改变了土壤与大气的接触面从而改变了土壤的温度效应，地膜阻碍了正常土壤与大气的水热交换界面，使土壤长波辐射吸收增多，土壤潜热耗散减少，使得土壤温度虽寒冷气温下仍能提高，人为地改变土壤的水热环境，为作物创造更好的生长条件（Wang et al.，2016）。而可降解地膜也能达到普通 PE 地膜的效果。

1. 对土壤水分的影响

可降解地膜覆盖与传统非降解地膜的区别就在于可降解地膜会随着覆盖周期的延长，地膜出现破裂或消失丧失整体的完整性，从而影响覆盖下土壤水分动态变化。尤其滴灌技术通过点源入渗的方式由滴头向作物根系内供水，这种高频低灌溉定额灌水方式主要改变根区土壤含水量，而覆膜作用对土壤水作用区间主要在作物耕作区。因此，可降解地膜降解作用理论上会改变土壤水的分布，增加土壤蒸发量，从而地膜降解会造成土壤水分发生动态变化（Wang et al.，2011）。

不同降解地膜对在同一地区对相同作物的保墒效果不同，图 3-14 为玉米苗期和收获

期不同处理 0~120cm 土层土壤水分的变化（唐文雪等，2018）。在苗期，0~20cm 土层不同处理土壤水分差异显著（$P<0.05$），降 A 土壤含水率较 CK_1、CK_2提高 34.6%、8.6%；降 B、降 C 土壤含水率分别较 CK_1提高 14.5%和 21.8%，比 CK_2降低 7.6%和 1.8%。20~80cm 土层，随土层加深，各处理含水率均呈缓慢下降趋势，3 种降解膜之间的差异性逐渐变小。80cm 土层以下，各处理含水率趋于稳定。说明不同地膜覆盖对土壤表层含水率影响比较大，而对深层土壤水分的影响较小。在玉米收获期，降解膜虽已变薄、脆化、碎裂，但此时降解膜仍有一定的保墒作用。在 0~20cm，各处理间含水率差异较小，降 A 含水率仅比 CK_1、CK_2高 2.3%、1.3%，降 B 和降 C 含水率相近，与 CK_1、CK_2差异不明显；在 20~40cm 土层中，各处理间含水率差异达到最大。降 A、降 B 和降 C 比 CK_1分别提高 4.9%、2.9%、2.4%；与 CK_2相比，降 A 含水率仅降低 0.7%，降 B 和降 C 降幅分别为 2.7%、3.2%。之后随土层加深，各处理含水率差异呈先减小后增大趋势。说明收获期不同地膜覆盖对深层土壤水分的影响较大。3 种降解地膜的稳定期在 80d 左右，可保证玉米吐丝前需水要求，在生育中后期，降 B 和降 C 膜破损虽严重，但仍有保墒作用，可基本保证玉米灌浆期对土壤水分的需要。

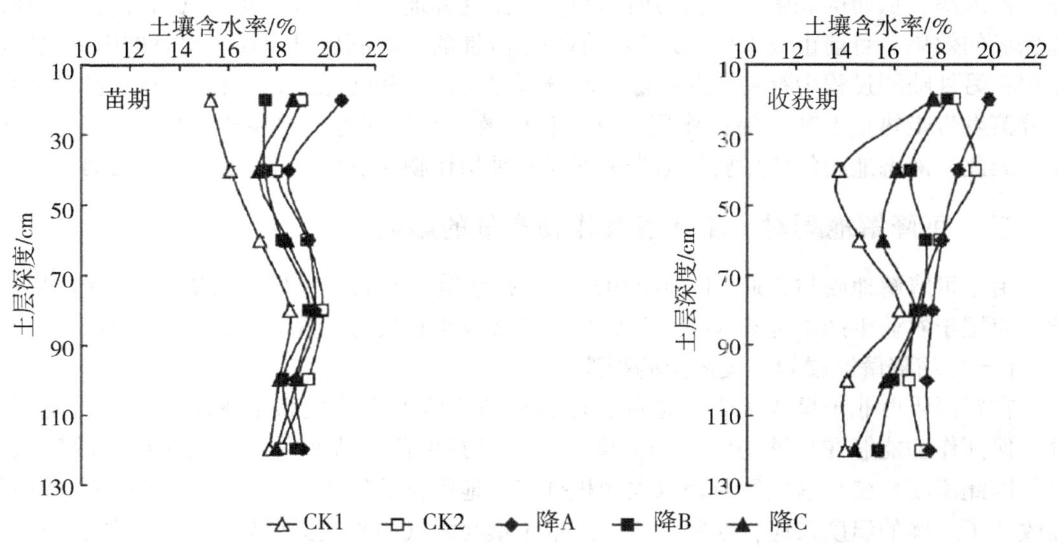

图 3-14　不同处理土壤含水量的垂直变化（唐文雪等，2018）

注：CK_1 为裸地；CK_2 为普通 PE 地膜；降 A、降 B、降 C 代表三种不同降解地膜

同一降解地膜对在不同地区的相同作物的保墒效果也存在着较大差异，在 2016 年，王斌等在巴州和阿克苏地区，种植的棉花来看，，同时覆盖相同型号降解地膜和 PE 地膜膜下 5cm 和 10cm 的平均土壤含水率随着生育进程呈增大的趋势。即表现为 6 月>5 月>4 月（图 3-15）。4—6 月降解地膜尚未裂解，降解地膜处理膜下 5cm 和 10cm 的平均土壤含水率高于 PE 地膜。其中，膜下 5cm 处巴州和阿克苏地区降解地膜的平均土壤含水率分别较 PE 地膜的高 0.83%和 1.47%，膜下 10cm 处分别较 PE 地膜的高 0.25%和 2.42%；但两种地膜的平均土壤含水率差异不显著（王斌等，2019）。

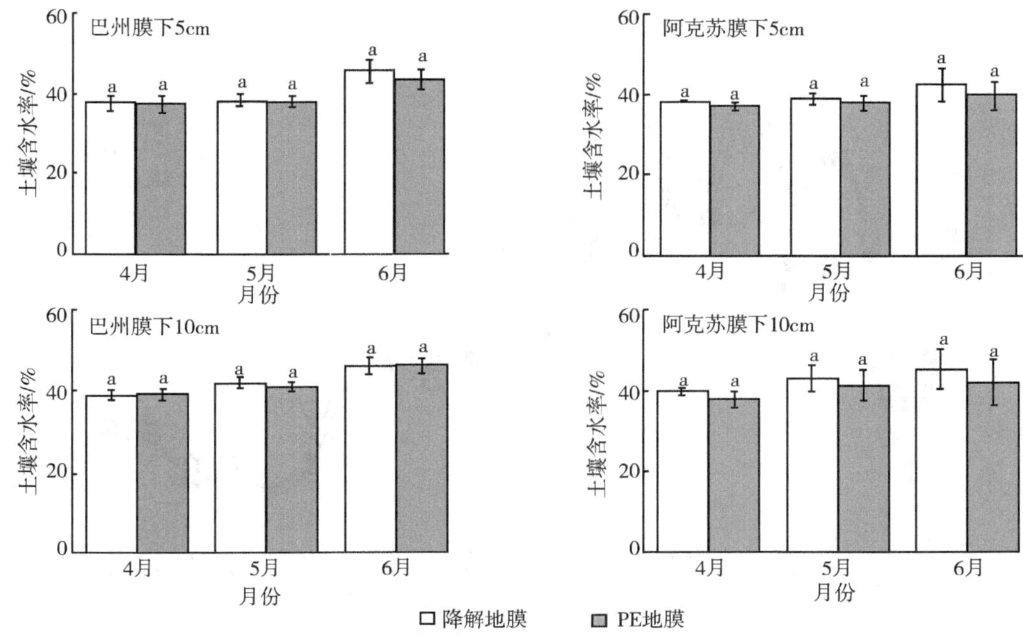

图 3-15 棉花不同地区降解地膜和普通 PE 地膜覆盖土壤水分（王斌等，2019）

2. 对土壤温度的影响

不同的可降解地膜具有的增温效果不同，不同的降解地膜土壤温度均随时间不同（图 3-16），吴凤全等在 2017 年在新疆阿瓦提县农科院实验站研究发现，在棉花苗期，HS 和 T-1 的土壤均温较低分别 18.6℃、18.9℃，其他三个处理均在 20.5℃以上。在蕾期，T-1、T-3、HS、PE 四个处理均达到最大值为 32.1、31.7、31.9 及 32.1℃。在蕾期后，各处理的土壤温度在棉花成熟前均随着时间呈现降低趋势，且 PE 处理显著高于其他处理，由此可以发现从棉花播种到成熟过程中，降解地膜在棉花苗期的保温效果与普通 PE 地膜效果一致，但随着时间的变化生物降解地膜逐渐降解，其保温效果明显低于普通地膜。

此外，同种降解地膜，在不同的生态环境也存在着不同的差异，不同的可降解地膜具有的增温效果不同，在 2016 年，王斌等采用棉花为主要作物，在巴州和阿克苏地区分别采用降解地膜和 PE 地膜覆盖，测定了膜下 5cm 和 10cm 的平均土温。研究发现随着生育期进程基本上呈增大的趋势，即表现为 6 月>5 月>4 月（图 3-17）。4—6 月降解地膜没有出现肉眼可见的裂缝时，降解地膜膜下 5cm 和 10cm 的平均土温基本上高于 PE 地膜，但巴州有所不同。其中，膜下 5cm 处巴州降解地膜平均土温较 PE 地膜低 0.14℃，阿克苏地区较 PE 地膜高 0.76℃；膜下 10cm 处巴州和阿克苏地区降解地膜平均土温分别较 PE 地膜高 0.27℃和 1.21℃；但两种地膜的土温差异不显著。

综上所述，降解地膜对土壤水分及温度的影响，能够达到普通 PE 地膜增温的效果，但增温效果较差，同时在不同地区采用相同的降解地膜，其增温效过也存在不同。说明在不同地区应该筛选出适宜当地生态环境的可降解地膜。

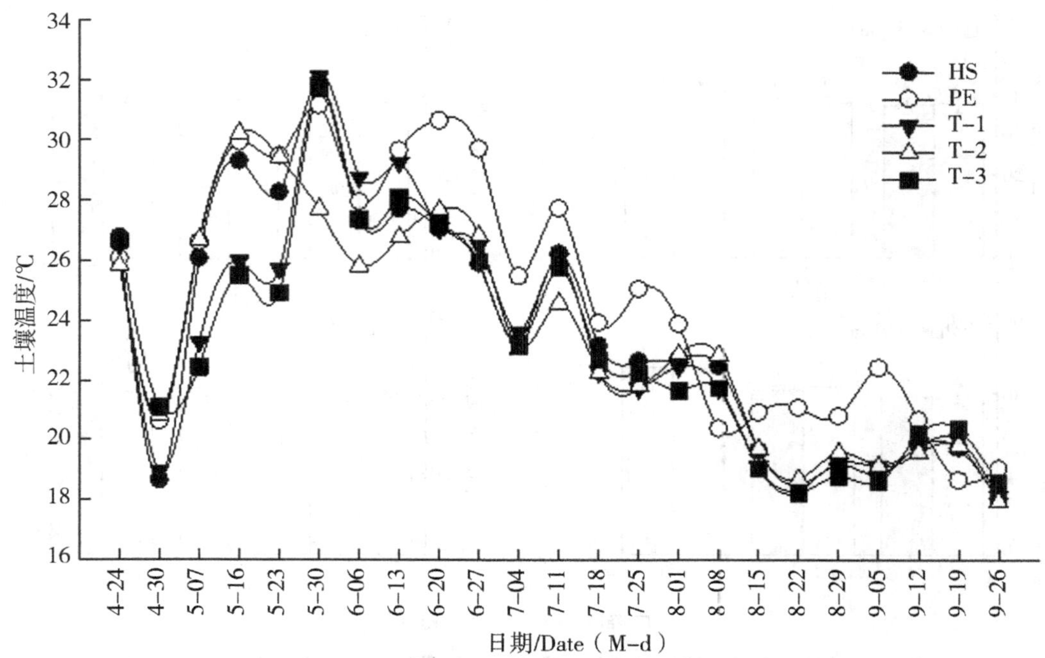

图 3-16　不同生物降解地膜的土壤温度变化情况（吴凤全等，2018）

注：PE 为普通 PE 地膜；T-1、T-2、T-3、HS 代表着四种不同降解地膜

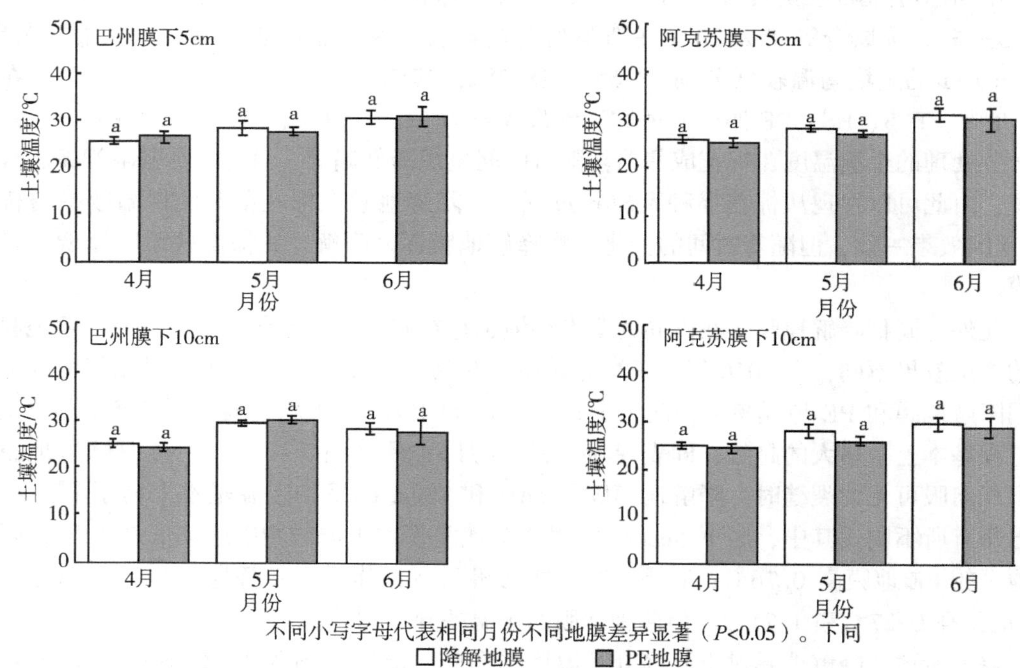

图 3-17　棉花不同地区降解地膜和普通 PE 地膜覆盖土壤温度（王斌等，2019）

（二）可降解地膜对作物生长状况的影响

地膜覆盖与滴灌结合的最终目的便是通过改变土壤的水热条件来创造适宜作物生长的土壤环境，促进作物朝着人们希望高产、耗水少目标生长。因此，对于不同可降解地膜覆盖下棉花的生长和发育及产量是衡量可降解地膜能否应用的重要因素。棉花生长发育及产量的衡量指标主要有棉花叶面积、株高、干物质量和棉花产量构成等。棉花生长状况的好坏也是人们开展农业活动最为关心的要素（Chattopadhyaya N 等，1990）。

1. 对作物生长生状况的影响

降解地膜对土壤水分和土壤温度有一定的影响，而土壤水分和温度是作物生长环境中的重要因素之一，因此降解地膜会对作物生长存在着明显影响。由表 3-9 可以看出，孙仕军等在 2017 年研究发现氧化生物双降解地膜明显加快了玉米的生育进程，出苗期较露地平均提前 3d，较普通地膜提前 2d；拔节期较露地提前 4d，较普通地膜提前 2d。氧化生物双降解膜处理下玉米生育期明显较露地缩短，降解 b 和降解 c 地膜降解率明显较降解 a 小，增温效果及增温持续时间较长，因此总生育期时长较降解 a 提前 2d，较露地提前 7d。由玉米的株高及 LAI 看（表 3-10）玉米拔节期生长最为迅速，抽雄到灌浆成熟期，株高已基本稳定，而普通地膜和露地处理由于生育期较为迟缓，在抽雄期株高显著低于 3 种降解膜处理。苗期、拔节期和抽雄期氧化生物双降解地膜处理下玉米株高显著高于普通地膜和露地处理，且在抽雄期达到最大值，降解 a、降解 b 和降解 c 处理下株高分别较露地高 35cm、40cm 和 38cm 由此发现，降解地膜与裸地相比明显能促进作物生长，但与普通 PE 地膜相比，降解地膜对作物的影响差异不大，说明在相同的种植条件下，同一作物上，降解地膜能够代替普通 PE 地膜。

表 3-9　不同处理下的米生育期天数比较（孙仕军等，2019）　　（单位：d）

处理	出苗期	拔节期	抽雄期	灌浆期	成熟期
降解 a	8	45	69	80	132
降解 b	8	45	68	79	130
降解 c	8	45	68	79	130
普通地膜	10	47	70	81	132
露地	11	49	74	85	137

表 3-10　不同氧化生物双降解地膜覆盖对玉米株高和叶面积指数的影响（孙仕军等，2019）

指标	处理	苗期	拔节期	抽雄期	灌浆成熟期
株高	降解 a	50±0.5a	126±5.8a	281±2.0a	280±4.5a
	降解 b	49±2.7a	129±7.0a	286±7.5a	283±3.1a
	降解 c	50±4.0a	133±4.1a	284±8.3a	282±5.1a
	普通地膜	44±1.0b	120±0.3b	256±1.8a	283±4.0a
	露地	41±2.7b	110±10.1b	246±2.3c	275±4.5a

续表

指标	处理	苗期	拔节期	抽雄期	灌浆成熟期
叶面积指数	降解 a	0. 3098±0. 0428a	1. 8122±0. 0627a	4. 6193±0. 0248. a	4. 1009±0. 1921a
	降解 b	0. 3248±0. 0150a	1. 8950±0. 2005a	4. 6594±0. 1211a	3. 8619±0. 3042a
	降解 c	0. 3537±0. 0537a	2. 0778±0. 2194a	4. 5688±0. 1208a	4. 2536±0. 0655a
	普通地膜	0. 2134±0. 0165b	1. 4695±0. 0066b	4. 6362±0. 4169a	4. 5657±0. 6485a
	露地	0. 1826±0. 446b	1. 2136±0. 1949b	4. 4157±0. 0541a	4. 5794±0. 6386a

2. 对作物产量及经济效益的影响

在前面讨论了可降解地膜覆盖下对土壤的增温保墒状况以及棉花生长发育特征，这些是可降解膜能否在大面积推广重要因素。此外，还需分析其在田间应用的作物产量及经济效益。覆盖降解地膜对棉花产量有一定影响，而降解地膜对土壤水分、温度和棉花生长的影响与普通地膜相当，未对棉花生长发育及产量水平产生显著影响（袁海涛等，2016）。赵彩霞等（2011）研究发现，国内供试部分降解地膜对产量影响较大，减产幅度分别为20%以上，还有其他的与对照的日本降解膜都表现为增产趋势。降解地膜对水分利用效率的影响，李强等（2016）研究发现，覆盖生物降解地膜的玉米水分利用效率与覆盖普通地膜效果比无明显差异，而胡广荣等（2016）研究发现，生物可降解地膜覆盖种植玉米的水分利用效率与无覆盖相比提高 4. 9kg/（mm · hm^2）。表 3-11（邬强，2018.）为不同覆盖处理经济效益分析。可降解地膜与普通塑料地膜相比投入平均增加 842. 5 元/hm^2，其中主要是地膜成本高于广泛应用普通塑料地膜，其中 BD3 处理高于其他处理是由于较厚地膜用量增加，投入增多。综合考虑不同覆膜处理投入与产出，平均覆盖可降解地膜处理净收入减少 1 858. 5元/hm^2（10. 2%）。

综上所述，降解地膜能够提高作物的产量和水分利用效率。在经济效益方面，同时可降解地膜完全降解后，不需额外人工清理及回收残膜，虽然可以使得净收益减少，但随着普通塑料地膜覆盖残膜累积造成的减产效应和人工费用增加效应显现，加之可降解地膜规模化生产后成本显著降低，完全生物降解地膜覆盖棉花经济效益会提升，可降解地膜的推广具有广阔的前景。

表 3-11　不同覆盖处理经济效益分析（邬强，2018）

处理	产出（元/hm^2）	投入（元/hm^2）	净收入（元/hm^2）	产投比	较 PE 增收（元/hm^2）
BD1	39 690	23 205	16 485	1. 710	−1 589
BD2	39 593	23 184	16 408	1. 708	−1 666
BD3	39 128	23 242	15 885	1. 684	−2 189
BD4	39 180	23 096	16 084	1. 696	−1 990
PE	40 414	22 339	18 074	1. 809	

注：投入包括种子、化肥、水电费、农药、地膜、滴灌带及人工费，产出按照当年石河子地区棉花收购价格计算。其中 BD1、BD2、BD3、BD4 均表示可降解地膜。

（三）可降解地膜存在的问题

降解地膜虽缓解了对生态环境危害，但依靠降解材料就解决“白色污染”是不恰当的，还存在很多问题。

（1）在经济性方面，可生物降解地膜（特别是完全生物降解地膜）价格较为昂贵加之性能尚未充分完善，不易推广应用。要普及推广可生物降解地膜，企业和研究者还需要协作努力，不断改进技术，提高生物降解性和其他性能；

（2）使用性能方面需要改进　多数降解地膜还存在力学性能、耐水性不太好、湿强度差等特点。如部分光降解地膜和生物降解地膜存在机械强度不够，在机械播种时会出现拉丝、断裂等，这都需要生产方面加以改进，有的降解地膜添加有其他的物质其降解后对土壤、作物影响还有待进一步评价。

（3）应用领域的复杂性　降解塑料地膜对地区土壤、气候和应用领域的效应不同，需要大量细致的实验，才能选择适宜不同地区的推广类型和应用规范。降解地膜的应用还是一个急待解决的问题和需要进一步研究的领域。

（本章作者：汤秋香，颜安，王同仁，杨卫君，吴凤全，雷蕾）

本章参考文献

白云龙，李晓龙，张胜，等. 2015. 内蒙古地膜残留污染现状及残膜回收利用对策研究［J］. 中国土壤与肥料（6）：139-145.

曹肆林，王序俭，鲁滨，等. 2009. 4SJ-1. 6 残膜回收与茎秆粉碎联合作业机的研制［J］. 新疆农机化（1）：25，31.

陈晶，黄邦升，纪洪彦，等. 1989. 残留地膜对农业环境影响的研究初报［J］. 农业环境保护，8（2）：16-19.

程桂荪，刘小秧，高松. 1993. 光降解地膜小残片积累量对土壤性质和作物产量的影响［J］. 土壤肥料（2）：14-17.

董合干，刘彤，李勇冠. 2013. 新疆棉田地膜残留对棉花产量及土壤理化性质的影响［J］. 农业工程学报，29（8）：91-99.

董伟伟，刘维忠，戴健. 2015. 新疆棉田残膜治理措施研究［J］. 甘肃农业（6）：139-145.

范辉，姜兴余，刘家顺. 2000. 降解地膜在花生上的应用效果初报［J］. 江苏农业科学（4）：31-32.

高玉山，孙云云，窦金刚，等. 2013. 膜对玉米出苗及根系伸长的研究［J］. 吉林农业科学，38（6）：22-24.

巩明明，师立伟，戴红平，等. 2015. 定西市农用地膜残留特点及防控对策［J］. 农村科技（1）：73-74.

胡广荣，王琦，宋兴阳，等. 2016. 沟覆盖材料对垄沟集雨种植土壤温度、作物产量和水分利用效率的影响［J］. 中国生态农业学报，24（5）：590-599.

姜益娟，郑德明，朝阳. 2001. 残膜对棉花生长发育及产量的影响［J］. 农业环境保护，20（3）：177-179.
解红娥，李永山，杨淑巧，等. 2007. 农田残膜对土壤环境及作物生长发育的影响研究明［J］. 农业环境科学学报，26（增刊）：153-156.
金维续，张文群，程桂荪，等. 1995. 光降解地膜的农业效果与降解过程（Ⅱ）——土壤污染研究及环境评价［J］. 农业环境保护（5）：219-223.
黎先发. 2004. 可降解地膜材料研究现状与进展［J］. 塑料（1）：76-81.
李强，王琦，张恩和，等. 2016. 生物可降解地膜覆盖对干旱灌区玉米产量和水分利用效率的影响［J］. 干旱区资源与环境，30（9）：155-159.
李青军，危常州，雷咏雯，等. 2008. 白色污染对棉花根系生长发育的影响［J］. 新疆农业科学，45（5）：769-775.
李小兵. 2010. CMJ-5 型春秋两用密排弹齿式残膜回收机［J］. 新疆农机化（2）：12.
李云光，王振华，张金珠，等. 2015. 在滴灌条件下液体地膜覆盖土壤保温保湿效应及棉花生长响应［J］. 土壤（6）：1 170-1 175.
李云光，王振华，张金珠，等. 2015. 液体地膜对滴灌棉花生理特性和产量的影响［J］. 农业工程学报，31（13）：105-112.
梁兴泉，唐汉民，蔡民廷，等. 1998. 淀粉地膜的生物降解与应用性能研究［J］. 广西大学学报（自然科学版）（1）：48-51.
刘超吉，侯书林，甄健民，等. 2018. 南疆棉田残膜污染现状及防治途径［J］. 农业工程，8（3）：45-51.
刘建国，李彦斌，张伟，等. 2010. 绿洲棉田长期连作下残膜分布及对棉花生长的影响［J］. 农业环境科学学报，29（2）：246-250.
刘娜. 2008. “白色革命”到“白色污染”［J］. 中国商界（上半月）（4）：36-37.
吕江南，王朝云，易永健. 2007. 农用薄膜应用现状及可降解农膜研究进展［J］. 中国麻业科学（3）：150-157.
马辉，梅旭荣，严昌荣，等. 2008. 华北典型农区棉田土壤中地膜残留特点研究［J］. 农业环境科学学报，27（2）：570-573.
马少辉，张学军. 2006 废膜收获机的研究现状和发展趋势［J］. 农机化研究（5）：37-38.
马少辉，张学军. 2011. 1QZ-3900 型耕层残膜收获机的研制［J］. 农机化研究，33（7）：93-96.
孟庆雷，孙学勤，张海军. 1992. 光降解膜在烟草生产上的应用研究［J］. 安徽农学院学报（4）：290-294.
明周，潘东英，杨友军，等. 2006. 花生应用光降解除草地膜覆盖栽培研究［J］. 广东农业科学（8）：26-29.
南殿杰，解红娥，高两省，等. 1996. 棉田残留地膜对土壤理化性状及棉花生长发育影响的研究［J］. 棉花学报（1）：50-54.
倪国庆，谢陈平，刘振贵，等. 1999. 4MSM-3 苗期残膜回收机［J］. 粮油加工与食品机械（1）：28，30.
牛琪，陈学庚. 2014. 地膜应用与残膜回收技术的研究现状［J］. 农机科技推广

（11）：38–40.

孙仕军，张旺旺，刘翠红，等. 2019. 氧化生物双降解地膜降解性能及其对东北雨养春玉米田间水热和生长的影响［J］. 中国生态农业学报（中英文），27（1）：72–80.

汤国栋，李亚雄，梅健，等. 1994. 4FS2 地膜联合回收机的改进设计［J］. 新疆农机化（2）：35–37.

唐文雪，马忠明. 2018. 地膜降解特征对土壤水热效应和玉米产量的影响［J］. 农业环境科学学报，37（1）：114–123.

王斌，万艳芳，王金鑫，等. 2019. PBAT 型全生物降解地膜对南疆花和玉米产量及土壤理化性质的影响［J］. 农业环境科学学报，38（棉 1）：148–156.

王朝云，吕江南，易永健，等. 2007. 环保型麻地膜的研究进展与展望［J］. 中国麻业科学，2007（S2）：380–384.

王朝云，许香春，易永健，等. 2009. 麻地膜覆盖对作物生长发育和产量影响的研究［J］. 中国麻业科学，31（3）：191–197.

王吉奎，张佳喜，江英兰，等. 2006. 夹持式残膜回收机研制［J］. 新疆农机化（6）：40–41.

王佳琪，徐莎莎. 2016. 新疆棉田白色污染现状、问题及治理对策研究［J］. 农村经济与科技（9）9：32–33，12.

王利. 2014. 宁夏南部山区农用残膜污染现状及治理方法［J］. 农业工程，4（4）：68–69.

王能勇，李芳芳，林育. 2000. CSM—130B 型齿链式悬挂收膜机［J］. 新疆农机化（4）：38–39.

王启现，王璞，杨相勇，等. 2003. 不同施氮时期对玉米根系分布及其活性的影响［J］. 中国农业科学，36（12）：1 469–1 475.

王伟伟，裴新民. 2015. 国内残地膜回收设备应用现状与发展研究［J］. 安徽农业科学，43（23）：368–370.

王星，吕家珑，孙本华. 2003. 覆盖可降解地膜对玉米生长和土壤环境的影响［J］. 农业环境科学学报（4）：397–401.

王学农，冯斌，陈发，等. 2003. 4JSM–1800 棉秸秆还田及残膜回收联合作业机研制［J］. 新疆农机化（4）：53–54.

王延琴，潘学标，崔秀稳，等. 1998. 纤维素膜覆盖棉田应用效果初报［J］. 中国农学通报（5）：60–61.

吴凤全，林涛，祖米来提 · 吐尔干，等. 2018. 降解地膜对南疆棉田土壤水热及棉花产量的影响［J］. 农业环境科学学报，37（12）：2 793–2 801.

吾甫尔江 · 托乎提，艾海提 · 牙生，巴雅尔. 2000. 论地膜污染与防治对策［J］. 新疆环境保护，22（3）：176–178.

武宗信，解红娥，任平合，等. 1995. 残留地膜对土壤污染及棉花生长发育的影响［J］. 山西农业科学，23（3）：27–30.

向平安，黄璜，甘德欣，等. 2005. 免耕稻—鸭生态种养技术的环境经济学分析［J］.

生态学报（8）：1981-1986.

向振今，李秋洪，刘林森. 1992. 农田土壤中残留地膜污染对玉米生长和产量影响的研究［J］. 农业环境保护，11（4）：179-180.

严昌荣，刘恩科，舒帆，等. 2014. 我国地膜覆盖和残留污染特点与防控技术［J］. 农业资源与环境学报，31（2）：95-102.

严昌荣，何文清，薛颖昊，等. 2016. 生物降解地膜应用与地膜残留污染防控［J］. 生物工程学报，32（6）：748-760.

晏欣，尹业平，饶秋华，等. 2001. 聚乙烯/淀粉光—生物降解薄膜的降解性能及其对作物的影响［J］. 海军工程大学学报（4）：41-44.

杨希晨，刘炳，龚军. 2006. 残膜回收机的研究现状及存在问题［J］. 新疆农机化（5）：15-17.

袁海涛，于谦林，贾德新，等. 2016. 氧化—生物双降解地膜降解性能及其对棉花生长的影响［J］. 棉花学报，28（6）：602-608.

张东兴. 1998. 农用残膜的回收问题［J］. 中国农业大学学报（6）：103-106.

张建军，郭天文，樊廷录，等. 2014. 农用地膜残留对玉米生长发育及土壤水分运移的影响［J］. 灌溉排水学报，33（1）：100-102.

张明荣，费德友，杨洪理，等. 2000. 棉花覆盖降解膜栽培效应研究［J］. 耕作与栽培（5）：31-32.

张学军，吴成武，王伟，等. 2008. 齿形刮板式残膜与残茬输送装置设计与试验［J］. 农业机械学报（9）：49-51.

赵彩霞，何文清，刘爽，等. 2011. 新疆地区全生物降解膜降解特征及其对棉花产量的影响［J］. 农业环境科学学报，30（8）：1 616-1 621.

赵素荣，张书荣，徐霞，等. 1998. 农膜残留污染研究［J］. 农业环境与发展，57（3）：7-10.

周明冬，侯洪，董合干，等. 2015. 新疆农用地膜应用与残留污染现状分析［J］. 浙江农业科学，56（12）：2 058-2 061.

邹小阳，牛文全，刘晶晶，等. 2016. 残膜对番茄苗期和开花坐果期生长的影响［J］. 中国生态农业学报，24（12）：1 643-1 654.

Liu E K，He W Q，Yan C R. 2014.‘White revolution’to‘white pollution’-agricultural plastic film mulch in china［J］. Environmental Research Letters，9（9）：91-101.

Liu Q，Chen Y，Liu Y，et al. 2016. Coupling effects of plastic film mulching Dong and urea types on water use efficiency and grain yield of maize in theloess plateau，china［J］. Soil & Tillage Research，157：110.

H D，Liu T，Han Z Q，et al. 2015. Determining time limits of continuous film mulching and examining residual effects on cotton yield and soil properties［J］. Journal of environmental biology，36（3）：677-684.

Mukherjee D. 1990. Effect of mulching on the changes in the microbial population in soil and nodulation of lentil（Lens culinaris Medik CV B-77）［J］. Environment & Ecology，435-437.

Wang R, Kang Y, Wan S, et al. 2011. Salt distribution and the growth of cotton under different drip irrigation regimes in a saline area [J]. Agricultural Water Management, 99 (1): 58-69.

Wang Y P, Li X G, Zhu J, et al. 2016. Multi-site assessment of the effects of plastic-film mulch on dryland maize productivity in semiarid areas in China [J]. Agricultural & Forest Meteorology, 220 (220): 160-169.

第四章　棉田现代耕作技术

土壤耕作是根据土壤特性及作物生长发育对土壤的要求，通过机械方式改善土壤耕层结构和理化性状而采取的耕作措施。土壤耕作可改善耕层土壤环境，充分发挥土壤生产能力。土壤耕作的核心是通过机械方式创造一个良好的耕层构造和适宜的三相比，从而协调土壤中水、肥、气、热等因素之间的矛盾，为作物生长创造一个齐、平、松、碎、净、墒的土壤环境。采用适宜的土壤耕作技术，对轻简化栽培、节本增效、保护农业生态环境都有积极的作用。

土壤耕作措施有多种，因地区、土壤质地、种植制度、作物类型的土壤耕作措施存在较大差异，按其对土壤作用的性质和范围，可分为基本耕作和表土耕作两大类。基本耕作指农机具入土较深，对土壤的作用较强烈，能显著改变土壤性状，且作用效果持续期较长，农机具消耗动力较大的一类土壤耕作措施。主要包括翻耕、深翻耕、深松、深旋耕等。表土耕作是在基本耕作基础上采用的农机具入土较浅，对土壤的作用强度较小，可以充分破碎土块、平整土地、消灭杂草，为作物创造适宜生长环境的土壤耕作措施。表土耕作深度一般不超过 15cm，主要包括浅旋耕、耙地、耱地、镇压、中耕等技术措施。耕层是指农田长期耕作的土层，也是作物生长及其根系分布的主要土层。耕层一般可分为表土层、种床层和根床层，耕层以下可分为犁底层和生土层。受土壤类型、土壤总孔隙、毛管孔隙、非毛管孔隙之间的比例不同，形成了不同的耕层结构。耕层结构是由各层次中土壤固态、液态和气态的三相比所决定，一般认为理想的土壤三相比为 50：25：25，土壤三相比对土壤中水、肥、气、热等因素具有重要调节作用，它们之间相互作用、相互制约，共同协调作物根系生长，缺一不可。作物的地上部分生长发育与地下部分生长关系密切。一般而言，根系量多、扎根较深，植株生长旺盛且健壮；根系量少、扎根较浅，植株生长弱小。耕层深厚、疏松，水分、养分供应充足，促进根系生长，增加根冠比。根系分布越深，吸收土壤水分、养分的区域越大，因此，加深耕层可以形成较稳定的土壤水分和养分库容。

棉田土壤耕作的主要目的是疏松耕层土壤，翻埋棉花残茬，消除杂草，改善土壤耕层构造、协调土壤水、肥、气、热之间的关系，以满足棉花长育的要求。棉田土壤耕作措施多采用基本耕作和表土耕作相结合的方式，主要包括翻耕、耙地、耱地、中耕等措施。由于棉田长期耕作或连作，使耕层土壤理化性质下降，三相比不协调，犁底层出现并不断加厚变硬，导致耕层土壤环境变劣，抑制棉花产量提高。为此，近年来机械深松、深翻技术在棉田得以推广应用，主要目的是打破棉田犁底层，加深棉田耕层，促进耕层与犁底层以下土壤水、肥、气、热的交换，为棉花生长提供适宜的土壤环境，应用效果显著。

第一节　机械深松与深耕技术简介

一、机械深松技术简介

深松技术是指在不翻转耕作层的前提下，用拖拉机配带深松机具对犁底层和心土层进行深层疏松，以便调整和改善耕作层以下的土壤构造状况的一种耕作技术。一般可分为全面深松和间隔式深松。深松具有分层疏松、土层不变，间隔松土、虚实并存、蓄水保墒、节本降耗，能打破犁底层，不宜翻埋肥料、作物残茬和杂草等特点。有利于加厚耕层，疏松犁底层和生土层，耕层虚实并存，作物残茬覆盖，防止风蚀，减少土壤水分散失，特别是盐碱地深松，可以有效降低耕层含盐量，减轻盐碱对作物的影响。

（一）机械深松技术的发展现状

1. 国外机械深松技术的发展现状

国外从20世纪30年代开始使用深松技术，欧美国家对深松机具的研究和应用技术相当完善。目前，国外的深松机主要是机械式深松犁和振动式深松犁，配套大功率拖拉机，主要特点是入土深度大、速度快、效率高，适用于全面深松。深松铲类型多采用凿型铲。近年来，出现了“弯刀式”铲，主要特点是对上层土壤有较强的疏松作用，可降低深松铲阻力，提高作业效率。同时深松铲也呈多样化发展，有双尖、单尖铲，还有在深松铲的刃口内侧加装三角或齿带护板来提高深松铲使用寿命。

随着深松技术的不断发展，近年来深松联合机具出现，并大量应用与生产。深松联合机具可完成深松、整地、施肥、播种等多项作业，既可保证深松效果，又可完成田间其他作业环节。例如，一类是整体式联合深松机具，主要组成有圆盘耙片、浅松铲、深松铲、合墒圆盘和碎土平整辊等多种部件组合，可完成耙茬、浅松、深松土合墒、耱平压实等。另一类是组合式联合深松机具，主要有深松+浅翻联合机具、深松+整地联合机具、深松+播种联合机具、深松+整地+播种联合机具等。

2. 国内机械深松技术的发展现状

20世纪60年代初中国开始进行深松技术的研究和应用。经过多年发展，深松技术得以广泛应用，其主要特点有三个方面：一方面是为满足不同耕作技术和区域要求，形成了全方位深松、间隔深松、底层全层深松及表层浅翻间隔深松等多类型的深松机具；另一方面是向大功率拖拉机配套发展，大量使用大马力拖拉机配套，深松深度在30cm以上的深松机；最后是深松联合作业机、振动式深松机等结构复杂的深松机具快速发展。巨大的市场需求使中国深松机械的研发、生产，机具的类型、功能、质量不断提高和完善。同时，针对深松机具的实用性进行改造，设计出许多新机型。不同地域、土壤质地、作物类型、种植制度等对深松机具要求也不相同，例如高留茬覆盖地表，而现有能够满足深松整地联合作业机较少。随着环保意识的增强，农业可持续发展越发深入人心，新型深松机不断更新换代，轻简化、实用性、节能降耗的新型深松机不断推出。在农业科技飞速发展的今天，深松机的发展更加精细化、标准化，在细分领域不断创新，使深松机具性能进一步提高。

（二）机械深松的形式

根据农业生产要求，机械深松作业可以分为全方位深松、间隔深松、浅翻深松三种形式。

1. 全方位深松

即耕层土壤断面等被深松铲抬起、扰动、疏松，可使整个土层达到蓬松的效果。

2. 间隔深松

间隔深松分为全层土壤间隔疏松和中、上层土壤间隔疏松。全层土壤间隔疏松就是对深松深度以内的土壤进行全层土壤间隔疏松；中、上层土壤间隔疏松是对中、上层土壤间隔疏松，同时对下层土壤进行土壤疏松。

3. 浅翻深松

浅翻深松就是对表层土壤进行较浅翻耕，对深层土壤进行间隔深松。

（三）深松机的类型

1. 深松机的分类

按照深松机作用土壤的范围，可分为全方位深松机和间隔深松机。全方位深松是使用深松机对土层进行全面疏松；间隔深松是用杆齿、凿型铲进行的间隔局部疏松土壤。由于间隔深松创造了虚实并存的耕层结构，节能降耗，生产中应用比全方位深松广泛。

按照作业类型可分为单一深松机和联合深松机。

按照深松铲的类型可分为凿型、弯刀型、翼铲式、鸭掌式等深松机。

按照工作原理可分为机械式和振动式深松机。

2. 深松机的选择

全方位深松机作业面积大、阻力小，作业深度均匀没有深松沟，地表平整，适用于免耕农田播种前的深松作业。但对于地表秸秆覆盖量较大时，作业效果较差。条带深松适宜用于壤土一年一次或一年多次深松作业的农田，深松技术要求比较高，效率较低，生产上应用较少。

凿型深松机深松深度较大，深松面积小，阻力小，属于间隔深松，在高茬秸秆覆盖和秸秆粉碎覆盖地表情况下通过性较好，目前在小麦和玉米作物上已被大量应用。但凿型深松机作业后留有深沟，地面不平整，作物播种前还需要进行旋耕等措施。

翼铲式深松机具有间隔深松和全方位深松作用，还能铲除田间杂草，用途广，适应性强。深松作业时疏松土壤面积大，但阻力大，效率低，作业后有深沟，地面不平整，作物播种前需要进行旋耕等措施。

弯刀式深松机是全方位深松机，深松深度较大，疏松土壤面积大，充分扰动土壤，阻力大，消耗动力大，效率低，但作业后无深沟，地面蓬松较平整，一般多在棉田使用。

（四）机械深松的作用

1. 改善耕层结构

棉田的机械深松深度一般在40~50cm，深松后的土壤容重降低，耕层厚度加深，适宜棉花生长发育，有利于棉花根系下扎。深松打破了长期耕作形成的不利于通气、透水、扎根的犁底层。耕层内虚实并存，土壤疏松，生土和熟土分层明显，水、肥、气、热交换顺畅，耕层土壤三相比不断优化。棉花主根下扎深度增加，侧根伸展范围扩大，须根量增大。

2. 改善土壤水分平衡

机械深松是实现棉田水分平衡的重要手段。深松可疏通犁底层使土壤水分自由移动，不仅增加深层次土壤水分的蓄水能力，同时提高深层次土壤水分的利用效率，改善了耕层水分平衡能力。

3. 改善耕层热量平衡

土壤热量主要来源是太阳光辐射，土壤温度是影响棉花生长的重要因素。深松后，土壤固相减少，气相增加，土壤吸收热量较多，增温较快，由于水的热容大，对土壤温度影响较大。土壤水分较低时，增温快，土壤水分较高时，增温慢。在正常情况下，深松后无灌溉情况下，深松土壤温度高于常规棉田，而灌溉后则低于常规棉田，但深松后土壤容重小，孔隙较多，土壤温度回升较快。因而深松能在长时期内维持耕层土壤热量的平衡。

4. 改善土壤肥力

深松可以扰动但不翻动土壤，虚实并存的耕层构造，有利于棉花根系的生长和土壤养分利用，虚土部分利于通气透水增温，促进微生物活动。实土部分通气透水较差，温度较低，有利于保土、保肥、保水，以贮存水分和养分为主，做到了用养结合。

二、机械深耕技术简介

耕作技术是农业发展史上一个重要的环节，促进农业的快速高效发展。机械深耕是用有壁犁进行的土壤耕作，最大特点是可翻转土层，通称耕地、耕田或犁地。机械深耕对土壤具有三方面的作用：即翻土、松土和碎土。首先将土壤上下层换位，在换位的同时将肥料、作物残茬、杂草及草籽、病虫或绿肥、牧草等一并翻至土壤下部土层，其次是使耕层土壤散碎、疏松，改善土壤通气透水性能，熟化土壤和强化土壤微生物活动。机械深耕对改良连作田、残茬杂草地、施用有机肥多的地效果显著。但在干旱情况下深耕，常因下层湿土被翻到上面而损失水分，在水土流失或风蚀地区，耕后土壤处于疏松状态，易引起水蚀或风蚀。机械深耕是用超深度壁犁进行的土壤耕作，深耕壁犁可分为单犁和双犁。最早生产上深耕使用单犁，单犁在作业时直接耕作 60cm 以上耗费机械动力较大，且犁体容易损坏，且留下一条较深的犁沟。现在生产上主要使用双犁进行深耕作业，双犁由主犁体和副犁体组成，一般在深耕犁主犁体左后方配置一个副犁体，从而降低单个犁体上的耕作载荷。近年来，通过深耕 60cm，不仅可以打破土壤犁底层，加速下层土壤熟化，使 0~20cm 表层土壤盐分下移，可以实现施肥在土壤分布的均匀化。有利于作物根系下扎。

从原始的刀耕火种，到铧式犁的产生，农业发展的脚步从未停止。作物的生长离不开一个良好的土壤环境，土壤质量更是影响作物生长的一个主要因素。适宜的耕作方式不仅能够改善土壤耕作层的水、肥、气、热等因素，还能改善土壤结构，有利于土壤的可持续性利用。机械深耕技术是采用机械翻耕装置对土壤进行原生态改良，不破坏土壤特性，是一种行之有效的土壤改良方法。深耕可以加深耕作层，深埋上层土壤和作物残茬，减少土壤病害的发生，改善土壤的理化特性，提高土地种植质量，利于作物生长，增加作物产量。

（一）国外研究应用现状

据报道，在 20 世纪 60 年代，西方发达国家陆续实现了农业机械化。随着现代耕作机械的研究、生产和实践，带动了现代耕作机械的快速多元化发展和应用。目前生产上使用较多的是悬挂式液压翻转犁。国外深翻犁一般都以翻转犁命名，目前国外在翻转犁领域处于领先地位的主要有：法国的库恩 MULTMASTER120、150［5（4+1）］系列悬挂式垂直翻转犁，法国的格力格尔-贝松 R41、R71 系列悬挂式垂直翻转犁，奥地利威诺 Euromat-PERMANIT 3S 型翻转犁，德国雷肯 Euro Pal7 型翻转犁，美国凯斯 165 型翻转犁，美国迪尔 975 型水平换向犁等。为了提高生产率，国外采用了自动挂结、安全装置、液压折叠、机组铰链组合等先进技术和现代化组合。

（二）国内研究现状

早在 20 世纪 50 年代末、60 年代初就提倡深翻土地，以增加粮食产量。由于机械化程度低，未能生产制造出行之有效的深翻犁，影响了深翻耕作技术的有效推广。1996 年山西农业大学王双喜等人根据实际情况并引进国外经验，对液压翻转深翻犁作了系统的研究。2008 年黑龙江农业科学研究院的甘露等人设计试验了 1FFSL-5 浅翻深松翻转犁，提高了机具的利用率和作业效率。在很长的一段时期新疆生产兵团引进国外深翻翻转犁进行耕作，随着生产的不断发展，新疆兵团的翻耕深度也不断加深。自 1999 年以来，新疆农垦科学院在借鉴国外机具的基础上，结合实际生产情况，自主创新先后研制出“1LB-542 水平换向犁”和“1LCHT-546 型垂直换向犁”。2012 年研制出了 1LFT-435 型调心调幅式液压翻转犁。目前深翻犁在我国的使用量不大，基本上都是国外引进或者从传统的铧式犁改进而来。中国现代农机具的研究和发展起步较晚，受材料以及加工制造技术等因素的影响，深翻翻转犁在我国的发展步伐缓慢。山东省新泰市金源机械科技有限公司制造的 1LSX-2-45 深耕双铧犁对山东花生连作土壤起到一定改良效果，但二犁铧直接耕作深度为 45cm，形成沟较深，造成拖拉机倾斜角度大，影响耕作的稳定性。

（三）深耕机械的类型

深翻犁的类型有多种，根据不同的方式类别有所不同。按照与拖拉机连接方式分为悬挂犁、半悬挂犁和牵引犁。按照犁架翻转的驱动方式可以分为重力式、气动式和液压式翻转犁。按照犁架转角度可分为 90°和 180°翻转犁。

（四）深耕犁机具要求

由于各地土壤质量和气候条件也各不相同，各地区使用的深耕犁大多都是因地制宜而设计，不能实现标准化。悬挂翻转式深耕犁的结构优化需依据当地的耕作环境而定。在深耕能够实现 60cm 的前提下，优化后的深耕犁结构简单，转向方便，装卸便捷。利用液压实现上下犁体换向，往返耕作能够实现统一的翻垡方向，提高耕作效率，减少动力消耗。减小犁体深耕后形成犁沟的深度，降低拖拉机的倾斜角度。在耕作过程中，深耕犁的各项性能应符合 GB/T 14225—2008 铧式犁和 NY/T 742—2003 铧式犁作业质量相关标准。深耕犁的耕作深度和耕作幅宽大小可调整。

（五）机械深耕的作用

1. 改善土壤结构

机械深耕整地技术可以打破犁底层，增加了耕层深度，改变土壤结构，降低土壤容重和土壤紧实度，增加土壤孔隙度，提高土地温度，有机质的含量增加，为作物营造良好的土壤环境。通过深耕这种方式改变土壤结构可以有效改良土壤，增强土壤蓄水保墒能力，增加土壤的通透性，为促进作物的根系生长和产量提高打下了坚实的基础。

2. 平衡土壤养分

土壤中包含氮、磷、钾、钙等 13 种营养元素，土壤受长期耕种和传统施肥的影响，其营养元素呈现不均衡分布特征，主要是施肥与作物吸收造成的差异。深翻对营养元素的垂直分布有明显的影响，有较强的均匀化土壤营养元素的作用，特别是能明显提升耕作层微量元素含量，有效提高作物对营养元素的吸收和利用。

3. 抑制病虫害

在传统耕作模式下，土壤病虫害随着耕种年限的增加呈现加重的趋势。黄萎病和枯萎病是棉田主要病害，特别是黄萎病被称为棉花的“癌症”在常规耕作条件下，其在土壤中传播速度快，防治困难，对棉花影响极大。据报道，深翻可将上层带病菌的土壤翻入深层土壤中，有效降低上层土壤病菌含量，减轻黄萎病、枯萎病的发病情况。同时将上层土壤中、秸秆中越冬的害虫及虫蛹翻入深层土壤，有效降低次年害虫基数。

第二节　深松和深耕机械及配套技术

棉田机械深松和深耕技术是以打破犁底层为目的，通过大功率拖拉机牵引深松和深耕机械，在保持原有土层结构的情况下扰动深层次土壤的一种机械耕作技术。长期耕作的棉田，由于耕作方式、种植作物单一，再加上机械长期作业在耕层以下形成坚硬的犁底层，机械深松和深耕可打破坚硬的犁底层，使耕层深度增加，降低耕层土壤容重，提高土壤通透性，增强土壤蓄水保墒能力，有利于棉花根系生长和产量提高。实践证明，机械深松和深翻耕是改善土壤环境，提高耕层质量，促进新疆棉花可持续发展的重要技术措施。

一、秸秆处理

机械深松前需对棉花秸秆进行处理，主要有两方面的原因：一方面是为增加土壤有机质含量；另一方面是保证深松以及后续整地时机械顺利通过，同时粉碎的秸秆能翻埋在深层次土壤中。

（一）秸秆机械类型

棉花秸秆处理的主要方式有粉碎和拔除两种。

1. 粉碎秸秆

使用秸秆粉碎还田机对棉花秸秆直接在田间进行粉碎处理，使地表棉花秸秆残茬高度≤10cm，粉碎的棉秆长度≤5cm 散落均匀。

2. 拔除秸秆

使用秸秆拔除机将棉花秸秆拔除并带出棉田，清除棉田多有棉花秸秆。

（二）秸秆机械作业注意事项

秸秆机械作业时，及时检查刀片工作状态，防止刀片打土，增加粉碎阻力，引起机械故障。作业到地头应将秸秆机械提升离地后再转弯，转弯后方可降落继续作业，作业时禁止倒退。合理选择作业速度，棉花秸秆机械作业速度一般小于 10km/h。作业时有异常声响应立即停车检查，仔细检查传动轴、粉碎刀片及齿轮箱等部位，排除故障后继续作业。

二、深松机械及其配套技术

（一）深松技术要求

1. 深机松及配套动力

为达到深松效果，推荐使用符合 GB/T 24675.2—2009 要求的仅具有单一深松作业功能的深松机，深松铲为弯刀式。深松机和配套动力符合使用说明书的要求，拖拉机动力在 160 马力（1 马力≈735W）以上为宜。

2. 深松时间及周期

在棉田冬、春灌前进行，效果最好，即秋松冬灌，或秋松春灌，也可在播前与耕地作业同时进行。深松间隔周期一般为 1~2 年，但对灌排条件较好、盐渍化较轻的沙土或壤土棉田，推荐深松周期为 2~3 年，而黏土或盐渍化较高的棉田应 1 年 1 次。

3. 深松作业

幅宽及深度按照 NY/T 2845—2015 要求，作业幅宽应与牵引机具的轮距相匹配，通常选用 4 刀片深松铲的深松机，作业幅宽为 1.6~2.0m。以打破犁底层为原则，新疆绿洲连作棉田深松深度通常在 40~50cm，防止过深破坏地下预埋的滴灌管道。

4. 深松后土壤

及耕层指标要求是“深、平、细、实”，即深度一致，地中、地头、地边均要深松，无漏松现象。深松间隔一般为 40~70cm，行距一致，深度误差为±2cm；严禁将表土层和深土层的土壤搅动混乱，严禁将底土翻出，与表土掺混。深松后棉田平整，土块间缝隙适中，上实下虚，耕层土壤坚实度为 2.07~2.76MPa，土壤容重为 1.2~1.4g/cm^3，土壤固相、气相、液相三项比为 50%：25%（15%~35%）：25%（15%~35%）。

（二）深耕机械及其配套技术

1. 深耕技术要求

（1）深耕机械及配套动力　目前生产上使用的深耕机械多为国产双铧犁深耕机，包括主犁和副犁，主犁在前主要作用是深耕，副犁在后主要作用是填埋残茬和犁沟。深耕消耗动力较大，拖拉机配套动力≥180 千瓦。

（2）深松时间及周期　在棉田冬灌前进行，效果最好，即秋翻冬灌。深耕间隔周期一般为 3~5 年，但对灌排条件较好、盐渍化较轻的沙土或壤土棉田，推荐深松周期为 3~5 年，而黏土或盐渍化较高的棉田应 2~3 年一次。

（3）深耕作业幅宽及深度　深耕机作业幅宽≥60cm，作业深度可根据土质及生产需求调节，一般生产上常用的作业深度为 50~80cm。一般棉田耕层深度为 25~30cm，深耕 50~60cm 可将耕层土壤与下层土壤按照 50%比例混合，下层土壤比例过高影响棉花种子萌发及苗期生长。

（4）深耕后土壤及耕层指标　深耕要求深度一致，深度误差为±5cm；犁沟均匀，要到地头、地边，无漏耕现象。深耕后将棉花秸秆残茬深埋，深耕后棉田平整，上下土层均匀，耕层土壤坚实度为 1.95~2.48MPa，土壤容重为 1.35~1.45g/cm^3，土壤固相、气相、液相三项比为 50%：（15%~30%）：（20%~35%）。

2. 深松深耕配套棉花栽培技术

（1）播前管理　①冬灌或春灌：棉花收获后，粉碎棉秆，进行深松或深翻，然后进行冬灌。棉田灌水标准是灌溉 24 h 后地表积水≥30cm，盐碱较重的并且水资源较丰富的地区可再进行春灌，使棉田充分洗盐，提高洗盐效果。②春季整地：南疆春季干旱多风，土壤水分蒸发量大，在播种前 3~5d 犁地，犁地深度 25~30cm，犁地前施用 1~2m^3农家肥，总氮肥的 30%、总磷肥的 80%、总钾肥 30%，提高肥料利用率。整地，做到上虚下实，达到“平、碎、松、净、墒、齐”六字标准。

（2）品种选择 选用高产、优质、抗病、抗逆的早中熟棉花品种，如新陆中 54 号、新陆中 68 号、新陆中 75 号、中棉所 49 号。

（3）化学除草 播前施用 33%施田补 180mL/667m^2，喷药液 35~40kg/667m^2，喷后及时耙地混土，进行土壤封闭，然后切耙至待播状态。

（4）适期播种 适期播种是一播全苗的关键，根据生产实践和研究，一般 5cm 地温连续 5d 稳定在 12℃以上时开始播种，播种期在 4 月 10—25 日，播种深度一般以 2cm 为宜，沙土地略深一些，可到 3cm。采用一穴一粒精量播种，用种量 1.8~2.2kg/667m^2，播种后约一周出苗。①播种质量：播行直，膜面干净平展，松紧适度，采光面大，膜边入土 5~10cm，压土严实，种穴不错位，深浅一致，覆土严密，接行齐整，到头到边。②配置模式：采用机采配置模式，膜宽 2.0m，1 膜 6 行，行距（10+66+10+66+10+66），株距 10cm，双管六行，滴管带铺于宽行中线，有条件的地区可选用三管六行，滴管带铺于窄行中线。

（5）田间管理措施 ①灌溉措施：南疆棉区水资源季节性短缺，一般是 6 月下旬见花滴头水，建议有条件的地区可提前至 6 月中旬滴头水，头水不带肥，滴水量每次保持在 25~30m^3/667m^2，以后每隔 6~7d 滴水一次，在 8 月 25 日后停水，全生育期灌水 10~12 次。②施肥措施：棉花整个生育期施用纯氮 20~25kg/667m^2（折合尿素 43.1~53.9kg）、纯磷 12~16kg（折合磷酸二铵 26~35kg）、纯钾 6kg（折合硫酸钾 10kg），另外每 667m^2 施用硫酸锰 1.5kg，硼肥 1kg，硫酸锌 1kg，以补充微肥。上述肥料主要通过基肥和追肥施入棉田。滴灌棉田 N、P_2O_5、K_2O 分别按其总施肥量的 30%、75%、70%作基肥，农家肥 100%作基肥，其余作追肥。滴灌棉田除头水和尾水外，基本上实行“一水一肥”，施肥原则：蕾期轻施，初花期增施，盛花及盛铃期重施，全生育期随水滴施肥料 8~9 次。③化控与打顶：总体原则实行“水调为主、化控为辅”，以缩节胺为主，根据棉株长势、结合光温条件与水肥运筹实施综合调控。一般整个生育期化控 3~4 次。第 1 次根据出苗后长势，可在 1~3 片真叶期时轻控，用量为 0.3~0.5g/667m^2，在 4~5 片真叶期进行第 2 次轻控，用量为 0.4~0.7g/667m^2，第 3 次在主茎 7~9 片真叶期，用量为 0.6~1.0g/667m^2，第 4 次于打顶后 7~8d，用量 8~10g/667m^2。打顶采用“时到不等枝，枝到不等时”的原则。一般在 7 月 5—15 日打顶较适宜。打顶时果枝数 10~12 台，保证打顶质量，人工摘去“一叶一心”即可。

（6）病虫害防治 以棉蚜、棉铃虫、棉叶螨和烂根病为主要防治对象，按 GB4285 农药安全使用标准，同时在农事操作中注意保护天敌，坚持“以益控害”，综合防治病虫害。为防止或减轻苗期烂根病和苗期害虫，选择包衣剂中含有防治烂根病和棉蓟马有效成分的包衣棉种。用 70%吡虫啉水剂 600g 拌棉花种子 100kg 防止主要由棉蓟马为害造成的无头棉和多头棉现象发生。①棉蚜防治：在 4 月中下旬抓好棉田中心棉株的调查和防治，用涂茎、黄板诱蚜等方法进行。点片发生时用啶虫脒涂茎，涂于棉茎红绿相间处一侧，长

2～5cm。发生重的棉田，及时用吡虫啉和啶虫脒点片喷治，阻止扩散。②棉铃虫防治：采取高压汞灯诱蛾、种植玉米诱集带等方法进行防治。种植玉米诱集带时，在棉田边膜种植1～2行，行距50cm，株距0.5～0.7m，于7月中旬砍除带出田外。化学防治应“主治第二代，挑治一、三代”，各代虫量达到防治指标时，在幼虫低龄期（第1代5月中旬至6月上旬，第2代6月下旬至7月上旬，第3代8月上旬至8月中旬）用35%赛丹乳油100ml/667m^2，溶于30kg水中喷施，药剂防治必须1～2d内完成。③棉叶螨防治：坚持“三早”原则，即“早调查、早发现、早防治”的原则，为做好药剂预防棉叶螨，棉田出现棉叶螨为害，及时进行药剂防治。可轮换使用阿维菌素、甲维盐、克螨特等杀螨药剂。喷药采取“围圆打点、围点打片”的方法。

此外可及时拔除田间苦荬菜、田旋花等杂草，减少棉叶螨寄主，也可对棉田周边杂草进行防治减少螨源。棉花出现旱情或点片受旱时，棉叶螨为害更重，应及时灌水。

（7）采收和储运　棉花在采摘之前，要对采摘人员实行质量控制要求，要求采摘棉花时不穿易掉色、易脱纱、脱毛的衣物，要求拾花人员戴白色帽，采摘过程中不用化纤类袋收装籽棉，不用化纤类绳和有色布类绳轧绑籽棉袋口，防止籽棉混入各种有色异性纤维，将异性纤维控制在源头。

运输籽棉过程中，禁止人员用有色棉被、毛毯在籽棉包上休息、睡觉，不许用毛毡或化纤类绳索堆放或捆绑，严禁籽与家禽混装，或用装运完家禽未经打扫的车辆装运籽棉，车辆内无易燃、易爆物、化学污染物、油污、沙土、潮湿物存在。

第三节　机械深松与深耕对根群环境的影响

根系作为植株养分吸收和运输的器官，是土壤养分的直接利用者和产量的重要贡献者，其功能发挥与根系形态特征和生理特性密切相关。植物根系具有吸收、合成、分泌和感知等多种重要的生理功能，任何影响根系生长的环境因子和栽培措施都会影响整植株的生长发育。根系形态生理特征是根系质量优劣的体现，与作物地上部的生长发育、产量形成等关系非常密切。但是由于根系生长在地下，受研究方法和技术手段的限制，对其研究的深度较地上部相对滞后。作物根系性状与品种自身的基因型有关，水分、氮肥、密度、种植方式等栽培管理措施对其也有较大的影响。近年来，随着膜下滴灌技术的发展，田间条件下人工通过水肥措施调控根系生长成为可能。

一、机械深松对根群环境的影响

（一）深松对主要土壤物理性状的影响

1. 对壤容重的影响

土壤容重是指单位体积内干土重与同体积水重的比值，也称土壤假比重。土壤容重对土壤中水分、气体、温度和养分有调节作用，同时可促进棉花根系生长和根系生理活性的提高。土壤容重在1.10～1.30g/cm^{3}范围内，适宜作物生长，此时土壤的孔隙度可达到50%以上。而犁底层及以下的生土层，土壤容重在1.40g/cm^{3}以上，最高可达到1.60g/cm^3，此时土壤孔隙度降到40%左右。土壤容重过高，棉花根系生长受到抑制，水分和养分的吸收也受到影响。研究表明，机械深松30cm时对耕层土壤容重无显著影响，而机械深松达到 40cm 时，0~20cm 和 20~40cm 土壤容重分别显著降低了 12.4%和 21%。机械深松 40cm 时土壤中粗砂粒（2~0.05mm）、粉粒（0.05~0.02mm）和黏粒<0.002mm 含量呈现出增加的趋势，细砂粒（0.5~0.05mm）整体呈现出减少的趋势。可见，机械深松明显有利于疏松深层次土壤，增加了粗砂粒、粉粒和黏粒的比重，而相对减少细砂粒的比重。改变土壤的机械组成，从而降低土壤容重。

2. 对土壤水分的影响

土壤水分受土壤耕作影响较大，水分在土壤中的移动与土壤耕作方式关系密切。深松打破犁底层后可以改善土壤渗透性，增加深层土壤蓄水量，促进棉花根系下扎，增强根系对深层次土壤水分的吸收和利用，从而提高棉花水分利用效率。棉田深松 40cm 时，土壤耕层 0~20cm 含水量比常规耕作增加了 18.7%，20~40cm 土壤含水量提高 19.2%，40~60cm 土壤含水量提高 12.6%。土壤蓄水量与土壤含水量变化趋势一致。土壤耕层 0~20cm 蓄水量比常规耕作增加 10.3%，20~40cm 土壤含水量提高 17.7%，40~60cm 土壤含水量提高 11.9%。可见，适度深松可提高犁底层及犁底层以上土层土壤含水量和土壤蓄水量。

3. 对土壤孔隙度的影响

（1）对土壤紧实度的影响 土壤孔隙是水分运动和储存的场所，是影响土壤渗透性能关键因素。土壤孔隙分为无效孔隙（<0.001mm）、毛管孔隙（0.001~0.1mm）、非毛管孔隙（>0.1mm）。衡量土壤孔隙的指标有三类，分别是毛管孔隙度、非毛管孔隙度和总孔隙度。毛管空隙和非毛管空隙分别是土壤水分和空气存在的场所，其数量的多少会影响土壤温度状况及养分的有效性。一般来说，土壤总孔隙度以 50%较为适宜，在湿润气候条件下，毛管空隙和非毛管空隙之比为（1~1.5）：1 较适宜，而在干旱气候条件下，毛管空隙和非毛管空隙之比为（2~3）：1 较适宜。土壤深松后，土壤孔隙度增加显著，0~40cm 土层土壤孔隙度增加 6.5%~8.2%，且在整个棉花生长期保持较高的土壤孔隙度，收获后，土壤孔隙度仍比常规棉田高 6.2%~16.4%。说明棉田深松后，土壤形成了较为稳定的孔隙结构，为当季棉花生长提供较好的土壤环境。

土壤紧实度是土壤反抗垂直穿透力的能力，也称土壤硬度或土壤坚实度，是影响耕地土壤质量和棉花生长的重要因素。棉田由于长期耕作和连作，土壤颗粒逐渐减小，导致土壤紧实度增加，使耕作对棉花生长的正效应降低。棉田耕层以下是土壤紧实度较大的区域，一般集中在 28~45cm 土层，这一区域也是犁底层存在的区域。深松破坏犁底层后可有效降低土壤紧实度，特别是常规耕作田以下土层土壤紧实度下降明显。随着棉花生育期灌溉后，土壤坚实度随之有所反弹，其中 0~20cm 土壤紧实度回升较明显，20~40cm 土壤紧实度保持较低水平，比常规棉田降低 31.9%，40~60cm 变化不明显。但土壤紧实度与土壤含水量关系密切且呈显著负相关关系。

（2）对土壤三相比的影响 土壤三相比是土壤固相、液相、气相间的容积百分比，是土壤结构、理化性质指标等综合性状的重要参数，对调节土壤中水分、养分、空气和湿度等因素具有重要作用。理想的土壤三相比是固相：液相水：气相=50：25：25。固相过高>55%时，抑制作物根系生长；液相过低<10%时，土壤分供应不足；气相过低<10%时，影响土壤微生物活动及根系生理活性受到抑制。在一般的耕作田，随着土层深度的增加，土壤的固相逐渐增加，气相减小。棉田深松打破犁底层后，耕层以下土壤改良效果显

著，固相比例降低，气相比例增加显著。耕层水分下渗，0~20cm 液相比例下降，气相比例增加。

（二）深松对土壤化学性状的影响

1. 对土壤含盐量的影响

土壤中的盐分按溶于水的难易程度可分为易溶性（如氯化钠、芒硝等）、中溶性（如石膏）、难溶性（如碳酸钙等）。土壤中易溶性盐分的含量及类型对土壤的物理、水理、力学性质影响较大。土壤中的盐分通过渗透胁迫、离子毒害等方式，使棉株代谢紊乱或失调，影响棉花生长发育，导致产量品质下降。棉田深松打破犁底层，使土壤渗透性增加，通过冬灌或春灌使土壤中可溶性盐淋溶，降低耕层土壤含盐量。深松 40cm 加秸秆还田，可降低耕层 0~40cm 土壤的含盐量及 HCO_3^- 和 Cl^- 含量，降低土壤水分蒸发速率，抑制土壤盐分的上升。土壤中盐分具有“盐随水走”的运动规律，土壤中的含盐量受降水及灌溉的影响较大。深松（S，SRS）则只在蕾期和花铃期有显著降低作用，其他时期则提高了土壤含盐量。在 20~40cm 土层，显著降低播前和棉花各生育阶段土壤含盐量，深松降低蕾期和花铃期土壤含盐量，其他时期土壤含盐量则升高，40~60cm 土层土壤含盐量无明显影响。

2. 对土壤微生物的影响

土壤微生物是土壤中菌类和微小生物的总称，它们在土壤中能分解有机物和促进养分转化。土壤微生物量易受外界因素影响，深松可改变土壤孔隙结构，改善微生物的生存环境，提高土壤微生物活性和功能。在一定范围内土壤微生物与土壤孔隙度呈显著正相关，而与土壤含水量呈负相关，土壤孔隙的大小、有效性、氧气供给、水分等对土壤微生物的生存环境均会产生影响。深松既能疏松土壤提高土壤孔隙度，也能提高土壤蓄水能力，因此深松对土壤微生物的影响存在时间和空间的差异性。研究表明，深松加秸秆还田能显著提高土壤微生物碳、氮含量，其中 0~20cm 土层较翻耕提高 19.9%、8.1%。同时，深松降低土壤厚壁菌门、放线菌门、拟杆菌门相对丰度，提高酸杆菌门、三门细菌相对丰度，促进土壤中铁及单碳化合物代谢能力和土壤氮素循环。

3. 对土壤养分的影响

棉田深松加秸秆还田对棉田氮磷钾有明显影响，在 0~20cm 土层，深松显著降低棉花播前和生长时期土壤全氮含量，分别降低了 7.46%和 6.82%；在 20~40cm 土层，土壤全氮含量也呈下降趋势，但差异不显著；在 40~60cm 土层，秸秆还田和深松对土壤全氮含量无显著影响。而深松后棉花播前和生育时期土壤碱解氮含量显著提高，分别提高 18.47%和 7.76%；对 20~40cm 和 40~60cm 土层均无土壤养分是指土壤中提供植物生长的必需元素。其中土壤中氮、磷、钾是大量元素，也是影响棉花正常生长发育的主要营养元素。在土壤中有机质占土壤比重较小，但其是植物营养的主要来源之一，是土壤重要组成部分，也是农业可持续发展关键问题。深松措施可直接或间接地对土壤有机质产生影响，深松促进棉花根系生长发育和土壤生物活动进而提高土壤有机质含量。有研究表明连续深松处理的农田土壤有机质含量高于连续翻耕，由于深松处理只是扰动土壤，因此土壤表层有机质增加，深层土壤有机质变化不明显。显著影响。深松后棉田土壤硝态氮和铵态氮含量在播前和生育时期 0~20cm、20~40cm 和 40~60cm 呈下降趋势，土壤硝态氮分别降低 17.63%、22.28%，7.78%、6.65% 和 8.91%、9.01%。土壤铵态氮分别降低

9.03%、7.69%，10.37%、12.88%和 23.47%、12.55%。而土壤中硝态氮和铵态氮含量的降低一方面是深松促进作物根系的生长，增加了根系对土壤硝态氮和铵态氮的吸收，另一方面是深松打破犁底层，增加了土壤孔隙度和通透性的同时，加速了土壤硝态氮和铵态氮的淋溶损失。与常规棉田相比，深松显著提高棉田土壤速效磷含量，深松显著提高播前和棉花各生育阶段土壤速效磷含量，平均提高 14.18%和 17.87%。棉株磷累积量在花后迅速积累，并在吐絮期达到最大值，在吐絮期，棉株比常规棉田提高 70.84%，生殖器官提高 147.27%。生殖器官磷经济系数较高，说明棉花秸秆还田和深松促进了秸秆和土壤中磷素的释放，同时促进了棉花根系的吸收和积累。深松显著提高土壤速效钾含量，0~20cm 比常规棉田提高 9.63%，在 20~40cm 土层，深松则显著提高 18.83%；对 40~60cm 土层土壤速效钾含量无显著影响。棉株钾素积累最快的时期是花铃期，在吐絮期棉株钾素而含量分别比常规棉田提高 104.9%，说明棉花秸秆还田和深松有利于促进棉花对钾素的吸收。

4. 对棉花根系生长的影响

(1) 对根系形态的影响　棉花是直根作物，不仅具有固定植株和吸收养分的功能，还是棉花与土壤直接接触的重要器官，土壤环境的任何变化都将直接作用于根系，从而影响棉花植株的生长。棉花的根系由主根、侧根、支根、毛根和根毛组成。棉花根系的功能部位分布在侧根和主根的根尖部分，其长度一般不超过 10cm，生长区域则集中在近根端约 1cm 的范围内，根尖外的成长根起疏导和固定作用。在实际生产中，棉花根系的形态和功能很大程度取决于其生物量积累与空间分布。深松可打破犁底层改善土壤结构，从而减小根系向下的穿透阻力，利于根系下扎，形成纵向延伸的根系构型，根际范围扩展，提高深层次土壤中根系数量，根系条数较常规棉花增加 24.8%~32.2%，根系总长度、表面积、体积在 0~20cm 土层高于常规棉花，20cm 以下土层根系比例增加，棉花抗旱、抗逆能力增强，同时增加棉花的总根长、表面积和体积。

(2) 深松对根系生物量及生理指标的影响　深松能有效增加棉花根系生物量，特别是深层次土壤的根系生物量。在棉花整个生育期，根系生物量积累呈“S”形变化，在盛铃期根系生物量达到最大，深松棉田显著高于常规棉田。深松提高了根系在快速积累期的增长速率和积累强度，使最大积累速率出现日期推迟，中后期棉花根系活力保持在较高水平，特别是传统耕层以下的根系得到有效增强，同时深松使耕层内根系脯氨酸含量较常规提高 41.5%，硝酸还原酶活性提高 27%，丙二醛含量提高 15%，根系伤流量提高 5.5%。与常规模式相比，深松对各生育期棉花根系生物量，以花铃期期各指标的变化最为明显，深松利于根系生物量的增加，促进了根系纵深分布，在此基础上增施有机肥对玉米根系生长的促进作用更为显著，更利于深层根系的建成，对于玉米籽粒产量的形成与地上干物质的积累具有重要的意义。

二、机械深耕对根群环境的影响

(一) 机械深耕对土壤物理性状的影响

1. 土壤容重

土壤在机械翻耕的过程中被松碎并翻转，使整个耕层的土壤得到混合疏通。深层次密度较大的土壤被翻至上层，经过整地混匀改变耕层土壤容重。研究显示，随着土壤深度增加土壤容重呈增大趋势。机械深耕后，将深层次土壤翻至表层，经过混合疏松后，使耕层及以下土层土壤容重下降。实践表明，深翻 60cm 使 0~60cm 层次土壤容重下降，随着土壤层次的加深土壤容重下降幅度降低。深翻 60cm 比常规翻耕深度的 0~20cm 土壤容重下降 0.07g/cm^3。

2. 土壤含水量

土壤中水分的含量直接影响到作物的生长，深耕作对土壤水分有着直接的影响。长期灌溉棉田细小的土壤颗粒随灌溉水逐渐下移，导致下层土壤密度增加。深耕后深层次土壤与表层土壤逐渐混合，降低下层土壤容重，增加土壤空隙，有利于提高棉田蓄水保墒能力。棉田进行冬灌或者春灌有利于水分的充分入渗，从而提高土壤含水量。研究表明，存在犁底层的棉田秋后深耕，并打埂进行冬灌，土壤渗水的速度加快，压碱效果明显，次年春季播种前，土壤含水量为 28.5%~33.5% 比常规耕作土壤含水量明显增加，增幅为 8.5%~18.2%。

3. 土壤紧实度

土壤紧实度也称土壤坚实度，是土壤紧实程度的一个重要特征，常规深翻耕作能够降低整个土壤耕作层的紧实度，尤其在 20cm 以下的土壤紧实度降幅更明显。土壤紧实度受土壤水分和土壤质地的影响较大，其影响趋势主要表现在土壤紧实度随土壤含水量的增加而减小，土壤中微小颗粒减少时，土壤紧实度则随之减小。深耕 60cm 时，0~20cm 土层土壤紧实度增加 3.8%~8.5%，20~40cm 土层土壤紧实度下降 9.2%~17.3%，40~60cm 土层土壤紧实度下降 7.6%~13.5%。深耕打破犁底层，将深层土壤微小颗粒翻至表层土壤，降低犁底层及以下土层土壤紧实度，但一定程度提高了表层土壤的紧实度。

4. 土壤孔隙度

常规棉花呈现出表层土壤孔隙度较大，犁底层土壤孔隙显著下降，而犁底层以下土壤孔隙度较犁底层略有回升。深耕打破原有土壤空隙分布特点，将犁底层及以下致密土壤与上层土壤混合，重构土壤孔隙分布。深耕 60cm 使 0~20cm 表层土壤孔隙度下降 5%~11.3%，20~40cm 犁底层土壤孔隙度增加 8.6%~15.2%，40~60cm 深层次土壤孔隙度增加 4.1%~7.5%。土壤孔隙度的改变使深层次土壤与表层土壤气体交换、水分运输条件改善，促进棉花根系生长，从而调节棉花植株的生长发育，为产量增加奠定基础。

5. 土壤三相比

棉田经连年耕作，耕层土壤颗粒逐渐减小，粉质化加重，并随水从上层土壤逐渐向下层土壤积聚固相逐渐增加，液相和气相逐渐降低。经深耕后，将深层次土壤翻至地表与表土混合，使土壤微小颗粒比例增加，土壤固相也随之增大。土壤微小颗粒的增加引起土壤结构改变，土壤非毛管孔隙度减小，导致土壤总空隙度减小，但土壤蓄水能力增加，使土壤含水量呈增加趋势。因此，棉田深耕后，0~20cm 土层土壤固相增加，液相增加，气相降低，三者比例为（49%~53%）：（18%~24.5%）：（22.5%~33%）；20~40cm 土层土壤固相降低，液相增加，气相增加，三者比例为（50%~55%）：（19.5%~26.5%）：（18.5%~31.5%）；40~60cm 土层土壤固相降低，液相增加，气相增加，三者比例为（51.5%~56%）：（23%~32.5%）：（25.5%~88.5%）。

（二）机械深翻对土壤化学性质的影响

1. 土壤含盐量

西北地区棉田土壤盐分含量普遍偏高，其特殊的栽培技术特点，再加上连作的影响，导致土壤盐分缓慢积累，影响棉花生长发育及产量形成。深耕将深层次土壤盐分翻至表层，使表层土壤含盐量上升，而下层土壤含盐量下降。由于翻耕后进行冬灌或春灌，压盐碱和储备土壤底墒。在这一过程中，土壤盐分随水分下渗，又从表层向深层土壤移动，使表层土壤盐分下降，而下层土壤盐分逐渐增加。因此，土壤盐分在深耕区域反复被淋洗，使耕层土壤含盐量呈下降趋势。研究表明，深耕 60cm 后，耕层土壤盐分为 40~60cm>20~40cm>0~20cm，因此，深耕不仅能降低耕层土壤含盐量，还使土壤含盐量随土层深度增加不断向下层土壤移动，降低土壤盐分对棉花根系的影响，从而提高产量。

2. 土壤微生物

土壤微生物种类繁多，其中有一些含有氮、磷、碳、硫等营养元素，由于土壤微生物在土壤中活动会参与土壤中一些营养元素的循环，它亦被当做土壤肥力水平的评定指标。土壤中微生物与土壤中的酶与矿物元素、有机质、土壤环境质量等指标有着密切关系，它主要参与土壤中的化学反应过程。研究显示，耕作方式、耕作深度对土壤微生物的影响也不相同，且短期内效果就能够显现。深耕使得土壤微生物数量增加显著，同时提高了土壤中磷酸酶和蔗糖酶的活性。其中 0~60cm 耕作层土壤中的细菌数量、磷酸酶、蔗糖酶、土壤脲酶以及过氧化氢酶的活性得到有效提高，0~20cm 耕作层土壤中真菌的数量则呈下降趋势。主要是深翻耕作打破坚硬的犁底层，增加了耕层深度，改善了土壤的透气性，土壤微生物在土壤中的分布面积以及活动范围得到有效提高，将土壤表层的棉铃虫、棉蚜、棉红蜘蛛以及寄生在作物秸秆或残茬上的害虫、卵、蛹等翻入深土层中，因深埋在下层土壤中不能存活而被消灭，降低了次年作物的发病率。

3. 土壤养分

土壤有机质是土壤固相的重要组成部分，是棉花养分的主要来源之一，能改善土壤理化性质，促进土壤微生物活动和土壤中营养元素的分解，提高土壤的保肥性和营养元素的缓释性。土壤深耕将上层土壤有机质含量高的表土翻至下层，提高了下层土壤有机质。下层有机质含量低的土壤翻至上层，降低上层土壤的有机质含量。深耕处理可显著降低 0~20cm 土层土壤有机质含量，较常规耕作降低 5.5%~10.1%，20~40cm 土层深耕处理显著提高，较常规耕作提高 8.5%~14.9%。深耕后表层土壤有机质含量短期内降低，但深耕后增加土壤孔隙度，改善土壤通气情况，提高土壤有机质活性，土壤环境改善，加速有机质分解，深耕后第二年表层土壤有机质含量呈上升趋势，增加深耕年限及深度可一定程度上减弱表层土壤质含量，减少土壤有机质流失。深耕提高 0~40cm 土层土壤速效养分含量，其中对于棉花生长必需且有效的碱解氮和速效磷增加，与常规棉田相比差异显著。常规棉田由于长期连作，0~40cm 土层土壤养分含量分布不平衡，普遍不缺氮肥，速效磷和速效钾含量偏低，同时其他微量元素也是耕层土壤严重缺乏的，深耕后可短期改变耕层土壤养分分布状况，结合平衡施肥，0~20cm 土层土壤速效磷、速效钾等含量得到有效提高，同时 20~40cm 土层土壤速效氮得到补充。研究显示，深耕后棉田 0~20cm 土层土壤速效养分含量，速效磷、速效钾显著增加，增幅分别为 8%~11.2%、10.5%~18.6%，而深耕后 0~40cm 土壤碱解氮含量略有下降。土壤淋洗作用指土壤水分下渗过程中，溶解土壤养分，并使之随水分移动的作用，影响土壤养分在不同土层分布的主要因素。深耕提高了耕层土壤的蓄水保墒作用，但随着土壤蓄水水量的逐渐增加，速效氮等养分随土壤水分下渗由剖面渗出，造成养分从土壤表层向深层次土壤迁移或随水流失。深耕后冬灌能降低上层土壤速效养分含量，抵消一部分深耕对表层土壤速效养分的增加，使耕层土壤速效养分更加均衡，不同土层及平面个点土壤速效养分差异减小。一定程度为棉花根系生长提供了均衡的养分供应，促进棉花根系生长，从而提高棉花产量。

（三）对棉花根系生长的影响

1. 对根系形态的影响

土壤环境是影响棉花根系生长的主要因素，深翻后土壤疏松程度提高，利用棉花根系扩展。深耕 60cm 可有效提高棉花主根的下扎能力，与常规棉田相比，深耕 60cm 棉花主根可下扎到 40cm 土层，而常规棉田棉花主根在 30cm 范围内。棉花是直根作物，主根的下扎深度对根系总量、表面积、体积、根尖数等影响显著。研究显示，在棉花苗期主根下扎较浅时，常规棉田主根下扎深度大于深耕棉田，主要原因是深翻一定程度增加了表层土壤紧实度、土壤容重，不利于根系下扎，同时常规棉田下扎深度未达到犁底层位置，随着生育期推移，主根逐渐下扎，常规棉田犁底层成为主根下扎主要障碍，而深耕棉田土壤疏松，阻力减小，利于根系下扎，差异逐渐显现。深耕主根下扎深度增加，使主根粗度增加，一级侧根数量增加，但毛根根尖数量降低，主要原因是适宜的土壤环境使毛根表面积、体积增加，使根系有效吸收面积增加，根系吸收水分和养分的效率提升。从根系分布区域来看，常规棉田 0~20cm 土层根系量为 80%~84. 5%，20~40cm 土层根系量为 12. 5%~15%，40~60cm 土层根系量为 0. 5%~5. 5%，深耕棉田 0~20cm 土层根系量为 76. 5%~80. 5%，20~40cm 土层根系量为 15. 5%~18%，40~60cm 土层根系量为 1. 5%~8%。深耕后表层土壤中根系比例下降，而中下层根系比例增加，使根系范围向深层次土壤扩展，增强其抗旱、抗逆能力，促进根系稳健生长。

2. 深耕对根系生物量及生理指标的影响

深耕改善土壤理化性质，促进根系生长。常规棉田由于长期连续耕作，使土壤存在坚实的犁底层，阻碍棉花根系下扎，再加上滴灌棉田受灌溉特征影响，棉花根系主要集中在湿润区域，因此棉花根域范围受到影响。深耕后棉花根系在棉花苗期生长缓慢，在现蕾期根系生物量积累速率逐渐增强，至盛铃期根系生物量达到积累高峰，此后缓慢下降。整个生育期呈现“S”形变化，在棉花出苗后 86~92d，根系增长量达到高峰，与棉花整株生物量积累呈现相同的变化趋势。其前期根系积累速率较常规棉田有所降低，但现蕾期以后逐渐增加，积累速率和积累量高于常规棉田，因此，深耕促进棉花中后期根系生长，根系生物量积累显著增加。

土壤环境的改善促进了棉花根系活力提高，深耕后在棉花苗期根系活力差异不明显，而在棉花盛铃期根系活力较常规棉田提高 20. 5%~32. 2%。深耕棉田脯氨酸在生育前期较常规棉田下降 4. 5%~7. 3%，在盛铃期深耕根系脯氨酸含量显著增加，较常规棉田提高 18%~25. 5%。同时丙二醛含量相应提高，在棉花盛铃期提高 10. 5%~14%，同时氧化还原酶含量提高。总之，深耕处理使前期棉花根系活力及酶活性有抑制作用，而中后期深耕可显著促进根系活力及酶活性增长，从而对棉花生长发育产生积极的影响。

第四节　机械深松与深耕对土壤病害的抑制作用

病害是棉花生产的主要限制因子之一，侵染性棉花病害有260多种，中国记载有80多种，其中常见的有20多种。棉花全生育期均可遭受各种病害侵害，对生长发育造成不良影响，严重发生和病害导致产量和品质的降低。长期以来，棉田传统的耕深不超过30cm，加之棉花连年重茬，病原菌和虫卵积累逐年增多，病虫害逐年加重抑制着棉花种植的可持续发展。机械深松和深耕均可有效打破犁底层，使耕层土壤孔隙度增加，改善土壤环境，不利于土壤病原菌的生长繁殖，从而降低棉花发病指数。

一、棉田主要病害

目前，生产上棉花枯萎病和黄萎病是危害棉花最严重的病害，其中黄萎病影响程度大、范围广，是影响棉花种植业持续健康发展的主要病害。中国在20世纪初期由于引进未经检疫和消毒的美棉籽即分发给各地种植，棉花枯萎病随同种子传入中国。1931年在华北地区发现棉花枯萎病，相继在南通、南京、上海等地发现棉花枯萎病。以后随着棉花种子的繁殖、调运和推广，病区逐年扩大，危害也日趋严重。至20世纪60年代，棉花枯萎病已遍及中国主要产棉省、市、自治区。1963年在新疆莎车县长绒棉试验站首次发现了枯萎病。1957年该病仅在新疆个别地区零星发生，1983年发生面积4 013hm^2，1995年扩展到6 770hm^2。棉花黄萎病在20世纪30年代已有报道。1935年引进美国斯字棉4B棉种而使棉花黄萎病传入中国，以后随着棉种的繁殖和调运，棉花黄萎病在中国各主要产棉区逐渐传播开。1973年全国枯、黄萎病面积36.98万hm^2，占统计棉田的10%，20世纪90年代以来，我国棉花黄萎病扩展蔓延迅猛，1995年、1996年棉花黄萎病在全国范围内连续大发生，给棉花生产造成极大的损失。棉花是新疆农业生产的主导产业，在新疆国民经济中占有十分重要的地位。

新疆是中国最大的优质商品棉生产基地，对新疆农业经济发展具有较大的推动作用。1957年新疆黄萎病在焉耆、喀什、莎车、墨玉县等地相继发生，1964年传到北疆地区，主要有石河子、玛纳斯、奎屯、博乐等地，之后逐渐蔓延到整个新疆产棉区，至1982年发病地区扩大到52县。虽然新疆大面积推广种植抗病品种，但仍不能控制棉花黄萎病的发生，处于上升趋势的棉花黄萎病害对新疆棉花的产量造成严重损失。目前全疆已有80%棉田黄萎病普遍发生，新疆植棉面积大，秸秆还田，长年连作，病菌累积较快，气温低，适宜黄萎病发生。因此，黄萎病已成为新疆棉区生产上的主要病害，制约新疆植棉业可持续健康发展。

二、机械深松对土壤病害的抑制作用

机械深松是保护性耕作技术中的一项辅助性配套措施。深松扰动土壤，改变土壤结构，改善土壤环境，使土壤中病原真菌和病害发生程度也随之发生相应变化。土壤中真菌群体庞大，种类繁多，但一般可分为3类，即致病菌、非致病菌和有益菌。研究表明，连续深松田比常规田真菌数量均呈增加趋势，其中以非致病菌数量居多，其分离频率在63.9%~78.9%，其次是致病菌，分离频率为13.1%~25.2%，有益菌最少，分离频率低

于7%。深松田的致病菌和有益菌数量明显高于常规农田，而且深松时间越长的致病菌和有益菌数量也有明显增加。表明深松年限越长其两种菌的数量增加越多。非致病菌的变化呈相反趋势，随着深松年限的延长，其数量呈下降趋势。因此，深松后土壤环境发生改变，利于致病菌和有益菌的繁殖生长，导致土壤病害加重，

三、机械深耕对土壤病害的抑制作用

近些年，机械深耕被应用于防治土壤病害方面效果显著。棉田由于连年耕作，重茬时间长，导致土壤病害逐渐加重，特别是棉花黄萎病被称为棉花的“癌症”，其传播速度快、防治困难、减产严重、危害极大。常规棉田耕层深度集中在0~32cm范围内，也是土壤病菌生长繁殖的区域。棉田机械深耕可将棉田表层感病棉花残茬和病菌翻压在土壤深层，促其加速分解和腐烂，使潜伏在植株残茬内的越冬病菌加速死亡，或使其病菌不能正常越冬而失去来年对棉株的侵害作用。同时，棉田深耕后由于土壤表面受阳光照射，加上棉田冬灌，使土壤的病菌，难以越冬，从而达到降低棉花枯黄萎病对棉花生产的影响。深耕可将上层土壤及棉花秸秆残茬翻入深层次土壤，经过深埋及冬灌显著降低耕层土壤病菌基数，从而减小发病指数，提高产量。研究显示，对于枯黄萎病较重的棉田进行60cm深度的深耕，其发病指数大幅下降，深耕前病情指数为51.1%，而深耕后第一年病情指数下降至34.6%，病情指数显著降低，相对防效为32.3%。棉田深耕后将耕层的枯黄萎病微菌核带入深层土壤，经历越冬期后，基数显著下降，深耕60cm棉田微菌核数量低于常规棉田微菌核数量，深翻越冬期后的棉田微菌核数量每克土壤为59.2个，而常规深翻越冬期后的微菌核的数量每克土壤为95.8个。说明深耕60cm能够降低微菌核越冬基数，对枯黄萎病有显著的抑制作用。并能达到“一年深翻，几年受益”的效果，特别是针对棉苗长势弱，病害严重，产量较低的棉田进行深翻作业，效果尤为显著。

第五节　机械深松与深耕对棉花生长发育的影响

棉田机械深松与深耕将深层土壤疏松或翻转，恢复土壤的团粒结构，调节土壤水、肥、气、热状况，利于蓄积水分和养分，防止和减缓病虫害的发生，为棉花生长创造良好的土壤环境条件。

一、机械深松对棉花生长发育的影响

（一）机械深松对农艺指标的影响

棉花在系统发育过程中，始终保持根、茎的无限生长的习性，在适宜的生长条件下，只要温度和水分满足生长发育的需要，棉花根系及地上部分的茎秆不断的生长发育。研究显示，棉田深松40cm时，可有效打破犁底层，对棉花农艺指标有明显的促进作用。苗期由于棉花群体竞争小，深松优势并未显现，株高、主茎叶片数无差异，进入现蕾期，深松棉田株高、主茎叶片数、果枝数、现蕾数逐渐优于常规棉田，至开花期棉花打顶后，株高提高3.5%~7%，叶片数与果枝数提高1.8%~3.5%，现蕾数提高2.5%~4%，由此可见深松40cm可有效促进棉花生长发育，在生产中深松30cm和50cm效果不显著。

（二）机械深松对生物量积累分配的影响

生物量是衡量棉花生长的重要指标，与常规棉田相比，深松 40cm 条件下，在棉花现蕾期增长速率逐渐加快，阶段生物量积累显著高于常规棉田，开花期生物量积累速率达到高峰，在出苗后 80～92d 出现生物量积累速率高峰，最大积累速率为 227.5～245kg/hm^2·d，较常规棉田达到最高积累速率时间提前，且积累量较高。至吐絮期生物量达到最高值且显著高于常规棉田。受深松影响，生物量在生殖生长的关键期盛花期茎叶分配比例逐渐降低，而在生殖器官蕾铃的分配比例提高。说明适宜的深松条件下，生物量在关键生长期积累强度大，特别是营养生长与生殖生长转换期，有效促进生殖器官生物量积累，从而对产量增加起到有效的调节作用。

（三）机械深松对棉花产量形成的影响

机械深松改变棉花生长的土壤环境，促进棉花生长，从而提高产量，从深松年限来看，深松后第一年籽棉产量增加 15.4%，而第二年籽棉产量增加 9.7%，第三年籽棉产量增加 1.1%，增产幅度呈逐年下降趋势，而隔年深松可有效提高籽棉产量，较常规棉田提高 18.2%。从深松深度来看，深松 40cm 籽棉产量最高，而深松 30cm 与翻耕深度基本一致，效果不明显，而深松 50cm 在棉花盛花期、盛铃期棉花关键生育时期土壤含水量下降显著，导致籽棉产量低于深松 40cm。从产量形成因素来看，机械深松对棉花收获株数和衣分影响较小，深松能提高收获株数和衣分，但差异不显著，深松能显著提高单株结铃数，有效提高单铃重，但深松深度过浅或过深，均不利于单株结铃数和单铃重的提高。因此，适宜的机械深松深度有利于促进棉花产量指标的提高，达到增产效果。

二、机械深耕对棉花生长发育的影响

（一）机械深耕对棉花农业性状的影响

机械深耕将深层次土壤翻至表层，大量“生土”与表层土混合，对棉花生长发育产生重要影响。受“生土”影响，棉花出苗率下降，当深耕 50～60cm 时，棉花出苗率下降 5%～10%，且棉苗较弱，缓苗期较长，导致苗期生长缓慢，生育阶段延长 2～3d，盛铃期后生育期显著延长，至吐絮期比常规棉田晚 4～6d。蕾期、初花期生长速率加快，棉花株高、主茎叶片数增长较快，至棉花吐絮期较常规棉田增加 10.8%、3.5%，果枝台数和蕾铃数也有较明显的增加。深耕的作用体现在棉花生长中后期，现蕾期至盛花期农艺生长速率明显加快，而盛铃期后棉花长势稳健，叶面积指数保持较高水平，较常规棉花下降缓慢，不早衰，为后期棉花产量的形成奠定基础。

（二）机械深耕对棉花生物量积累分配的影响

深耕对土壤的翻转和混合效果较好，进而调节棉花生长。深耕棉田生物量积累呈现缓慢增长——快速增长——缓慢增长的“S”形曲线，与常规棉田相比，其起始阶段的缓慢增长速率降低，快速增长阶段增长速率提高，后期的缓慢增长阶段增长速率提高，最终生物量积累总量显著高于常规棉田，较常规棉田提高 8.5%～13%。深耕调节生物量在不同器官分配，在棉花中前期主要以营养生长为主，生物量向根、茎、叶分配，根、茎、叶的生物量分配比例高于常规棉田；而在棉花中后期主要以生殖生长为主，生物量向蕾铃积累速率显著提高，较常规棉田提高 4.2%～9.9%。深耕后棉花生物量积累最大速率出现时间较常规棉田晚 5～8d，生物量最大积累速率提高 4.6%～7.2%。总之，深耕提高了棉花中后期生物量积累量和积累速率，促进了生物量后期向生殖器官转移，从而提高棉花产量。

（三）机械深耕对棉花产量形成的影响

深耕对原有耕层土壤改变程度较大，不仅改善耕层土壤物理性状，同时改善土壤养分的分布，增加耕层土壤微量元素的比例，促进棉花产量增长。深耕棉田籽棉产量较常规棉田提高12%~20.5%，在深耕60cm范围内随着耕深的增加产量呈增加趋势。深耕能改变棉花结铃特性，棉铃纵向分布的中部、下部棉铃比例减小，上部棉铃比例显著增加；棉铃横向分布的内围铃比例显著提高，外围铃比例显著降低。从深耕对棉花产量构成因素来看，深耕使棉花收获株数显著降低，随着深耕深度的增加收获株数逐渐下降，而单株结铃数和单铃重则呈增加趋势，衣分无明显变化。因此，在适宜的深耕条件下，能有效的提高上部结铃比例和内围铃比例，增加棉花单株结铃数和单铃重，从而增加棉花产量。

（本章作者：郭仁松，李瑜，崔建平，林涛，汤秋香）

本章参考文献

艾天成，王传金，周世寿. 2006. 棉秆还田对土壤生态环境的影响［J］. 安徽农业科学，34（3）：142-163.

白伟，孙占祥，郑家明，等. 2014. 虚实并存耕层提高春玉米产量和水分利用效率［J］. 农业工程学报，30（21）：81-90.

崔建平，田立文，郭仁松，等. 2014. 深翻耕作对连作滴灌棉田土壤含水率及含盐量影响的研究［J］. 中国农学通报，30（12）：134-139.

付国占，王俊忠，李潮海，等. 2005. 华北残茬覆盖不同土壤耕作方式夏玉米生长分析［J］. 干旱地区农业研究，23（4）：12-15，21.

高庆建，高志强，孙敏，等. 2013. 休闲期深翻覆盖对旱地小麦土壤水分、花后脯氨酸及籽粒蛋白质积累的影响［J］. 水土保持学报，27（2）：150-156.

顾美英，徐万里，葛春辉，等. 2012. 新疆绿洲农田不同连作年限棉花根际土壤微生物群落多样性［J］. 生态学报，32（10）：3 031-3 040.

顾鑫，任翠梅，王丽娜，等. 2018. 机械深松对土壤容重和机械组成的影响［J］. 黑龙江农业科学（11）：38-40.

郭家萌，刘振朝，高强，等. 2016. 深松对玉米产量和养分吸收的影响［J］. 水土保持学报，30（2）：249-254.

郭仁松，林涛，马君，等. 2018. 新疆连作棉田耕层土壤理化指标研究［J］. 中国农学通报，34（5）：69-73.

黄健，王爱文，张艳茹，等. 2002. 玉米宽窄行轮换种植、条带深松、留高茬新耕作制对土壤性状的影响［J］. 土壤通报，33（3）：168-171.

黄明，李友军，吴金芝，等. 2006. 深松覆盖对土壤性状及冬小麦产量的影响［J］. 河南科技大学学报（自然科学版），27（2）：74-77.

孔晓民，韩成卫，曾苏明，等. 2014. 不同耕作方式对土壤物理性状及玉米产量的影响［J］. 玉米科学，22（1）：108-113.
李潮海，梅沛沛，王群，等. 2007. 下层土壤容重对玉米植株养分吸收和分配的影响［J］. 中国农业科学，40（7）：1 371-1 378.
李传友，何润兵. 2013. 深松对土壤蓄水保墒效果影响试验研究［J］. 中国农机化学报，34（4）：108-112.
李洪文，高焕文，王兴文. 1995. 可调翼铲式深松机的试验研究［J］. 北京农业工程大学学报（2）：33-39.
李荣，侯贤清. 2015. 深松条件下不同地表覆盖对马铃薯产量及水分利用效率的影响［J］. 农业工程学报，31（20）：115-123.
李中涛. 1958. 介绍土壤深翻的方法［J］. 中国农业科学，11：557-558.
廖植樨，邓健，谷谒白，等. 1995. 全方位深松对土壤物理化学性质的影响［J］. 北京农业工程大学学报（1）：18-24.
刘长江，李取生，李秀军. 2007. 深松对苏打盐碱化旱田改良与利用的影响［J］. 土壤，39（2）：306-309.
齐华，刘明，张卫建，等. 2012. 深松方式对土壤物理性状及玉米根系分布的影响［J］. 华北农学报（4）：191-196.
钱春荣，于洋，等. 2009. 深松免耕技术对土壤物理性状及玉米产量的影响［J］. 玉米科学，17（5）：134-137.
万素梅，杲先民，刘晓红，等. 2012. 长期连作对南疆棉田土壤物理性质影响的研究［J］. 中国农学通报，28（12）：48-53.
王树林，祁虹，王燕，等. 2017. 耕层重构对连作棉田土壤理化性状及棉花生长发育的影响［J］. 作物学报，43（5）：741-753.
王育红，姚宇卿，吕军杰，等. 2004. 豫西旱坡地高留茬深松对冬小麦生态效应的研究［J］，中国生态农业学报，12（2）：151-153.
王兆斌. 2009. 深翻耕作对重茬棉田的增产效果研究［J］. 现代农业科技（2）：139，141.
武际，郭熙盛，张祥明，等. 2012. 麦稻轮作下耕作模式对土壤理化性质和作物产量的影响［J］. 农业工程学报，28（3）：87-93.
杨雪，逄焕成，李轶冰. 2013. 深旋松耕作法对华北缺水区壤质黏潮土物理性状及作物生长的影响［J］. 中国农业科学，46（16）：3 401-3 412.
尹宝重，甄文超，马会. 2015. 深松一体化播种对夏玉米农田土壤水热特征及微生物动态的影响［J］. 23（3）：285-293.
于晓芳，高聚林，张峰，等. 2015. 深翻对耕层土壤物理特性及超高产春玉米根系垂直分布的影响［J］. 内蒙古农业科技，43（2）：19-21.
张丽，张中东，郭正宇，等. 2015. 深松耕作和秸秆还田对农田土壤物理特性的影响［J］. 水土保持通报，35（1）：102-117.
张瑞富，杨恒山，高聚林，等. 2015. 深松对春玉米根系形态特征和生理特性的影响［J］. 农业工程学报，31（5）：78-84.

郑侃，何进，李洪文，等. 2015. 中国北方地区深松对小麦玉米产量影响的 Meta 分析［J］. 农业工程学报，31（22）：7-15.

朱凤武，王景利，潘世强，等. 2003. 土壤深松技术研究进展［J］. 吉林农业大学学报，25（4）：457-461.

邹洪涛，张玉龙，黄毅，等. 2009. 辽西北半干旱区土壤深松对玉米生长发育及产量的影响［J］. 沈阳农业大学学报，40（4）：475-477.

Bhatt R，Kher K L. 2006. Effect of tillage and mode of straw mulchapplication on soil erosion in the submontaneous tract of Punjab. IndiaSoil & Tillage Research，88（1/2）：107-115.

Constantino V，Miguel A M，et al. 2015. Short-term HaythamMSalem effectsoffourtillage practices onsoilphysical properties，soilwaterpotential，and maize yield［J］. Geoderma，237/238（1）：60-70.

G F，Jorajuria D，Balbuena R，et al. 2006. Deep tillage and traffic effects on subsoil compac Botta tion and sunflower（Helianthus annus L.）yields［J］. Soil & Tillage Research，91（1）：164-172.

Li X，Tang M J，Zhang D X，et al. 2014. Effects of sub-soiling on soil physical quality and corn yield［J］. Transactions of the Chinese Society of Agricultural Engineering，30（23）：65.

Satendra Kumar，Saini S K，Amit Bhatnagar. 2012. Effectof Subsoiling andPreparatory Tillage on Sugar Yield，Juice Quality and Economics of Sugarcane（Saccharum species hybrid）inSugarcanePlant-RatoonCroppingSystem［J］. Societyfor Sugar Research & Promotion，14（4）：398-404.

Wang X B，Wu H J，Dai K，et al. 2006. Tillageand crop residue effects on rainfed wheat and maize production innorthern China［J］. Field Crops Research，132（3）：106-116.

第五章　棉田精量播种与保苗技术

农业生产的每一次飞跃都伴随着重大技术的创新与变革，自 1949 年新中国成立至今，新疆棉花生产经历了 70 年的发展历程，从栽培技术方面讲，可以认为共经历了 4 次重大技术创新。

第一次是 1981—1990 年棉花地膜覆盖栽培的引进及推广，自 1980 年石河子农垦科学研究所首次进行棉花地膜覆盖栽培技术试验成功后，迅速得到大面积推广，至 1990 年，新疆棉花生产基本实现地膜覆盖，并探索初步形成了“矮、密、早、膜”独有的栽培技术，新疆棉花种植面积由 1980 年的 271. 8 万亩增至 1990 年的 652. 8 万亩，单产由皮棉 29kg/亩提高到 72kg/亩，皮棉总产达 46. 88 万 t。

第二次是 1991—2000 年棉花膜下节水滴灌技术推广及“矮、密、早、膜”栽培技术体系的完善。针对新疆水资源紧缺，为提高水资源利用率，新疆兵团于 1997 年首次引进滴灌技术，但当时也是小面积试用，至 1996 年前后，才将该技术与覆膜植棉技术结合应用，并取得了很好的效果，为新疆棉花生产创造出一条节水、高产、高效种植道路。在此基础上，“矮、密、早、膜”栽培技术体系进一步完善，由于膜下滴灌技术有效地解决了当时新疆棉花生产的用水矛盾，提高水资源利用率，新疆棉花生产进入全面快速发展阶段。至 2000 年，新疆棉花种植面积为 1 518万亩，皮棉总产 150 万 t，皮棉单产 98kg/亩，分别较 20 世纪 90 年代初期增加 2. 33 倍、3. 2 倍和 1. 36 倍。

第三次是 2001—2010 年棉田精量播种技术研发与配套保苗技术的研究应用。在滴灌模式下的“矮、密、早、膜”栽培技术使水肥光热气等棉花生产资源得到有效利用，棉田生产水平大幅提高。但在 2003 年前，新疆棉田播种基本为一穴 3~5 粒的常规播种或一穴 2~3 粒的半精量播种模式，以保证高密度下的出苗率，从而有效发挥棉花群体生产力。然而上述播种方式需大量人工进行放苗、定苗等田间作业。在当时劳动力不足的矛盾日益突显情况下，不仅增加了生产成本，也影响了棉花苗期生长的整齐性与一致性，对此，棉田精量播种农机具及精量播种技术迅速开展。由于精量播种技术有效地解决了在高密度下棉花苗期田间作业的高强度人工劳动，客观上使棉苗生长齐、均、壮，有利于作物单位产量的提高，自 2004 年首次在兵团成功示范以来，至今全疆棉田基本实现精量播种，该技术的普及使新疆棉花种植向全程机械化迈进了重要的一步。

第四次是 2010 年至今，以机械化采收为代表的棉花全程机械化生产技术的推广与应用。在新疆棉花生产经历 3 次重大技术创新及变革后，其单产水平稳定步入世界前列，但用工成本的飙升导致新疆棉花生产效益明显下降，据国家棉花市场监测系统调查显示，近年来新疆亩均植棉成本为2 140元/亩，除租地费外，地方手摘棉种植成本为1 747元/亩，机采棉种植成本为1 171元/亩，新疆兵团机采棉种植成本为1 417元/亩。自治区发改委价格统计显示，新疆棉花亩均种植成本为2 119.5元，分别较澳大利亚和美国高出60.2%和12.1%，同时比较效益严重下滑，因此，可以说新疆植棉生产高产不高效，棉花高产的背后隐藏着高成本的人工投入及精细化人工的管理。对此以机械化采收为代表的棉花全程机械化生产技术应运而生，并迅速发展，至2018年，新疆棉花机采率已达全区棉花面积的35%，有效缓解了劳动用工强度大，用工成本高等问题。

在新疆棉花生产的4次重大技术创新与变革中，地膜覆盖植棉及膜下节水滴灌技术在推进及稳定新疆棉花总体生产及单产水平的提高中发挥了重要的技术支撑作用，巩固了新疆作为全国棉花生产基地及优质商品棉生产基地的地位；而棉田精量播种及棉花机械化采收技术则大幅降低植棉用工成本，增加植棉收益，利于棉花良种工程化及生产标准化，有效提升了新疆原棉生产的品质，促进了新疆棉花生产向机械化、高效化、集约化方向发展。因此新疆棉花生产的4次重大技术创新与变革逐步实现了新疆棉花生产由数量规模型向质量效益型的有效转变，使新疆棉花在国际市场化竞争发展的新阶段具有更强的话语权。本章仅对新疆棉花生产的精量播种技术及配套保苗技术做简要介绍。

第一节　精量播种技术简介

一、精量播种的概念及定义

对于精量播种技术，至今没有严格统一的定义。精量播种是指农作物播种能够实现定量（一穴一粒）、定距（株距行距都相等）、定穴（播种深度一致）。有学者认为精量播种是在半精量播种技术的基础上更为精确地将作物播种由一穴多粒精确为一穴一粒的播种技术；也有学者认为精量播种技术就是应用播种机械依据土壤湿度、肥力等因素，对播种深度、播种距离和播种量进行精确调整，把高质量的种子播到土层中最理想的位置，将土地平整、开沟、覆膜、压膜、播种、覆土等环节一次性完成的高、精、准农业新技术；也有人认为精量播种就是使用机械将确定数量（单粒）的作物种子按栽培农艺要求的位置（行距、株距、深度）播入土壤中最理想的位置，并随即适当镇压，达到增产增收的目的的一种新的机械化种植技术。上述定义虽然说法不一，但应当认识到，精量播种作为一项现代化综合性的技术措施，其含义基本包括三方面，一是需要能将单粒种子等距的播种到土壤中预定深度的器具；二是播种技术，即将作物的种子按精确的三维空间，即精确的行距、粒距和播种深度，准确地将单粒种子播入土壤中的高精尖技术；三是需要精良优质的种子。与发达国家相比，中国植棉业呈典型的劳动密集型特征，随着农村现代化进程的推进和劳动力的不断转移，特别是劳动力价格与植棉成本的大幅上涨、植棉机械化进程的加快、单位植棉规模的不断扩大，这种较低的生产率急需改进与提高。为此，“十五”期间，新疆生产建设兵团率先提出要在短时间内实现“精准种子、精准播种、精准施肥、精准灌溉、精准收获、精准田间监测”六大精准农业技术。其中精量播种技术是大力推广六大精准技术中的关键技术。多年实践证明，精量播种技术的推广与机采棉的大面积应用，使新疆生产建设兵团基本实现了棉花生产全程机械化综合作业，并成为中国棉花生产机械化水平最高的地区，不但提高了棉田管理水平，满足适时精耕细作的要求，更重要的是大幅降低了劳动强度与生产成本，提高了劳动生产率，扩大了植棉收益，实现增产增收目的，加速推进了棉花生产全程机械化进程。

棉花精量播种技术改变了传统机播模式，已成为发展现代农业生产及保持经济增长最迫切的需要，是进一步提高农业劳动生产率，实现“两高一优”和农业现代化必须解决的关键技术，其具有更科学、更合理、更能保证棉花成长质量的优点，是实现节本增效较为明显的现代精准农业技术，更是棉花栽培技术革命史上的一大进步。

二、精量播种的特点与技术效果

（一）精量播种技术优点

1. 下种精密，深度适中

精量播种最大的技术特点为，一是下种精确，一穴一粒，单粒率≥90%，空穴率低于3%，错位率≤3%；二是播深适宜，深浅一致，利于棉苗早发、快发、齐发，播种深度2.5~3.0cm，播种穴覆土厚度1.5~2.0cm，镇压严实；三是间距一致，最终达到作物生长发育良好一致，实现增产增收的效果。

2. 减少用种量，降低生产成本

实现精量播种后可节省大量优良种子，将用种量由常规每穴下种3~4粒甚至10几粒精确到单穴单粒，亩用种量从6~7kg/亩，降至1.8kg/亩左右，可节约单位用种量60%~80%，减少了物资消耗，降低用种成本。

3. 减少人工投入，提高劳动效率

精量播种基本实现单粒点播每穴一粒，使苗匀、苗齐、苗壮，不需要人工进行间苗、定苗等田间作业，减轻了劳动力投入，节省了劳动时间，降低了用工成本，增加了人均管理面积，提高了劳动效率，间接提升了植棉收益。

4. 间距一致，营养均衡

精量播种按规定的行距及株距将良种播在理想部位，使其在田间及地表空间均匀分布，充分利用水、肥、光、热、气及土壤养分，使单位面积营养均衡，保证良种发育、幼苗生长所需营养，明显提高出苗率及整齐度，避免“大小苗”现象，提高单位面积产量。

5. 促进种子标准化

棉花精量播种技术作为精准农业技术体系的重要组成部分，对种子的要求更为严格，需要种子纯度和发芽率分别要达到98%和95%以上，破籽率≤3%，因此其用种须经过精选、加工、包衣等一系列精准化处理，为棉花高产、优质、高效提供基础保障，有力地促进了种子工程的规模化、良种化、精准化。

6. 促进机械化发展，增加农民收入

优良的种子，高标准的整地装备与技术、精密的播种机械是精量播种的基本条件。为确保播种质量及一播全苗，精量播种对机械作业要求较高，需一次性完成开沟、覆膜、播种、覆土等作业，甚至施肥、喷药。因此精量播种技术是一项综合性较强的应用技术，更重要的是精量播种技术便于棉田机械化作业与管理，提高了农业生产机械化水平，促进农业生产向集约化、机械化、高效化方向发展，实现提质增效。另外，精量播种使棉花生育期较常规播种提前3~4d，棉花增产幅度在2.1%~4.9%之间，单产平均提高15kg/亩，增产效果较显著，并且省去间苗、定苗人工费750元/hm^2，累计节本增效2 394.75元/hm^2。

（二）精量播种存在的不足之处

1. 精量播种对土地质量要求较高，土地不平整、质地不均匀、整地不精细、地表杂物多等现象均可能影响播种质量。

2. 精量播种对配套机械装备要求较高，整地机械化装备及技术含量不高的播种机械均不利于精量播种技术效果的有效发挥。

3. 作业时，机械操作手不熟练，对车速控制、播种机检查等掌握不到位，致使下种不匀、漏种与不下种现象时有发生。

4. 穴播器上的鸭嘴对地膜膜孔打不透造成无效播种及膜面不平整造成错位现象时有发生，影响播种质量。

5. 由于播种、覆土等作业一次性完成，鸭嘴不下种时难以察觉，造成补种工作相对滞后，补种后棉苗生长不均，易造成大小苗现象。

（三）精量播种的技术效果

从总体来说，新疆棉区运用棉花覆膜精量播种技术后，成功实现了节本、增效的目的。棉花亩用种量由常规播种量的5~6kg/亩，下降到半精量播种的4kg/亩左右，再降到精量播种的1.8kg/亩，降低单位用种量，可节约种子60%~80%。由于实现一穴一粒，大量节省了间苗、定苗等复杂的田间作业劳动，促进了种子对土壤水、肥、气、热的有效利用，种子早发，快发，提高了出苗率，利于后期作物产量的增加。精量播种对良种的高标准要求促进了种子工程的规模化、良种化、精准化，提高了农业生产机械化水平，促进了农业生产向集约化、机械化、高效化方向发展。精量播种技术在新疆多地成功示范后，效果显著，迅速大面积推广应用。

三、精量播种技术的国内外研究简述

（一）国外精量播种发展概述

早在1910年美国就已经制造出拖拉机，到1972年，棉田机械整地、栽培管理及机械化采收率已达到100%，基本实现了棉花全程生产机械化。与此同时，为提高棉田机械化、信息化、精准化、智能化管理水平，美国、德国、意大利等世界发达国家加快了农业机械装备与电子应用技术相结合的研究及产业化开发，集机械、电子等技术为一体的新产品迅速出现，并装备到农业机械上，农业生产效率及作业质量大幅提高，作业成本大幅降低。而精量播种技术作为一项精准化的农业生产技术，涉及耕作学、农业机械学、栽培学、种子加工学，是多学科有机结合，因此精量播种技术的研究应用与推广成为现代智能化农业生产的重要标志之一。

精量播种新概念是1984年形成国际共识，并借助精密播种机械实现，因此，国际标准507256/1—84对精密播种机进行了严格的定义和规范。精量播种技术不单是一个简单的技术与概念，而是运用系统工程发展和完善起来的。经过30余年的发展，国外先进的精量播种机配备了GPS导航系统、图像处理系统、智能型施肥传感器、智能视觉在线检测系统等先进的电子化传感设备，应用于播种及肥料的精密监测，达到了相当完善的水平。在精量播种时，可根据智能施肥传感器实时监测土壤养分含量信息，及时调整施肥构成与数量，实现精准定位施肥；根据智能视觉检测系统的光传感信号及时对排种量、施肥量、排种管道及施肥管道进行实时监测与判断，方便对播种及施肥情况及时准确做出调整，这种集多种智能化技术于一体的现代化播种技术可省种30%~50%，节肥60%，保证了出苗率，使肥料有效成分利用率更高。并可一次性高速高效完成开沟、施肥、播种、覆土、镇压等播种前后的一系列相关作业。

随着机械智能化的迅速发展，一项新的播种技术——变量处方播种技术应运而生，该技术是在播种机上装配能实时测定土壤温、湿度及土壤肥力的测定传感器，如美国依阿华州生产的“ACCC — PLANT”可编程的播种机控制系统，播种时根据播种区的土壤温、湿度、肥力等因素进行播种深度、播种距离和播种量的调整，以提高出苗率。同时还可附加撒施肥料、杀虫剂和除草剂的微施装置，其撒施量可以随播种量及播种区环境的变化同时进行调整。国外农业发达国家，借助智能化电子设备，不仅使精密播种智能化成为现实，而且越来越显示出其独特的魅力。

（二）我国精量播种技术发展

中国在精量播种技术方面的研究相对滞后，始于20世纪60年代，至今已有50余年的历史，走了一条先仿制国外播种机械后自行研制的道路。这其中有技术相对落后的原因，也有受复杂种植制度影响的原因。当时大部分是引进国外的机器、对国外的机型进行仿制，如在新疆和东北地区的国营农场推广示范了BⅡ—6精密播种机，20世纪70年代末，国家农机部又在吉林省建设玉米万亩精密播种试验点，但均因种子质量及整地不符合精量播种技术要求，缺乏推广精密播种的配套农艺，加之技术不成熟，未能普及推广。从20世纪90年代末，中国的精量播种机才逐渐有了较好的发展，但仍然有不同程度的缺陷，一些技术较为成熟的精量播种机，也仅适用于大豆等规则种子颗粒作物。进入21世纪以来，随着科技的进步，良种工程的提升，整地技术的提高，生产技术的配套，农机农艺的融合，我国科研人员立足国情，结合生产实际，成功自主研发了一批针对作物及种植特点的适用精量播种机具，精量播种技术有了较大的发展。

虽然国外在精量播种技术方面已经非常成熟，但基本都是裸地条播，没有地膜覆盖、滴灌带铺设、膜上打孔的播种作业环节。并且与新疆“矮、密、早、膜”种植模式下的精量播种技术有所不同。对此，2002年新疆建设兵团研制出中国首台棉花精量播种机，该机能够一次性完成整地、铺膜、开沟、铺管、膜边覆土、准确打孔、精量播种、盖土、镇压等作业任务，实现单粒精量播种，当年试验地面积达到900hm^2，到2008年全疆棉花精量播种面积已达52.03万hm^2，占到新疆棉花播种总面积的65.9%。通过近年来的不断探索改进，棉花精量播种技术与配套机具均有较大的提升与改进，棉花精量播种技术已基本覆盖新疆全区棉花生产，形成了独具特色的覆膜精量播种技术，虽然与国外先进的精量播种技术相比仍有差距，但为我国在覆膜条件下精量播种技术的研究与推广奠定了良好的基础。

四、精量播种技术的应用现状

精量播种技术作为发展精准农业的重要技术之一，具有省时、省工、节约资源、利于机械化作业、降低劳动强度与生产成本、提高作物产量与品质、实现增产增收的优点，自21世纪初新疆多地成功示范以来，取得良好的效果，并迅速推广，对新疆棉花生产的机械化、集约化、规模化提供了有效的技术支撑。

（一）覆膜精量播种技术的示范效果

2004年新疆阿拉尔垦区使用兵团农机技术推广中心推广的2BMJ-18 16/12气吸式精量播种机实现棉花精量播种面积1 267hm^2，通过质量检查，该精播机性能较好，平均1粒/穴的穴数达到90%以上，平均空穴率小于3%，用种量27~30kg/hm^2，与半精量播种机的用种量57kg/hm^{2}相比，平均节约棉种27~30kg/hm^2，达到了精量播种预期要求，尤其是精量播种的棉田出苗快、出苗齐、出苗壮，基本上无须人工定苗，大大减少了人工定苗的劳动强度，节约了定苗的人工费用。2005年新疆生产建设兵团农五师在81团、83团、89团、90团和农科所分别进行棉花精量播种技术示范403hm^2，精播用种量为17.36kg/hm^2，下种1籽/穴率占85%~89.5%，2籽/穴率3.8%~8%，3籽/穴率0.77%~2%，空穴率2%~4.08%；实际出苗率1株/穴占93%~94%，2株/穴占3%~4.9%，3株/穴占0.5%~1%，空穴率3%~5%。平均出苗率89.55%。较半精量播种节省种子43.5~57kg/hm^2，节约定苗和封土人工费662.7元/hm^2。苗匀、苗壮，长势均匀且良好，无大小苗和高脚苗现象，生育期较常规播种提前3~4d。2009年甘肃省酒泉市农业科学研究所从新疆引进了气吸式棉花精量播种机，采用一膜播种4行棉花种植模式开展了精量播种示范，结果表明，精播节约用种91.5kg/hm^2，节省间苗、定苗人工费750元/hm^2，平均单株结铃数增加0.2个，平均单铃重增加0.29g，衣分高出2.3%，平均绒长增加1.6mm，皮棉增产4.8%。累计节本增效2394.75元/hm^2。2006年农一师十六团对13个品种进行精量播种示范，经测试调查，平均1粒/穴94.2%，平均2粒/穴3%，空穴率2.8%，亩节约用种1.9kg，节约0.4个定苗工，两项累计节约116.5元。

（二）覆膜精量播种技术的推广应用

2008年4月，乌苏市引进了新疆石河子科神农业装备科技开发有限公司生产的ZBMJ—4/12型棉花双膜气吸式精量播种机80台。乌苏市棉花种植面积53万hm^2，通过示范、推广棉花双膜气吸式精量播种机械作业技术面积达到2 066.7hm^2，节约棉花种子28.5~55.5kg/hm^2，全市节约种子开支1 292万~2 516万元，进一步实现了棉花种植的精量播种和节本增效。2012年新疆石河子垦区棉花精量播种均使用兵团农机技术推广中心推广的2BMJ—4（12/18）气吸式精量铺膜播种机。石河子垦区总场种植棉花0.87万hm^2，其中精量播种和机械采摘面积均在90%以上，一穴1粒平均能够达到90%以上，平均空穴率小于3%，种子使用量为27~30kg/hm^2。同年，新疆生产建设兵团棉花精量播种面积达到44.95万hm^2。2016年新疆克州引进石河子大学2007年研制的夹持式自锁式排种器（是当时国内较先进、精确度很高的一种机械式排种器，较气吸式精量播种机操作维护简易）进行推广应用，全州棉花精量播种面积0.6万hm^2，节约种子360t。2008年新疆生产建设兵团第七师开始研发新一代机械式精量点播器，至2014年二代产品成型，各项指标均达到国家标准，在国内领域其技术已达到领先地位，不仅解决了棉花播种错位率高的问题，也解决了棉花种植中超宽（厚）膜打孔不粘连的问题。机械式精量穴播器先后在新疆生产建设兵团农一师9团、农二师29团、库尔勒市尉犁县等地进行了现场试验，产品性能均达到或高于设计要求，得到了用户的认可。经跟踪播种的一万余亩棉花，一穴1粒率可达到95%以上，空穴不超过2%，且设备结构简单，操作方便，运行稳定，故障率低，播种效率高于同类产品20%以上。目前，双膜覆盖机械式精量播种机已通过新疆维吾尔自治区农牧业机械试验鉴定站鉴定，获得了农业机械推广许可证，列入了国家、新疆维吾尔自治区及新疆生产建设兵团农机购置补贴目录；且产品的销售网络遍布全疆，主要分布在兵团各师局及阿克苏、库尔勒周边八个县、哈密、博乐、乌苏、奎屯、伊犁、石河子等地区。

目前，新疆生产建设兵团及地方推广使用的精量播种机主要是由新疆农垦科学院研制科神农业装备有限公司生产的2BMJ-4、2BMJ-12、2BMJ-18型气吸式精量铺膜播种机，该类机型有效地将鸭嘴式穴播器和气吸式取种方式相结合，能够实现膜上精量播种，技术已经达到国际领先水平。该机能够一次性完成整形、铺膜、开沟、铺管、膜边覆土、准确打孔、精量播种、盖土、行镇压等作业任务，实现单粒精准播种，合格率≥90%，还可实现不同株距的精确播种，最小可达到9cm，适合机采棉种植模式，有利于机械化推广，该播种机在石河子垦区得到了广泛的应用，市场占有率在80%左右。

此外，较常见的精量播种机还有陈学庚院士等研制出2BMSJ-12型棉花双膜覆盖精量播种机，较常规穴播出苗早2~3d，出苗率94%，穴粒数合格率85%，适应新疆棉花密植种植农艺要求。此外还有2BMJ-3A型基于机采棉的智能精量播种机、2BMJ-2/4A型棉花覆膜精量播种机、2BMZ-3/6A型折叠式覆膜精量播种机、2BMZ-3/6A型折叠式智能棉花精量播种机等。

第二节　精量播种机械及其装备简介

播种是种植业最重要的作业环节之一，播种机的质量优劣直接影响农业劳动生产率、农作物的产量及农产品的生产成本，要想实现农业机械化，就必须实现农作物播种机械化。在棉花生产全程机械化的配套机械中，棉花播种机械是农业机械的重要组成部分，同时也是研发的重点。在棉花播种机的研发过程中，首先，要坚持农机农艺充分融合；其次，研发机具必须利于抢农时，也就是能同时完成多个工序，尽量减少机具进地次数，起到保墒效果；最后，棉花对播种质量的要求比较高，因此需要播种机械有较高的适应性。国内外已对播种机械及装备进行了大量的研究与设计改良工作。

一、国外精量播种机械研究现状

（一）精量播种机械

精量排种作为一种先进的现代化种植技术，国外早在20世纪40年代就已经进行了精量播种机械的相关研究，在60年代有了突飞猛进的发展。到80年代，美国、澳大利亚、加拿大、法国等西方国家就已经开始研制并广泛使用气力式精密棉花播种机械。目前，国外播种作业大多采用精密播种，其各项配套技术已形成了相当完善的体系，达到相当完善成熟的地步，并得到了广泛的应用。其除了能实现基本的复种作业外，还配备有农药喷洒装置，且能实现较高精度的单粒播种。

近年来，国外相继研制的精量播种机如下。

1. 1835型分施肥锄式气吹播种机

约翰迪尔1835型分施肥锄式气吹播种机，配备有独立的分施肥锄式开沟器，机具开沟深度调节范围在0.5~3.5英寸（1英寸≈0.025m），可以实现的最小调节间隔为0.25英寸，分施肥式开沟器能开出的施肥沟比较窄，减小了对土壤的扰动，有利于保持土壤中的水分。

2. NG-6 免耕播种机

美国十方集团 NG-6 播种机是一台免耕播种机，播种精度高，均匀性好，各部件工作稳定，配备有排种系统激光监测与报警装置，当排种器出现无种或者堵塞等现象时，自动报警，工作中少漏播，无重播，不用间苗。

3. 2BQJ-6 播种机

德国格兰 2BQJ-6 播种机，配备有电子监控仪，可同时监控播种及施肥，排种器气吸室完全利用轴承密封，以保证真空装置的密封性和可靠性，更为精确可靠，播种效果好，节约种子。

4. 马斯奇奥 MT 系列精密播种机

意大利马斯奇奥 MT 系列精密播种机，为前三点悬挂式，靠负压吸取种子而实现精量播种，适合大豆、玉米、甜菜等多种作物，配备有播种及施肥监视，漏播报警等自动装置，驾驶室内的显示器可清楚地显示播种情况和播种量，同时还配备有排种器自动清理装置，保证播种时种子的数量，可以实现单粒播种，大幅提高播种精密度。

目前，国外现代精播装置大都实现了智能化，比如智能视觉检测系统在很多机具上的应用，其主要借助光电传感器对种子和肥料进行监测，光电传感器信号对种子粒数、排肥量、施肥管通畅程度以及排种管通畅程度进行识别检测，农户借助电子监视装置可以通过在电子显示器上呈现的图像或者数字信号对播种情况进行判断，得到漏播信号、种子、肥料拥堵信号，缺种缺肥信号等，方便对播种情况及时准确做出调整，以保证播种精度。

（二）精量排种器

精量排种器是实现单粒播种技术的关键，目前技术已相当完善。现在，国外生产和使用的精量排种器主要分为两大类：

1. 机械式精量排种器

机械式精量排种器主要包括窝眼轮式、垂直圆盘式、水平圆盘式、倾斜圆盘式、指夹式等。例如 Richard 发明了窄行立式圆盘排种器，能够完成半精量播种；Sahoo 等人研究了倾斜圆盘式精密排种器，并对其进行优化提高了排种性能；Holderson 对指夹式和孔带式等 4 种当时主流排种器进行研究，对它们的极限作业速度进行试验比较，分析各个取种器的优劣；Parish 设计的带式排种器，主要用于大豆的精量播种；Wright 和 Mozingo 等人研制了一种新型排种器，其可以实现排出的种子在种床上成菱形交替布置，而且可以精确控制种子的间距；Ryu 和 Kim 等发明了一种滚筒式精量排种器，它具有优良的排种均匀性；直到 20 世纪末国外都是以机械式排种器为主。

2. 气力式精量排种器

气力式精量排种器主要有气吸式、气吹式、气压式三种。目前，在欧美等西方国家已广泛使用气力式精量排种机械，其中气流一阶分配式、集排式排种系统已大量应用在谷物条播机上。同时，新的排种理论也相继应用到播种机械中，如荷兰 VISSER 公司、美国 BLACKMORE 公司的针式（又称吸嘴式）精密播种机，美国文图尔公司的齿盘式精密播种机等。

国外机具普遍可以根据农业技术要求，实现精量播种、精确施肥和喷药等工作。精量播种机除了能一次性完成整地、开沟、播种、施肥、喷雾、覆土、镇压等工序外，液压技术及电子技术也广泛应用在播种机上。其中精量播种可节省大量优质种子而且可保证出苗率，精确施肥可节省化肥，减弱盲目施肥，避免造成肥料浪费与滥用；智能型播种施肥一体机可根据传感器对种子和肥料进行监测，监测到播种详情以及氮、磷、钾含量的投放信息，从而实现精准定位播种与施肥，相应地调整播种数量和施肥的构成，达到精播精施的要求，从而提高播种精度与化肥有效利用率。总的看来，国外棉花播种技术机械化水平已经趋于成熟。

二、中国精量播种机械研究现状

（一）精量播种机械的认识

中国农业机械化研究起步较晚，尚处于探索阶段，农业自动化水平、信息化水平以及智能化水平非常低。同时受地理位置、经济条件、人口因素等的影响，全国不同地区农作物种类繁多，播种作业的需求各不相同，不同农业作业都存在发展不平衡现象。

近年来，由于生产水平和技术的提高，我国播种机械化技术也在逐渐被人们认识并广泛推广应用。播种产品从最初的人力、畜力半机械化机具，到单一功能、单一作物品种的播种机，再发展到目前的多功能联合作业机，并不断向大功率、高效率、通用型和融合多项高新技术的智能化方向发展。在农业现代化的大背景下，作物精量播种技术作为一种综合性机械化种植技术，可以节省优质种子，无须间苗劳作，而且可使种子在田间分布均匀，播深一致，达到苗齐、苗壮的目标，而单粒精量排种系统作为精量播种技术的核心，是提升精量播种机高速作业性能的关键。是未来智能精量播种技术的发展方向。

精量排种的优越性已经得到了广泛的认可，但精量排种是一个复杂的综合技术系统，真正实现普及和推广需要很多相关因素和配套技术。目前在我国广泛实施精量排种还存在一定阻力和难度。在观念上，国外对精量排种首先看重的是其省种、省工的优点，其次才考虑如何减少漏播损失。国内由于长期的人口负担造成了人们对产量的过分敏感，提到精量排种首先考虑是否会有漏播减产的危险，对播种机的要求也是首先考虑有没有漏播，否则就不能推广使用。长期以来，我国的种子和人工费用较低，精量排种的省工节种和优点没能体现出经济效益而被农民接受，缺少推广应用的基本动力。另外，种子的质量也是人们担心的重要问题。

（二）精量播种机械的发展

中国播种机械的发展自新中国成立以来，经历了引进与仿制（1950—1959 年）、自主设计开发（1959—1978 年）、完善产品结构（1979—1999 年）和快速发展（2000 年至今）4 个阶段。棉花作为中国的重要经济作物，在国内棉花精量排种技术的试验研究虽然有 30 多年的历史，但由于各种原因和条件的限制，棉花播种机械在国内各个地区的生产中尚处于起步阶段，精量播种机械研究仍在继续探究。当前棉花直播机械一般都采用穴播，棉花穴播以其特有的优越性受到农民的欢迎，因此，国内各棉区也都不断地研制性能优良、价格合理、操作方便的棉花精量穴播机械。滨州市农业机械化科学研究所研发了 2BMMD—4 夏棉精量免耕播种机，并进行了示范应用，该机具主要由牵引悬挂装置、变速箱、侧板、肥箱、平行四连杆机构开沟、播种、镇压部装、传动地轮、机架、施肥角、旋松清草灭茬机构、限深轮等构成。能够满足夏棉播种的农艺要求，使农机、农艺相融合，应用于 76cm 等行距种植棉花，为棉花成熟后的机械化采摘创造了良好的条件。

1983—1994 年期间，新疆农机科研专家总结积累棉花铺膜播种机推广运用经验，根据不同区域的土壤气候条件，相继研制出了 2BMS-2A、2BMS-6A、2BMS-8、2BMS-8A 和 2BMS-18 等多种新机具，形成了系列新产品。满足了新疆不同区域地膜植棉大面积推广的需求，也引领了新疆棉区铺膜播种机械化技术的发展。推动了新疆地膜植棉机械化生产水平的提升。

到 20 世纪 90 年代后期，中国主要棉花产区新疆伊犁地区也开始使用 2BMK-4/1 型棉花播种机、农哈哈 2BMF-2 型棉花覆膜播种机和华勤 2BMP-2 棉花覆膜播种机，均是联合作业机型，仿形效果好，播种深度控制一致，株距调节间隔合理，播种后，易出苗，成活率高。然而，上述机型只能适用于春播棉或者在整理好的土地上进行夏播棉播种。21 世纪初期，机械式精密排种机构渐渐满足不了高速播种的要求，农业机械研究人员通过气力使排种机构的定量型孔在高速作业状态下完成有效充填，设计出了气力式精密排种器。但气力式排种机构的缺点是能耗大、噪音、附属机构复杂、价格昂贵、供气质量不稳定等逐渐凸显出来。对此，新疆兵团及地方又不断重新改进和调试机械式排种器，并基于机采棉条件提出了植棉全程水肥调控的膜下滴灌精量播种栽培农艺，该农艺对地膜植棉机械化提出了更高要求，以便提高产量和功效。围绕着机采棉新农艺中的“矮、密、早、匀”棉花高产关键技术，新疆农机专业人员成功研发了集种床整理、铺管铺膜、精量播种、种孔覆土等 8 道工序为一体的众多新机具。其中研制出的 2BMJ—2 型棉花覆膜播种机，可一次完成开沟、施肥、播种、覆膜、镇压以及覆土等多项作业，该机主要有机架、施肥排种开沟器、种箱、肥箱、施肥装置、排种装置、地轮驱动机构、覆膜开沟器、覆膜以及覆土装置等组成。研制出的超窄行精量铺膜播种机、2BMJ—3A 型基于机采棉的智能精量播种机以及 2BMJ-12 型气吸式精量铺膜播种机等，其主要由机架、划行器、平行四连杆仿形机构、肥箱、种箱、施肥开沟器、播种开沟器、指夹式排种器、平地限深轮、镇压轮、展膜滚子、覆土滚筒、覆土圆盘，以及开沟圆盘等部件组成。该播种机针对采棉机进行设计，经生产试验考核，其各项技术参数、性能指标，均达到了设计要求。具备平地、镇压、铺管、铺膜、膜上打孔精量播种、种孔盖土等多种工序联合作业的功能，能适应 4cm 超窄行距播种的要求。不同类型的精量播种机满足了播量精确、播深一致、株距均匀、适应机采和高密度的新农艺技术要求，其推广应用可以节省用水、节约用种、减少定苗劳动力。

精量排种系统主要由定量分种机构和导种装置组成，是控制田间种子株距的关键。定量分种机构又称排种器，精量排种器作为精量播种机的关键部件，它的主要功能是将种群分离、定量，最终生成均匀有序的种子流。其作用是把种室内的种子按设计要求定时、单粒排出，衡量其性能高低的一个重要指标是播种均匀性。从 20 世纪 70 年代初开始，我国逐步开展了精量排种器的开发与研究工作，排种器的金属研究主要在充、排种机理和机械结构上。现阶段精量排种器按充、排种机理不同可分为机械式排种器和气力式排种器两大类。

1. 机械式排种器

目前国内关于机械式排种器的研究层出不穷，机械式排种器依然是研究的热点。机械式排种器按功能机构的结构形式可以分为水平圆盘式、垂直圆盘式、倾斜圆盘式、眼轮式、型孔式、指夹式和勺式等几大类。从机械式精量穴播器的结构来说，有动压盘总成、种盒总成、种圈总成、芯盘总成、定盘总成五大部分组成，每个总成均是由若干零部件通过紧固件连接成一体。要实现精量播种的技术要求，就必须要在排种结构上下功夫，与传统的排种器相比，精量播种的排种部件主要是为达到定量获取种子和定量排出种子的目的。机械式排种器主要是利用机械结构上的孔位运动过程中拾取种子，并通过去除装置将多余的种子去除，机械式排种器经过多年的发展，已基本能够满足精量播种的要求，在使用中对于颗粒较小的种子播种效果更好，同时具备结构可靠，制造成本低的优点。但在排种的精确性上想进一步提升的难度较大。

1990 年，周长城、汪遵元等报道了带夹精量排种器，该排种器的主要工作部件是 V 型带轮和胶带。这种排种器结构简单，漏播率低，对尺寸均匀的种子损伤率小。除上述排种方式外，国内几种典型的机械式棉花精量播种机械的发展状况为吉林工业大学李成华研制成功的倾斜圆盘勺式排种器；江苏大学胡建平等发明的磁吸式精量播种机都是较新型的精量排种器；北京工业工程大学研制的振动式排种器及双辊动静式排种器，其精播速度高于 4km/h；黑龙江八一农垦大学新研制的 XGJP 多功能多用型孔式精量排种器播种速度达 11km/h；此外，指夹式精量排种器也逐步在国内使用，它由排种夹盘和成穴格轮组成。2006 年，由石河子大学王吉奎研制的夹持自锁式棉花精量点播器主要由重块、支座、夹持板、取种杯、成穴器等部件组成。排种器工作时，点播轮在苗床上滚动，取种装置随之做回转运动。当取种装置经过种子群时，取种装置夹持板与支座斜架之间有一夹角，形成“V”形槽，种子在重力和种子群力的作用下进入“V”形槽。随着取种装置的上升，重块在重力作用下绕横轴转动，进入“V”形槽中的一粒种子在重块杠杆力的作用下被夹持板夹持自锁住。当取种装置运动到点播轮的另一侧时，在重块的离心力作用下夹持板绕横轴反向转动，夹持板张开，被夹持的种子在重力等作用下落入接种杯。随着点播轮的滚动，接种杯中的种子进入成穴器，成穴器在苗床上掘穴并打开，种子在重力、离心力的共同作用下落入穴底，完成投种。但指夹式精量排种器的机构比较复杂，指夹及其拐臂和开夹导轨容易磨损，导致排种性能变坏。

目前，机械式穴播器对加工精度和加工成本的要求均较低，结构简单，配套性好，适合我国的实际情况；但是，在目前常用的机械式穴播器中依然存在着穴播器转速提高时播种精度大幅降低（单粒率降低）的情况，无法达到高速状态下精量播种的要求。

2. 气力式排种器

从 21 世纪初期国内外农机领域的专家学者对气力式精密排种器进行了深入研究。气力式排种器是一种更为先进的排种设备，它主要是利用气流产生的负压来取种和排种，利用取种结构上的小孔吸取种子，具有适应性好、不伤种子、播种速度快等优点，同时对于形状各异的种子也具备较好的拾取效果，能够有效提高播种的精确度和效率。气力式精量排种器按照工作原理可分为气压式、气吸式和气吹式 3 种。其中，气吸式排种器现阶段应用较多，适用于大面积农田使用，但是气力式排种器在提高排种性能和降低制造成本上仍有一定的空间。气吸式排种器取种精度高，但结构复杂。针对以上问题，设计了一种全新的前后双腔穴播器，该穴播器利用两次充种和种子有序排列的方法，在穴播器转速增大时依然保持较高的单粒率。

此外，还有一种组合式精量点播器，包括动盘、种子室、点种环带和定盘，该点播器的优点是结构合理和经济实用，利用挡种盘与挡种盖相对应的挡块结构，有效地防止了点播器反转所引起的零部件损坏。

第三节　机采棉机艺融合种植模式

一、土地规划与整理

目前新疆棉花种植呈“小、松、散、弱”的状况，单块棉田面积小且不规则，其产权又分属多户棉农，影响大型机械作业，特别是制约了棉花生产达到机艺融合实现机械采摘的进程。机采棉技术作为一项系统工程技术，包括耕作整地、铺膜精量播种、植保化控、节水施肥滴灌、机械采收、秸秆（收获）粉碎还田等技术，其优越性是综合规模效益，只有规模化才能带来显著效益，体现出低成本的优势。因此，要实现全程机械化种植，实现机艺融合机械采收，首先应考虑对棉田进行土地规划和整理，以点带面，加速土地整合，进行土地整理，实现土地连片的规模化经营，满足大型机械作业要求，才能发挥出棉花机械化生产的规模效益，实现高效率、低成本和高效益的棉花生产水平。

（一）土地选择与规划

由于机采棉机械一体化作业的不灵活性，在选择棉花种植地时，最好选择地势平坦、条田正规、集中连片、方正整齐、大而平整、道路畅通的地块，这样既有利于机械化种植，便于田间管理，也便于机械采收作业，可显著提高机械的利用率和采收效率。机采棉为了增加机具的正常作业时间，减少地头转弯次数和适应棉箱容量，达到降耗、节本、提高机械利用及采收效率的目的，棉田长度应在300~1 000m为宜；同时，棉田长度应小于1 200m，以防棉箱容量不够，给籽棉运输带来麻烦，加之采棉机外廓尺寸较大、重心偏高，为便于机具在棉田两端地头转弯、检修、卸棉等，棉田两端应留有12~15m以上的“净区”（可在采棉机作业前清除棉花秸秆及残膜等），同时还须尽量提供足够大的和较平整的进地路口，对此，建议最小生产单位在500亩左右。此外，对于小块不连片的地块要进行整治，尽量形成集中连片的规模化条田，使得棉花种植地相对集，以便于集约化、规模化作业，其植棉规模按一个作业机群至少3~4d的作业量来计划，面积应在100hm^{2}以上；一个作业机群在当年采收期内总作业量不少于1 000hm^2。

为加快推进全程机械化种植进程，实现机艺融合一体化作业技术，新疆各兵团及地方也采取了相应的土地规划整改措施。新疆149团从2005年开始推广种植机采棉，通过几年示范推广，到2010年机采棉面积已扩大到6 667hm^2，占全团棉花播种面积的80%以上；昌吉市大西渠镇自2008年开始推广机采棉核心技术，建设示范基地，农机装备水平和棉农种植水平不断提高，2012年机采棉示范基地面积达到2 667hm^2；新疆农八师141团重新规划了农田，推平了不用的农渠和田埂，用大型刨式平地机平整土地，提高了土地的综合利用率。条田规划长度为600~1 000m，宽度为150~200m，面积在6~8hm^2，适宜于机械统一生产作业，提高作业效率，到2012年，棉花种植面积为0.66万hm^2，其中机采棉为0.46万hm^2，棉花的采摘70%已经实现机械化。棉花的耕作整地、棉种加工处理、铺膜精量播种、植保化控、节水施肥滴灌、秸秆（收获）粉碎还田等已达到100%的机械化作业。

适于机械化种植的棉田除了满足对土地面积及便于机械作业等方面的条件外，还对棉田地力有着较高的要求，在选择地块平整、边角整齐、集中连片的滴灌地块基础上，还要选择土质疏松、土壤肥力中等以上（土壤含有机质 10g/kg、碱解氮 60mg/kg、有效磷 35mg/kg、速效钾 160mg/kg、总盐含量小于 0.3%）、盐碱含量较低、排灌顺畅的地块，地下水位在 1.5m 以下。以利于棉花均匀生长，形成良好的长势，便于田间管理和机械作业，提高机械化生产效率和采摘效率。

（二）土地平整

条田的平整性及土壤的松碎程度均会影响下种深度的一致性，膜面的平整性，出苗的整齐性，灌水的均匀性，以及机械采收对土地平整性的要求。为了保证第二年棉花的高标准机械化播种作业，提供理想的土地条件和土壤环境，在秋收结束后要及时对土地进行严格的平整，为后期播种覆膜作业、种子萌发生长、棉田精细管理、高质量机械采收创造良好条件。

1. 秸秆还田与残膜回收

秋收冬灌前进行秸秆粉碎还田，棉秆割茬高度 10cm 以下，抛洒均匀无集堆、无漏割现象。同时在棉秆粉碎还田的同时用残膜回收机进行残膜回收，清除地膜，减少薄膜污染，机械作业时还要及时清理缠绕在机具上的残膜及杂物，防止堵塞机具，为犁地播种创造良好的耕播条件。

2. 精准平地

良好的土地条件是实现精播和棉花均匀生长的前提，播种前需适期适宜的进行耕翻，使土地达到疏松宽厚的环境条件，耕翻时进行适当的肥料基施，以保证棉花中后期的需肥要求，提高肥料利用率。土地耕翻后，可能存在土壤成包堆积，大小不一的土块，这远不能满足精量播种对土地地面平整细碎的要求，因此，必须要对犁耕后土地进行精细平地和松碎。机采棉地块播种前应用联合整地机进行精细整地和耙耱镇压保墒，并使用激光平地系统进行土地精细化平整，联合整地机有较强的碎土和拌和表层土壤的作用，可一次性高质量的按序完成松土、碎土、平地、镇压等作业，全面消除不平地面；激光平地技术可测量土地的平直度，与平地机械结合使用可保证土地平整，有利于灌溉水的均匀分布和机械的高效便捷作业。机械耙地作业深度控制在 4～5cm，做到上松下实，耙地时做好“三捡三平”工作，对残茬、废膜、杂草集中处理。精准平地作业应尽量减少机车进地作业和机车碾压土壤的次数，为后续播种作业创造条件。最终使整地后土地质量标准达到“墒、平、松、碎、净、齐、直”七字技术要求，使棉田处于待播状态。

同时要坚持整修地头地边，整修边幅，铲除林带的杂草，捡拾棉田内、外的棉秆、杂草和废旧地膜，减少残膜对土地的污染，为播种创造良好的条件。

3. 化学除草

杂草具有争水、争肥、助长病虫害的特性。若棉田杂草发生严重，会给机采棉和机械耕作带来困难。在整地耙地的同时，应认真抓好播前杂草及病虫害的清除。整地前，选用专用除草剂（48%氟乐灵、莱草通、禾耐斯）进行机械喷施，防除棉田杂草，喷施宜在傍晚或夜间喷施，喷后即耙，耙深 4～5cm，喷施过程做到不重不漏。

二、适宜机采品种的选择

棉花品种对机采棉技术推广具有重要影响，机采棉发展也为选育棉花品种提出了更高的要求。只有品种农艺性状与采棉机机械特性相匹配，才能达到理想的机械采收效果，所以棉花品种的选择是种植机采棉的关键。机采棉品种应该具有成熟度好、抗病虫性强、株型紧凑、优质高产、吐絮集中、抗倒伏的优点。针对不同的特定生态区域，要科学合理地进行品种的搭配，适于大面积推广的机采棉新品系在生育、农艺、产量、纤维、吐絮等性状表现一致性强的品种应具备如下特性：

（一）适期早熟

由于地域条件差异，热量及光照条件不同，机采棉品种熟性的选择也不相同。北疆棉区无霜期较短，属于早熟棉区，选择适期早熟的机采棉品种有利于机采棉提早成熟，提高机采棉的产量、品质和综合效益。北疆示范推广结果验证，机采棉在第 1 次喷施脱叶剂时，即 8 月底到 9 月初，棉株上部棉铃铃期需达到 40~45d 以上才能保证机采棉的产量及品质。因此，应选用生育期偏短的机采棉品种，生育期以 120~125d 为宜。与北疆区域相比，南疆棉区热量及光照条件充沛，秋季枯霜晚，无霜期和生育期相对较长，棉铃吐絮相对较晚，一般选择适期中早熟的机采棉品种，选用的品种生育期可在 125~135d。

机采棉品种在种植布局上搭配使用也很重要，按生育期排列，品种早、中、晚熟搭配种植，可便于田间管理，有效提前采收期，降低棉田间吐絮过于集中的风险，以利于延长机械采收时期，大大缓解采收压力。对于机采棉品种熟性的选择上，均应该选择早熟性好、开花结铃集中、吐絮集中性好的早发型品种最佳，早熟品种应占机采棉面积的 40%以上，一般生育期约为 120d。此外，机采棉品种应在棉田见絮后 40d 左右吐絮率达到 95%以上为好，且能在霜前集中吐絮，霜前花率 90%以上。机采棉品种应具有一定的抗风和抗冲撞力、棉花吐絮较早、吐絮较集中，易于采摘的特性，有利于较早集中机采，提高采棉机的工作效率。

（二）株型合理

棉花株型性状与采棉机机械特性相匹配，是实现机艺融合，达到理想机械采收效果，提升棉花产量品质的关键因子。选择株型合理的棉花品种显得尤为重要。

根据机采棉生产工艺要求，实施棉花机械采收，棉花品种选择应符合如下要求：品种株型紧凑，呈筒形或塔形，叶片略小或中等大小，叶片上举、叶量适中，透光性强，光合作用好，全期生长稳健。果枝类型为Ⅰ—Ⅱ式果枝，陆地棉株型要求非零式果枝或有限果枝，果枝夹角较小，结铃性好，结铃集中在内围；平均节位高度 5~8cm，第一果枝结铃距离地面 18cm 以上，最好在 20cm 左右，主要是由于采棉机部件设计只能采收高于地面 15cm 的棉絮，否则易漏采或碰撞掉落。棉株高度控制在 70~80cm 之间，利于后期脱叶剂脱叶；株高太矮、果枝间距太短，或者起始果枝离地距离太小都会影响棉花的采收质量。茎秆粗壮，基部节间短，坚韧挺直，结铃后不易倒伏，抗倒性较强。成熟度好，吐絮早、快、畅而集中；铃壳开裂性好，含絮力好，不夹壳、不掉絮，利于机械采收。品种早、中、晚熟搭配种植，以利于延长机械采收时期。

（三）对脱叶剂敏感

为提高采棉机机采效率和品质，机采棉采摘前必须进行脱叶处理，脱叶剂脱叶效果除了与脱叶剂类型、天气状况和喷施方式有关外，还与棉花品种有关。不同品种对脱叶剂喷施后的脱叶速度和效果不同。机采棉品种要求叶片对脱叶剂敏感，反应较快，能在吐絮后自然落叶则更好。敏感型品种可提高脱叶催熟剂的喷施质量和脱叶效果，降低籽棉含杂率，提高采棉机的利用率，机采适应性，促进机采棉品质的提升。

（四）具有高标准的纤维品质

从品种遗传品质入手，选用优质品种。选育的适宜机采的品种必须要实现品质上的大突破。在早熟的基础上，应培育纤维长度、细度和比强度更好的适宜机采的品种。特别是机采棉对纤维长度的影响较大，机采棉品种的纤维长度理论上应要比手采棉长 1～2mm；断裂比强度应更优于手采棉，能经受住加工时清理机械的冲击；适宜机采的棉花品种要求马克隆值 B 级以上、丰产性好、长度整齐度优、成熟度一致的早中熟优质机采棉品种。

（五）较强的抗逆性能

机采棉品种还须具备较强的抗性，应选育抗枯萎病、黄萎病能力强，耐高低温的棉花品种。除此之外，机采棉花品种应具备茎秆粗壮、不易倒伏、抗撞击能力强的特性。在机械采收过程中若棉苗较弱，易倒伏，经受不住采摘锭的碰撞，容易造成棉苗被碾压，导致漏采，降低棉花采净率，影响机采质量。

（六）较高的种子质量

为了提高精量播种的出苗率，实现一播全苗，保证出苗的均匀性与整齐性，机采棉对种子要求更为严格，播种前要对棉种进行脱绒、精细挑选处理。要严格选种，剔除异性籽、成熟度不够的瘪籽、破损籽、过大和过小的种子，保证品种纯度及一致性。精选种子需经晒种，提高其发芽势，后用种衣剂进行包衣处理。为了提高精播质量，需种子纯度达到 99%，净度达 98%以上，种子破损率≤1%，室内种子发芽率≥95%。

依据上述适宜机采的棉花品种标准，经过多年的引种筛选和新疆自育品种的种植推广，目前，北疆棉区大面积推广应用的机采棉品种有：新陆早 43 号、新陆早 45 号、新陆早 48 号、新陆早 50 号、新陆早 57 号等。南疆棉区陆地棉以新陆中 47 号、中棉所 49 号等品种为本地宜选择的机械采收棉花品种。今后还需不断选育更适宜不同生态地区的机采品种。

三、机采棉配套种植技术

（一）种植模式

1. 机采棉种植的基本要求

机采棉的种植模式亦须适应棉花收获机械化的作业要求，适应机械采收的行株距配置，应强化群体的通风透光特性，同时应适当调控棉花的种植密度，既要保证机采棉的高产优质，又要便于管理和机械化作业，提高植棉效率。机采棉的种植行距主要由两方面因素决定，其一是棉花行距配置因采棉机而异，即由采棉机的采摘头决定，国外主要采用 76cm、96cm、102cm 等行距配置，此种方式的优点是机械易于配套，机采过程中撞落损失少，但这种行距配置会减少棉田的株数和产量。目前新疆引进和生产的采棉机采摘头间距 76cm，是采摘头间距最小的。其二是新疆棉区的生态环境和矮密早栽培特点要求必须保证一定的种植密度才能获得高产。只有适宜机采的种植模式，才能保证机采棉优质高产，推动机械采收技术推广应用。

2. 适宜机采的株行距及滴灌带配置模式

适宜机械采收的株行距种植模式，可使棉株得到均匀分布，实现个体、群体与环境的高度优化，形成理想的冠层结构，提升个体和群体结构及光合生产力；并能为棉花群体提供一个有利的通风透光条件，从而有利于植株的生长。

近年来，根据现有的播种机具、滴灌效果及成本因素综合考虑，常见的机采株行距配置有1膜3行等行距，1膜4行宽窄距，1膜4行单双行，1膜6行宽窄行，等行距三角形以及1膜8行宽窄行等模式。但目前，生产上大面积推广应用的适宜机采的株行距配置模式为1膜6行宽窄行种植模式，下面以1膜6行宽窄行株距及滴灌带配置模式为例进行介绍：1膜6行宽窄行播种模式，采用2m规格的宽膜，播幅宽度为2.25m，株行距配置为（66+10）cm+66cm，起初为突出新疆棉花“矮、密、早”的种植特点，株距设置为9.0cm，理论株数达到18 000株/亩左右，但由于株距较小使得种植密度过密，株间通透性较差，棉株生长受到抑制，此外，也影响了棉花脱叶效果，导致机械采收质量与品质不高。在后期的研究中通过增加株距适度降低种植密度，当株距增加至10.5cm时，理论株数降低至16 000株/亩，在该机采模式种植密度下，可保证棉苗有效株数在12 000株/亩，棉苗生长更加均匀整齐，个体与群体协调性较好，可形成通风透光的有利条件，产量相对较高。棉花脱叶率高、挂枝率低，机械采收质量和品质有所提升。继续增加株距至11.5cm时，理论密度降至15 253株/亩，虽增强了株间通透性，但因种植密度偏低，在一穴一粒精播条件下，有效结铃株数有可能较低，影响其产量的形成。

机采棉的种植离不开膜下滴灌，因此合理的机采模式下滴灌带的铺设对提高棉花产量及棉花机采有着重要的作用。1膜6行滴灌带配置可分为1膜2管或1膜3管两种膜下滴灌方式。采用1膜2管，滴灌带应铺设在膜上2个宽行（66cm）中心位置；一根滴灌带须同时供应一侧两边行和中间一小行棉花的用水需求，此种滴灌带铺设方式距离边行最外行棉花较远，中间两行叠加，水分供应相对较充足，使得边外行和中间行棉花生长性状差异较明显。采用1膜3管，滴灌带铺设在窄行中央，两边滴灌带分别铺设在宽行距离点播行5cm处，此种铺设方式一根滴灌带仅供应距滴灌带5~8cm左右的窄行棉花的用水需求，滴水分配理论上相比于1膜2管趋于均匀，使得边行和中行棉花差异缩小趋势较明显。但该种滴灌带铺设方式对铺设作业要求较高。相比于1膜2管方式，虽使得滴灌水分布均匀，利用效率提高，但多增加了一根滴灌带，铺设和材料费用增加。两种铺设方式从理论上均无法消除中行和边行的差异。因此针对滴灌带合理的铺设方式还有待进一步研究与完善。

近年来，在南北疆棉区根据机采棉对行距配置及对脱叶效果的要求开展了大量的研究，结果表明，北疆机采棉大部分采用1膜6行（66+10cm）宽窄行相间的种植模式，也有采用1膜3行（76cm + 76cm + 76cm）等行距的稀植机采棉种植模式，但仅是针对机采棉对杂交棉行距配置的要求设置；在南疆棉区，主要以1膜6行（66+10）cm宽窄行机采种植模式为主。在生产上，也常采用1膜4行（66+10）cm的机采模式，虽此种机采种植模式比较节约土地，也较符合新疆棉花种植“密、匀、齐、矮”的原则，但该种模式喷施脱叶剂后叶片挂枝率较高，机械采收广泛存在采净率低，含杂率高的现象。

透过众多机采棉种植模式试验研究，结果表明，1膜3行的等行距机采模式能够提高农药和脱叶剂的使用效果和利用率，有效减少机采棉挂枝叶数量，降低含杂率；改善田间群体结构；与宽窄行种植模式相比密度较低减产明显。当密度降低时，地面覆盖率减小，给田间杂草生长创造了条件，对水肥易造成浪费；当种植密度过高时，脱叶效果不佳，影响棉花商品品质。因此，适宜的机采棉种植模式下，合理的种植密度显得尤为重要。

（二）化学调控

在机采棉种植过程中，由于机器和播种模式本身具有一定的局限性，对棉花第一结铃果节高度的要求比较高，通常情况应不低于 18cm。为了不影响棉花的采净率，应针对机采要求，结合棉花生育进程、生长状况和气候条件进行合理调控，遵循“早控、轻控、勤控”的原则。

机采棉与常规棉有着不同的化调方式，其主要不同之处在于苗期化调。常规模式待苗齐以后就可以进行化调，而机采棉在整个生育过程中要将化调与灌水有机地结合起来，按照科学合理的标准控制棉花的高度和主茎节的长度，最终通过化调塑造机采需求的合理株型，保证机采棉生长营养的均衡性，达到苗匀、苗齐、苗壮的目的。

1. 化调指标

根据机采要求，化调后棉花株型应紧凑，呈筒形或塔形。机采棉化调后棉株茎秆粗壮，基部节间短，坚韧挺直，结铃后不易倒伏，抗倒性较强。化调使得棉花叶片略小或中等大小，叶片上举、叶量适中，全期生长稳健。机采棉全生育期一般化调 5~7 次，可根据棉花生长状况适当的增加或减少化调次数。通过科学化调将棉花第一结铃果枝高度控制在 18cm 以上，打顶后棉花株高控制在 70~80cm，有利于提高采收质量。要保证棉株下部 1~4 节节间平均长度 5cm 以上，上部 5~8 节节间长度控制在 6~7cm。

2. 机采棉生育期化学调控

机采棉生育期化调有别于常规棉花种植的生育期化调过程。机采棉的化调关键生育期在苗期和蕾期，机采棉二叶期前一般不需要化调，从 3 叶期开始进行第 1 次微调，此次化调较常规棉田稍轻，调控主要是促进花芽分化与茎叶生长，加快根系下扎，对于弱苗，可适量喷施尿素和磷酸二氢钾，促苗早发。蕾期根据主茎生长量进行目标化调，控制棉株节间长度，降低初始果枝节位，其主要目的是为了蹲苗，促进根系发育和提高叶片光合强度和能力。蕾期之后生长发育过程中的调控应根据品种、棉花田间长势等具体情况适时适量的进行调节，机采棉生长过程的化学调控要保持棉株节间长度均衡，控制棉花均匀生长，确保收获前株高控制在 70~80cm。机采棉切忌一次性大剂量使用缩节胺进行化控，每次化学调控的用量相比于常规化控要较少，化控起到延缓茎叶生长速度的作用，尤其是控制叶片的大小要适中，便于后期脱叶。生育期的化调主要目的是，防止上部果枝过度生长造成中部郁蔽，控制无效花蕾和赘芽生长，利于棉田中后期通风透光；保证机采棉的整齐性及稳健生长。

（三）水肥管理

机采棉的生长发育及生育进程必须按棉花实际需要进行水肥调配，坚持水与苗相结合，水与化控相结合，水与肥料相结合，充分发挥膜下滴灌水肥易于控制的优势，根据土壤、天气及棉花长势，因地制宜的运用节水施肥滴灌技术，实现“以水促肥，以肥调水”的互作调控效益，促进棉花保持合理长势长相，避免发生旺长或早衰。

1. 合理滴水

在棉花成熟过程中，科学合理的调控灌水量和灌水时间是调节棉花株型的重要措施，也是早日实现高产的重要基础和前提，更是保证棉花在后期不早衰、不贪青以及能够正常吐絮的重中之重。

精量播种后及时关注棉田土壤墒情，墒情差的地块，及时滴出苗水，以保证正常出苗。根据棉田土壤墒情确定滴头水时间，对长势偏弱的棉田可提前滴水，对长势偏旺的棉田可适当推后滴头水的时间。进入花期后，滴水量的多少与滴水周期对棉花生长、蕾铃脱落及产量形成影响较大，应适当的调节滴水量，缩短滴水间隔期，达到关键生育期水分供需吻合。到生育后期棉花生长减弱，滴水量应呈递减趋势，保证吐絮期田间有一定的湿度，防止早衰，增加铃重，提高棉花的品质和产量。为保证正常机械采收，防止因棉田湿度较大不能进车，适当早停水，一般棉花正常停水时间在 8 月底至 9 月初。机采棉生育阶段内一般共滴水 8~10 次，灌水周期为 7~8d，每次灌水时，应因墒（土壤墒情）因势（棉花长势），适当增减灌水量及灌水次数。

2. *科学施肥*

在机采棉种植模式下，膜下滴灌精细化的水肥运筹策略，一方面可实现对机采棉的果枝始节高、株高、果枝台数、株型、棉铃分布均匀等塑型指标的有效调控；另一方面能够根据棉花的养分水分需求，有效地补充棉花所需水分和养分，使棉花获得高产稳健的株型；调控棉株内围铃、外围铃的构成比例及上、中、下部铃分布比例。通过精细化水肥运筹，可实现棉铃分布均匀，构建合理的塑型目标，提高机械采收效率，保证机采棉种植模式下棉花的稳产。

根据机械采收对棉花合理株型构建、营养均衡协调的要求，应对机采棉进行科学合理的施肥，施肥过程应按棉花的需肥规律，结合土壤肥力状况适时适量地进行水肥调控，使土壤耕层水肥分布相对均匀，提高水分、肥料利用率。研究表明，新疆机采棉田存在土壤碱解氮含量中等偏低、有效锌表现不足，其他元素含量较高的状况；且机采棉种植下棉花对磷的需求持续时间较长，直到吐絮期其需求仍较高，对钾素需求的时间和强度则居于氮、磷之间；生育期内滴肥量呈现出中间高、两头低的趋势。因此，施肥过程应适当增施氮肥，控制磷肥投入，各生育期追肥量在蕾期、花铃期采用“前轻后重”，盛铃期采用“前重后轻”的调控策略。坚持做到“前轻、中重、后补”，“施足基肥、巧施蕾肥、重施花铃肥、补施叶面肥、增施铃重肥”的原则。但施肥应根据地力条件和棉花生长态势适当的进行调整，为使棉苗生长均匀，促进其蕾铃发育，防止棉花后期脱肥早衰，应以磷酸二氢钾、尿素及适量微肥酌情进行叶面喷施。

四、脱叶催熟技术

脱叶催熟技术在整个机采棉配套技术中起着承前启后的作用。其受前期棉花管理基础和施药时气候状况的影响。化学脱叶可以提高棉花质量、减少机采棉含杂率，更是贪青晚熟棉田促早熟的有效措施，化学脱叶效果的好坏直接影响机械采棉作业的质量和效率，影响着棉花采收的品质。目前各种脱叶剂在棉田的应用越来越广泛，良好的脱叶催熟技术是保证机采过程机艺一体化，实现优质高效节本的重要环节。

（一）脱叶剂种类及用量

1. *脱叶剂种类*

目前在棉田上广泛应用的脱叶剂类型较多，但较常见的为噻苯隆类的脱叶剂。噻苯隆也称脱叶宝，是目前较好的脱叶剂，但其催熟效果不佳，而乙烯利具有促进成熟衰老的作用，催熟作用较好，一般噻苯隆类脱叶剂与乙烯利配合使用，脱叶催熟效果较佳。近年来，多应用于机采棉上的脱叶剂种类有：50%噻苯隆・乙烯利悬浮剂（欣噻利）、550g/L

噻苯隆悬浮剂+乙烯利、50%噻苯隆可湿性粉剂+乙烯利等。市面上也有其他类的脱叶剂如脱吐隆、脱叶磷等，但都是小范围的使用，还处于试验阶段，尚不成熟。

2. 脱叶剂用量

喷施脱叶剂时，首先要将药剂按照一定比例计算好，配成母液，然后在施药罐或施药桶内加适量的水，再将配好的母液加进去。禁止直接将药剂加入施药罐或施药桶，防止出现药害，尤其是对于药剂不吸湿，容易出现结块堵塞喷头，影响施药效果。一般脱叶剂喷施应遵循以下用量原则：根据棉花长势确定用量，正常棉田适量偏少，过旺棉田适量偏多。根据品种确定用量，早熟品种适量偏少，晚熟品种适量偏多。根据喷施时间确定用量，喷期早的棉田适量偏少，喷期晚的棉田适量偏多。群体冠层结构过大的棉田可适量偏多。由于生态地域条件差异，棉花熟性不同，不同棉花品种对脱叶剂的敏感性各异，棉花脱叶剂喷施剂量应按照具体情况来定。在新疆棉区适宜脱叶剂喷施的时段内，噻苯隆脱叶剂配比范围为：噻苯隆 50~80ml/亩，配合使用 40%乙烯利 50~100ml/亩。

（二）脱叶剂施用时间及次数

1. 喷施时间

气温决定着施药时间的早晚，适时喷施脱叶剂对脱叶效果有着直接的影响。喷施脱叶剂时间的总体要求及指标为：气温适宜，棉花基本成熟。确定喷施脱叶催熟剂最佳时间的依据是：棉花植株中、下部铃期达到 50d 左右，顶部铃期达到 40d 以上，棉田自然吐絮率≥35%，一般在采收前 18~22d 应及时喷施脱叶催熟剂。施药前后 3~5d 最低气温≥12℃，喷施脱叶剂后 5~7d 的平均气温应稳定在 18~20℃以上，否则会影响脱叶催熟效果。施药后 24 h 内确保不能下雨，否则药剂将会被雨水冲洗掉，施药时气温越高脱叶催熟效果越好；反之，将失去喷施脱叶剂的意义。喷施作业时间应以早晨为佳，喷施脱叶剂后 5~15d 是脱叶剂关键期。在正常年份喷施脱叶催熟剂的最佳时间为 9 月中上旬，12d 的时间范围内，不宜过早或过晚，喷施过早，温度过高，脱叶剂容易蒸发，部分棉铃发育不完全，纤维和种子成熟度差，棉花减产明显，纤维强力低；喷施过晚，温度较低，不易吸收，温度达不到脱叶剂发挥药效的技术要求，脱叶效果差，采收时杂质含量高，影响棉花质量。施药期内要合理安排时间，将施药时间与机采时间、机采速度相对应。根据多年的脱叶剂使用调查分析表明，不同棉区由于气温状况不同，其最佳施药时间也略有差异。北疆棉区脱叶剂施药时期：在 9 月 1—10 日喷施，不宜晚于 9 月 15 日；9 月 15 日以后喷脱叶剂的晚熟棉田，即使加大剂量，脱叶效果也不理想，脱叶率基本在 70%~80%。南疆棉区脱叶剂施药时期：在 9 月 10—20 日喷施，最迟不能超过 9 月 25 日。否则，温度偏低，喷施脱叶剂无效果。抓住最佳时间喷施脱叶剂，才能确保棉花在 10 月 15 日前后正常吐絮，10 月 20 日前后正常采收。

2. 喷施次数

通过试验调查，施药 2 次比施药 1 次效果好，脱吐隆脱叶率平均可增加 6.4%。综合考虑，2 次喷施棉花脱叶剂效果优于 1 次喷施效果。第 1 次喷施脱叶催熟剂的适宜时间在 9 月中上旬，第 2 次喷施在第 1 次喷药后的 5~7d 进行。

（三）脱叶剂对温度的要求

掌握施药期间气象资料，减少温度对脱叶剂的影响，避免骤然降温影响脱叶效果。喷施脱叶剂一般要求日平均气温在 18~20℃以上，最低温度不能低于 14℃。脱叶效果与施药后 6~10d 的日平均气温以及药后气温变化趋势密切相关：脱叶剂发挥药效需 3~5d，因此，脱叶剂使用后要保持 5~7 个晴天，喷施后要求日平均气温在平均温度 16℃以上，维持 3~5d。如果施药后 12h 内下雨，要重新补喷。相同脱叶剂相同用量，在不同温度条件下喷施棉花脱叶剂，吐絮效果不同。气温在 20℃以上时喷施脱叶剂，脱叶效果最好，吐絮率较高。反之，温度越低，脱叶越慢，吐絮率越低。

（四）脱叶剂喷药方式及原则

1. *喷药原则*

按序喷施。根据播种顺序和条田情况，宜采用分批分次施药，分期催熟收获。降低棉田间吐絮过于集中的风险，达到既满足机械采收又能适时采收的效果。

不重不漏。要求药剂喷施雾化质量好，棉株上、中、下部叶片受药量大且着药均匀，喷后叶片受药率不小于 95%，不重不漏，到头到边，田边地头容易漏喷，需要进行补喷。

喷施当天无大风和降雨，喷药后 12 小时内若遇中量以上的雨，应当重喷，喷药 3d 温度适宜。

2. *喷药方式*

机采棉施药机械和使用方法大多使用高架自走式喷雾机或高架拖拉机（地隙高度不少于 80cm）配套悬挂吊杆式喷雾机或无人机喷药，尽量不用人工施药，由于棉田面积广，棉花群体大，后期封行郁闭，难以行走，且人工施药不能保证施药效果，而机械施药和无人机喷施就可以避免这些问题。

高架拖拉机配套悬挂吊杆式喷雾机配备 140 型以上隔膜泵，机车佩戴油底兜布并在行走轮上安装分禾器，减少对棉株的损伤；水平喷杆端与地面平行，高度适当；喷头（孔径 1mm）向下，距离棉株顶端 30cm 左右，对准窄行顶部中间位置。喷药机车采用梭形行进，机车喷雾压力 0.3~0.5MPa，严格控制在慢 4 档匀速作业，行走速率在 4~5km/h。施药时，要不断检查喷头，防止堵塞，保证做到棉株上、中、下全部喷上药液。不重、不漏，雾化良好，以免影响脱叶剂喷施效果。

群体大的高产田采用无人机喷药更加省时便捷，但无人机喷药时，喷施速度快、水量小、雾滴附着相对不均匀，田边地头容易漏喷，需要进行人工补喷。

（五）脱叶催熟效果

叶片脱落率和吐絮率是检验脱叶催熟剂喷施效果的重要指标。脱叶剂喷施作业结束后 7~10d 检查脱叶率和吐絮率，如开始大面积脱叶，则表明脱叶剂喷施效果较好，若脱叶质量、吐絮效果太差，就要进行二次喷施或补喷。

多年试验研究表明，一般 9 月中上旬开始喷施脱叶剂，喷施后 15d 脱叶率可以达到 52%~58%，20d 可以达到 80%~86%，25d 可以达到 95%~98%；吐絮率 10d 可以达到 15%~20%，15d 可以达到 78%~80%，25d 可以达到 94%~98%，喷施脱叶剂对棉花铃重、衣分及皮棉产量影响最小，有利于促进叶片脱落和棉铃成熟。喷施 25d 后，棉花叶片脱落率和吐絮率均可达到机采作业标准。且喷施脱叶剂时间较早的棉田效果明显优于喷施时间晚的棉田，如果施药时间偏晚，气温相对较低，会导致药液在被棉花叶片吸收后向各个器官的传导速度减慢，尤其是乙烯利，释放效果较差，延缓吐絮时间。

第四节　棉田精量播种保苗技术

一、棉花覆膜精量播种的播前准备

（一）播前组织工作

新疆棉田单位土地面积较大，棉花播期常遇风沙等自然性灾害天气，气候相对不稳，宜播期较短，为保证机播工作的高效顺利完成，必须组织由相关负责人统一领导的指挥机构，按照农机、农艺、后勤等部门，分工负责，各司其职，做好相应的服务工作，检查播种机械保养、清洁、维护及种子、地膜、滴灌带、肥料等生产物料及人员到位情况，核查农机操作手持证上岗情况，做好质量查控、安全教育的保障措施，确保安全生产无事故，对现场出现的问题及突发情况及事件及时进行处置。

（二）待播土地的准备

1. 土地选择

为便于机械化作业及提高作业质量，应选择面积较大，整齐规格，地势平坦的大块棉田。棉田地表杂草、废膜等杂物较少，土壤质地尽可能一致，并具备较为完善的滴灌系统。此外，待播棉田土壤的盐渍程度较轻，耕层总含盐量应低于 0.5%，pH 值小于 8.5%，最好为冬灌后再春灌的棉田，在水资源紧缺棉区，至少保证一次灌水，北疆因冬季降雪较大，播种采用干播湿出，滴出苗水的方式，可不进行冬灌或春灌。

2. 播前整地

棉田播前整地作业质量是保证播种质量的重要措施之一，为提高作业质量与效率，通常选用具有多功能的联合整地作业机，整地前先用机械，结合人工辅助对待播土地进行残膜、杂草、石块、农药瓶等杂物进行必要清理，保证清洁率在 80%以上，然后进行机械整地作业，具体包括犁、耙、耱、压等作业环节。

（1）犁地　播前整地以犁地最为关键，应以“墒”为中心，适时犁地。应根据地块大小，犁具的类型及犁幅选用配套轮式机械，犁地时杜绝飘犁，犁行整齐，到头到边，不漏不重，犁深应达到规定深度，一般在 25~30cm，深浅一致，垡片翻转良好，犁后地表棉秆、杂草、肥料等要覆盖严密，地表平整，松碎均匀。

开垄、闭垄作业方向要依据上年度情况而变更，不得多年重复，避免地边形成犁沟。

（2）耙、耱及镇压　犁地后应及时耙、耱合墒，通常选用圆盘耙或钉齿耙，以顺耙及对角耙的方式进行耙、耱整地，耙地深度在 10~15cm，耱地深度在 4~6cm，深度合格率须均在 80%以上。作业时应到头到边，不漏不重，转弯时尽量增加转向角度，避免表土淤积，形成土包，耙、耱作业一般进行 2~3 次，也可适当地加次数，达到碎土效果，耙、耱后的土地应较犁后更加平整，更加松碎。耙、耱后应及时进行镇压作业，镇后的土地表面平整，土壤细碎，边角均匀，上实下虚。

另外，棉田整地可结合机械喷施除草剂在犁前或耙前进行，除草剂的使用量、喷施时间及方法应严格按照使用说明操作。

（3）机械化整地的农业技术要求　在以“墒”字为中心，适时进行机械化整地，其整地作业质量必须达到“齐、平、松、碎、净、墒”的六字整地标准，即：齐，各作业环节都要到头到边，不漏不重，整到整好，做到边成线，角成方。平，作业后的地表平整，无起垄高包，无凹陷坑洼，无土条土带。松，作业后的地表土壤疏松，紧密度适中，上实下虚。碎，表土细碎，无泥条，无直径超过1.5cm的土块。净，肥料覆盖良好，5cm范围内的表土层无草根、残茬、废膜等杂物，避免穴播器鸭嘴堵塞及地膜打不通、打不透现象。墒，各作业环节要适墒进行，作业后的各土层土壤墒情要适中，耕作层（3~5cm下种层）土壤含水率在15%~20%，地表干土层厚度不超过2cm。

（三）生产物料的准备

1. 良种准备

为确保棉种质量，做到一播全苗，种子准备应遵循以下几个原则。

一是选择正规种子企业生产，具有明确种子生产信息，来源可靠，适于当地种植，棉农较为熟悉的丰产优质抗逆的棉花良种，确保棉农正当权益。

二是为有效应对播种后出现的低温、土传病虫害及逆境造成的种子出苗率下降及苗期病害现象，应选用低毒、高效种衣剂拌种的包衣棉种，包衣合格率在90%以上，种衣牢固度在99%以上。

三是精量播种对棉种质量要求非常严格，应在机器精选棉种的基础上，须再次进行人工精选，去除瘪籽、黄籽、破籽、包衣成团棉种及其他杂物，使待播种子质量要求达到：发芽率在95%以上，净度在99%以上，破籽率小于3%，残绒率在0.5%以下。

经人工精选后的种子，不能含有其他杂质，感观上籽粒饱满，大小均匀一致。

2. 地膜准备

选择正规厂子生产的地膜，根据播行确定适宜宽度的地膜，如1膜6行，行距配置为（10+66+10+66+10）cm机采棉种植模式，一般选用幅宽180cm的地膜，也可结合边行内移技术选用幅宽200cm的地膜，但不宜过宽。选用地膜膜卷的芯孔内径应略大于播种机具上的地膜穿芯秆，以适宜转动为佳，不宜过大，以免播种时大幅晃动影响覆膜质量。膜卷要求两端整齐，无断头，无粘连，膜面光滑，无接缝，无裂痕，无破损。

3. 滴灌带的准备

滴灌带种类有 贴片式、内嵌圆柱式、迷宫式、蓝色轨道式等，应选择正规厂子生产的滴灌带，新疆棉区播种方式通常为膜下精量播种，为减少水分增发，保证滴灌供水的有效性及均匀，滴灌带铺设于膜下，随播种作业一次完成，因此必须选择符合滴灌系统压力设置的滴灌带，选用的滴灌带必须黏合性好，制造精度高，表面光滑，韧性好，无断头，外径16mm，壁厚0.3mm，工作压力50~100kPa，具有较强的抗压能力，滴孔间距0.2~0.3m，滴量2~3L/h，滴孔抗堵塞能力强，滴水均匀。

（四）棉花播种机械的选择与调试

精量播种能否一播种苗，农机具的选择及调试极为关键。应根据棉田大小、种植方式、作物类型、作业幅宽及当地作业模式选择适宜的精量播种机械。目前新疆棉花膜下精量播种机按排种方式主要分为机械式精量播种机和气吸式精量播种机，生产中以气吸式居多，主要用于穴播和精密点播，其特点是排种器对种子的尺寸、形状要求不严，通过性好，高速作业时仍有良好的工作性能。

精量播种机结构相对复杂，自身质量较重，消耗功率较大，播种幅宽有单膜、双膜、三膜播种机，配套动力上要依据播种机作业幅宽及重量选择适宜动力的播种机械，一般选用轮式拖拉机，在考虑播种时种子、地膜、滴灌带等生产物资重量基础上，单膜播种机配套动力在20kW，双膜播种机配套动力在40~45kW，三膜播种机配套动力在60kW为宜。

对拖拉机及棉花精量播种机进行全面检修，调试。首先，对拖拉机的悬挂装置进行检查调整，确保机具连接正常；其次，对播种机的平土板、镇压辊、开沟轮、覆土轮、划线器、播种箱等工作部件进行检修、更换、润滑，并做必要清洁，使活动部件转动自如，检查携带膜部件及滴灌带的部件；重点对排种箱、穴播器或排种器进行杂物清理，去除所有异物，对穴播盘及鸭嘴进行逐个排查，检查鸭嘴是否堵塞，下种是否通畅，下种量是否一致，鸭嘴是否能顺利穿透地膜等。

播种机具准备检修完毕后，应提前在待播棉田进行实地试播与调试，检查机械各部件运转是否正常，包括开沟深度、覆土镇压、地膜及滴灌带的铺设、打孔、下种等质量是否符合膜上打孔精播要求，同时检查有无错位情况，膜面清洁情况及防风土带情况，并调整适宜接行距离。

二、棉花覆膜精量播种的农艺要求与技术指标

（一）覆膜精量播种的农艺要求

全国棉区精量播种因地理、气候、种植模式的不同呈多样化差异。西北内陆棉区在“矮、密、早、膜”栽培技术体系基础上，成功推广了宽膜、超宽膜植棉模式，并围绕机械化采收大力推进1膜6行、1膜8行的机采棉种植模式，研制了多功能复合作业播种机，可一次性完成覆膜、播种、覆土、铺设滴灌带等多项作业，形成了具有地域特色的膜下精量播种的复合作业模式，以实现壮苗早发及机械化采收。

1. 适期适墒播种

由于覆膜精量播种标准为一穴1粒，为确保种子正常发芽出苗，精量播种对播期内的土壤温度及墒情要求较高。因此应密切关注当地气象部门天气预报，有效规避灾害性天气，确定适宜播期范围，在适宜播期内，提高播种效率，缩短播种时间。

适温播种：在气温稳定回升，膜下5cm地温连续稳定通过14℃即可播种，也可适墒早播，但膜下5cm地温不得低于12℃。

适墒播种：覆膜精量播种适宜的土壤墒情为：膜下5cm土壤水分在65%~80%为宜，播种时应根据气温酌情调整，避免播后过湿烂种，过干不出苗或出苗缓慢现象。

北疆适宜播期一般在4月中旬，南疆偏早，一般在3月底至4月上中旬，具体应根据当年播期气象条件而定。

2. 种植模式及滴灌带配置

为促苗早发，适应机械化生产，宜采用宽膜覆盖，有1膜4行、1膜6行和1膜8行的播种方式，以1膜6行播种方式为例，其行距配置通常采用（66+10）cm的机采棉配置模式或（60+16）的常配置模式，株距为9.5~10cm，理论密度17 540~18 460株/亩，也可通过增加株距方式适度降低播种密度，即株距调整为12cm降低种植密度，但不宜低于14 500株/亩，播种密度应根据品种特性及要求做适当调整。

滴灌带铺设应随覆膜播种作业一次性完成，数量依据宽膜播种行数而定，铺膜时应松紧适中，纵向拉伸率小于1%，左右偏移度小于20%。在灌水周期内，单次灌量较多，灌水周期较长的棉区，1膜4行种植模式可采用一膜一带（管），1膜6行及1膜8行种植模

式采用一膜二带（管），滴灌带应置于宽行（66cm）中心位置，与外侧棉花根部距离不超过50cm，其滴灌用水需同时满足左右两边两行棉花，即4行棉花的用水需求，由于这种滴灌带配置方式距棉花边行距较远，四行棉花仅用一根滴灌带，灌水利用率低。此外，也有将滴灌带铺设于宽膜上的棉花窄行（10cm）中心位置或靠近窄行一侧铺设滴灌带（距棉花5cm左右），此种铺设方式的滴灌带距棉花较近，对滴灌带铺设作业的要求较高，成本增加，但滴灌用水可显著提高。

（二）精量播种质量要求及技术指标

1. 动力适中，匀速行驶

根据铺膜幅数，选择配套动力，确保播种作业正常进行，播种时机车应处于中大油门位置，匀速前进，行驶速度3～4km/h，启动、停车应平衡进行，减少中途停车，确保风机转速达到4 400n/min。严禁超速作业、严禁中途停转风机，否则会增加空穴率，造成1～2m的小断条。

2. 下种均匀，播量精确

按精量播种要求及播种方式进行播种，亩下种量为1.8kg左右，一穴1粒率在95%以上，一穴2粒率小于3%，空穴率小于2%，错位率小于2%，无断条，同一播幅内，各行下种量偏差小于6%，实际播种量与要求播量偏差小于3%，为确保下种，播种箱内种子不得少于箱体的四分之一。

3. 播深适中，覆土均匀

依据土壤质地与整地质量，播深在2～3cm，要求播深适中，深浅一致，偏差小于0.5cm，沙土地可略深，但不宜超过3.5～4cm，黏土地宜偏浅。播种后的种行覆土厚度为0.5～1.5cm，覆土细碎，厚度均匀。

4. 播行笔直，接行准确

接行准确，幅宽一致，行距均匀，接行距离与膜上宽行一致，偏差小于3cm，在50m播行内，播行直线偏差小于8cm，同一播幅内偏差小于1cm。

5. 覆膜严实，膜面光洁

播种机两边开沟盘开沟深浅一致，一般与前进方向各呈15°～20°角，入土深度5～7cm，可保证地膜两端覆土严密，两边埋入膜沟5～7cm，播种后的膜面松紧适中，表面光滑平整，膜下无大空隙，紧贴地表，膜面整洁，采光率好，采光面积不得小于覆膜面积的50%。同时每隔15m左右压好防风土带。

此外在地头地边时，定时检查播种机的鸭嘴是否转动灵活，有无卡滞现象，播种箱及输种管道是否有异物堵塞，刮土板、开沟器、覆土轮、压膜轮等播种部件是否运行正常，种子、地膜、滴灌带等生产物料是否缺少等。

三、棉花覆膜精量播种后的保苗农艺措施及逆境关键技术

（一）播种后的保苗农艺措施

1. 播后人工清查保全苗

播种后，须及时检查播种情况，发现空穴、断条，及时人工补种；对地膜两端覆土不严，种行覆土不符合标准，膜面破损现象，进行人工压埋；对错位现象及时补救，检查滴灌带的铺设是否正常，接头是否标明，有无断裂；地头地边是否播到，防风土带是否压

好，防止大风揭膜。

2. 播后三早促全苗

（1）早查苗补种 棉苗出土后，尽早进行人工查苗，发现缺苗断垄处，尽早完成补种工作。

（2）早放苗封洞 为避免放苗不及时对错位、出苗不畅的棉苗造成膜下灼伤，人工放苗应多次进行，在棉苗自然出土60%时即可进行人工辅助放苗，放苗时须逐行检查，为防止强光灼伤棉苗，应边放苗边封洞，放苗应在早晨、傍晚或阴天进行，对放出的棉苗及时用细土、湿土封洞覆土，以保墒护苗，提高保苗率。

（3）早中耕促苗 地温是影响棉花出苗和早发的主要因素。早中耕能提高地温2~3℃，利于促苗早发，减轻苗期病害。精播棉田可中耕2~3次，深度逐渐加深。如天气允许，第一次可在播种后7d左右进行，中耕深度为10~12cm，此时中耕可起到增温、保墒、除草的作用，有利于棉苗自行出土及促苗早发；第二次中耕在棉苗出齐后进行，中耕深度为14~16cm，以提高地温，促进根系下扎，吸取足够的水分、养分，培育壮苗。

（二）播种后的逆境保苗关键技术

新疆地处干旱地区，单位面积产水量仅4.8万m^3/km^2，不足全国的1/5。全疆灌溉面积4 466.67千hm^2，灌溉用水357.66亿m^3（含兵团）。据调查新疆约有40%的棉田不能得到及时灌水，20%的棉田生育期处于严重缺水状态，同时水资源的分布在时间、空间、地域上呈严重不均匀性。

近年来，新疆农业灌溉水源的日趋减少，使棉田冬、春灌及播前灌水量、灌水时间受到一定的限制，土壤的墒情、最佳宜耕期与棉花实际适播期很难一致。同时水资源的严重紧缺也导致生态条件恶化，春季气温不稳定，大风、低温、霜冻、沙尘等灾害性天气无论是发生频率还是发生强度都明显增加，许多精播棉田出苗不全、不齐，或灾后因技术不到位导致出土棉苗死亡加剧，严重影响了棉花的产量。因此根据近年自然灾害发生特点及现行栽培方式，新疆棉区棉花精量播逆境保苗关键技术显得尤为重要。

1. 人工辅助及农耕措施

出土后，尽早进行人工查苗，发现新疆棉区土壤pH值多呈弱碱性，膜上种行覆土带在雨后易僵化板结，形成碱壳。在棉苗已发芽但未出土时，棉苗无法通过自身的正常生长能力顶起盖头土而死亡，降低出苗率。如棉苗已出土，由于土壤僵化挤压，棉苗主茎生产受抑，形成弱苗、畸苗、高脚苗，甚至死亡。因此播后遇雨对棉苗影响最大，播后遇雨时，应对种行覆土带及时进行人工破碱壳工作，具体做法是利用木棍等对碱壳进行轻击，使其破碎，如遇大面积降雨，可借助机械力量使用刺辊在膜上滚动破壳，但应防止对未出土棉苗生长点的损伤，对已出土棉苗主茎周围形成的碱壳需进行人工破碎，同时进行中耕松土。

遇风灾时，可在接行每20m左右放置草把，减小大风刮起的沙土对棉苗的伤害，有条件的地方也可对棉田进行灌水，水量宜少，以湿润0.5~1cm表层土壤，不影响正常出苗为宜，严禁中耕；遇低温灾害时，可在棉田四周利用烟熏法提高棉田表层气温，并及时中耕松土，深度10~12cm。同时可在播前结合当地气象预报，适当提前或推迟播期以规避风灾及低温对棉苗造成的影响。

2. 增温保墒关键技术

（1）边行内移技术　播种前对棉花边行进行调整，使膜上边行距膜边距离由3～5cm增加到8～10cm，可提高边行膜下5cm土壤温度0.7～1.8℃，减小与中行膜下地温的差异，促苗早发，提高出苗速率，解决边行与中行的大、小苗现象，使苗匀苗壮，增加棉苗抗逆性。该技术可有效缓解苗期低温对棉苗生长的影响。

（2）双膜覆盖技术　在覆膜精播棉田上，再进行二次覆膜，该作业可利用联合多功能播种机随播种作业一次性完成，二次覆膜仅对地膜两边进行压土覆盖，不进行打孔作业。在棉苗出土80%时及时揭去，避免气温过高烫伤棉苗。揭膜时应在早晚凉爽时进行，揭膜后及时围土封穴，利于保墒、增温、防草，达到苗齐、苗壮。该技术可有效防止低温霜冻、苗期多雨等不利天气对棉苗的影响，但其操作技术性强，有效期短，仅在棉苗顶土至出苗期效果较好，在降低人工破碎碱壳同时增加物化成本。

（3）干播湿出技术　在不进行冬、春灌基础上，适时播种，播种后5～7d进行滴苗水滴灌，水量为15～20m^3，滴至穴孔见湿。该技术适宜水情十分紧张，不进行冬、春灌，以沙土或沙壤土为主的棉田。优点在于可根据气象预报控制棉花播种期，滴水控制出苗期，遇大风灾害时，避免棉田失墒造成重播，为棉花有效生长、实现高产争取7～10d时间，同时可节水50%。

（本章作者：崔建平，王亮，王会平，林涛，汤秋香）

本章参考文献

安军鹏，王永振，张昊，等. 2017. 多功能棉花覆膜播种机的设计与试验［J］. 中国农机化学报，38（11）：1-4.

白岩，毛树春，董合忠，等. 2017. 棉花高产简化栽培技术评述与展望［J］. 中国农业科学，50（1）：38-50.

曹建华. 2008. 推广精量播种技术的效果及注意事项［J］. 新疆农机化（6）：30-31.

曹阳，严玉萍，方瑞，等. 2016. 新疆北疆机采棉稳产优质栽培技术［J］. 中国棉花，43（9）：44-46.

陈绪兰. 2013. 谈新疆棉区逆境中棉花一播全苗关键技术［J］. 中国棉花，40（6）：36，38.

陈绪兰. 2013. 新疆巴州棉花双膜覆盖精量播种技术应用效果及存在问题［J］. 中国棉花，40（7）：40-41.

陈绪兰，乔金玲，刘萍. 2017. 机采棉不同栽培模式示范效果［J］. 中国棉花，44（5）：36-37.

陈勇. 2016. 克州棉花精量播种技术应用概述［J］. 乡村科技（5）：47.

崔竹峰. 2007. 棉花精量播种中关键环节的实施技术［J］. 种子世界（4）：49.

戴路，马辉，艾买尔江，等. 2012. 阿克苏机采棉膜下滴灌配套栽培技术［J］. 农村科技（9）：5-6.

刁玉鹏，麻常妍，白克热. 2013. 新疆棉花精播与种子质量升级［J］. 中国棉花，40

（6）：12-14，17.
冯振秀，曹阳，朱波，等. 2017. 不同密度条件下单双行配置对机采棉产量与含杂率的影响［J］. 现代农业科技（23）：13，15.
古兰旦·那买提. 2017. 机采棉播种模式［J］. 农家参谋（13）：61.
郭新刚，黄春辉，李国祥. 2015. 石河子垦区棉花精量播种技术现状及应用［J］. 新疆农垦科技，38（10）：14-15.
郭祝年. 2018. 不同温度下喷施脱叶剂对机采棉脱叶吐絮效果的影响［J］. 农村科技（6）：30-32.
韩灵红. 2012 棉花优质高产栽培技术［J］. 农村科技（9）：10-11.
胡君霞. 2013. 脱叶剂使用次数对棉花脱叶率及机采棉品质的影响［J］. 农村科技（12）：31-32.
黄勇，付威. 2006. 机采棉技术在新疆生产建设兵团的应用［J］. 农业机械（2）：128-129.
荆宝健. 2009. 棉花气吸式精量播种实现一播全苗技术示范推广［J］. 种子世界（6）：58-59.
开赛尔. 2015. 机采棉种植模式播种技术操作规程［J］. 农民致富之友（10）：190.
李锋虎. 2015. 机采棉脱叶剂喷施技术［J］. 农村科技（6）：22-23.
李国正. 2005. 棉花精量播种技术在阿克苏的试验示范及分析［J］. 新疆农机化（5）：19-20，22.
李海潮，罗昕，岳飞龙，等. 2018. 前后双腔式高速精量穴播器的设计与试验［J］. 农机化研究，40（11）：91-94，104.
李伟，孙冬霞，张爱民，等. 2015. 2BMMD-4 苗带清整型棉花精量免耕播种机性能及效益分析［J］. 安徽农业科学，43（9）：365-367，376.
李元庆. 2014. 浅谈精量播种在棉花高产栽培中应用［J］. 石河子科技（6）：6-7.
梁海军，万祝功. 2009. 棉花精量播种一播全苗技术［J］. 农村科技（2）：16.
梁建林. 2007. 浅谈推广棉花精量播种应掌握的技术措施［J］. 新疆农机化（6）：40.
林静，李宝筏. 2008. 种植机械与免耕播种机的现状与发展［J］. 农业机械（12）：36-41.
刘传明. 20030. 实施棉花精量播种的技术措施［J］. 新疆农机化（6）：23.
刘丹，张鹏，陈欣. 2018. 播种机械的发展趋势及存在问题研究［J］. 江西农业（22）：115-116.
刘立辉，杨红光，马根众，等. 2016. 2BMQ-8 型气力式棉花精密播种机设计［J］. 农业工程，6（3）：92-94.
罗建军，许长征，黄胜光. 2008. 棉花精量播种一播全苗［J］. 农村科技（1）：7.
罗新梅. 2011. 浅析棉花全程机械化农机与农艺的融合［J］. 新疆农机化（4）：37-38.
罗章，季彦林. 2013. 南疆机采棉高产集成栽培技术及效益分析研究［J］. 农民致富之友（16）：132-133.
骆凤娥. 2017. 优质棉精量播种机播种技术［J］. 农家参谋（13）：43.

马超. 2008. 棉花精量播种的应用效果［J］. 农村科技（10）：16-17.
马栋，庄生仁，孙向春，等. 2011. 棉花精量播种技术初探［J］. 甘肃农业（6）：91-92.
马龙，冶军，黄江涛. 2017. 北疆棉花脱叶剂使用效果研究［J］. 新疆农垦科技，40（12）：30-32.
蒙贺伟，王星. 2012. 浅谈组合式精量点播器在棉花播种上的应用［J］. 新疆农垦科技，41（6）：31-33.
穆建新，张建云. 2012. 机采棉农机农艺融合技术措施［J］. 农村科技（8）：15-16.
帕提古丽，比比努尔，热汗古力. 2013. 机采棉种植模式、播种技术与操作规程［J］. 农业开发与装备（2）：70-71.
彭勇，郭新刚，张权，等. 2015. 超窄行棉花精量播种机的结构及性能［J］. 新疆农垦科技，38（8）：33-34.
祁美容，侯丽华. 2014. 机采棉农机、农艺融合栽培技术［J］. 农村科技（4）：7-8.
佘大庆. 2017. 我国播种机械的发展与创新［J］. 农业工程，7（3）：12-14，40.
时增凯，马奇祥. 2014. 北疆杂交棉宽行稀植栽培技术及其效果分析［J］. 中国棉花，41（12）：34-35.
史建新. 2006. 满足棉花精量播种要求的棉种分选技术探讨［J］. 中国种业（11）：14-15.
宋德平，宋庆奎，张爱民，等. 2015. 基于机采棉的折叠式棉花覆膜播种机设计与试验［J］. 中国农机化学报，36（6）：27-31.
宋嘉斌，程强. 2011. 精量播种棉花保苗技术［J］. 农村科技（7）：11.
宋庆文. 2007. 棉花精量膜上点播及配套技术措施［J］. 农业机械（12）：56-57.
孙静. 2016. 石总场投资 4000 万元改扩建机采棉生产线项目启动［J］. 中国棉花加工（3）：41.
孙友碧，周义辉. 2006. 棉花精量播种及实现一播全苗的配套技术［J］. 中国棉花（6）：25.
王大光，李禹. 2013. 棉花精量播种与配套栽培技术［J］. 中国棉花，40（5）：40-41.
王大光，张晓东，张立新. 2017. 机采棉花的品种选择及配套［J］. 中国棉花，44（12）：35-36，38.
王刚，刘辉，李晓刚，等. 2015. 机采棉化学脱叶施药技术发展现状及对策——基于新疆兵团 184 团的调研［J］. 中国棉花，42（1）：44-45.
王浩. 2013. 浅谈机采棉种植配套技术［J］. 新疆农垦科技，36（6）：6-7.
王吉奎，坎杂，张佳喜. 2005. 夹持式棉花膜上精量穴播器的研制［J］. 新疆农机化（1）：25-26.
王敬锋. 2018. 精量播种机排种部件的技术现状及发展特点［J］. 农机使用与维修（10）：76.
王磊，陈永成，王维新. 2005. 棉花播种机排种器的现状和发展趋势［J］. 中国农机化（3）：80-82.

王灵燕. 2012. 南疆机采棉高产配套栽培技术［J］. 新疆农垦科技，35（10）：9-10.

王星，蒙贺伟. 2018. 可变株距式精量点播器的设计及应用［J］. 新疆农垦科技（9）：34-35.

魏强，祁亚卓，相姝楠. 2015. 国内外精量播种机的发展现状简介［J］. 农机质量与监督（10）：18.

温浩军，陈学庚，李亚雄. 2005. 2BMJ 系列精量铺膜播种机的使用与调整［J］. 新疆农机化（1）：54-55，62.

温浩军，陈学庚，李亚雄. 2005. 棉花精量播种及实现一播全苗的技术措施［J］. 新疆农垦科技（2）：32-34.

温浩军，陈学庚，李亚雄. 2005. 新疆生产建设兵团棉花精量播种现状及发展趋势［J］. 中国农机化（5）：32-33.

武建设，陈学庚. 2015. 新疆兵团棉花生产机械化发展现状问题及对策［J］. 农业工程学报，31（18）：5-10.

徐辉胜. 2013. 棉花精量播种及一播全苗关键措施［J］. 新疆农垦科技，36（4）：13-14.

徐卫兵，陈学庚，温浩军. 2007. 棉花精量播种机械作业要求［J］. 新疆农垦科技（1）：39-40.

杨丽兰，付习文，张思荣. 2007. 棉花精量播种及一播全苗技术［J］. 农村科技（2）：20.

杨忠群. 2012. 阿克苏市机采棉栽培技术［J］. 现代农业科技（20）：50，53.

叶玉福. 2008. 新疆阿克苏推广棉花精量播种急待解决的几个问题［J］. 中国棉花（5）：42.

弋晓康，张学军. 2006. 新疆阿拉尔垦区棉花精量播种技术现状及应用［J］. 农机化研究（6）：184-185.

于艳华. 2013. 新疆机采棉主要技术指标及栽培要点［J］. 中国棉花，40（12）：38-39.

于永良. 2013. 结合新疆实际的棉花双膜覆盖机械式精量播种机的研发与应用［J］. 湖南农机，40（7）：3-5.

袁国琦. 2013. 北疆机采棉脱叶与机械采收技术［J］. 农村科技（8）：23.

张爱民，李明军，陈长林，等. 2018. 2BMJ-3A 型基于机采棉的智能精量播种机设计与试验［J］. 农机化研究，40（11）：140-146.

张金果，王继承. 2011. 基于 2BMJ-12 播种机的棉花精量播种技术［J］. 中国棉花，38（1）：32-34.

张千红. 2010. 浅谈棉花精量播种与膜下滴灌配套技术［J］. 新疆农业科技（3）：47.

张贤红，胡爱兵，马军，等. 2016. 江汉平原棉区机采棉栽培技术要点［J］. 农业科技通讯（12）：241-242.

张兴平，贺云新，何叔军，等. 2016. 洞庭湖棉区机采棉品种筛选试验［J］. 南方农业，10（18）：250-252.

张延琴. 2012. 棉花播种机技术试验效果［J］. 农村科技（5）：74.

张尊川，张广生，陈红艳，等. 2008. 棉花双膜气吸式精量播种机械作业技术推广［J］. 农业机械（23）：79.

赵会薇. 2013. 机采棉品种选育现状［J］. 中国种业（9）：18-19.

赵林，任光洪. 2005. 机采棉推广应用的主要制约因素及对策分析［J］. 新疆农垦科技（6）：29-31.

赵晓雁，周曙霞，谷洪波. 2013. 新疆机采棉育种研究进展［J］. 中国棉花，40（9）：4-6.

周长城，汪遵元，胡敦俊. 1990. 带夹式精密排种器［J］. 农业机械学报（3）：74-78.

周继文. 2007. 棉花精量播种关键技术环节［J］. 新疆农业科技（3）：15.

朱海江. 2012. 机械化采收棉花相配套的植棉技术［J］. 河北农机（6）：41-43，56.

朱继杰，赵红霞，王国印，等. 2018. 不同棉花品种对脱叶剂敏感性研究［J］. 中国棉花，45（4）：15-18，33.

朱维，柳旭明，蔡立，等. 2006. 机械式棉花精量播种机的研制推广［J］. 新疆农垦科技（5）：45-46.

庄生仁，杨文霞，阎治斌，等. 2012. 河西走廊棉花精量播种技术要点［J］. 中国棉花，39（7）：41.

第六章 机采棉棉花化学打顶与群体塑形技术

第一节 化学打顶技术

中国棉花栽培以精耕细作著称于世，精细整枝则是精耕细作的重要技术内容。打顶是棉花整枝工作中的中心环节，传统棉花打顶就是人工掐除棉花主茎顶端生长点，有时还需要人工去除果枝的生长点即打群尖，十分耗费人力与时间。一直以来，中国棉花生产上多采用人工打顶的方法，工作量大、效率低，且漏打顶的现象不可避免，打顶整齐度低，尤其是新疆棉区高密度植棉的情况下，人工打顶的劣势更为明显，已成为阻碍机械化水平进一步提高、降低棉花生产成本的一大“瓶颈”。化学打顶是应用叶面喷施植物生长调节剂的方法，通过调节棉花自身生理生化功能，使棉花生长状态发生变化，促进生殖生长，抑制营养生长，限制棉花的无限生长习性，促使主茎顶端自封顶，从而起到类似人工打顶的效果，可替代人工打顶。棉花化学打顶技术将改变棉花打顶方式，从而可实现机械化和飞机喷施进行棉花打顶，相对常规物理打顶是一种技术革新，是棉花化学控制技术中的又一次飞跃，会使化控技术发挥更大的效用，也将成为提高劳动生产率，实现农业现代化的重要技术。

目前，精简化、机械化、规模化和高效益是棉花生产发展的趋势，精量播种、机采棉等技术不断推广，而打顶环节仍依赖人工，直接影响了中国植棉机械化、规模化水平升级。化学打顶不但可以大幅提高棉花打顶效率，减轻田间作业强度，降低植棉成本，而且可以通过增密等配套措施有效提高棉花单产，另外机械喷施进行化学打顶为植棉全程机械化提供了技术支撑，对棉花规模化种植具有重要意义。

一、棉花化学封顶技术研究进展

（一）化学封顶的作用

利用植物生长调节剂，抑制棉花顶端优势，控制棉花顶端生长，相对常规打顶技术而言是一种技术革新。化学封顶技术前人已有较多研究。1985 年刘伟仲等最早于江苏沿海棉区利用化学封顶控制棉花晚蕾，研究发现棉田皮棉产量及霜前花率均有提升；随后 2001 年李新裕等于南疆进行长绒棉化学封顶取代人工打顶的研究，发现长绒棉化学封顶适宜时间在 7 月 20 日左右，缩节胺用量应控制在 $225g/hm^2$ 以下。娄善伟等（2015）研究指出，化学封顶处理棉花收获期株高较人工打顶处理高 5cm 以上，且对株高的控制效果与封顶剂量成正相关，化学封顶剂对上部枝叶形态影响显著，使株型紧凑，蕾铃增多，但对最后成铃影响不大。化学封顶后见絮期冠层透光性好，上部果枝结铃数和内围铃数略高于人工打顶，铃重与人工打顶相差不大，但衣分略低，籽棉及皮棉产量与人工打顶相当且具有增产潜力，对棉纤维品质无显著影响。杨成勋等（2015）研究指出，棉花化学封顶后因通过叶片吸收药剂，封顶效应较慢，与人工打顶相比叶面积指数较高，由于对果枝长度控制，使株型紧凑，冠层开度增加，保证了冠层中、下部的光吸收率。徐宇强（2014）及袁青锋等（2015）研究指出，化学封顶能有效抑制棉花顶尖生长，同时化学封顶棉花株高和主茎节间数都多于人工打顶，下部和中部结铃数差异显著，但产量差异不显著。

康正华等（2015）通过试验证明不同化学封顶剂能对棉花产量造成显著影响。赵强等（2010）通过试验证明化学封顶在高密度下具有一定的增产潜力，这与袁青锋等人结论相似。赵强等（2017）认为化学封顶对棉花全株纤维品质影响不大，但董春玲等（2013）通过试验指出，化学封顶对纤维上半部长度的影响差异显著，对纤维伸长率影响不明显。杨成勋等（2016）研究指出化学封顶的马克隆值小于人工打顶，从但纤维上半部平均长度大于人工打顶，从整体来看化学封顶不会使纤维品质下降。

（二）化学打顶对棉花生长发育及产量与品质的影响

1. 化学打顶后棉花主茎及果枝伸长规律

化学打顶后仍有新的主茎节形成，果枝数也随之增加，株高增长总体上呈“S”形（赵强，2008），最终棉株自封顶停止生长。喷施打顶剂后有一个吸收转化过程，需要 3d 左右起效，因此喷施后第 0~5d 主茎仍会有较明显的增长，但随着棉花生育进程的推进，棉花进入盛铃期后（打顶 25d 后），库的比例加大，光合产物主要向生殖器官转运，主茎的增长又会受到棉花本身生理上的抑制，加上化学打顶剂的缓释成分的抑制，主茎基本会自然停止生长，呈现自封顶的效果。人工打顶时上部未完成伸长的主茎节在打顶后仍会继续伸长，打顶后第0~15d 主茎的伸长较明显，打顶后第 20d 基本完成伸长，打顶后 20~25d 以后主茎停止生长。

喷施化学打顶剂后，打顶时与人工打顶最上部果枝同位的果枝迅速受控，喷施后第 0~5d 伸长 3cm 左右，第 5~10d 伸长不足 2cm，第 10~20d 基本停止伸长。人工打顶后棉花因为失去了顶端优势，上部果枝伸长迅速，且每 5d 的增长量下降较为平缓。化学打顶棉花果枝长度为人工打顶的 1/3。棉花化学打顶对棉花越上部果枝的抑制作用越明显（图 6-1 至图 6-3）。

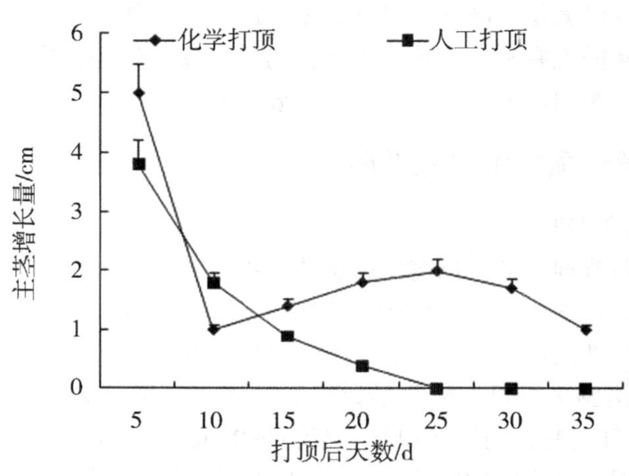

图 6-1　打顶后主茎增长量的变化

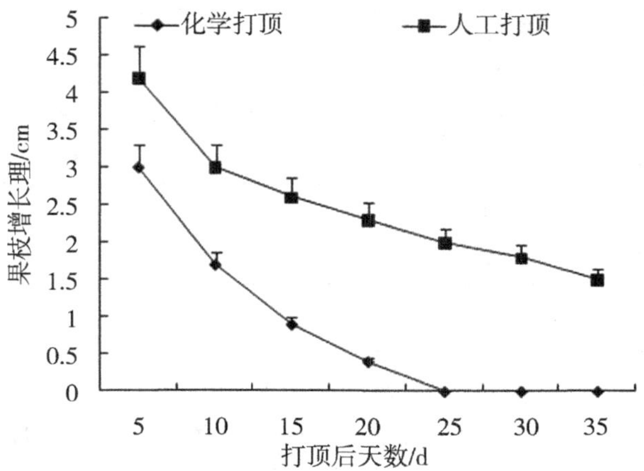

图 6-2　打顶后最上部果枝增长量的变化

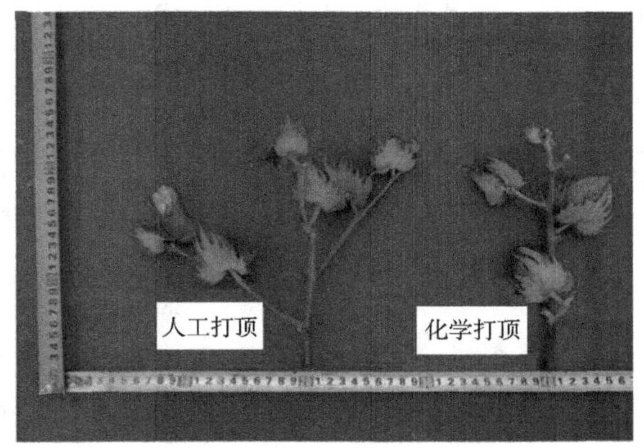

图 6-3　打顶后 20d 棉花最上部三果枝差异

2. 化学打顶对棉花最终农艺性状的影响

通过在北疆三个不同地区的试验数据总结，不同化学封顶棉株株高大于人工打顶，还是能起到显著的抑制作用。化学封顶棉株茎粗略小于人工打顶，这可能是由于化学封顶棉株顶部的再生长浪费营养造成。化学封顶果枝数较人工打顶有较明显增加，主要是由于两者未去除生长点，水分充足时棉株会不断产生新的果枝，但其多属于无效果枝。化学封顶的优势在于能显著缩短节间长、果枝长及叶枝长，有利于棉花紧凑型株型的塑造及减少养分浪费，从而塑造具有增产潜力的通风透光的高产棉田（表 6-1）。

表 6-1　两种打顶方式下棉花主要农艺性状（张特，2019）

地区	打顶方式	株高（cm）	茎粗（cm）	果枝数（cm）	节间长（cm）	果枝长（cm）	叶枝长（cm）
呼图壁	化学	90.27	11.81	13.31	5.16	7.3	24.10
	人工	77.12	12.02	7.67	5.60	15.7	31.94

（续表）

地区	打顶方式	株高（cm）	茎粗（cm）	果枝数（cm）	节间长（cm）	果枝长（cm）	叶枝长（cm）
玛纳斯	化学	81. 28	11. 26	11. 67	4. 90	6. 3	17. 83
	人工	76. 84	12. 52	6. 60	5. 30	13. 6	20. 89
石河子	化学	72. 61	10. 27	10. 29	4. 72	5. 3	15. 63
	人工	69. 30	10. 44	6. 50	5. 17	10. 6	16. 13

3. 化学打顶对棉花产量性状及纤维品质的影响

化学打顶和人工打顶的棉花产量性状基本相同（表 6–2），单株结铃数、铃重、籽棉产量和皮棉产量均无差异，而衣分方面前者略低于后者。化学打顶棉花通过纵向优势的发挥，单株果枝数显著多于人工打顶（平均多 2~3 台果枝），即在库器官数量上略占优势，此优势若转化为单株结铃的优势，可使单株结铃增多，从而获得更高产量。

人工打顶的棉花总体纤维品质相同（表 6–3），化学打顶对棉花纤维品质物无明显影响，纤维长度、整齐度、强度、短绒指数、麦克隆值、成熟度指数、可纺系数七项指标均无差异。

表 6–2　两种打顶方式下棉花的产量及产量构成

地区	打顶方式	单株结铃（个）	铃重（g）	衣分（%）	子棉产量（kg/hm^2）	皮棉产量（kg/hm^2）
呼图壁	化学	6. 3	5. 3	38. 1	5 581. 8	2 131. 7
	人工	6. 2	5. 2	38. 5	5 557. 6	2 144. 7
玛纳斯	化学	7. 0	5. 1	41. 9	5 657. 4	2 370. 5
	人工	7. 2	5. 0	40. 9	5 600. 7	2 290. 7
石河子	化学	7. 1	4. 8	41. 1	5 767. 8	2 370. 6
	人工	7. 3	4. 9	41. 0	5 804. 3	2 379. 8

表 6–3　两种打顶方式下棉花纤维品质

地区	打顶方式	长度 LEN（mm）	整齐度 UNI（%）	强度 STR（cN/tex）	伸长率 ELG（%）	短绒指数 SFI（%）	麦克隆值 MIC	成熟度指数 MAT	可纺系数 SCI
呼图壁	化学	28. 63	84. 80	28. 90	6. 80	5. 77	5. 07	0. 88	129. 33
	人工	28. 76	84. 60	29. 50	6. 30	6. 20	5. 21	0. 88	129. 33
玛纳斯	化学	28. 05	83. 80	28. 30	6. 50	6. 87	5. 19	0. 88	121. 00
	人工	28. 13	84. 67	29. 23	6. 73	6. 03	5. 27	0. 89	127. 33
石河子	化学	28. 19	83. 57	29. 03	6. 27	7. 13	5. 17	0. 88	122. 67
	人工	27. 93	83. 30	28. 20	6. 57	7. 53	5. 19	0. 88	116. 33

4. 化学打顶棉花的株型特征

化学打顶使棉花品种的原株型发生了较大改变，起到了对株型的重塑效应。喷施化学打顶试剂后在棉花主茎伸长受到抑制的同时，果枝、叶枝、侧枝等枝类器官均受到控制，如图 6-4 图和 6-5 所示。打顶剂对上部及顶部果枝的抑制大于对株高的抑制，棉花中、上部的果枝横阔度明显变小。与人工打顶相比，化学打顶棉花株型变得更为紧凑，最终株高高于人工打顶。化学打顶将棉花塑造为“高秆瘦身”尖塔型株型（人工打顶棉花一般呈纺锤形、筒形，甚至伞形）。此外，化学打顶的最终果枝数多于人工打顶，若以果枝为标准将人工打顶的棉株分上、中、下三个部位，那么化学打顶除了上、中、下三个部位外，还多出一个顶部（图 6-4）。

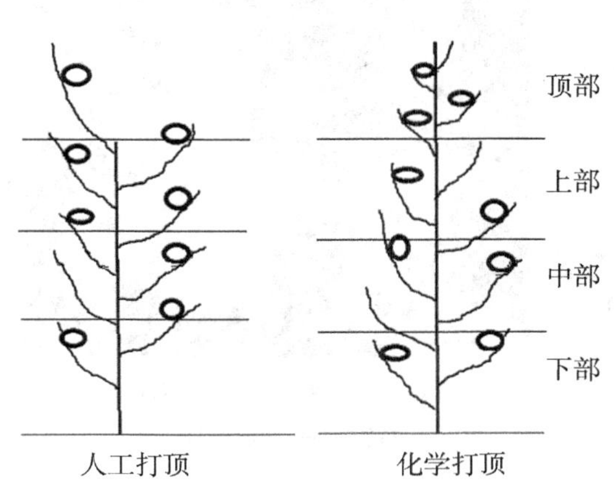

图 6-4　化学打顶和人工打顶棉花株型差异示意图

图 6-5　化学打顶和人工打顶棉花株型差异实物图

注明：赵强，2008，下同

5. 化学打顶对棉花结铃特征的影响

基于化学打顶对株型的影响，棉花结铃特征也不同于常规打顶棉花。由图 6-6 可看出，化学打顶和人工打顶的棉花主茎第 1~2 节均不结铃，第 3 节开始逐渐结铃（也有可能是叶枝上的结铃，因本试验棉花品种果枝始节极少在 4 以下），随着主茎节间（果枝部位）的上移，两种打顶方式的结铃均增加较快，主茎第 5~10 节（第 1~6 果枝，即中下部果枝）果枝的结铃较多，第 11 节（约第 7 果枝，上部果枝）起果枝的结铃数下降。值得注意的是，化学打顶最上部比人工打顶多出了 3 台果枝（主茎第 16~18 节），人工打顶在第 15 节（约第 10 果枝）后即不再发生新果枝。

进一步分析可知，化学打顶各节位节结铃数变化较平稳，而人工打顶各节位间的结铃数浮动较大，说明化学打顶促进了不同果枝部位的稳定、均衡结铃。化学打顶主茎第 5~7 节（第 1~3 果枝，下部果枝）的结铃数多于人工打顶，第 8~12（4~7 果枝，中部果枝）结铃数有低于人工打顶的趋势，但差异多为不显著，其中第 12 节（第 7~8 果枝，上部果枝）果枝结铃数显著低于人工打顶。第 14、第 15 节（上部果枝）的结铃数显著多于人工打顶。

化学打顶时棉花中下部果枝已基本完成伸长，因此对中下部果枝棉铃着生特点影响较小，而对上部尤其是顶部有明显的影响。化学打顶棉花顶部倒1~3果枝的棉铃距离主茎很近，相当于着生在主茎上，结铃紧凑。而人工打顶上部倒1~3果枝的棉铃与主茎的距离显著大于化学打顶，棉铃分散在冠层上部，加上部分棉株最上部果枝外围果节结铃（在密度低、生长环境好、管理水平高或者打顶较早、下部空果枝多等情况下，最上部果枝可以结铃1个以上），呈现“秋桃盖顶”的现象。化学打顶顶部果枝一般每台结铃1个，但化学打顶棉花上部果枝短而密集，像挂在主茎顶部，呈现出“秋桃挂顶”的现象（图6-7）。

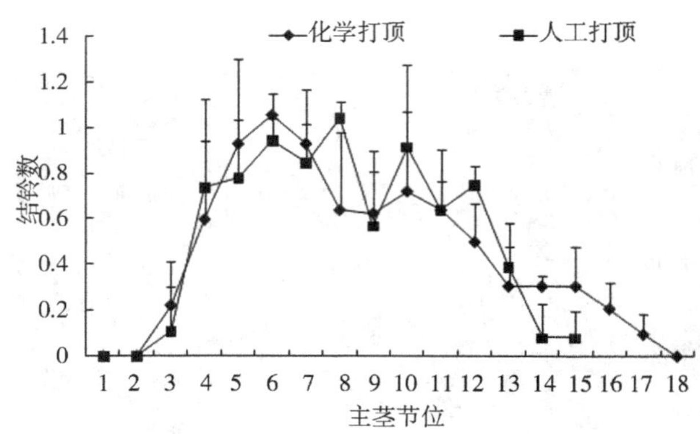

图6-6　成铃数与主茎节位的关系

图6-7　化学打顶棉花顶部结铃特征——“秋桃挂顶”

6. 化学打顶对棉田景观的影响

化学打顶棉花上部新长出的叶片比人工打顶的上部叶片衰老慢，叶片保持活力的时间长，棉田表象上显得贪青晚熟，但事实上化学打顶的棉花并非真正的晚熟，从相同部位果枝的棉铃来看，与人工相同果枝部位的棉铃已经吐絮（图6-8）。如果人工打顶的棉花吐絮了，化学打顶的一般也是吐絮的，比如人工打顶的保留了9台果枝，当第9台果枝棉铃吐絮时，化学打顶的第九台果枝棉铃也已吐絮，不同的是化学打顶新长出的果枝上的棉铃，即顶桃没有吐絮，但顶桃一般是比人工打顶多出来的棉桃，结铃的时间相对推迟，吐絮也相应略晚。

因为人工打顶的棉花株高矮，棉铃分布的空间少，加上横向优势使果枝展开后，棉铃分散显得多，而化学打顶的株高增高，棉铃分布的空间变大，而且化学打顶棉花株型紧凑果枝短，吐絮铃围绕在棉秆的纵向集中分布，不分散就显得少，人工打顶的分散就显得多。即便是结铃数相同的情况下，人工打顶棉田吐絮后表象上显得桃多，满地白絮，而化学打顶棉田表象上棉铃并没有那么多。此外，化学打顶提高了棉田整齐度，人工打顶棉田中行和边行常出现植株高低差异，尤其是滴灌棉田，而化学打顶棉田植株相对一致（图6-9）。

7. 化学打顶对棉花株型的重塑效应对于棉花生产的意义

作物株型一般分为叶型、茎型、穗型和根型等。叶型和茎型对田间群体结构和小气候有明显的影响。研究作物株型对利用和改善田间小气候、提高光能利用率和作物产量有着

图 6-8 化学打顶棉花顶部叶片衰老延缓

图 6-9 吐絮期化学打顶和人工打顶棉花田间表象

重要意义。株型是品种属性，可通过栽培措施对其进行调节，株型的优劣与产量和品质的关系密切。塑造良好株型是作物生产的重要内容，向来受到人们的关注。

棉花株型紧凑度可以衡量棉花的耐密植程度，株型紧凑的品种更耐密植，而且植株中上部紧凑对于耐密更重要，因为中上部紧凑更有利于群体通风透光，可避免冠层过度郁闭而影响群体下部蕾铃生长发育。化学打顶除了抑制棉花顶端生长外，也抑制了植株的横向生长，尤其是上部果枝显著变短，最终植株高宽比显著高于人工打顶，呈现出“高秆瘦身”的尖塔型株型，显示出比人工打顶植株更紧凑。这对于进一步发挥密植增产潜力具有重要意义，这在化学打顶种植密度试验中已得到证实。

有研究者认为，棉花高产应以塑造理想株型为突破口，株型呈塔型且叶片较小的棉花植株不同果枝层次的消光系数小，有利于改善株内部光照条件，使整个植株立体式采光，从而提高产量与品质。化学打顶对棉花株型的重塑，使群体冠层内部的光照条件明显改善，生态条件上更有利于棉花中下部棉铃的生长发育，对下部棉铃纤维品质的优化有积极作用，具有提高光能利用率的潜力。合理利用重塑效应可能是提高棉花产量的新途径，生产上需进一步研究化学打顶技术的配套增产措施。当然，对于特殊棉花品种，如零式果枝品种，本身株型就十分紧凑，其紧凑度受栽培措施的影响很小，化学打顶的影响也可能相对不明显。

如何反映化学打顶后株型与人工打顶后的差异，体现化学打顶株型变得更紧凑，或者“高秆瘦身”的特征，需要继续研究。寻找合适的农艺指标或者建立公式，用以计算植株紧凑程度指数，客观反映株型的紧凑程度。不同品种的紧凑度也有差异，如筒形植株的紧凑度可能低于塔形品种，衡量株型紧凑与否的指标在不同作物上的标准不尽一致，在玉米上株型紧凑主要指叶片与主茎的夹角小、叶片偏直立。在棉花上紧凑应该看果枝长短及株型特点，长果枝筒形结构的品种紧凑程度相对低于短果枝塔形或纺锤形的品种。

笔者认为株型紧凑与否可以通过果枝长短尤其是中上部果枝长度、株宽大小、植株高宽比等综合衡量，植株越紧凑其果枝长度相应越短、株宽相应越小，高宽比相应越大，而且株型越紧凑可能越具有纵向结铃优势，反之株型越松散其横向结铃优势则越明显。若建立起衡量株型变化的指标，则可以较好地阐明各项栽培措施对棉花的影响，且据此指标可以反过来调节栽培措施，如指导化学打顶施用剂量、判断应用化学打顶后的起效程度等，达到指导生产的目的。

（三）化学打顶对棉花光合特性的影响

化学打顶技术可极大改善群体冠层结构和光分布状况，而冠层结构与群体光能利用率直接相关，影响作物光合性能。优化冠层结构，改善群体光分布，提高群体的光截获能力是挖掘作物产量潜力的重要技术途径。叶面积配置合理，使光合源与棉铃库重合，有利于促进光合物质向棉铃的快速运转。研究表明，棉花叶面积指数高且持续期长，群体叶面积配置与光分布更均匀，叶绿素降解缓慢，保证了较高的群体光合速率，有利于光合物质积累。提高光合作用转化效率是提高作物产量的重要途径，群体呼吸速率影响棉花高产高效生产，高产棉花群体呼吸占群体光合的比例较低。要实现棉花高产，应使棉花生育前期群体光合速率稳定上升，至盛铃期达到最大值，吐絮期仍保持较高水平。

近几年相关研究表明，化学打顶处理叶面积指数（LAI）最大值显著高于人工打顶处理，且高值持续时间长；初絮期仍保持较高的值，群体光合速率较高。同时化学打顶处理的棉花 LAI 峰值超过 6.0，但未造成冠层严重遮蔽，且冠层不同部位透光率较人工打顶处理更合理，光分布更均匀，冠层下部漏光损失小；冠层上部透光率较高，使冠层中下部能吸收更多的光能。较紧凑的株型能有效改善棉花冠层中下部光环境，使得光能合理分布到不同层次的叶片上。因此化学打顶的棉花在 LAI 较大时未造成冠层遮蔽，使冠层中、下部叶片接受更多的光，延缓了叶片的衰老和脱落，增加光合有效面积，使群体光合能力增强，有利于干物质积累。另一方面化学打顶的棉花在生育后期群体呼吸速率与人工打顶的相差不大，维持在相对较低的值，降低了呼吸消耗。

另有研究表明，通过测定棉花功能叶的叶绿素荧光参数，表明化学打顶方式有利于棉花叶片光合功能的改善，同时可提高 PSII 的活性、光化学最大效率和 PSII 反应中心开放部分的比例，使表观光合作用电子传递速率及 PSII 总的光化学量子产量提高，降低非辐射能量耗散，使棉花叶片所吸收的光能较充分地用于光合作用。

（四）化学打顶对棉花保护性酶及渗透调节物质的

通过研究工作，探明棉花叶片的保护性酶及渗透调节物质在化学打顶后的不同变化，有利于理解其内在关联。其中超氧化物歧化酶（SOD）及过氧化物酶（POD）、丙二醛（MDA）、脯氨酸（PRO）、可溶性蛋白（SP）及可溶性糖（SS）为主要指标。POD、SOD 都是构成抗氧化酶系统的主要酶之一，其能够提高植物细胞抗氧化保护能力。通常在逆境条件下植物会产生一系列生理生态变化，逆境导致的活性氧（ROS）积累及其引起的氧化胁迫是造成植株损伤的主要原因。POD 含量随着生育进程的推进逐渐升高，而 SOD 含量则是先上升后下降。两者共同的特点是化学封顶棉株叶片中酶活性较高，同时化学封顶棉花具有更灵敏的 SOD 及 POD 调节能力，有利于棉株抵抗逆境条件。

丙二醛（MDA）是膜脂过氧化的最终产物，是膜系统受伤害程度的重要指标之一，其含量越高，表明细胞组织的保护能力越差，即细胞膜收到逆境胁迫的伤害越严重。通过试验发现各处理整体 MDA 含量呈现上升趋势，这可能与植株老化，抗氧化酶活性降低有关。同时化学封顶棉株倒四叶片中 MDA 含量均较低，说明化学封顶棉株受到的逆境伤害最小。

研究化学封顶条件下渗透调节物质脯氨酸 PRO、可溶性蛋白 SP 及可溶性糖 SS 发现，化学封顶棉株中 PRO 含量高于人工打顶，其更有利于降低细胞渗透势，提高植株抗性。同时试验得出化学封顶棉花 SP 及 SS 这两项指标在具有较好的调节能力，能快速灵敏的调节细胞膨压。

（五）化学打顶对棉花激素含量及平衡的影响

化学打顶剂属于复合的植物生长调节剂，除了对棉花幼嫩组织有轻微创伤作用外，更主要的作用是调节棉花内源激素系统平衡。对主茎生长的调节不只是单一激素的效应，而是多种激素的复合效应。主茎生长和节间伸长过程受多种激素协同作用控制，化学打顶剂在调节内源激素系统基础上，降低了主茎的快速伸长节间的伸长速度，从而达到了控制主茎生长的目的，同调节了棉花个体结构，对构建合理冠层结构、改善棉田生态环境具有良好作用。同一激素在棉花不同生育时期具有不同的功能，不同激素峰值和低差的变化，暗示着棉花生长中心的转变，激素间的相互作用及作用特点反映了外界对棉花生长发育的影响。化学打顶后不同时间的棉花各器官内激素水平和激素间的平衡，可以反映化学打顶剂对棉花生理的影响过程。

化学打顶后 0~15d 是棉花对打顶剂响应的敏感时期，其中在打顶后 0~3d 可能是棉花处于适应外界轻微胁迫的过程，棉花开始启动自身的应激机制，参与各项生理活动的激素开始转化和消长，打顶后 3~12d，尤其是 6~9d 各器官中的内源激素的含量及激素间的平衡变化幅度较大。12d 后开始趋于平稳。在各激素含量及激素间的平衡方面，化学打顶棉花打顶后 0~15d 总体上与人工打顶的变化趋势相似，但也有各自的特点。人工打顶后激素响应敏感，打顶后叶片、果枝顶端、叶枝顶端等器官前 3d 的激素含量及激素平衡变化明显，而化学打顶相对迟钝，部分激素含量的变化约比人工打顶推迟 3d。化学打顶在激素含量及平衡上倾向抑制植株生长，尤其是化学打顶后 3~9d，脱落酸（ABA）含量与比例有增加趋势，GA_3、ZR 含量及比例有下降趋势，体现出明显的抑制效应。化学打顶后叶片中激素含量及平衡与人工打顶差异较小，果枝顶端及叶枝顶端的差异较大。

人工打顶对叶片衰老的影响最为明显，它将使棉株整体（尤其是营养器官）由正常生长向衰老方向转化。打顶后，叶片内氮素营养减少，叶绿素含量下降，ABA 和 IAA 的比值在打顶后的 4d 内，一直在上升，这表明打顶后生长素下降，衰老激素 ABA 在增加，打顶加速了棉花叶片衰老。在打顶后前 3d 的叶片 IAA/ABA 呈下降趋势，但打顶 6d 后，叶片 IAA/ABA 又有上升趋势，尤其是化学打顶处理，上升明显，且高于对照，这似乎又表明化学打顶起到了延缓叶片衰老的作用。而另一方面，化学打顶 9d 后果枝顶端的 IAA/ABA 有下降趋势且显著低于对照，起到了促进顶端衰退、抑制果枝伸长的作用。

化学打顶后 3d 起，促进植物生长的激素有下降的趋势，而促进植物成熟和衰老的激素有增加的趋势。化学打顶后主茎、分枝的顶尖依然存在，且均受到了抑制，这使棉花内源激素变化与人工打顶的有差异。激素间的平衡比单一激素的作用更为重要，这种平衡状态控制着核酸蛋白质及可溶性糖等营养物质的代谢，从而影响着植物的生长发育。

（六）化学打顶的成本分析

在中国粮、棉、油三大产业中，棉花产业是劳动最密集型的产业，近年来，劳动力价格迅速提高，目前已达到每人每天 180 元以上，个别地区已超过 200 元，而且仍有快速增加趋势，即便如此棉花生产中依然时常出现劳动力短缺的现象。随着经济发展，人们越来越不愿从事田间体力劳动，植棉积极性时有下降，部分棉区植棉面积逐年下滑，棉花安全面临潜在威胁。尤其是新疆棉区，定苗和打顶和采摘是棉花生产中的三个劳动密集环节，常常遭遇用工荒，其中定苗和采摘逐步可由精量播种和机械采摘替代，而人工打顶依然依靠人工，直接影响了机械化水平升级和规模化效益。为了棉花产业的持续发展，棉花生产需向新的生产方式转变，减少劳动投入、简化栽培措施是发展的需要。化学打顶技术无疑对促进棉花生产的发展具有重要意义。

需要指出的是，目前用背负式手动喷雾器喷雾已是极为落后的施药方法，生产中机动喷雾器、大型机械喷雾装置甚至飞机喷雾等都已使用，这些先进的设备、方法又使施药效率前者提高了几十倍甚至百倍以上，若以机械喷施打顶来计算，则会使打顶成本进一步降低。可见，化学打顶大幅提高棉花打顶效率的同时又大幅降低了打顶成本，起到了简化栽培和节约成本的双重作用。

据调查（表 6-4），2015 年新疆人工打顶的费用合 750~1 000元/hm^2（据新疆农垦科学院农试场和兵团第八师 149 团数据），而使用 DPC+化学封顶的费用合计约 525 元/hm^2（含药剂费用和机力费用），化学封顶的成本仅为人工打顶成本的 53%~70%，随着施用面积的扩大，该成本还有进一步下降的空间。

表 6-4　化学打顶效益分析（张特，2019）

单位	人工打顶（元/hm^2）	化学封顶（元/hm^2）	化学封顶与人工打顶成本的比值	备注
新疆农垦科学院农试场	750	525	0.70	化学封顶成本含机力费
兵团第八师 149 团	1 000	525	0.53	

二、化学封顶应用技术

（一）选用药剂

目前棉花化学打顶整枝技术药剂品种主要有两个，一个是以氟节胺为主的药剂，另一个是以甲哌鎓为主的药剂。

氟节胺（flumetralin），俗称灭芽灵，是一种触杀兼内吸型二硝基苯胺类高效植物生长调节剂，1977 年由瑞士人开发成功，可抑制棉花生长点的细胞分裂和叶片细胞伸长，造成细胞纺锤体的微管无法形成，使棉花生长点停止生长。甲哌鎓（mepiquat chloride）俗称缩节胺、

甲哌啶，当地俗称“封顶剂”。通过叶片、茎等部位吸收，降低植物体内赤霉素的活性，从而抑制细胞的伸长，使茎秆节间紧凑，株高降低，增加棉株的抗倒伏能力。化学打顶对棉花的影响与打顶剂种类和棉花品种有关，农户应根据不同地区的气候条件、不同种植品种及棉花生长状况进行选用。

（二）应用剂量

化学封顶剂应用剂量因苗因地确定，由棉花长势、化控情况、棉田水肥条件及品种情况综合确定。总体上化学封顶剂的应用剂量随棉花长势的增强而增加。具体使用剂量及方法如下：长势稳健的棉田按照产品推荐剂量使用；长势偏弱的棉田剂量可减少 10%~20%；长势偏旺的棉田剂量应适量增加 10%~20%；水肥条件欠佳的棉田，适当减少用量；地力好、水肥条件充足的棉田，适当增加剂量；对缩节胺敏感性不强的品种应适当加大封顶剂应用剂量，与常规相比可相应提高 10%的剂量。

打顶剂只能与缩节胺混配喷施，不可与其他农药和叶面肥混用。对于生长过旺的棉田，可在化学打顶前 5~10d 化调 1 次。使用打顶剂时在当地正常化调使用量的基础上，酌情增加缩节胺 45~75g/hm^2；对于长势一般或生长较弱的棉田，按当地正常化调使用量进行化控。

（三）配药及喷施方法

选择合适的剂量后，每公顷对水 450~600kg 混匀。配药用水洁净，pH 值为 6.5~7.5，尽量避免使用碱性水。配药方法按 GB/T 8321.1—2000 要求操作，药剂需进行二次稀释后使用，即先将打顶剂在水桶内混匀待喷雾罐内加入半罐清水时，将桶内混匀的药液倒入罐中，再加清水至适宜位置，充分混匀后可以喷施。喷雾器的喷头要高于棉花植株顶部 30cm 以上，采用向下喷施的方法均匀喷施于棉田冠层，药液雾化效果良好，喷药时保证不重喷、不漏喷。

（四）打药机车规范操作技术

机车与喷雾器连接确保牢固可靠，喷杆的安装要与地面平行，高度适当。施药机械用泵应具有调压、卸荷装置，在额定或最高工作压力范围内应能平稳地调压，喷雾压力 0.4MPa。施药前应在额定工作压力下，进行装水试喷运转试验，不出现响声、连接件松动、漏油、漏水现象。施药机械必须配有三级过滤和防腐性能。喷药前检查工作按 GB4285—1989 操作。将配置好的母液倒入药箱后，要充分搅拌均匀，方可下地作业。喷洒时应先给动力，然后打开送液开关喷洒，停车时应先关闭送液开关，后切断动力。在地头回转过程中，动力输出轴始终应旋转，以保持药箱内液体的搅拌，但送液开关须为关闭状态。机车在进入棉田前必须清洗药箱、喷管、喷头，调试好喷头，做到雾化良好，药液均匀。

（五）应用时间

在棉花盛花期喷施化学封顶剂的调控效果最佳，但限于生产实际要求，需根据生长季

节、棉花长势、机采棉采收时间等因素综合判断。总体遵循“枝到不等时，时到不等枝”原则。具体原则如下：根据生长季节要求，棉花化学封顶剂应用时间在7月1—10日；从棉花果枝台数上看，棉花单株果枝数达到8~10台，棉花有2~4台果枝开花时应用化学封顶剂效果好。从棉花株高上看，株高达65~75cm，棉田即将封行时，应用棉花化学封顶剂效果好。

（六）水肥协调配套

应用化学封顶剂前3d内不进行浇水施肥，应用化学封顶剂后4d不进行浇水施肥，做到“前3后4”，不可边浇水边喷化学封顶剂。对于滴灌棉田，在两次滴水的间隔中间时间喷施化学封顶剂。喷施化学封顶剂后如果田间土壤水分充足、棉花长势较强，可适当推迟2~7d进行灌溉滴水，但土壤在水分含量低于田间持水量的65%时需及时滴水，避免棉田干旱胁迫。遇到高温天气要注意增加灌水频次。棉花生长后期避免大水大肥。

三、棉花化学打顶配套技术

（一）化学封顶剂使用前的化学控制

棉花化学控制是棉花栽培过程中协调棉花营养生长和生殖生长的重要措施，对棉花产量的形成有重要影响。对化学封顶棉田总的要求是通过化调达到棉花在全生育期的稳健生长，即棉花主茎节间平均长度5~6cm，最终株高70~80cm。对于化学封顶棉花在全程系统化控方面要求更为严格，自棉花出苗后即开始按照高产棉田株型特征，做到化调与水肥运筹的有效结合，确保棉花稳健生长，避免棉花在化学封顶前生长过旺。

第一次化调应在子叶展平后进行，缩节胺用量为7.5~22.5g/hm^2，并对水225~300kg/hm^2，对于长势较弱的棉田在齐苗化调时应加2.25kg/hm^2磷酸二氢钾进行促控结合，促苗早发，培育壮苗；第二次化调应在三叶一心期进行，缩节胺用量在15~22.5g/hm^2；第三次化调在滴灌头水前3d进行，缩节胺用量30~37.5g/hm^2；第四次化调在滴灌二水前3d进行，缩节胺用量在37.5~52.5g/hm^2；第五次化调应在即在二水结束后、化学封顶前3~7d内进行，缩节胺用量在45~75g/hm^2。

（二）化学打顶剂使用后的化学控制

化学封顶后（5~7）d要进行定株型化调，缩节胺剂量在120~225g/hm^2。本次化控可结合防虫及补充微量肥料元素等同时进行，叶面追施磷酸二氢钾3kg/hm^2，喷施硼肥1次，用量750g/hm^2。对于个别后期长势过旺的棉田，尤其是进入8月上旬、中旬依然长势明显的棉田，还可以再追加一次化控，化控缩节胺剂量在150~225g/hm^2。

（三）化学打顶前后肥水管理

7月份滴水3~4次，滴水周期7~9d，滴水定额345~525m^3/hm^2；滴肥3次，其中第1次，尿素45~60kg/hm^2+高磷钾肥30~45kg/hm^2；第2次，尿素60~75kg/hm^2+高磷钾肥45~60kg/hm^2；第3次，尿素75~90kg/hm^2+高磷钾肥45~60kg/hm^2；同时结合最后一次化控喷施硼肥1.2kg/hm^2。8月份滴水2次，滴水周期9~10d，滴水定额525~675m^3/hm^2；滴肥2次，每次尿素75~90kg/hm^2+高磷钾肥30~45kg/hm^2；8月25日左右停水。期间同时进行棉花田间病虫害防治，同时做好田间调查

（四）其他技术指标

1. 品种选择

各地应根据自己的生态条件、土壤肥力、生产条件、管理水平等因素综合考虑，选择适宜的主栽品种。一般南疆可种植长绒棉（海岛棉）：新海55号、新海49号等。北疆选择种植早熟陆地棉，在北疆主要有早熟、结铃多、抗逆性强、品质好的早熟品种，如：新陆早57号、新陆早71号等。棉花品种早熟性好、8月5号前棉花花期结束、适于机械采摘的棉田应用化学封顶效果好。棉株的其他指标要求：株型较紧凑，果枝较短，且着生角度较小（由下而上逐渐变小）；叶片适中偏小、叶柄较短；油条不易发生；结铃性强，结铃较集中，铃外形中等大，单铃重5.0~5.5g，衣分较高（籽指10g左右，衣分40%左右），纤维品质好；抗枯萎病，耐黄萎病。

2. 生育进程

生产上一般棉花选择适期播种，可使棉株生长稳健，现蕾开花提早，延长结铃时间，有利于早熟高产，且保证棉花品质优良。播种过早地温低，容易造成烂种缺苗；播种过晚，各生育时期推迟，导致晚熟减产、降低纤维品质。在新疆目前推广宽地膜、超宽地膜种植的条件下，结合各地的生产实践南疆棉区适宜播期为4月5日—15日，北疆棉播种4月5—20日，以期达到：4月苗，5月蕾，6月花，7月铃，8月絮的目标。

3. 保苗密度

棉花产量构成因素是总铃数、单铃重和衣分，因棉花各品种单铃重及衣分相对稳定，其产量的高低主要取决于总铃数即产量=株数x单株结铃数x衣分，其中与总铃数最密切、最关键的因素是单位面积株数，因此棉花要获得高产，增加种植密度是关键。化学封顶棉田的最佳种植密度为19.5万~24.75万株/hm^2。化学封顶棉花植株紧凑，单株生态位小，冠层通透性好，能使棉田密度容量增大，具有密植增产潜力。

（五）注意事项

田间管理上应注意：棉田化学控制、水肥运筹、杂草防除、病虫管理等各方面都会对棉花的产量造成影响，天气因素也会影响棉花产量。为获得高产，必须执行好各项田间管理措施。

一是化学打顶剂需与缩节胺相互协调剂量使用，不可与农药、叶面肥混合使用，严禁与含有激素类的农药和叶面肥（赤霉素、芸苔素内酯等）混用。避免随意加大化学封顶剂的剂量，减少药物浪费。二是施药时需要根据每个往返的面积确定施药液量，做到定点、定量加药加水，往返核对，每罐和每地块都结清；施药前标记行走路线，做到不漏不重。三是喷洒作业中应注意风速、风向，机械喷雾风速应低于4m/s；应勤检查喷头有无堵塞现象，如有堵塞应立即停车清洗。四是注意天气情况。喷施化学封顶剂尽量选择在晴天无大风天气进行，喷施时间在12：00之前或18：00后，避免在中午最热时刻进行。如果喷施后8小时内遇雨需补喷；五是注意后期棉铃虫和红蜘蛛的防治工作，可结合化学封顶剂使用前后的两次化学调控进行防治。

（六）化学打顶技术应用展望

当前，精简化、机械化、规模化和高效益是棉花生产发展的必然趋势。在新疆棉区，棉花生育期间的机械化管理（精量播种、化学除草、机械采收等）已达到较高水平。棉花技术快速发展，而打顶仍无法摆脱手工操作，成为新疆棉花生产全程机械化和规模化的限制因素。化学打顶技术的成熟和推广将大幅度提高棉花打顶效率、减轻田间作业强度、降低植棉成本，提高植棉机械化水平，具有重要的经济效益和社会效益。化学封顶技术的产生和应用，将植棉机械化和化学化结合在一起，为解放劳动力和植棉全程机械化提供了技术基础。但化学封顶技术并不是孤立的简单易行技术，需要与水、肥、密、常规 DPC 化控等措施的有效配合，还须加强与生产中出现的新模式、新问题（二次生长）的结合并提出解决措施，建立并完善新疆棉区棉花化学封顶技术规程。该规程成熟后，还应与后期化学脱叶催熟技术融合，共同指导该棉区的机采棉生产实践，并为其他棉区提供相应参考。

第二节　全程化学调控技术

棉花全程化学调控技术是指从棉花播种到成热收获期间，根据棉株发育的进程，分次（不限于一次或二次）应用一种或一种以上的调节剂，实现对棉株各器官发育的定向和定量诱导，形成合理的株型和群体结构，符合高产棉花的标准，最终达到早熟、优质，高产的目标。

化学调控技术的原理在于主动调节作物自身的生育过程，不仅使其能及时适应环境条件的变化、充分利用自然资源，而且在个体与群体、营养生长与生殖生长的协调方面更为有效，是对作物管理观念的一次革新。目前，棉花生产中的化学调控技术相对比较完善和成熟，其核心目的是使棉花个体和群体向着壮苗早发、群体结构合理、通风透光俱佳、光能利用率提高的方向发展，从而减少蕾铃脱落、促进同化产物向产量器官的转移。目前，化学调控已是棉花生产中的常规措施，也是提高棉花产量和品质的重要栽培措施。

一、棉花化学控制技术发展历史和概况

（一）生产问题和调节剂的应用

徒长、蕾铃脱落、晚熟是棉花生产中的三大难题。由于棉花具有无限生长习性和蕾、铃脱落的特点，生产上常因水肥管理不当或不良气候（如多雨），造成棉花徒长而结铃不多，或弱苗迟发、贪青晚熟，难获稳产、高产和优质。同时由于棉花开花结铃持续时间长，棉铃不能同时成熟，即使气候适宜的年份也有少量棉铃在霜前不能正常成熟。所以，协调好棉花的营养生长和生殖生长是获得高产优质的关键。

传统栽培技术中，人们多采用深中耕断根、整枝打杈等措施防止棉花徒长和大量蕾铃脱落，采取细整枝、打老叶、推株并垄、提兜断根等方法促进早熟。这些措施虽然起到了一定的作用，但费时费工，而且效果不明显、不稳定。

从 20 世纪 50 年代开始，人们尝试应用调节剂来防止或减轻棉花的蕾铃脱落，但始终未能在生产上大面积应用。最初给棉株喷施生长素类物质，如 NAA、2，4-D 等。极低浓度（0.0001%~0.0003%）2,4-D 可以显著减少蕾铃脱落，脱落率比对照降低 30%以上，单株结铃数也增加。但棉花对 2,4-D 特别敏感，对用量、施用时期及部位要求非常严格，稍不注意就对棉株造成伤害和减产，如“鸡爪叶”等，因而难以大面积推广。NAA 减轻蕾铃脱落的效果不稳定，可能与应用时间、部位和用量有关，也受环境因素的影响，如长期干旱、阴雨或缺肥，都会抵消 NAA 的作用。

20 世纪 60 年代，研究发现 GA 处理棉花蕾铃可极显著防止脱落，但在大田生产中应用 GA 减轻蕾铃脱落仍行不通。原因有两方面：一方面是实验与大田效果不一致，GA 涂抹蕾铃可极显著减少脱落，成铃率高达 85%以上，比对照高 60%左右，不同研究者在不同地点不同时期的试验结论一致。但是如果喷洒整株或叶片，则没有明显效果。如果田间只处理棉铃，费时费工，即使有人发明了“点喷枪”，要对棉田的数万个不同时期形成的幼铃处理，绝非易事。另一方面是 GA 虽然降低了脱落率，增加了单株结铃数，但是产量并没有明显的提高。这是棉株制造光合产物的能力没有显著提高，结铃过多造成有机养分供应不足，致使单铃重减轻造成的。

20 世纪 60 年代中期，使用矮壮素（CCC）防止棉花徒长取得了成功。CCC 可以降低株高、缩短果枝，增加田间通风透光，并减少中下部蕾铃的脱落，铃重也得到提高。但易有药害、铃壳加厚、吐絮不畅等副作用，限制了其应用。80 年代初，缩节安（DPC）开始逐渐取代了矮壮素。与矮壮素相比，DPC 的效果更好，药效又比较缓和，安全幅度较大，所以迅速得到大面积应用。目前，全国每年 80%的棉田都要使用 DPC。多效唑也曾经用于控制棉花徒长，但棉花对多效唑过于敏感，容易产生药害。

在生产条件下，一些后期的棉铃由于气候条件和种植制度影响，往往不能正常开裂吐絮，导致北方棉区的霜后花增加，影响南方棉区下茬作物的适时播种或移栽，20 世纪 70 年代应用植物生长调节剂乙烯利成功地解决丁这一问题，直到现在，棉花的乙烯利催熟技术仍有一定面积的应用。

在多年的科研和实践的活动中，科学家在研究应用化学药剂调控棉花的生长发育时，逐渐形成了在棉花生育期间以应用 DPC 以及在成熟期应用“乙烯利”为主的系统化学控制技术。

（二）棉花化学控制技术发展的 3 个阶段和 3 种应用模式

棉花化学控制技术研究和应用的历史只有 30 余年，但从技术和理论方面都发展迅速，主要经历了 3 个阶段，形成了 3 种技术模式。

1. “对症”应用

“对症”应用是指应用植物生长调节剂解决棉花生产中某些常规措施不能有效克服的难题（如徒长、保苗、晚熟）。具体的技术内容包括 20 世纪 70 年代末形成的乙烯利催熟技术和 60—80 年代初形成的植物生长延缓剂（DPC 等）防徒长技术。“对症”应用模式的特点是基本不改变棉花整体栽培措施的格局，只是一种附加的、“对症”的手段。比如乙烯利催熟技术针对的问题是“晚熟”，那么在棉花吐絮成熟期，只要选择合适的用药时期和用药剂量、掌握正确的使用方法，一般都能收到明显的催熟效果。防徒长技术是在初花期一次叶面喷施 DPC 22.5~45.0g/hm^2，可以有效防止徒长，提高棉花高产优质的保险系数。由于“对症”应用模式效果显著、技术简单、安全程度高，棉农容易掌握，因而推广速度快，收效大，目前仍是国内外许多植棉地区采用的有效措施。

2. 系统化控

棉花系统化控的主要技术内容和作用效果包括：①种子处理促根壮苗、提高棉苗的抗逆能力，缩短移栽棉苗的缓苗期；②苗蕾期处理促进根系发育、壮苗稳长、定向整形、壮蕾早花、增强抗旱涝能力、协调水肥管理、简化前期整技；③初花期处理塑造株型、优化冠层结构、提早结铃、促进棉铃发育、推迟封垄、增强根系活力、简化中期整枝；④盛花期处理增结伏桃和早秋桃、增铃重、防贪青晚熟、简化后期整枝；⑤成熟吐絮期处理促早熟、提高棉花的产量和品质。

3. 化控栽培工程

20 世纪 90 年代初期由中国农业大学作物化学控制研究中心（原北京农业大学作物化学控制研究室）的李丕明、何钟佩、奚惠达等提出。核心内容是把“系统化控”技术有机地融入常规栽培技术体系中，二者相互配合和适应形成的栽培技术体系——“化控栽培工程”。具体而言，是指在实施“系统化控”的条件下，主动变革种植密度水肥管理等措施，实现“系统化控”对棉株自身和栽培措施对棉株生育环境的双重调控，最大限度地提高产量和品质。从理论上讲，这样做的原因有两点：①在未引入化控技术之前，以乏有效而简便的主动调控棉花生长的手段，常常在种植密度上、水肥运筹上留有余地，以防棉花群体与个体、营养生长与生殖生长的矛盾在不利的气候条件下激化。在棉花上应用“系统化控”技术后，可以对棉株个体和群体的发育进行定向诱导，消除了先前的顾虑，因而为常规栽培措施变革提供了可能性。②应用了“系统化控”技术的棉花个体和群体，形态和功能已经发生了很多变化，变化了的植物体，必然对环境条件的要求有所改变，所以常规栽培措施的变革也有其必要性。

二、缩节胺全程化控技术

中国棉花大面积应用缩节胺（DPC）开始于 1983 年，从 20 世纪 80 年代中期开始，每年使用面积在2 000万亩以上缩节胺对植物营养生长有延缓作用，可通过植株叶片和根部吸收，传导至全株，可降低植株体内赤霉素的活性，从而抑制细胞伸长，顶芽长势减弱，控制植株纵横生长，使植株节间缩短，株型紧凑，叶色深厚，叶面积减小，并增强叶绿素的合成，可防止植株旺长，推迟封行等。缩节胺还能提高细胞膜的稳定性，增加植株抗逆性，减少蕾铃脱落，使开花结铃集中，伏前桃与伏桃增加等功效。

目前，在新疆棉区应用 DPC 化控已是常规的栽培措施，覆盖率达到了 100%。从棉花出苗开始到打顶后，需要 DPC 化控 5~7 次。因此，DPC 的应用是新中国成立以来棉花栽培领域的重大技术措施。

（一）DPC 化控的作用

1. 促进根系发育、促进壮苗早发

主要机理是 DPC 诱导了棉花幼苗侧根发生，增强了棉花根系的活力，促进了棉花根系的生长和扎深，在一定程度上增强根系对土壤养分和水分的吸收，提高植株抗性。

2. 塑造理想株型，防止棉花疯长

DPC 可抑制顶尖和群尖发育，有效降低株高和果枝长度，塑造紧凑型植株，提高群体的通风透光能力，构建合理群体，为棉花的稳产高产奠定基础。

3. 减少脱落，提高铃重，提升产量和品质

喷施 DPC 后叶片变浓绿，提高了光合速率和光能利用率，促进了光合产物的转移，协调了源库关系，减少了脱落，提高成铃率，增加了铃重，提升了产量和品质。

4. 提高抗性、减轻病虫害

DPC 化控在一定程度上可以提高毒蛋白含量（转基因抗虫棉），增强抗虫基因的表达

效果，提高棉花抗虫性，同时也减少了化学农药的施用次数，降低了防治成本，提高了效益。

（二）缩节胺全程化控的技术内容和效应

1. 种子处理

促根壮苗、提高棉苗的抗逆能力。近年来，有研究表明，在种子包衣剂中添加 DPC，可以替代棉花苗期的常规化控。若在包衣剂中添加防治蚜虫的药物还可以兼防蚜虫，取代苗期防蚜工作，这在一定程度上简化了棉田管理程序，降低了棉田防虫成本，同时对棉花的产量和品质无影响。根据有关试验，种子在播种前用 0.1~0.2g/kg 缩节胺拌种，比对照种子发芽率高 2%~8%，出苗早 1~2d，棉苗出土后，叶色深绿，生长健壮，根须数量明显增多，达到了壮根壮苗的目的。当然氨基寡糖或芸薹素内酯等拌种，也有增加须根和提高棉苗抗逆的作用。

2. 苗期喷施

在苗期喷施低浓度 DPC，可以促进棉苗根系下扎，尤其是须根的生长；增强叶绿素的合成，使棉苗叶色深厚，提高光合作用；增加棉苗的抗逆性（即增强棉苗的体质），只有体质好了才能更好抵御不良环境对棉花生长的影响；一般来说像刚出土的棉苗颜色较浅，一般为黄绿色，蓟马、蚜虫发生就会较严重，因为它们在迁移的时候对颜色比较敏感，黄绿色对它们的吸引非常大，这时棉苗幼嫩，对于害虫来说可以称得上美味了，所以建议化控和预防虫害同时进行。

苗期喷施化控注意事项：棉花子叶期使用缩节胺的重点是把控准确的化控时机，而非缩节胺使用剂量，棉花子叶期缩节胺用量大点（1~2g/亩）对棉花生长不会有太大的影响。最佳的化控时间应在棉花出苗后两片子叶展平、叶色转绿时，这一时期相对较短，不易把握，一般日间温度在 25℃左右，棉花显行一个星期左右就会长出真叶。棉花现出真叶后，就要注意降低缩节胺的使用剂量，用量不能过大，一般 0.2~0.3g/亩为宜。

3. 蕾期喷施

在蕾期使用 DPC 能促进早开花，增强棉花对干旱、涝灾等抵抗能力，协调水肥管理，避免早施肥浇水引起徒长。根据种植方式和气候条件，蕾期用药的时间在刚开始现蕾到盛蕾或初花前变动。棉花现蕾后，生长逐渐加快，节间开始迅速伸长，一般每亩用缩节胺 0.5~1g，盛蕾期可增加到 1~1.5g 化调，可有效缩短下部主茎的节间长度，使植株生长稳健，现蕾良好。合理化控可使小行或大行封垄期推迟 2~4d。

4. 初花期喷施

在 20 世纪 80 年代中国在棉花上推广 DPC 的初期，主要是在初花期一次使用。目前美国等也主要是这种应用模式。初花期用药是“DPC 全程化控”技术的重要一环，因为此时喷施 DPC 可以塑造理想株型，优化冠层结构，推迟封垄，改善棉铃时空分布，增强根系活力。初花期的用药量较蕾期要多，可用 3~8g/亩。

5. 花铃期喷施

花铃期是棉花产量形成的关键时期，此期应用 DPC 的主要目的是增加同化产物向产量器官中的输送，提高铃重，终止后期无效花蕾的发育，防止贪青晚熟和早衰。一般在打顶后看棉花长势情况，可喷施缩节胺 1~2 次，每次每亩用 8~15g 缩节胺喷施，可有效抑制了上部果枝和植株生长，建立了合理的群体结构，减少了蕾、铃、花的脱落。近些年来看，此期田间荫蔽，株高较高，不好进机车打药，往往忽视此期的化控。

6. 注意事项

注意以下几点。

在不同情况下喷药时要求不同。DPC 为内吸性植物生长调节剂，喷洒到棉花上后，可以向上、向下运输到各个部位，但输出量较少，主要停留在接受药液的叶片上。因此，在不徒长的棉花喷施时，要做到均匀喷施、株株着药，不需要整株喷淋，可使全田整齐，节约用工，还可以防止用药过量控制过头。但是对已经徒长的棉田，为了尽快控制生长，可以增加药液量，做到全株上下着药。

DPC 为中性，性能稳定，一般可与中性的杀虫剂、杀菌剂和叶面肥混用，特别是与杀虫剂同时用，结合治虫进行化控，以节约劳动。但是要注意使用的一定是在棉花上应用成熟、剂量合适的，使用时分别用水溶解，喷前在喷雾器中现混现用。

DPC 喷施后可以很快被棉株吸收，根据实验，喷药后 1h 吸收量达 30%，6h 吸收量可达到 44%，24h 为 60%，以后 3d 中才吸收 10%。在喷药后 6h 以后下雨，基本可达到施药效果；喷药后 6h 内下雨，应该根据下雨离喷药的时间和雨量等情况补喷，一般可按正常量的 1/3~1/2 补喷。

喷施 DPC 时，如果不小心用药过量，应据情况和长势及时采取补救措施。DPC 药效期一般 20d 左右，而且受水分影响较大，一般不会造成毁灭性药害。用药过量不太严重的地块，浇一次水会很快缓解。生长受抑制特别严重的地块，可以喷施 GA。很快解除 DPC 的药效。

（三）缩节胺化学调控的原则

1. 早、轻、勤

早调。地膜棉田出苗早，发苗快，苗期生长势强的品种，一般在两片真叶时第一次化调；苗期生长势较弱的品种，一般在 4~5 片真叶时进行第一次化调。轻调。苗、蕾期棉株日生长量较小，化调用量宜轻，若苗、蕾期使用缩节胺过量，往往抑制棉株发育，株高和果枝台数明显减少，造成严重减产；施肥灌水后，花铃期棉株生长势增强，化调用量应适当加大。勤控。为了能恰到好处的塑造理想株型，根据覆膜棉田早苗早发、群体发展快的特点，应实行“少吃多餐”的原则。一般棉田头水前可化调 2~3 次，全生育期可化调 5~7 次。

2. 化学调控与肥水调控结合

棉花在喷施缩节胺 3~5d 后，茎日生长量开始下降，喷施后 10~15d 是药效发挥作用最大的时期，18d 后药效明显减弱。所以，应在滴水前 3~5d 化调，缩节胺见效时滴灌水，使棉株在土壤肥水足，地上部受缩节胺控制的环境中稳长。化调与施肥相配合，可以发挥棉花更大的增产潜力。但对肥力较高，长势过旺的棉田，在进行化调的同时，一次性施肥量不宜过大，或分两次施用，或推迟施肥，以提高调控效果。对弱苗棉田可采取施肥促进生长后，再化调，做到促控配合。

3. 化学调控要与种植密度结合

一般来说，高密度比低密度棉田化调时间要早，次数稍多。这样通过增加收获株数，降低株高，可提前棉花的成熟期，提高霜前花率，从而达到早熟优质高产。

4. 因地、因苗、分类化调

缩节胺化调要根据棉花品种特性、土壤肥力、气候情况、棉株发育进程和长势灵活掌握，不搞一刀切。

总之，随着化控技术的发展，化学调节剂作用于棉花生产的效益得到充分体现。株高和株型均得到有效控制，为塑造高效个体和群体奠定了基础。脱叶催熟剂的使用，则将积温不足对棉花生产的影响降到了最低。如今，化控技术与机械化技术结合在一起，使化控有效、简便地贯穿于棉花生产全过程、棉花生长发育的全过程，为棉花生产的高产稳产保驾护航。未来，机械化、信息化和化学化植棉技术的结合，必将使我国的植棉技术再跨上一个新的台阶。

第三节　高光效群体构建技术

棉花（*Gossypium* spp.）是冠层结构最为复杂的纤维作物。由于棉花具有无限生长习性和合轴分生果枝特性，导致棉花具有难以精确测定的“四维时空”生长发育模式。同时，棉花的无限生长习性也导致了棉花对不同生长环境的适应性调节多样且复杂。其中，最重要的适应性调节就是冠层结构的变化。

一、高光效冠层结构特征

（一）冠层叶分布

叶片是植物进行光合作用的主要器官。植物冠层内叶片数量的多少、叶面积的大小直接影响着植物的光合作用面积，对植株个体和群体光合能力均具有显著的调节作用。叶面积指数（LAI）是衡量植物冠层叶片面积大小、群体光截获能力的冠层结构指标。在通常情况下，植物群体的叶面积指数在生育期内呈现先增大后减小的单峰曲线变化趋势。植物的种植密度（种群密度）对冠层叶面积指数的生育期变化有显著的影响。种植密度的变化可以显著影响植物冠层最大叶面积指数出现的时期和最大叶面积指数值。高密度群体中，植物生育期内冠层叶面积指数峰值出现的时间和生育后期植物冠层叶面积指数开始快速下降的时间均向前推移。植物叶面积指数在冠层内的空间分布也受到种植密度的显著影响。随着种植密度的增大，在生育前期，植物群体冠层各部位的叶面积指数值均显著增大；在生育后期，冠层上部叶面积分布比例增大，冠层中部和下部叶面积分布比例降低。种植密度越大，植物群体在生育后期各冠层叶面积指数分布比例差异也越大。在生育期内具有较大的叶面积指数，是植物群体获得较高光截获量，提高光合产物积累量的基础。

（二）冠层光分布

冠层是植物群体截获有效光辐射（PAR）的载体。植物群体光合生产能力与冠层光截获量之间的关系接近线性关系。因此增加冠层有效光辐射截获率（FIPAR）有利于植物群体光合能力的提高。植物冠层的光辐射截获量受到种植密度（种群密度）的显著影响。同叶面积指数类似，种植密度对植物群体光截获量的生育期变化也具有显著的调节作用。在适宜的种植密度条件下，植物在整个生育期内具有较大的冠层有效光辐射截获量，尤其是在生育后期，冠层光截获量维持在较高的水平，且维持时间长。植物的叶片是截获、转化和吸收光能进而进行光合作用的主要载体。植物冠层内叶面积垂直分布状况直接影响着冠层内光截获的空间分配比例。植被冠层内部的有效光辐射截获量随冠层垂直深度的增大而降低。因此，植物叶片面积的大小及其冠层内的空间分布是植物冠层光截获率和冠层内光分布的主要影响因素。对作物而言，具有合理的冠层结构以增加冠层底部光截获比例，可提高作物的光能利用效率，也是完善农业生产栽培措施和优质品种选育的重要目标。

（三）群体光合能力

提高作物的光合“源”强度是促进作物群体“库”形成的重要基础。对于作物而言，光合“源”的提高不仅仅是冠层内叶片水平光合能力的改善，还包括群体水平光合潜力的提升。提高作物群体光合“源”的途径主要有2个：扩展群体的光合作用面积和延长冠层的光合作用时间。这2种途径均与作物冠层内叶片面积在时间和空间尺度上的动态变化息息相关。从全生育期来看，具有较大的叶面积指数是植物群体获得较高光截获量和群体光合产物积累量的基础。从不同生育时期来看，在生育前期，作物冠层内叶面积指数具有较快的扩展速率有利于群体光合能力的快速提升；在生育后期，作物冠层保持较高的叶面积指数能显著提高作物的群体光合速率，使作物维持较高的光合势。Wullschleger 等研究认为，生育后期群体光合能力下降是棉花高产形成的限制因素；张旺锋等（2004）的研究结果也表明，棉花在生育后期叶面积指数的降低会直接导致群体光合速率的下降。在作物的群体中，冠层结构的空间差异性导致叶片和群体光合能力在冠层内的不均匀分布，是影响作物整体光合能力的关键。作物冠层的上部空间是冠层光截获和具有较强单叶光合能力叶片分布集中区域，也是作物群体光合贡献的主要组成部分。有研究表明，增大冠层中部和下部群体光合能力占整体光合的比例有利于棉花高产的形成；杜明伟等研究认为，挖掘棉花冠层中部和下部的群体光合能力对于提高棉花干物质累积和产量至关重要。

（四）栽培措施对冠层结构和光合能力的调控和优化

种植密度是农业生产中影响作物产量最重要的栽培措施之一。前人已针对种植密度对作物冠层结构和产量形成的影响开展了广泛的研究。作物适宜种植密度的选择需要考虑多方面的因素，最主要的两个方面是地域性气候特征和作物种植密度适应性调节能力。作物种植密度的变化直接导致了冠层结构差异的形成。种植密度增大后，作物冠层封行时间早，叶面积指数和群体光合能力峰值出现时期也会向前推移。因此，在无霜期较短的地区种植早熟、耐密型品种，利于发挥作物的群体优势，获得较大的光合。而对于无霜期较长的地区而言，种植个体优势明显、生育期稍长的品种，有利于提高收获指数，使作物获得较高的产量和品质。此外，作物的种植密度适应性会因作物品种遗传特性的不同而存在显著差异，其中最主要的一个方面就是株型结构特征。研究表明，紧凑的株型结构有助于作物冠层内部在较高密度条件下保持较好的通风透光，使冠层内部获得较大的光截获比例，利于作物群体光合能力的提升和高产的形成。因此，结合气候特点和品种遗传特性，研究作物种植密度适应性调节机制，对于完善栽培措施，进一步提高作物产量至关重要。

棉花是中国重要的经济作物，中国棉花产区曾覆盖全国1亿多农民，纺织服装产业从业人员达2 000万，发展棉花生产对我国经济发展具有重要战略意义。新疆光热资源丰富，是我国最大的棉花生产基地。自2012年以来，新疆棉花年产已超过我国棉花总产的50%，成为我国最大的优质棉花生产基地。随着国家棉花生产区域布局的调整，未来新疆棉花生产的战略地位将更加突出，确保新疆棉花产业的稳定发展也更加重要。

近些年，中国劳动力价格的快速上涨，人工采摘等导致植棉成本急剧增加，虽然新疆植棉业机械化发展迅速，有效降低了生产成本，但与国外先进的植棉技术相比，依然存在较多问题，尤以机械采收棉花籽棉含杂率高、原棉等级低问题最为突出，限制了新疆植棉业经济效益的进一步提升。为确保机采棉花产量，改善原棉品级，需要建立与机采相适应的棉花冠层结构指标体系及空间分布。在大田生产中，由株行距配置调节的种植密度变化往往会导致棉花冠层结构和群体光合能力空间分布产生差异，并进一步影响作物生长发育过程中光合产物的累积和产量的形成。因此，在机械采收模式下研究种植密度对棉花冠层结构、群体“源–库”数量和质量的动态变化特性、不同种植密度下棉花脱叶率及产量和原棉品级的变化，充分挖掘新疆棉区机采棉光热资源利用潜力，在提高机采棉单产的同时，提升原棉品质，对于实现新疆植棉业经济可持续发展具有重要意义。

近些年，随着新疆棉花机械采收技术的快速发展和推广，如何通过株行距配置方式改变种植密度以适应机械采收的问题在棉花生产中越来越受到重视。前人研究表明，株行距配置对作物光合能力和光能利用效率均有显著的影响。

二、棉花高光效冠层

通过建立棉花群体调控和产量构成模型，分析棉花群体对不同环境的适应性调节及其对产量的影响是非常必要的。以往对棉花冠层的研究主要集中在传统的经验性、定性化或单因素定量等方面，对冠层结构无法进行多因素定量化的描述。在未来的研究中，可以通过精确测定不同生境下、多因素调控的冠层结构变化，建立更加完善的群体冠层生产力模型，有利于探寻不同生态环境下不同品种的最佳植株个体和群体特征，形成棉花高光效冠层。在正常年份南疆的高能同步期集中在 6 月下旬到 7 月底，为 30~35d，北疆的高能同步期集中在 6 月底到 7 月下旬，为 25~30d。这种短而集中的高能同步期特征限制了新疆棉花的单株生产潜力。因此，增加密度，依靠群体增产成为当时棉花由低产向中产，进而争取高产的主要途径。

（一）技术机理

首先，调节棉花生长发育进程，控制主茎的纵向生长，促进叶枝发育，使营养生长期延长，生殖生长期集中。一般 7 月底前单株总果节数达 60 个，使生殖生长高峰处在雨热同期的 8 月，利于铃重的提高；其次，打破顶端优势，改变有机营养运输方向，协调地上与地下，营养生长同生殖生长矛盾；第三，改善棉田风光条件，增加了有效光合面积。

（二）确定集中一次重施底肥技术

施肥后，棉花营养生长期延长，生殖生长期集中，集中早施肥，可加速叶枝生长发育。

（三）阐明塑造株型的关键期是盛蕾期

盛蕾期是棉花生长发育的转折期，也是建成强大根系的关键期。首先满足蕾铃需要，再是输送给叶枝和根系。同时棉株中下部的光照强度增强，光合效率提高。因此塑造理想株型，改善风光条件，调节有机营养的运输与分配，是减少烂铃，降低脱落的关键。

三、建立高光效群体的技术要素

（一）选用补偿能力强和高光效株型的品种

选择二氧化碳补偿点低及净光合作用率高的高光效品种；选择早熟性好、株型Ⅰ－Ⅱ型、叶片大小适中，适应性强的高产、抗病、优质早中熟品种。在南疆早中熟棉区，要选择前期生长势较强、中期发育较稳健、中上部成铃潜力大、株型较为紧凑、铃重稳定、衣分高、早中熟的优质高产品种。如中棉41、中棉43、中棉49、新陆中21、新陆中28、新陆中32、新陆中36、新陆中42等，采用种衣剂包衣。

（二）采用有利于建立高光效群体的种植密度和种植方式

合理的群体是高产的基础，应根据不同的品种特性和地区自然特点，制定栽培措施和密度，创造合理群体。合理密植是提高作物产量最重要的栽培措施。调整棉花株行距配置是实现合理密度与机械化管理新技术相结合的重要手段。适宜的种植密度可显著改善作物冠层结构和群体光合能力，有助于作物高光效冠层的形成，提高作物的产量和品质。

1. 合理密植的原则

合理密植有利于充分利用地力、提高光能利用效率；可充分利用空间，增加总铃数；能改善棉铃空间分布，提高平均单铃重，从而达到增产的目的。确定种植密度应考虑以下因素。

（1）气候条件　棉花生长季节平均气温高、无霜期较长的地区，棉花生长较快，植株高大，宜适当稀植；气候温凉、无霜期较短的地区，宜适当密植。近年气候变暖，生产中适当晚播，有利于全苗和实现高产。

（2）土壤肥力　土壤肥力高或施肥水平高的棉田，棉株生长旺盛，植株高大，叶片大，果枝多，容易造成棉田郁闭，加重中、下部蕾铃脱落；土壤肥力低或施肥量小的棉田，棉株生长矮小，田间郁闭的可能性小，因此在同样的气候条件下，肥田应比瘦田密度小。

（3）品种特性　生育期长，植株高大，株型松散，果枝长，叶片大的品种密度宜低；植株矮小，叶片小，株型紧凑，果枝短的早熟品种密度宜高。杂交棉由于生长势强，种植密度应比常规棉低。

2. 不同生态条件下的适宜种植密度

中国棉花种植密度，一般是南方高于北方，西部高于东部。南疆内陆棉区种植密度为24万~30万株/hm^2。

行、株距的设置　确定适宜的种植密度，并配置好行株距，是实行合理密植两个紧密相连的组成部分。恰当配置行株距，就是要使棉株在田间的分布合理，既能充分利用地力，也便于田间管理和棉田机械化作业。目前中国各棉区广泛采用的行株距配置方式有两种：

（1）等行距　一般棉田大多采用等行距种植，其行距大小因自然条件和生产条件而异。近年来普遍推行“宽行密株”配置方式，即适当加宽行距，以推迟封行，有利于中后期的通风透光；缩小株距以保证密度，从而有利于高产。在西北内陆新疆棉区，由于无霜期短，为了争取较多的霜前花，大量采用窄行距、高密度栽培方式，即将行距缩短为33~50cm，密度加大至万株以上。近年来国内外大量试验证明，这种配置方式，有利于实现棉田机械化，能提高劳动生产率，降低生产成本（图6-10）。

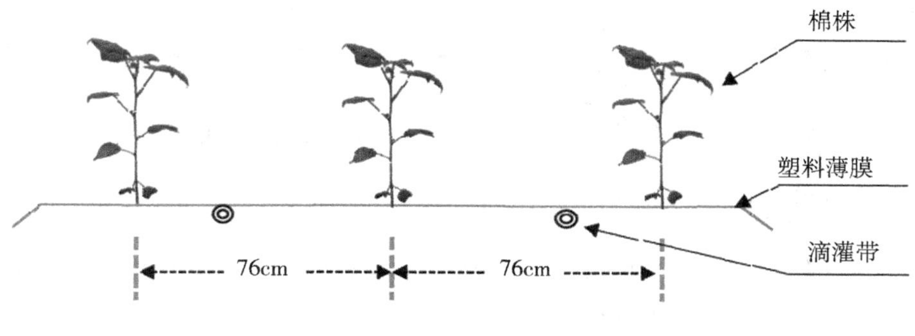

等行距配置（76cm+76cm+76cm）

图 6-10　等行距配置示意图

（2）宽窄行　宽行与窄行相间种植，通过宽行改善光照条件，有利于中下部结桃，同时便于田间管理。根据品种特性和生产条件，采用不同的株行距配置（表 6-5），松散型品种宜稀植，紧凑型品种宜密植（图 6-11，图 6-12）。

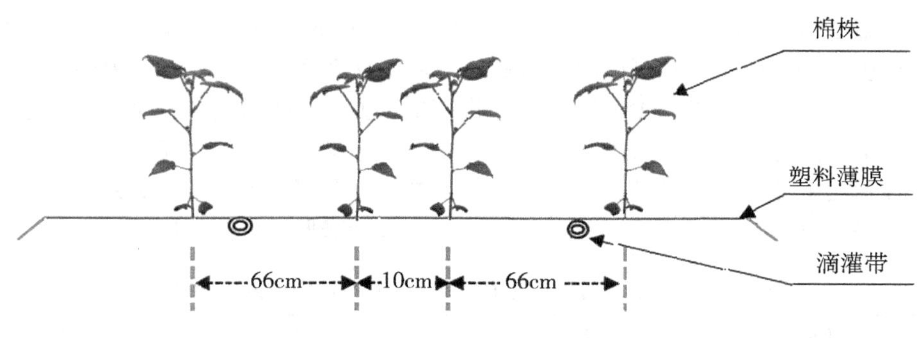

宽窄行中密度（66cm+10cm+66cm）

图 6-11　宽窄行中密度配置示意图

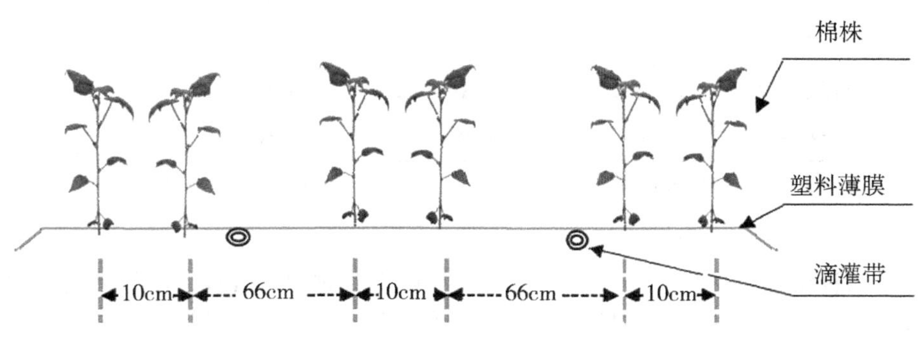

宽窄行高密度（66cm+10cm）

图 6-12　宽窄行高密度配置示意图

表 6-5　株行距配置表（姚贺盛，2018，下同）

膜宽（cm）	模式	行距（宽行+窄行）（cm）		平均行距（cm）	株距（cm）	理论穴数（万穴/667m²）
		膜上行距	膜间行距			
2. 3	1 膜 8 行	50+10 或 40+20	50~60	30~31. 35	13. 05~14. 34	1. 55~1. 63
2. 05~2. 1	1 膜 6 行（机采棉）	66+10	66	38	11. 85~13. 5	1. 3~1. 48
	1 膜 6 行	50+18	65	36. 5	12. 34~13. 73	1. 33~1. 48
2. 3	1 膜 8 行	50+10 或 40+20	50~60	30~31. 35	13. 05~14. 34	1. 55~1. 63
1. 8	1 膜 6 行	47+13	55	31. 33	13. 82~14. 68	1. 45~1. 54
1. 4~1. 5	1 膜 4 行	55~60+28	60~65	42. 75~45. 24	11. 33~14. 18	1. 1~1. 3
		50+30	60	42. 5	11. 88~14. 13	1. 11~1. 32
1. 2~1. 3	1 膜 4 行	45+20	55	35	12. 7~14. 01	1. 36~1. 5

以姚贺盛 2014—2015 年在新疆生产建设兵团第八师 149 团 19 连（45°09′N，86°05′E）2 号条田的试验为例，从表 6-6 可以看出就冠层整体 LAI 值而言，在各处理中按照宽窄行高密度>宽窄行中密度> 等行距低密度的顺序逐渐降低。就不同的冠层部位而言，在冠层上部，各处理的 LAI 值沿着宽窄行高密度>宽窄行中密度>等行距低密度的顺序呈现逐渐降低的变化趋势；在冠层中部，各处理间 LAI 值没有显著差异；在冠层下部，各处理 LAI 值以等行距低密度>宽窄行中密度> 宽窄行高密度的顺序呈现逐渐降低的变化趋势。

表 6-6　种植密度对棉花叶面积指数（LAI）空间分布的影响

年份	处理	冠层上部	冠层中部	冠层下部	冠层整体
2014	等行距低密度	0. 87±0. 06c	1. 35±0. 20a	0. 61±0. 06a	2. 83±0. 17b
	宽窄行中密度	1. 41±0. 14b	1. 51±0. 14a	0. 33±0. 09b	3. 25±. 020a
	宽窄行高密度	2. 39±0. 37a	1. 02±0. 28a	0. 19±0. 03c	3. 61±0. 32a
2015	等行距低密度	1. 10±0. 13c	1. 30±0. 22a	0. 66±0. 09a	3. 11±0. 10c
	宽窄行中密度	1. 75±0. 28b	1. 19±0. 24a	0. 41±0. 16b	3. 34±0. 12b
	宽窄行高密度	2. 63±0. 24a	0. 96±0. 18a	0. 16±0. 07c	3. 75±0. 21a

注：表中数值为平均值±标准偏差；同一年同一列中数值后的不同字母表示在 0. 05 水平上处理间差异显著。

在适宜的种植密度条件下，在产量形成的关键生育时期具有较大的群体光合面积和合理的冠层光分布是棉花获得较高群体光合能力的关键。

3. 实施有利于塑造理想株型、建立高光效群体的综合调控技术

光照强度是决定棉花光合作用的重要因素，棉花的高产必须建立在高光效的群体基础之上，特别是棉花盛铃期冠层基部光强的优劣，直接影响到棉株中下部棉铃能否正常发育成熟。张巨松等的研究表明缩节胺（DPC）可以明显改善棉花冠层基部的受光条件。

（1）整枝　整枝具有调节棉株体内营养物质的运输分配方向、减少养分的无谓

消耗和改善棉田通风透光条件、提高光能利用率等作用，从而防止徒长，使蕾铃得到足够的营养，减少脱落和烂铃，增加前期结铃率，促进早熟，提高产量。

整枝技术包括：①去叶枝：通常认为叶枝是顶芽生长，长势强，消耗养分多，影响果枝的发育；同时叶枝上的叶片较多，面积较大，常使棉田荫蔽，影响通风透光；叶枝间接着生花蕾，成铃少而小，成熟也较迟。去叶枝要及时、全面、彻底，不伤茎皮，不误打果枝。现蕾后能清楚区别果枝和叶枝时，将果枝以下的叶枝全部去掉，应保留主茎上的叶片。在边行和缺苗的地方，可以保留1~2个叶枝，但叶枝长出果枝后应去其顶端。长势旺的棉田，可酌情将第一果枝以下的主茎叶全部打去。俗称“脱裤腿”，有控制旺长的作用。目前，在生产上，通常采用简化整枝，即保留叶枝。但简化整枝要与品种密度、肥料运筹和化控等措施相配合施用。邱新平（1995）认为，在中等偏低棉田，保留叶枝对棉花生长有利，叶枝对产量的贡献与密度有关，在低密度条件下，叶枝对产量的贡献较大，为39.8%，高密度为20.8%。“开心棉”（留叶枝并适当打顶、主茎留5个果枝左右时打顶）叶枝对产量的贡献高达50%。“简化栽培”（俗称“懒棉花”，其核心技术是保留并改造叶枝，叶枝长出4~6个果时打顶心；调减密度，较常规栽培法减少20%左右。配套技术是：适期晚播、增施蕾肥、拉开行距、推迟化调、少中耕等。以留叶枝为主要内容的“简化栽培”技术操作流程的，都有增产、省工、节本的效果。棉花以留叶枝为主要内容的“简化栽培”是一项确实能获得高产高效的栽培技术。②打顶心：棉花的主茎生长点具有顶端优势，适时打顶可以打破顶端优势，调节体内养分向蕾铃输送；可以控制棉株生长高度，塑造株型；还有减少上部无效果枝、避免养分消耗的作用。③打边心：打边心就是打去果枝的顶尖。打边心可以控制果枝横向生长，改善田间通风透光条件，利于提高成铃率，增加铃重，促进早熟。生产上对肥水充足、长势较旺、密度较大的棉田，在田间管理中后期，自下而上分次打去群尖，并结合结铃情况，下部留2~3个果节，中部留3~4个果节，上部可根据当地初霜期早晚打。

（2）缩节胺化学调节　缩节胺的使用原则：①早、轻、勤的原则。早：在棉花子叶展平或现行时即开始化学调控，早化学调控有利于促进果枝分化和早现蕾，降低始果节位，同时也能防止高脚苗。轻：由于新疆生态区、土壤类型以及棉花品种对缩节胺敏感性不同，缩节胺的用量宜轻。勤：根据现阶段地膜覆盖和滴灌棉田早苗齐发、群体发展快的特性，应采用“少量多次”“轻控、勤控”原则，使棉株始终在调控范围内生长，到达丰产稳产的目的。②“时间决定部位，用量决定强度”原则：化学调控的部位取决于化学调控的时间，据前人研究结论：N叶龄化学调控，可控N节、（N-1）节和（N-2）节。化学调控作用大小在用量上体现，施用量越大，化学调控效果越明显。③与水肥调控相结合的原则：在棉花生产中，大水、大肥很容易导致棉株旺长。现阶段新疆棉花化学调控技术已经将缩节胺与肥水有机地结合起来。例如在灌头水之前，以缩节胺调控为主；在灌头水之后，以水肥调控为主，缩节胺配合化调。

(3) 缩节胺具体应用　①蕾期重控：主茎及1~4果枝节间长度2~4cm，5~8果枝节间5~7cm，株高80cm。②花铃期轻控：打顶后逐步减轻化控，形成下紧、上松理想株型，便于通风透光。③疯杈控制：越短越好，减少其对中部蕾铃生长的影响。④缩节胺有效期：10~15d，作用是缩节而不减少叶和花蕾数量，可使叶色深绿。

(4) 缩节胺的效用　①增加有效铃数：植株上、中、下结铃均匀，霜前花增加；内围铃比重加大，平均铃重增大；叶片功能期长，棉铃灌浆时间长，种子、纤维发育充分，纤维强度大，衣分高；枯、黄萎病危害减轻，霜后花比例减少，高产、稳产。②增加经济收入：减少田间管理的人工投入；提高肥水利用率，减少使用量；提高棉花采摘效率，减少棉花采摘损失。③提升棉花品级：吐絮早且集中，品级高，色泽好；种子、纤维灌浆充分，种子饱满，纤维强度大，质量高；便于机采，杂质少。

(5) 杂交棉的化控　杂交棉因植株高大，应合理化控，塑造理想株型，保持果枝间平均两指半（3~4cm），株高150~160cm理想株型。

棉花具有无限生长习性，在生育中后期，由于棉株制造光合产物的"光合活性中心"与"发育生长中心"棉铃在位置上不重合，使得群体光合速率与产量的关系极为复杂。要取得棉花高产，必须注意协调其源库的关系，并解决好光合产物的分配。在新疆棉花高产栽培中，生育前期在促壮苗早发的基础上，主要通过系统化学调控，塑造理想的株型，生育中后期通过合理的肥水管理，培育优良的冠层结构，使其强源，大库，实现源库流的协调，取得高产。但由于棉花群体光合速率与产量关系的复杂性，加之北疆为特早熟棉区，在无霜期短的年份，生育期偏长的品种很难发挥其潜力。

第四节　化学脱叶与催熟技术

新疆棉花生长后期整体气温呈现持续下降趋势。因棉花具有无限生长的习性，这种气温条件会对吐絮较晚的外围铃和上位铃造成不利影响，致使其完全成熟困难，进而对棉花产量和纤维品质产生不利影响。这一情况在新疆各地区普遍存在，而化学脱叶催熟技术的恰当应用，是解决这一困难的重要渠道。

棉花的化学催熟和脱叶是指在棉花生育后期应用人工合成的化合物，促进棉铃开裂吐絮以及叶片脱落。化学脱叶催熟的主要目的是，在收获前促使棉株的绝大部分叶片尽快脱落，解决棉花的后期晚熟问题，为机械采收提供良好基础。目前，国际上常将催熟剂和脱叶剂统称为辅助收获剂（harvest-aids），综合应用脱叶剂和催熟剂的技术可以称之为脱叶催熟技术。作为机采棉必备的配套栽培措施，棉花生产上脱叶与催熟往往同步进行，这样可以提高机械化采棉的"采净率"从栽培角度提高采棉机的作业效率，从根本上降低机采棉的"含杂率"，进而提高机械化采棉质量。此外，棉花化学脱叶催熟不仅仅是针对机采棉种植方式的单一技术，也是晚熟棉田手工快速采棉必不可少的一项重要技术措施，可以提高手工采棉作业效率，减轻人工采棉劳动强度。

棉花化学脱叶催熟是一项要求严格且需要灵活掌握的技术，脱叶催熟的效果与气候条件、棉花生长发育状况、脱叶催熟剂的种类、脱叶催熟剂的应用剂量与应用时间及喷施技术等都有密切的关系，应用不当会对棉花产量、品质等造成显著影响。生产上常出现机采棉脱叶不理想、催熟效果差，进而导致减产降质、影响机械采收效率甚至无法实施机采的现象，同时也常见脱叶催熟剂喷施剂量过高造成药物浪费成本增加的现象。目前，催熟剂主要为40%的乙烯利水剂。用于棉花催熟主要是加快并促进45d以上棉铃的发育进程，使其提早开裂吐絮。适期和适量的乙烯利处理，对各项纤维品质无不良影响，但应用时间或用量不合适，会对棉花产量和品质造成负面影响。脱叶剂根据脱叶原理一般分为二类：第一类为触杀型化合物，其原理为直接杀伤或杀死植物的绿色组织，同时刺激伤害乙烯的产生，如脱叶磷、噻节因、唑草酯、草甘膦、百草枯、敌草隆、氯酸镁等。触杀型化合物脱叶剂起效速度快，催熟作用强，低温适用性强，成本低，但损伤植株正常生理代谢，早用或用量高均会降低单铃重，且叶片容易干枯挂枝或易于生长再生叶，导致机械采收时含杂率高，污染棉絮。第二类为促进内源乙烯生成化合物，可诱导植物体成熟和叶柄离层的形成，如乙烯利、噻唑隆等；促进内源乙烯生成化合物脱叶剂能够调解植物激素平衡和生理代谢，使叶片青绿色自然脱落，无干枯叶，有效抑制棉花叶片再生，不污染棉絮，采收棉花含杂量低，对棉花产量影响和品质质量影响小，但脱叶效果受环境温度影响较大，低温适用性差，且脱叶成本较高。在产品研发和生产应用中以复配的形式应用较多。复合型脱叶剂兼有除草剂成分和调节剂成分，采取了前两类脱叶剂的优点，可以提高脱叶剂对低温的适用性，保证脱叶效果。加上乙烯利混合使用，脱叶催熟效果较好，对棉花产量和品质影响相对较小，且对环境的适用性强。

随着新疆现代化植棉技术的推进，机采棉面积的逐年加大，脱叶催熟技术的标准化实施越来越重要。为实现机采棉优质、高效、安全的生产，减少因脱叶催熟不当造成的棉花产量与品质损失，并为新疆植棉全程机械化提供技术支持

一、化学脱叶催熟技术研究进展

时至今日，脱叶催熟剂的剂型发展已走过近60个年头，最早在新疆人们采用氰氨化钙CaCNa对棉花进行脱叶，后来由于其高昂的生产成本，与药剂本身具有非常强毒性，并且脱叶效果差等诸多原因，快速地被生产与市场所淘汰，一时间脱叶催熟剂的发展走到了非常尴尬的局面。这一困境在1959年得以打破，这一年新疆八一农学院在国内率先引进苏联制造的氯酸镁［$Mg(ClO_3)_2$］作为棉花脱叶催熟剂并开始了大田试验，试验结果表明这种新型药剂不仅提高了脱叶率与脱叶速度，同时还具备一定的催熟作用。随后，氯酸镁逐渐开始作为棉花的脱叶催熟剂在新疆各团场的棉花生产中推广起来。氯酸镁虽然在很大程度上解决了棉花脱叶催熟剂的功效性与安全性问题，但这还不足以达到棉花脱叶催熟的最佳效果，到了1976年在泾阳县先锋大队科研站，一种具有特色刺激性臭味，并极易溶于水的橘黄色结晶粉末（乙基磺原酸钠），开始作为棉花脱叶剂走上了剂型换代舞台。与之前的药剂相比，乙基磺原酸钠生产工艺更为简单，原料来源更为广泛，兼具之前药剂功效性和安全性。同年，西德Schering公司宣布合成了一种新型的植物生长调节剂——塞苯隆，化学名称为：1-苯基-3-（1，2，3，-噻二唑-5-基）脲，通用名：TDZ thidiazuron。由美国NOR-AM农业产品公司生产为棉花脱叶剂，于1979年允许试验应用。这一生长调节剂的问世，彻底改变了棉花脱叶剂的市场，效力大，对棉株无损伤，对环境污染轻，使用安全，时至今日噻苯隆依旧是各种脱叶催熟剂产品的主要成分组成。近年来研究发现，樊翠芹（2007）等认为150~450g/hm^{2}的噻苯隆对棉花的单铃重、衣分、衣指和子指基本没有影响。然而袁传卫（2014）等试验发现噻苯隆用量为450g/hm^{2}时，单铃

重相比清水对照及其他处理减少了约6%。樊翠芹等认为150~450g/hm^{2}噻苯隆对棉纤维长度、伸长率、整齐度、比强度、马克隆值均无显著性差异。亦有研究认为脱吐隆和瑞脱隆两种脱叶剂处理下的棉花纤维长度影响不大。高丽丽等（2016）通过对吐絮程度不同的棉田喷施脱叶剂研究得出，吐絮率在50%时喷施脱叶剂最为合适，且不影响棉花品质。王刚（2018）等则认为应该在棉花自然吐絮达到30%至40%时喷施脱叶剂。姜鸿君（2005）认为脱叶剂喷施当天的温度应在18~25℃之间。雷斌（2011）等认为日最低气温不低于11℃有利于棉花脱催熟剂的喷施。喷施脱叶剂前后3~5d的日最低气温>12.5℃，日平均温度高于18℃时施药，更有利于脱叶催熟剂的释放和棉花的吸收。另有观点认为，脱叶催熟剂喷施效果与施药当天及施药后5d内的气温变化关系不大，而施药后6~10d的平均气温对其影响较大。

二、棉花化学脱叶催熟的作用与原理

棉花脱叶催熟后，可以加速棉铃的吐絮，增加霜前花率。脱叶后，可减少机械采收籽棉中的杂质含量。脱叶催熟后由于棉花吐絮较为集中，可以直接提高采棉机的工作效率。同时，脱叶催熟剂还可以消灭部分害虫，以及一些棉田杂草。在多雨的地区，脱叶催熟剂的喷施，可以减少棉株下部棉铃霉烂的现象。

目前新疆广泛使用的机采棉脱叶剂一般为植物生长调节剂型农药，以噻苯隆为主要成分的脱叶剂，一般为增效辅以敌草隆成分，在农药里一般标称为噻苯·敌草隆，也有单剂噻苯隆的。噻苯隆的作用：一是诱发棉株产生和输送乙烯，二是抑制生长素的传导，三是诱发叶柄处产生脱落酸。敌草隆的作用：在棉株内促进噻苯隆的运输。乙烯利的作用：一是促进乙烯的合成，以及增加乙烯的含量，促进棉铃的成熟和开裂，二是抑制生长素的合成。脱叶与催熟密切相关，所以施药时脱叶剂和乙烯利要混合同时使用，以便发挥更大的药效。

三、化学脱叶催熟剂应用技术

（一）脱叶催熟剂使用时间

棉铃是棉花产量及纤维品质的基本单位，受品种的遗传特性、环境条件和栽培措施等多方面因素的影响。棉铃发育的完全程度直接影响棉花产量和纤维品质。随着机采棉的广泛推广，为确保机械采收的质量，在棉花生长后期进行化学脱叶催熟已经是棉花生产机械化所必然包含的流程。然而，新疆棉区无霜期短，棉花生育后期气温下降快，导致棉花的生产面临着棉株顶部铃的发育尚未完成和适期喷施脱叶催熟剂的矛盾，过早喷施脱叶催熟剂将导致单铃重和的下降，同时还会引起棉纤维收缩影响纤维长度，过晚的喷施又会导致霜期来临时棉花吐絮不完全，采收困难的矛盾。因此，在促进棉花早熟栽培的基础上，选择合理的时期喷施脱叶催熟剂，既可以保证棉株顶部棉铃能够成熟吐絮，又能实现良好的脱叶效果。

总的要求：铃期≥45d，平均气温≥20℃持续在5d以上，棉株吐絮率35%~55%之间，达到NY/T1133—2006的要求可喷药。时间上，北疆大致在9月5—10日喷施，而南疆可以在此基础上向后延迟5~10d，在9月10—15日喷施。

（二）药剂种类

截至 2017 年 8 月 21 日，中国批准登记并在有效期内的棉花脱叶剂产品共有 68 个（仍以噻苯隆为主），其中单剂 42 个，复配剂 26 个。具体情况如下：

1. 单剂

噻苯隆：共 41 个产品，其中 50%可湿性粉剂 22 个，80%可湿性粉剂 10 个，50%悬浮剂 5 个，55%悬浮剂 1 个，30%可分散油悬浮剂 1 个，70%水分散粒剂 1 个，80%水分散粒剂 1 个。

吡草醚：共 1 个产品，为 2%微乳剂。

2. 复合剂

噻苯隆・敌草隆：共 24 个产品，其中 540g/L 悬浮剂（噻苯隆 360glL＋敌草隆 180glL）20 个，12%可分散油悬浮剂 1 个（噻苯隆 8%+敌草隆 4%）｝30%可分散油悬浮剂（噻苯隆 20%+敌草隆 10%）1 个，75%可湿性粉剂（噻苯隆 50%+敌草隆 25%）1 个，81%水分散粒剂（噻苯隆 75%+敌草隆 6%）1 个

噻苯隆・乙烯利：共 1 个产品，为 50%悬浮剂（噻苯隆 10%+乙烯利 40%）。

噻苯隆・敌草隆・乙烯利：共 1 个产品，为 65%悬浮剂（噻苯隆 18%+敌草隆 7%+乙烯利 40%）

以高丽丽（2015）于新疆玛纳斯县六户地镇实验为例，试验品种为新陆早 32 号，生育期 125d。采用 4 种棉花脱叶催熟剂进行试验，分别为真功夫（A）、脱吐隆（B）、棉海（C）、棉花低温脱叶剂（D）与清水（CK）进行效果比对试验，结果如表 6-7。

表 6-7　不同脱叶剂对棉花脱叶效果的影响（高丽丽，2015，下同）　（单位：%）

处理	施药后第 5d	施药后第 10d	施药后第 15d	施药后第 20d
A	36. 9±0. 98 cC	55. 2±0. 66 cC	76. 0±1. 14 bB	77. 9±0. 70 cC
B	43. 7±1. 93 bB	70. 7±1. 58 aA	84. 8+0. 30 aA	88. 5±1. 45 aA
C	46. 4±1. 16 bB	63. 1±1. 06 bB	80. 6+0. 70 abAB	81. 9±0. 78 bB
D	56. 0±1. 86 aA	63. 0±1. 09 bB	80. 0±1. 87 bB	82. 1±0. 57 bB
E（CK）	28. 1±0. 69 dD	34. 4±1. 60 dD	51. 8±2. 20 dD	58. 5±2. 40 dD

注：同列数据后不同小写字母表示差异显著（$P<0.05$），不同大写字母表示差异极显著（$P<0.01$），下同。

（三）应用剂量

脱叶催熟剂的使用，要同时考虑药效和经济效益，根据棉田的整体情况和所选用脱叶催熟剂的品种，来决定最佳的药剂施用量。

确定脱叶剂催熟用量的基本原则：长势良好的正常棉田应适量减少脱叶催熟剂的实用量，做到最大程度的保证棉铃的成熟与生长，减少脱叶催熟剂对棉铃和纤维品质的影响。生产中常由于棉花生长后期水肥运筹的不佳造成棉田生长情况过旺的情况，面对这种情况应适当增加脱叶催熟剂的使用量。近年来为保证棉花产量的稳定，常出现超高密度的棉花栽培方式，这种棉田透光度和通风效果均要差一些影响棉花叶片的着药和后期药剂的吸收，棉花群体数量的增大，对脱叶催熟剂的需求量也就随之增大，应根据种植密度加大脱

叶催熟剂的用量。棉花的品种特性也会影响脱叶剂的使用量，早熟品种适量减少，晚熟品种适量增多；零式或Ⅰ式果枝品种用量偏少，Ⅱ式果枝品种用量偏多；喷施时间早的用量偏少，喷施时间晚的用量偏多。

以进口的德国拜耳公司生产的脱吐隆和国内瑞邦公司生产的瑞脱龙为例用量如下：

南疆剂型与配方。脱吐隆（150~225mL/hm^2）+伴宝（180mL/hm^2）；瑞脱龙（300~375g/hm^2）。

北疆剂型与配方。脱吐隆（180~225mL/hm^2）+伴宝（300mL/hm^2）；瑞脱龙（375~675g/hm^2）。

（四）两次施药进行脱叶催熟的用药时间

根据棉田群体的大小、叶片量的多少确定施药次数。群体小的棉田，施药一次即可。群体大、叶片多的棉田，由于药液不易喷到中下层叶片，宜采用分次施药第一次施药应比正常施药期提前5d左右，采用较低剂量，第一次施药后10d左右，待上部叶大部分脱落后，再第二次施药，剂量适当增加。

（五）40%乙烯利用药量

由于气候或技术上的原因，常有一些棉田的部分棉铃不能正常成熟、吐絮。通过使用乙烯利，可促进棉花叶片中的营养物质加速向棉铃输送转化的过程，使棉铃加快发育、提早吐絮，催熟效果显著。而且，乙烯利使用简便易行、成本较低、几乎没有残毒公害。乙烯利的使用也要根据不同的棉田情况加以判断，只有棉铃不能正常成熟、吐絮才能使用乙烯利催熟，对棉铃能正常成熟。吐絮的棉田，特别是有早衰趋势的棉田，不能使用乙烯利。否则，会引起棉株过早枯衰，造成减产。对良种繁殖的棉田，更不能使用乙烯利催熟。因为，喷施乙烯利会促进棉花叶片中更多的营养物质向棉絮转化，而运向棉籽的数量则会相应减少，会使种子干瘪、成熟度差，种子利用价值大大降低（表6-8，表6-9）。

确定乙烯利催熟用量的基本原则：施药期吐絮率低，剂量加大，吐絮率高，剂量降低；需要催熟时，应用时间早剂量低，施药时间晚剂量加大。使用乙烯利剂量过大会导致棉叶焦脆，枯死后仍与枝干相连不脱落，使机械采收时籽棉含杂率偏高。其用量参考如下。20%~40%棉铃吐絮时，40%乙烯利水剂用量在1 200~1 800g/hm^2；50%~70%棉铃吐絮时，40%乙烯利水剂用量在1 050~1 500g/hm^2；80%以上棉铃吐絮时，40%乙烯利水剂用量在750~1 050g/hm^2。

另外，值得注意的是乙烯利是一种酸性物质，在中性溶液中极易分解，既不能用碱性较强的水稀释，更不能与碱性农药、化肥混用。而且，配置好的乙烯利稀释液不适宜存放，要现配现用。

表6-8 不同脱叶剂对棉花叶絮效果的影响 （单位：%）

处理	施药当天	施药后5d	施药后10d	施药后15d	施药后20d
A	29. 4±2. 18 aA	44. 0±0. 58 bB	62. 0±0. 82 bB	81. 6±0. 65 bB	87. 9±0. 60 bA
B	28. 1±2. 66 aA	52. 3±0. 17 aA	68. 4±0. 16 aA	88. 0±0. 42 aA	91. 1±1. 70 aA
C	31. 9±2. 28 aA	42. 0±0. 58 dC	60. 0±0. 49 cB	80. 0±0. 82 bB	84. 2±0. 78 cBC
D	30. 6±2. 39 aA	43. 4±0. 23 bcBC	61. 9±0. 78 bB	82. 4±0. 57 bB	88. 9±0. 79 abA
E（CK）	29. 1±2. 75 aA	42. 5±0. 29 cdYC	52. 4±0. 25 dC	73. 6±1. 47 cC	80. 9±0. 50 dC

表 6-9　不同脱叶剂对棉花产量及纤维品质的影响

处理	籽棉产量（kg/hm^2）	长度（mm）	整齐度（%）	比强度（cN/tex）	伸长率（%）	成熟度	马克隆值
A	6 557.08aA	28.21 aA	83.37 aA	30.27 aA	7.03 aA	0.85 aA	4.19 aA
B	6 637.88aA	28.58 aA	83.13 aA	30.23 aA	7.27 aA	0.85 aA	4.11 aA
C	6 455.75aA	29.41 aA	83.80 aA	30.10 aA	7.13 aA	0.85 aA	4.30 aA
D	6 241.79aA	29.10 aA	84.17 aA	30.67 aA	7.47 aA	0.85 aA	4.06 aA
E（CK）	6 268.19aA	28.71 aA	81.03 aA	30.33 aA	7.00 aA	0.86 aA	4.37 aA

（六）助剂选用

在实际应用中，由于脱叶催熟剂容易受棉花长势、气候条件尤其是低温和施药技术等因素的影响，单独施用后往往达不到预期的效果，特别是以噻苯隆为主效成分的脱叶催熟剂内吸传导性差、对低温敏感，常因施药条件苛刻而难以发挥最佳作用效果。为确保药剂的应用效果，生产上常采用添加表面活性剂、渗透剂等助剂来提高棉花脱叶剂的主剂成分的传导性及低温适用性，目前，市场上常见的助剂有烷基乙基磺酸盐、有机硅、植物油等。

助剂能够增加农药在棉花叶片表皮的渗透能力，具有湿润性好、渗透力强的特点。提高药剂的延展性，降低农药用量，提高农药的使用效果。可以根据脱叶催熟产品说明选用配套的助剂。

四、化学脱叶催熟棉花品种的选择

不同棉花品种对脱叶催熟反应程度不同，一般早熟品种对脱叶剂反应敏感，药效明显，中晚熟品种对脱叶催熟剂反应迟钝，并且采棉品系难度相对更大。

（一）品种选择的基本原则

早熟性好，棉花吐絮快而集中、吐絮畅而含絮力适中，对脱叶剂敏感。杂交棉品种或常规品种的机采棉品种要能够保证主体棉铃能正常成熟，棉纤维发育完全，霜前花率高，棉花品种的优良内在品质能充分体现。

（二）主要品种生物学特性指标

优先选择株型较紧凑，茎秆硬朗、不易倒伏，始果枝节位 5~6 节，始果节高度大于 18cm，叶片中等大小，结铃性强，吐絮集中，脱叶敏感的品种。棉花株高控制在 70~80cm。

单铃重 5.2g 以上，衣分 40.0% 以上，2.5% 跨距长度 30.0mm 以上，比强度 30.0cN/tex以上，马克隆值 4.0~4.4。

（三）生育期要求

北疆主栽品种，生育期（出苗至吐絮的天数）约 120d，霜前花率 90%以上，有效生长天数 155~175d，在早熟棉亚区能正常成熟。

南疆主栽品种生育期约 132d，霜前花率 90%以上，有效生长天数 185~192d，在早中熟棉亚区能正常成熟。

（四）株行距配置

根据当前主要采棉机的采摘头空间配置，常规棉以66cm+10cm或等行距三角型72cm+4cm的配置较为理想。66cm或者72cm的宽行为机械行走带，10cm或者4cm的窄行为播种带。株距11～12cm，理论株数219 000～238 500万株/hm^2。

杂交棉或个体优势发育强的常规品种以76cm等行距单行种植，株距7～8cm，理论株数163 500～187 500万株/hm^2。

五、化学脱叶催熟配套田间管理技术

（一）田间杂草防除

田间杂草过多，不仅会影响棉花的生长发育和棉田通风条件，同时影响喷雾质量，机采时杂草缠绕棉花不利于机采，且杂草汁液中的叶绿素会对棉花造成污染，降低机采棉花的品质。

（二）病虫害防治

病虫害发生严重时不仅会影响棉花的正常生长发育，而且会影响到脱叶剂的脱叶效果。早期由于病虫害造成的棉铃脱落会使得作物通过增加营养生长来补偿，导致植株体内生长素含量增加，造成棉株贪青晚熟，增加脱叶的难度。

（三）田间含水量

最后一次灌溉质量非常关键，不能使土壤过于干旱，灌水量也不能太大，否则易造成棉花减产或棉株贪青晚熟。土壤含水量适当降低，有利于脱叶。

（四）氮素营养

氮素过多，棉花生长容易过旺，棉株不能正常进入生理成熟期，增加脱叶难度，对棉花产量和质量产生影响，且脱叶剂用量大，脱叶效果不好，影响机采棉采收质量和加工质量。

（五）棉花生长发育控制

棉株生长发育正常、稳健，自然衰老，正常成熟，有利于脱叶催熟剂作用的发挥，脱叶效果好。早衰棉花生理活性低，新陈代谢功能差，脱叶效果差；旺长棉株营养体大，生长势强，脱叶效果差。

六、脱叶催熟剂使用注意事项

（一）气候条件

确定喷施脱叶催熟剂最佳时间的依据，施药前后3～5d内日均温度12℃以上，施药后24h无雨，如果喷药后10h内遇大雨，必须补喷或重喷。在无风或微风天气施药，施药后气温越高脱叶催熟效果越好。应尽量避免在降温之前的高温日施药。若必须在此时施药，则应适当增加药量。也可以通过霜期到来的时间角度，应在初霜期提前15～20d选择恰当天气喷施药剂。

此外，空气相对湿度较高，催熟剂在作物叶表面保持溶液状态的时间较长，有利于作物叶片对脱叶催熟剂的吸收。

（二）棉铃吐絮、成熟情况

为降低脱叶催熟剂对棉花产量和品质的影响，要求棉花顶部铃的龄期达到45d，棉田自然吐絮率不低于30%。吐絮率高于60%后脱叶催熟对产量和纤维品质的影响最小。

（三）机械化作业条件

施药期内要合理安排时间，将施药时间与机采时间、机采速度相对应，根据播种顺序和条田情况，以条田为单位进行分批次施药，进一步降低棉田间吐絮过于集中的风险，达到既满足机械采收又能适时采收的效果。

（四）配药要求

1. 二次稀释

脱叶剂在水中的分散性好坏直接决定药效，在配药时必须采用“二次稀释”的办法确保药液乳化均匀，即先将药液在水桶等容器中先稀释一次制成母液，待施药罐或施药桶内加1/2的水后，再将母液倒入施药罐或施药桶，继续加水至合适位置。禁止直接将药剂倒入施药罐或施药桶，防止出现药害，尤其是有些脱叶剂粉剂不易稀释，容易出现结块堵塞喷头，影响施药效果。

2. 水质洁净

配药用水要求水质洁净，pH值7.0左右，不宜使用盐碱含量高的水质，尽量避免使用过脏的渠道水。

（五）喷施脱叶催熟剂的机具

喷药机具可采用飞机或无人机喷施和高架喷雾机喷施。

飞机喷洒作业速度快，作业周期短，有利于提高药效。但飞机作业喷施药液量小，雾点小，遇风易漂移，且下层叶片脱叶率低，条田两头有林带或高压线时，其临近地段的脱叶效果差。

高架喷雾机的作业质量较好，喷洒上下均匀，不漏喷，受风影响小。但作业工效低，作业周期长。作业中存在转弯压棉株，行间碾压棉铃，撞落已吐絮棉花等问题。

目前新疆棉区主要以高架喷雾机作业为主。

（六）喷施质量要求

因脱叶剂是接触起作用，没有传导作用，在棉花使用脱叶剂时，药液必须接触棉花叶片。因此，在喷雾时，要求药剂喷施雾化质量好，喷雾一定要均匀周到，上中下部叶片都能喷到，着药均匀，不重不漏，到地头到地边。脱叶率比较低的叶片主要是下部的叶枝叶和中下部的果枝叶，因此应设法增加这些叶片的附着药量，以提高棉田的脱叶率。

1. 高架喷雾机喷雾

用水量600~900L/hm^2，喷后叶片受药率不小于95%。为使药液喷施均匀，尽量采用吊杆施药。

根据喷药量确定喷头孔径和工作压力，正确调整喷头的角度。作业前，机具须经过空运转和负荷试验运转，检查各零部件的工作状况，不得漏水和堵塞，并实测单位面积喷药量。作业时，保持发动机额定转速，以保证药泵的正常工作压力，地头转弯应减速，并切断动力输出，停止喷药。在正常作业的第一个行程后必须校正喷药量。根据已喷面积和用药量，计算实际单位面积喷药量与要求药量是否相符，若有差异应进行调整（图6-13）。

2. 飞机施药

航喷的用水量应不少于 7.5L/hm^2，最好加入少量表面活性剂，以提高药液在叶面的附着量。

选择无风或微风天气喷药，最好在清晨相对湿度较高时进行，应尽量避开高温天气喷药，以延长对药液的吸收时间。飞机航喷飞行高度 2～2.5m，进行往复喷施，喷幅要略微重叠，但重叠不可过多。飞机航喷没有喷到的地头、地边，需要人工及时辅助补喷（图 6-14）。

图 6-13　“爱国者”喷施脱叶剂

图 6-14　大疆 MG-1P 植保无人机喷施脱叶剂

（七）脱叶、催熟效果的检查

喷施作业结束后，分别于第 7d、第 10d 对棉花吐絮率、落叶率进行测定，检查药效发挥情况，预判断是否可达到机采作业时所要求的指标。如果脱叶率太低、催熟效果太差，应及时考虑补救工作。

七、棉花采收

棉花脱叶催熟后要适时采收，喷施脱叶催熟剂 18～25d 后棉花脱叶率达到 95%以上、吐絮率达 90%以上时即可进行机械采收。

采棉机作业质量要求：采净率达95%以上，总损失率不超过5%。其中：挂枝率不高于0.8%，遗留棉花不高于1.5%，挂落棉花不高于1.7%，含杂率不高于10%，含水率不高于10%。

八、展望

棉花脱叶催熟作为棉花采收前的最后一次化控，但新疆地域辽阔，棉花种植区域跨度较大，不同棉花种植区域，所栽培的棉花品种、种植模式以及气候条件存在着一定的差异性，这些因素均会影响棉花的脱叶催熟效果。目前，脱叶催熟剂的剂型研究还在不断的探索与深入中，未来一段时间将会有适应性更为广泛的药剂被研发成功，届时棉花脱叶催熟剂的作用机理的研究，将会更加深入。近年来的研究报道中可以看到，药剂的施用方式也在不断的革新膜下滴施与无人机飞防产业发展迅速。药剂施用方式的改变是否会影响棉花脱叶催熟的效果，这些直接关系到棉花生产的问题，急需更为系统全面的进行研究与探索。

（本章作者：赵强，汤秋香，林涛）

本章参考文献

董春玲，罗宏海，张亚黎，等. 2013. 喷施氟节胺对棉花农艺性状的影响及化学打顶效应研究［J］. 新疆农业科学，50（11）：1 985-1 990.

樊翠芹，王贵启，苏立军，等. 2007. 50%噻苯隆在棉田的应用效果及气候因素的影响［J］. 河北农业科学（1）：51-54.

高丽丽，李淦，徐新霞，等. 2016. 4种棉花脱叶剂脱叶效果的比较研究［J］. 新疆农业大学学报，39（1）：35-39.

韩焕勇. 2017. 氮肥对棉花应用增效缩节胺封顶效果的影响［J］. 中国农业大学学报，22（2）：12-20.

康正华，赵强，娄善伟，等. 2015. 不同化学打顶剂对棉花农艺及产量性状的影响［J］. 新疆农业科学，52（7）：1 200-1 208.

雷斌，张云生，李忠华，等，2011. 何守信. 棉花脱叶剂的田间效果筛选［J］. 新疆农业科学，48（12）：2 321-2 324.

娄善伟，赵强，朱北京，等. 2015. 棉花化学封顶对植株上部枝叶形态变化的影响［J］. 农业学报，24（8）：62-67.

王刚，陈兵，张鑫，王旭文，等. 2018. 新疆棉花化学打顶后期脱叶技术规程［J］. 中国棉花，45（3）：33-34.

徐宇强，张静，管利军，等. 2014. 化学封顶对东疆棉花生长发育主要性状的影响［J］. 中国棉花，41（2）：30-31.

杨成勋，姚贺盛，杨延龙，等. 2015. 化学打顶对棉花冠层结构指标及产量形成的影响［J］. 新疆农业科学，52（7）：1 243-1 250.

袁传卫，姜兴印. 2014. 50%噻苯隆可湿性粉剂对棉花综合性状的方差及灰色关联度分析［J］. 现代农药，13（1）：22-26.
袁青锋，张静，管利军，等. 2015. 化学打顶对棉花生长发育和产量的影响［J］. 江苏农业科学，43（5）：72-74.
赵强，周春江，张巨松，等. 2011. 化学封顶对南疆棉花农艺和经济性状的影响［J］. 棉花学报，23（4）：329-333.

第七章　棉田水肥药高效管理技术

第一节　棉花需水需肥规律

一、棉花的需水规律

棉花是比较耐旱作物，采用常规沟灌，全生育期需水4 800~6 000m^3/hm^2；其中苗期日耗水量21~22.5m^3/hm^2，阶段耗水占全生育期耗水量的12%~15%；蕾期日耗水量33~45m^3/hm^2，阶段耗水量占全生育期的12%~20%；花铃期日耗水量60~90m^3/hm^2，阶段耗水量占全生育期耗水量的50%~60%；吐絮期耗水量22.5~33m^3/hm^2，阶段耗水量占全生育期耗水量的10%~20%。采用膜下滴灌，全生育期需水3 660~4 950m^3/hm^2；其中苗期日耗水量11~15.5m^3/hm^2，阶段耗水占全生育期耗水量的11%~18%、蕾期日耗水量31.7~45.5m^3/hm^2，阶段耗水占全生育期耗水量的16%~20%、花铃期日耗水量45~60.3m^3/hm^2，阶段耗水占全生育期耗水量的44%~60%、吐絮期日耗水量15.5~20.4m^3/hm^2，阶段耗水占全生育期耗水量的12%~20%。

（一）棉花对土壤水分的要求

发芽出苗期，土壤水分以田间持水量的70%左右为宜，过少种子易干，影响发芽出苗；过多易造成烂种，影响全苗。苗期土壤水分以田间持水量的55%~60%为宜，过少影响棉苗早发；过多棉苗扎根浅，易形成旺苗。蕾期土壤水分以田间持水量的60%~70%为宜，超过75%易引起徒长。花铃期要求80cm土层土壤含水量为田间持水量的70%~80%，若低于55%，会造成蕾铃脱落。吐絮期，要求60cm土壤含水量为田间持水量的55%~70%，不低于50%。

在棉花灌水中，头水的早晚对棉花生长发育影响大。头水过早易引起棉株徒长，头水过晚会影响正常的生长发育，不易搭好丰产架子。确定头水时间的依据主要有：

1. 棉花的生育进程

根据棉花的需水规律，蕾期需水较少，水分过多易引起徒长，花铃期营养生长和生殖生长两旺，对水分需求量大，水分过少，易引起蕾铃大量脱落。因此，生产上多采用见花灌头水。对沙性地和已出现旱情的棉田，可适当提前灌水。

2. 土壤水分

土壤水分是确定灌水时间的重要依据。在有条件的情况下，应结合生育进程、长势长相进行土壤水分测定。若土壤含水量低于田间持水量的60%时（即黏土的土壤含水量15.5%~17.0%，壤土含水量15.5%~17.0%，沙壤土含量11.0%~12.0%）应灌头水。

3. 蕾尖位置

当棉田 50%棉株蕾尖齐平，即棉株最上部果枝第一花蕾的蕾尖与主茎顶尖持平时，表明棉田需要灌溉。顶尖高于蕾，不缺水；顶尖低于蕾，棉株缺水。

（二）棉花的灌溉技术

播前贮备灌溉，有利于一播全苗培育壮苗。生育期适时适量灌溉，是保证棉花高产稳产的关键。

1. 播前贮备灌溉

播前贮备灌溉，使土壤有足够的水分，满足棉花出苗及苗期水分需要。新疆各棉区可进行秋（冬）灌、茬灌，也可进行春灌。秋（冬）灌改善土壤结构，减轻越冬病虫害，提高棉田低温。一般在封冻前 10~15d 开始至封冻结束，灌水过早因气温高，蒸发量大，水分损失过多；过晚则因土壤结冻，水不下渗，在来春解冻时，造成地面泥泞，影响整地和播种进度。秋（冬）灌灌水量一般2 250~3 000m^3/hm^3。黏性土壤先灌后耕；沙性土壤先耕后灌。春灌是棉田在未进行秋灌或播前土壤墒度不足时，于播前 10d 左右进行，其水量不宜过大，一般2 250m^3/hm^3左右，要求灌水均匀。

2. 生育期灌溉

新疆棉花需水主要靠人工灌溉，其生育期间，灌溉次数较多。采用沟灌生产方式时北疆棉区一般为 3~4 次，南疆 4~6 次。苗期底墒足，地膜覆盖保墒效果显著，主要通过中耕松土、除草、护膜封穴保持土壤水分，促进棉苗根系下扎，故一般不灌水。依据棉花生育进程、长势长相及土壤水分测定等，决定灌头水时间。二水、三水正值气温高，棉株大量开花结铃，要保证灌水及时，与头水间隔时间 15~20d（尤其是二水必须及时），灌量要充足，灌水定额1 200m^3/hm^3左右。采用膜下滴灌生产方式时，蕾期开始灌水，生育期滴水 10~11 次，北疆 5~7d 一次，南疆 7~10d 一次，各次灌水比例依次为 2%、2%、6%、11%、13%、14%、16%、16%、10%、6%、2%、2%。灌水定额 225~375m^3/hm^3。最后一水（俗称停水）时间必须根据各地具体情况灵活掌握，如秋季气温偏高、霜期晚，土壤保水力差则应该适当晚停水；秋季降温快，地下水位高，土质黏重的旺长棉田，则适当早停水。

为了灌水均匀，不淹苗，不旱苗，应坚持按土壤墒情、土壤质地、棉花长势安排好灌水顺序。灌水时要坚持灌水的“定流量、定时间、定面积”三定制度。灌水前做好中耕除草、开沟施肥、防治病虫、喷洒生长调节剂、揭膜等工作。

二、棉花的需肥规律

（一）棉花养分吸收动态

棉花各生育时期吸收 N、P、K 的数量随生育进程有较大的变化。据中国农业科学院棉花研究所研究表明，棉花苗期以根、茎、叶生长为中心，吸收 N、P、K 的数量占一生吸收总数量的5%以下，此期虽然吸收比例小，但吸收强度大，棉株体内含 N、P、K 百分率也较高。蕾期植株生长加快，进入营养生长与生殖生长并进阶段，根系迅速扩大，吸肥能力显著增加，吸收的 N、P、K 分别占总量的 27. 85%~30. 41%、25. 29%~28. 74%、28. 34%~31. 61%。花铃期是形成产量最关键的时期，棉株在盛花期营养生长达到高峰后，转入以生殖生长为主，吸收的 N、P、K 数量分别占一生总量的 59. 77%~62. 14%、

64.41%~67.11%、61.60%~63.22%，吸收数量和比例均达到高峰，是棉花养分的最大效率期和需肥最多的时期。因此，保证花铃期充分的养分供应，对实现棉花高产极其重要。吐絮期棉花长势减弱，吸肥量减少，叶片和茎等营养器官中的养分均向棉铃转移而被再利用，棉株吸收的 N、P、K 数量，分别占一生总量的 2.73%~7.75%、1.11%~6.91%、1.16%~6.31%，吸收强度也明显下降。

（二）棉花养分的吸收比例

棉株吸收 N、P、K 的比例，随着生育进程的推移和生长发育状况的不同而变化。据浙江农业大学在杭州测定，成熟棉株吸收积累 N、P、K 的比例，随施 N 水平的提高，P、K 的比例有下降的趋势。可以看出，不论高、中、低氮处理，不同生育时期棉株吸收 N、P、K 的比例，大体上有相同的规律：苗期氮 N、K 吸收比例较 P 高；蕾期 K 吸收比例显著高于 N、P；花铃期 P 吸收比例增长，K 吸收下降；吐絮期 P 吸收比例仍有增长趋势，K 吸收则进一步下降。

（三）棉花不同产量水平养分的吸收量

棉花的产量高低与土壤肥力、土壤养分含量有密切的关系。在一定范围内，随着土壤肥力的提高和土壤养分的增加，产量随之上升，棉株吸收 N、P、K 养分的总量也增加，但产量增长与需肥量增加之间不成正比，产量水平越高，每 kg 养分生产的皮棉越多，效益越高。

（四）棉花的施肥技术

为满足棉花高产对各种养分的需要，必须根据棉花不同生育时期对养分的需求量．确定经济的施肥量和施肥方法。根据各地肥料试验结果，棉花高产田施肥概括为增施有机肥培肥地力，重施基肥、花铃肥，酌情施用苗、蕾肥。

1. 增施有机肥，增肥地力

棉花正常生长发育需要良好的土壤条件，棉花高产需要土壤充分而协调地提供水、肥、气、热等条件。近年来，随着各棉区棉花产量的不断提高，对土壤肥力提出了更高的要求。棉花是深根作物，生育期长，需肥量大。高产棉田对土壤有机质要求在 1.2%以上，全氮含量在 0.08%以上，速效磷含量在 25mg/kg 以上。速效钾含量在 120mg/kg 以上；土壤理化性质较好，团粒结构多，土壤 pH 值 6.5~7.5。

培肥地力的核心是增加土壤有机质积累。增施有机肥，对于保持和提高土壤有机质起着重要作用。因此，高产棉田应重视有机肥的施用。当前增施有机肥的途径主要有厩肥和秸秆还田、油饼还田、复播绿肥等。

2. 重施基肥

棉花生育期长，根系分布深而广，不但要求表层土壤具有丰富的矿质营养，而且耕作层深层也应保持较高的肥力，并能缓慢释放养分。基肥是在棉花播种前翻耕入土壤，可以满足以上要求。总结近年来各地棉花高产经验，基肥应全层深施。其具体做法是：先用全部氮肥的 50%~70%，磷肥的 80%~100%，钾肥的 100%，在耕地时深施入土，耕翻深度 20~23cm，使肥料分布在 18cm 以上土层。深施基肥，肥料在耕层内分布均匀，供肥平衡面持久，在棉花生育前期，能促壮苗早发；中后期能保证棉株稳健生长，不早衰。全层保施的氨肥应尽量用长效氮肥，以提高氮肥的利用率。

3. 合理追肥

酌情施苗肥、蕾肥。棉花苗期对养分吸收量占全生育期比例较低，但此期缺肥对棉苗生长影响较大。N 素营养的临界期在现蕾初期，此期缺 N，棉株瘦弱发黄，现蕾推迟。苗期缺 P，棉株生长迟缓；缺 K 会导致抗病性减弱，容易发生各种病害。没有全层施肥的棉田应根据苗情施好苗肥和蕾肥；三类苗和僵苗可结合中耕追施苗肥或蕾肥；土壤墒情差的棉田追肥后适时灌水，促弱苗早发；壮苗和旺苗可以不施。

（1）重施花铃肥　花铃期是棉花一生中需肥最多的时期，肥料不足会降低成铃率，影响棉花的发有。花铃期追肥要根据棉花品种、棉株长势和土壤肥力灵活掌握。生长正常的棉田，追肥量占全期追氨肥的 30%～50%，P 素含量低的土壤可将全部 P 肥的 20%～30%留作追肥用。弱苗棉田要早施肥，施肥后及时灌水；旺苗棉田迟施或水后施肥。棉花进入盛花期，单株平均成铃 1～2 个，追施盛花肥（将剩余 N 肥全部施入，也可视棉株长势分两次施入）。中晚熟品种花铃肥适当施。追肥方法是结合开沟将肥料条施于沟底，随后随即覆土、灌水，以减少 N 素的挥发损失。

（2）补施盖顶肥　盖顶肥的主要作用是防止棉株早衰，提高铃重和衣分；施用时间一般在 8 月上旬，补施尿素。部分土壤瘠薄，后期易早衰的棉田，可适当提前结合灌水追肥，以减少棉铃干落，促进棉铃发育。

（3）喷施叶面肥　叶面追肥方法简便、灵活，可以在棉花不同发育阶段及时补充养分，有效地调节棉株体内的养分平衡。具有肥效快、利用率高、用量少等优点，因此，被普遍采用。叶面肥的种类繁多，各棉区可根据土壤化验结果或营养平衡诊断及棉花不用发育时期对微量元素的需求，选择适宜的肥料品种和喷施时间。一般在棉花生育期内进行 3～4 次叶面喷肥。

三、棉花吸收养分的数量及动态变化规律

棉花由播种到收获，历经苗期、现蕾期、开花期、吐絮期等几个不同发育阶段，在各生育阶段有其不同生长中心，吸收养分的数量及其占吸收总量的比重亦不相同。试验研究结果表明，棉花在初花期以前，以扩大营养体为主，即以发根、长茎和增叶为中心，并逐步向增蕾转移，吸收养分的数量也逐渐增多。初花期以后，生长中心转向生殖器官的生长发育，以增蕾、开花和结铃为主，营养生长仍在旺盛地进行，因此，棉花吸收了大量的养分，用以满足生长发育及开花结铃的需要，棉花到花铃盛期对养分的吸收达到高峰。进入吐絮期以后，吸收养分的数量又明显下降。有研究标明，皮棉单产 940. 5～1 420. 5kg/hm^2 时，棉株吸收积累的 N 素，出苗至现蕾期占一生总积累量的 4. 5%左右，现蕾期至开花期占一生总积累量的 30. 4%～27. 8%，开花期至吐絮期占一生总积累量的 62. 4%～59. 8%，吐絮期至收获占总积累量 2. 7%～7. 8%。棉株吸收积累的 P，由出苗至现蕾期占一生吸收积累总量的 3. 0%～3. 4%，现蕾期至开花期约占积累总量的 28. 7%～25. 3%，开花期至吐絮期约占积累总量的 67. 1%～64. 4%，吐絮期至收获占总积累量的 1. 1%～6. 9%。棉株吸收积累的 K，由出苗至现蕾期占总积累量的 4. 0%～3. 7%，现蕾期至开花期占积累总量的 31. 6%～28. 3%，开花期至吐絮期占积累总量的 63. 2%～61. 6%，吐絮期至收获占总积累量的 1. 2%～6. 3%。三种不同产量的棉花，棉株吸收积累各种养分的高峰均在开花期至吐絮期，基本规律是一致的。皮棉产量相对高的，各生育阶段及一生中积累的干物质和吸收

各种养分数量均较多。皮棉单产1 420. 5kg/hm^2 的棉花，一生中单株吸收积累的各种养分总量为9. 094g，比皮棉单产1 114. 5kg/hm^2 的棉花吸收的7. 100g，多吸收28. 1%；比皮棉单产940. 5kg/hm^2 的棉花吸收的5. 806g，多吸收56. 6%。所以，保证充足的养分供应，是棉花获得高产的物质基础。三种不同产量的棉花，一生中吸收积累养分的动态变化规律虽基本一致，但亦有明显差异。将各生育阶段棉株积累养分的百分率做比较，可看出，皮棉产量相对高的1 420. 5kg/hm^2 的棉花，从出苗至吐絮期的各生育阶段中，积累养分的百分率，几种养分均低于产量相对低的皮棉单产940. 5kg/hm^2 的棉花，而吐絮期至收获，产量高的棉花，棉株积累养分的百分率，却显著高于产量低的棉花。这表明，保证棉花生长后期有较充足的养分供应，是提高皮棉产量的重要技术措施之一。田间观察发现，皮棉单产940. 5kg/hm^2 的棉花有早衰现象。

四、棉花的调控技术

在合理密植的基础上，协调好棉花营养生长与生殖生长、群体与个体的关系，并通过人工整枝、水肥运筹和化学调控，塑造丰产株型和合理的群体结构，形成田间高光效群体结构，提高内围铃的比例和素质，是获得棉花高产的关键措施之一。尤其在宽膜高密度栽培条件下，棉株生育进程加快，棉田群体加大，科学调控棉田群体结构，对促进高产优质极其重要。现将人工整枝和化学调控技术简介如下。

（一）人工整枝

人工整枝包括去叶枝、打顶、打群尖、抹赘芽、打老叶等。合理整枝可调节棉株体内营养物质的分配方向和减少营养的无效消耗。密度大，营养生长过旺的棉田，整枝能改善田间小气候和棉田的通风透光状况，提高光能利用率，防止徒长，减少蕾铃脱落；增加前期结铃，减少烂铃，促进早熟，提高产量。整枝最主要的技术是打顶，其次是去叶枝。

1. 去叶枝（俗称脱裤腿）

当棉株第一个果枝或花蕾出现后，将第一果枝以下叶枝及时去掉，但保留果枝以下主茎叶片，给根系提供有机养料，称为去叶枝或抹油条。若连主茎叶片一起打掉称为脱裤腿。

陆地棉叶枝较长，特别是从黄河流域棉区引进的品种，在宽膜栽培条件下，叶枝出生快，生长势较果枝强，消耗养分较多，中后往往造成田间郁蔽；叶枝上着生的花蕾，成铃晚．少而小。高密度高产棉田，应把抹油条或脱裤腿作为控制旺长夺取高产的手段。弱苗和缺苗处的棉株可以不去叶枝，等叶枝伸长后再打边心。去叶枝脱裤腿一般在现蕾初期进行；新疆自有早熟系列品种，有时不需要做这项工作。

2. 打顶及打群尖

打顶使棉株的光合产物的各部位器官内呈均衡分布，增加下部结实器官养分分配比例，加强同化产物向根系的运输，增强根系活力和吸收养分的能力，加快棉铃发育，提高成铃率，在目前高密度种植条件下，为保证已经出现的花蕾能在霜前吐絮，必须打顶。打顶时间北疆在7月5—10日，南疆在7月10—15日。打顶方法应采用轻打顶，即摘去顶尖及一片展开的小叶。为减少棉田虫源，打顶时带花袋，把打下的顶尖带出田外掩埋。打顶的顺序应采取“旺苗早打，弱苗晚打，壮苗适时打”的原则。

打群尖又叫打旁心，是摘去果枝的顶尖。打群尖可控制果枝横向生长，改善田间通过透光条件，有利于提高成铃率，增加铃重，促进早熟。生产上对肥水充足，长势较旺，密度较大的棉田，在田管中后期，即 7 月下旬打群尖，也可自下而上分次打。在氮肥施用多，土壤墒情足，打顶过早时，果枝叶腋里常有大量赘芽发生，应及时打掉。

（二）化学调控技术

棉花化学调控技术是应用植物生长调节剂，调节和控制植物内源激素系统，从而影响植物生长发育。它包括“促（弱苗生长）、调（壮苗稳长）、控（旺苗徒长）、保（蕾、花、成铃）、催（早热）”五个方面。目前常用的生长调节剂有缩节胺、矮壮素、乙烯利等。其中，缩节胺、矮壮素在生产上应用较广泛。

1. 缩节胺（DPC）调控

缩节胺是一种植物生长延缓剂，在棉株体内能阻碍赤霉素的合成，改变赤霉素的含量水平和内源激素系统的平衡，因而可以定向地控制茎、枝、叶的营养生长，有效地抑制棉株纵横伸展，定向诱导棉株生长发育。

（1）缩节胺的主要生理作用　据中国农业大学研究，缩节胺的主要生理作用：①可有效延缓主茎和果枝节间伸长。在药效期内，缩节胺对果枝的抑制程度大于主茎，因而，根据药液浓度、时期、用量，可定向塑造理想株型；②具有显著的促根效应。缩节胺可提高棉花根系生长素和细胞分裂素的含量，促进侧根发生。苗、蕾期施用缩节胺，可增强根系活力，提高根系对 P、K 等无机离子的吸收强度；③可调节棉叶功能。缩节胺能提高叶绿素含量，增强棉叶光合作用，延缓叶片衰老。可促进蕾、花、铃的发育，提高棉铃素质。缩节胺处理后，棉叶的光合产物和根系吸收的养分，向蕾、花、铃的输入量明显增加，促进棉株蕾花发育，脱落减少，提早结铃。因此，缩节胺对棉花器官表现为“双向”调控效应，即对茎枝以及侧芽和顶芽的生长表现为抑制作用；对棉株的主要“源”（叶片和根系）和“库”（蕾、花、铃）的发育及功能则起着积极的促进作用。

（2）缩节胺化学调控的原则　①早、轻、勤：早调，地膜棉田出苗早，发苗快，苗期生长势强的品种，一般在 2 片真叶时第一次化调；苗期生长势较弱的品种，一般在 4~5 片真叶时进行第一次化调。轻调，苗、蕾期棉株日生长量较小，化调用量宜轻，若苗、蕾期使用缩节胺过量，往往抑制棉株发育，株高和果枝台数明显减少，造成严重减产；肥灌水后，花铃期棉株生长势增强，化调用量应适当加大。勤控。为了能恰到好处地塑造理想株型，根据覆膜棉田早苗早发、群体发展快的特点，应实行“少吃多餐”的原则。一般棉田头水前可化调 2~3 次，全生育期可化调 4~5 次。②分段化调，定向诱导：缩节胺处理后 3~5d，主茎的生长量开始下降，7d 药效达到高峰，7~15d 是药效发挥的最大作用期，20~25d 直接控制营养生长的效应明显减弱。缩节胺主要影响正在伸长的节间和将要伸长的节间。苗期和现蕾期调控，影响主茎下部节间和果枝；盛蕾、初花期调控，影响中部节间和果枝；花铃期调控，影响上部节间和果枝。苗期棉株生长较慢，化调的目标是促进棉花根系发育，提高根系活力和吸肥强度，实现壮苗早发。蕾期是棉花进入营养生长和生殖生长并进的时期。此期在光温条件下，棉株生理活动旺盛，化调的目标是防止棉株旺长，协调棉株营养生长与生殖生长，打好丰产基础。盛花期是棉花一生生长最旺盛，需肥、水最多，生理矛盾最集中的时期，化调的目标是控制中后期徒长，促进养分较多地输入棉铃，提高光温富照期的成铃强度，增强内围优质铃，减少蕾铃脱落。③化学调控与肥水调控结合：棉花的生长发育除受气候条件制约外，还受肥水条件的影响，因此，运用肥水促控和化学调控等综合措施，才能更好地培育理想株型和合理群体结构。在灌水前3～5d化调，缩节胺见效时灌水，使棉株处于地下肥水足，地上缩节胺控制的下促上控环境中，棉株生长稳定，发育均衡，营养生长与生殖生长比较协调。化调与施肥相配合，可以发挥棉花更大的增产潜力。但对肥力较高，长势过旺的棉田，在进行化调的同时，一次性施肥量不宜过大，或分两次施用，或推迟施肥，以提高调控效果。对弱苗棉田可采取施肥促进生长后，再化调，做到促控配合。④因地、因苗、分类调控：缩节胺化调要根据棉花品种特性、土壤肥力、气候情况、棉株发育进程和长势等灵活掌握，不搞一刀切。

2. 乙烯利的使用

生长偏旺或晚播晚发的棉田，常常由于吐絮晚而影响棉花的产量和品级，同时还影响秋耕整地。因此，生产上常采用一些催熟技术。最常用的是喷洒乙烯利。乙烯利是一种乙烯释放剂。它被棉铃吸收后，分解出的乙烯，促进棉铃提早开裂吐絮。试验表明，喷施后10d，棉株吐絮铃数明显增加；20～25d为吐絮集中时期，吐絮率增加20%以上，霜前花率显著提高。乙烯利的使用一般在枯霜前20～30d，且连续7d左右最高气温达20℃以上时，于中午喷施。要求喷洒均匀，尽可能多喷在棉铃上。为了实现喷洒均匀，应使用雾点小的机动喷雾器或超低量喷雾器。

第二节　棉花水肥药高效一体化技术

农业农村部关于进一步加强农业和农村节能减排工作的意见中指出，推广节肥节药节水技术。调整优化农业产业结构，大力发展生态农业、循环农业和精准农业，适度发展有机农业。推广测土配方施肥、减排种植制度和节水农业技术，实施保护性耕作，鼓励农民增施有机肥、种植绿肥，科学施用化肥，提高肥料利用率。科学合理使用高效、低毒、低残留农药和先进施药机械，建立多元化、社会化病虫害防治专业服务组织，实行统防统治，大力推广物理防治、生物防治技术，提高综合防治水平。大力发展滴灌、喷灌等节水灌溉技术，推广水肥一体化技术，提高水肥利用率。

中国水资源短缺，人均占有水资源量为2 300m^3，不足世界人均占有量的1/4。加之水资源时空分布不均，与耕地资源和其他经济要素匹配性不好、水利工程设施体系不完善，华北、西北、西南以及沿海城市等地区水资源供需矛盾突出，正常年份全国缺水达400亿m^3，水资源问题已成为这些地区经济社会发展和生态环境演变的制约因素。农业是用水大户，其用水量占全国总用水总量的比重63%左右（中华人民共和国水利部，2014），其中90%用于农田灌溉。尽管水资源短缺，然而农业用水却存在巨大浪费，全国平均灌溉水利用系数仅为0.53左右（中华人民共和国水利部，2014），与世界先进水平0.7～0.8存在较大差距。水分和养分是作物生长不可缺少的两个因素，是粮食增产的重要保证。氮肥是作物生长过程中使用量最大的肥料，合理施用氮肥是我国农业生产中获得较高目标产量的主要措施。当氮肥不足时，作物的生长发育受到抑制，叶面积指数和群体光合速率降低，造成作物早衰，产量显著降低；但是氮肥使用量并不是越高越好，氮肥过量施用不仅对增产无益，还会造成资源浪费，降低水氮利用效率，引起土壤结构恶化、板结，导致氮素淋失加大、引起地下水污染。我国农田主要作物氮肥利用率不足30%，较世界平均水平低20%左右，还有较大的提升空间。在保证作物产量的同时，如何合理利用氮肥，提高氮肥利用效率，减小对环境的污染，也越来越受到人们的关注。研究表明，利用水肥之间存在的协同交互作用，进行水肥综合管理，对旱地作物生长具有显著的促进作用，可以有效提高作物产量和实现水肥高效利用。任何灌水技术的目的都是在满足作物生长所需水分的同时提高水分利用效率，然而不同的灌水技术所建立的土壤水分环境不同，这也就导致了不同灌水技术对土壤湿润区的设计要求不同。滴灌是一种局部灌溉技术，灌溉时水分在垂直入渗的同时依靠土壤张力和土壤基质势作用作水平运动，湿润滴头附近土壤。这就需要对土壤湿润比、湿润深度和土壤湿润体的大小进行合理的设计和控制，从而使作物根区与滴灌土壤有效湿润区相一致，保证作物正常吸水。大田滴灌技术是通过滴灌带向田间供水，虽然滴灌带设计出流均匀度能够得以保证，但是针对不同土壤类型，如果灌水技术参数（滴头流量、滴头间距、灌水量等）设计不合理，土壤湿润均匀性仍然难以保证，进而影响部分作物对水分的吸收，影响作物生长。同时，在大田条件下，针对不同的作物种植模式，所需要的适宜土壤湿润模式也存在差异。滴灌技术只有与栽培技术结合，才能最大限度地提高水分利用效率。因此，结合栽培技术，开展滴灌灌水技术参数试验，研究灌水技术参数对土壤湿润体分布规律及其均匀性的影响，确定适宜的灌水技术参数，对合理指导生产实践具有十分重要的意义。

棉花是中国重要的经济作物，具有耐干旱，耐盐碱等特征，是中国西北干旱盐碱地区理想种植作物。同时，棉纤维是纺织工业等的重要原料，具有重要的综合开发价值，棉纤维及其纺织品出口是中国创汇的重要渠道。保障棉花生产和棉花产量，对于我国经济社会协调发展具有重要意义。中国棉花种植主要分布在新疆、黄河及长江流域棉区。内蒙古西部是近年来兴起的重要棉花生产区域，但是，作为新棉区，该地区棉花研究基础相对薄弱，理论与技术研究还不够深入，特别是针对当地风沙大、蒸发强烈以及无霜期较短等生态气候特点，开展水肥高效调控技术的研究还比较滞后，缺乏系统研究的技术体系。随着劳动力成本逐渐提高，植棉效益逐渐降低，棉花轻简化生产是棉花种植的必然趋势，实现植棉全程机械化是棉花生产轻简化的必要措施，棉花机械采摘则是植棉全程机械化的重要环节。发展机采棉是一项复杂的系统工程，需要从棉花育种、栽培模式、田间管理以及机械配套等方面统筹考虑。机采棉栽培方面，新疆兵团总结出了1膜6行（66+10cm）宽窄行机采棉配套栽培模式，并提出了“矮、密、早”的机采棉和植管理要求。

农业灌溉，主要是指对农业耕作区进行的灌溉作业。农业灌溉方式一般可分为传统的地面灌溉、普通喷灌以及微灌。农业灌溉方式一般可分为传统的地面灌溉、普通喷灌以及微灌。传统地面灌溉包括畦灌、沟灌、淹灌和漫灌，但这类灌溉方式往往耗水量大、水的利用力较低，是一类很不合理的农业灌溉方式。另外，普通喷灌技术是中国农业生产中较普遍的灌溉方式。但普通喷灌技术的水的利用效率也不高。现代农业微灌溉技术包括微喷灌、滴灌、渗灌等。现有的这些农业灌溉技术普遍存在需要大量人工，大大增加了农业管理费用，而且灌溉效率较低，无法分配水、肥和药的灌溉次数和时间，不能实现水、肥和药集约化统一灌溉管理。

水肥一体化技术，指灌溉与施肥融为一体的农业新技术。水肥一体化是借助压力系统（或地形自然落差），将可溶性固体或液体肥料，按土壤养分含量和作物种类的需肥规律和特点，配兑成的肥液与灌溉水一起，通过可控管道系统供水、供肥，使水肥相融后，通过管道和滴头形成滴灌，均匀、定时、定量浸润作物根系发育生长区域，使主要根系土壤始终保持疏松和适宜的含水量；同时根据不同的作物的需肥特点，土壤环境和养分含量状况，作物不同生长期需水，需肥规律情况进行不同生育期的需求设计，把水分、养分定时定量，按比例直接提供给作物。该项技术适宜于有井、水库、蓄水池等固定水源，且水质好、符合微灌要求，并已建设或有条件建设微灌设施的区域推广应用。主要适用于设施农业栽培、果园栽培和棉花等大田经济作物栽培，以及经济效益较好的其他作物。这项技术的优点是灌溉施肥的肥效快，养分利用率提高。可以避免肥料施在较干的表土层易引起的挥发损失、溶解慢，最终肥效发挥慢的问题；尤其避免了铵态和尿素态氮肥施在地表挥发损失的问题，既节约氮肥又有利于环境保护。所以水肥一体化技术使肥料的利用率大幅度提高。

水肥一体化是一项综合技术，涉及农田灌溉、作物栽培和土壤耕作等多方面，其主要技术要领须注意以下四方面。

一、建立一套滴灌系统

在设计方面，要根据地形、田块、单元、土壤质地、作物种植方式、水源特点等基本情况，设计管道系统的埋设深度、长度、灌区面积等。水肥一体化的灌水方式可采用管道灌溉、喷灌、微喷灌、泵加压滴灌、重力滴灌、渗灌、小管出流等。特别忌用大水漫灌，这容易造成氮素损失，同时也降低水分利用率。

二、施肥系统

在田间要设计为定量施肥，包括蓄水池和混肥池的位置、容量、出口、施肥管道、分配器阀门、水泵肥泵等。

三、选择适宜肥料种类

可选液态或固态肥料，如氨水、尿素、硫铵、硝铵、磷酸一铵、磷酸二铵、氯化钾、硫酸钾、硝酸钾、硝酸钙、硫酸镁等肥料；固态以粉状或小块状为首选，要求水溶性强，含杂质少，一般不应该用颗粒状复合肥（包括中外产品）；如果用沼液或腐殖酸液肥，必须经过过滤，以免堵塞管道。

四、灌溉施肥的操作

（一）肥料溶解与混匀

施用液态肥料时不需要搅动或混合，一般固态肥料需要与水混合搅拌成液肥，必要时分离，避免出现沉淀等问题。

（二）施肥量控制

施肥时要掌握剂量，注入肥液的适宜浓度大约为灌溉流量的 0.1%。例如灌溉流量为 $750m^3/hm^2$，注入肥液大约为 $750L/hm^2$；过量施用可能会使作物致死以及环境污染。

（三）灌溉施肥的程序

分 3 个阶段：第一阶段，选用不含肥的水湿润；第二阶段，施用肥料溶液灌溉；第三阶段，用不含肥的水清洗灌溉系统。

总之，水肥一体化技术是一项先进的节本增效的实用技术，在有条件的农区只要前期的投资解决，又有技术力量支持，推广应用起来将成为助农增收的一项有效措施。

（四）水肥一体化技术实施效果

省肥节水、省工省力、降低湿度、减轻病害、增产高效。

1. 水肥均衡

传统的浇水和追肥方式，作物饿几天再撑几天，不能均匀地“吃喝”。而采用科学的灌溉方式，可以根据作物需水需肥规律随时供给，保证作物“吃得舒服，喝得痛快”。

2. 省工省时

传统的沟灌、施肥费工费时，非常麻烦。而使用滴灌，只需打开阀门，合上电闸，几乎不用工。

3. 节水省肥

滴灌水肥一体化，直接把作物所需要的肥料随水均匀的输送到植株的根部，作物“细酌慢饮”，大幅度地提高了肥料的利用率，可减少50%的肥料用量，水量也只有沟灌的30%～40%。

4. 减轻病害

大棚内作物很多病害是土传病害，随流水传播。如辣椒疫病、番茄枯萎病等。采用滴灌可以直接有效的控制土传病害的发生。滴灌能降低棚内的湿度，减轻病害的发生。

5. 控温调湿

冬季使用滴灌能控制浇水量，降低湿度，提高地温。传统沟灌会造成土壤板结、通透性差，作物根系处于缺氧状态，造成沤根现象，而使用滴灌则避免了因浇水过大而引起的作物沤根、黄叶等问题。

6. 增加产量，改善品质，提高经济效益

滴灌的工程投资（包括管路、施肥池、动力设备等）约为15 000元/hm^2，可以使用5年左右，增产幅度可达30%以上。

当前，中国农业已步入绿色、可持续、集约化发展的新时期，要深入学习贯彻党的十九大精神，在深入推进农业供给侧结构性改革，落实“一控两减三基本”。今年国家农业农村部更是印发《2020年化肥使用量应增长行动方案》的通知，国家“十三五”也提出大力推进农业现代化，水肥一体化智能系统的应用，这将极大改变农业种植方式，让农民种植更轻松。

新疆棉花生产的近期发展目标是实现全程机械化，并逐步向规模化、信息化、智能化和社会服务化方向发展，引领中国棉花生产机械化的全面实施。而近年来新疆棉区水资源短缺、化肥投入大、施药成本高、人力成本急速上涨、棉农植棉收益不稳下滑等问题日益严峻，成为威胁新疆棉花产业市场地位和制约棉产业持续健康发展的瓶颈。扭转传统植棉产业面临的环境与资源危机，提高资源配置效率，转变生成方式，建立环境友好型社会，推广水肥药高效一体化技术是一项重要的有效措施。水肥药一体化技术的基本思想是：以水分作为肥药的载体，通过灌溉系统将肥液、药液和灌溉水均匀、准确地输送到作物的根部土壤，然后把水分、养分、药物按照作物全生育周期的需求进行设计，定量、定时按比例直接提供给作物，最终实现省水、省肥、省药、省工和高效的目的。

当前，新疆开展水肥药一体化技术，存在诸多问题，显著降低了资源投入与生产的匹配性及技术的先导型：

（1）田间水分精准管理水平仍有待提高　现有田间水分管理措施均建立在定性和半定量的调控尺度，尚未实现量化调控，水分压力损失大，农田分布不均匀，导致载体效益不明显，肥药损失率高、浪费严重；

（2）肥药智能精确配比机械及控制设备缺乏　自动化水平不高，导致注肥注药均匀度低、肥药变量调节复杂，农民无法掌握，难以实现生产标准化；

（3）引进的水肥药综合调控技术单一　缺乏水、肥、药时序和用量的调节研究，导致肥、药在根区分层不合理，难以抵达根系的高效吸收区域；

（4）作物对水肥药一体化技术响应的快速诊断监测技术不完善　导致系统运行参数修正不及时，调节不灵敏，难以最大限度的满足作物生长的需求；

（5）水肥药综合调控技术针对生态类型和作物种类的差异化特征不明显　难以满足不同生态区及作物类型的需求；

（6）水肥药高效一体化技术集成与示范区建设力度不足　技术应用的成功范式在生产中引领作用不强，农民积极性不高，难以推动生成方式的转变。

国内外发展现状与趋势：最近 20 年来，随着现代工程、新型材料和微电子技术向农业的渗透，水肥药一体化技术在荷兰、以色列、美国和日本等一些发达国家发展迅速。目前，这些国家在设施农业生产技术与配套装备方面均形成了完整的体系，其现代化温室能根据作物对环境和水肥营养的不同需要，由计算机对设施内的温、光、水、气、肥等因子进行自动监测和调控，水肥管理普遍采用了肥水一体化装置，实现了温室作物全天候、周年性的高效生产。荷兰温室无土栽培番茄的产量达到了 50～70kg/m^2，黄瓜产量达 80～100kg/m^2，玫瑰产量达 320～340 枝/m^2。国内产量水平不到发达国家的 1/4。欧美发达国家已经形成水肥药一体化技术研发、产业化生产、规模化应用的局面，在水肥药一体化技术的研究方面已经形成集基础理论研究、关键技术和设备产品研发、技术推广应用与服务为一体的完善的研究与推广体系。荷兰、以色列、美国等国家的一些高科技企业在十几年前就开始进行规模化生产和销售水肥一体化设备，目前已经形成了系列化的产品，质量和性能优异，并成为国际市场的知名品牌，占据了国际市场的大部分份额。世界发达国家肥水一体化技术和产品的迅速发展，特别是随着操作简单的智能化灌溉施肥一体机的普及，促进了水肥一体化技术的规模化应用。以色列 90% 以上的种植面积采用了水肥药一体化技术，几乎所有的设施园艺生产都应用了机械化装备的水肥一体化技术。中国水肥药一体化技术已经由过去局部试验示范开始向生产应用推广发展，应用范围从设施园艺作物向棉花、蔬菜等大田经济作物发展。但大多数的应用技术还是以随水冲施肥和后期追肥为主的灌溉施肥等广义水肥一体化技术，而真正围绕作物全生育期水肥需求设计的水肥一体化技术应用微乎其微。在水肥一体化装置方面目前中国还仅限于施肥罐等冲施肥设备和简单的比例注肥器的应用，水肥药一体化施药方式常常是常规喷灌加农药的方式，先进的自动配方施肥施药机完全依赖进口，且由于成本高，应用仅仅限于在一些高档温室。过去的研究大多是依靠进口的灌溉施肥机进行温室作物节水节肥增产提质机理的研究，而对灌溉施肥装置及相关技术的研发极少。

主要研究技术国内外专利申请和授权情况：目前国内外公布的水肥药一体化装置的相关专利大多是以色列、美国、荷兰、德国等发达国家发明，而中国目前还比较少。有必要组织国内优势单位进行联合攻关，突破关键技术瓶颈，打破发达国家技术和产品垄断。我国材料科学、电子科学、智能化控制、物联网技术的飞速发展，为大田作物水肥药一体化供给控制装备的研制提供了物质基础。近 10 年来，中国农业科学院、新疆天业集团、中国农业大学等单位在园艺设施水肥药一体化供给控制理论方面进行了有益的探索，为该项目的实施奠定了坚实的理论基础。借助这些基础条件，项目的实施必将在棉田水肥药一体化技术与智能控制装备的引进、熟化、示范方面取得重大突破，使得新疆棉花种植环节资源利用效率大幅提升，劳动强度明显下降，植棉收益显著增加，保障棉花传统优势产业的战略地位。

新疆农业科学院经济作物研究所引进了一种棉花水肥药高效一体化技术与装备，让农户既可以实现减少投入成本，又可以实现增产，不仅有效地解决了困扰棉农的问题，还推进了新疆维吾尔自治区农业生产管理精准化和智能化技术应用，助推自治区棉区实现精准脱贫。利用一种棉花智能决策管理的技术，是将互联网技术、信息化技术和农艺结合，以提高施肥效率降低施肥工序的一种数字化、智能化管理棉花的方法。该种水肥药一体化智能管理项技术国内外发达地区已普遍采用，而在棉花种植上还属于尝试阶段。棉花是新疆维吾尔自治区农业的支柱型产业，其种植面积和产量在全国属前列，新疆光照、气候也给棉花产业放入发展创造了得天独厚的自然条件。而现有的棉花管理方式比较粗放，传统的田间水分管理措施精准度不高，致使肥药损失率高、浪费严重，自动化水平低，难以实现生产标准化。近年来，植棉人力成本上涨问题已逐渐成为制约棉产业持续健康发展的瓶颈之一。为此改变传统植棉方式，提升棉花生产管理精准化和智能化水平迫在眉睫。为此得益于自治区科技厅区域协同创新专项（科技援疆计划）的支持，新疆农业科学院经济作物研究所与中国农业科学院植物保护研究所合作，从中国农业科学院农业环境与可持续发展研究所引进了涡度相关技术及设备、肥药智能精确配比机械及控制设备，结合新疆棉区现有灌溉制度、水肥管理需求、产量形成规律、病虫草害发生特点等要素，开展了水肥药一体化技术与装备的引进及集成示范，形成适合新疆典型种植模式下的棉田水肥药高效一体化技术模式及规程。通过引进的涡度相关技术可以构建出棉花与环境的相关信息，涡度方法可以判定植棉区水分的蒸发量和棉花在该地的生长状况和对干扰的反应，以此来判断出棉田精确的水分、养分需求。通过在仪器上设定相关参数就可以实现根据农作物长势进行合理的自动化施肥。正是这种智能精确配比机械及控制装置运行调控参数优化的技术，将水、肥、药时序及用量进行了明确，形成配套管理技术，依据作物根系吸收特点优化肥药在根区分层分布，形成最佳根区吸收范围，可以进一步提高水、肥、药在根区的配比均匀度，达到棉花种植管理更加精细化、精确化。研究团队在阿克苏地区阿瓦提县新疆农业科学院棉花综合试验基地和阿瓦提县英艾日克乡各建立示范区 2 个，示范面积各 10hm^2，通过两年来的实验和示范种植，取得了良好的效果。通过该技术，除了大大地节省了工时和人力成本外，与传统施肥相比，还可以使化肥、农药的减施量均达到 25%左右，让肥料的利用率提升 12%、化学农药利用率提升 8%以上，棉花平均增产 3%，让农户既可以实现减少投入成本，又可以实现增产，有效助推了全区水肥一体化和化肥减量增效工作，同时还有效地促进了农民增收，助力脱贫攻坚。据报道，该系统完全可以实现一键式操作，即使缺少种植经验的植棉户也可以方便操作，只需将设定好棉花施肥时间和施肥量参数的智能施肥系统安放在田间地头，再将棉花所需的水溶性肥料、生物菌剂配置好，将智能施肥系统与滴灌设施首部相结合，并根据参数设定好进行滴灌灌溉即可实现以水带肥带药，肥药随水走，液态滴灌肥与滴灌水一同滴入农作物根部，就这样自动完成全套的施肥施药过程。2018 年，通过项目的实施，共培训基层技术人员 50 余人次、培训棉农 300 余名，培养锻炼了一批棉花种植技术推广能手，实现了灌溉施肥施药装备及配套先进集成技术措施的大规模应用，显著提高了棉花种植效益，增加了农民收入，并且大大促进了棉花集约化生产进程、提升了原棉品质和市场竞争力。

第三节 棉花灌溉施肥施药装备及其应用

一、棉花灌溉技术及其应用

新疆地处欧亚大陆腹地，降雨稀少、蒸发强烈、水资源短缺、农业主要以灌溉 为主，形成了独具特色的“荒漠绿洲，灌溉农业”的灌溉形式。目前，新疆大部分地区灌溉方式以滴灌为主，并已取得较好的成绩，但主要以经济作物为主，如棉花，玉米等。

新疆地区属于典型的大陆性干旱气候，年平均降水量仅为 150mm 左右，而年蒸发量却是降水量的十几倍甚至几十倍，日照时间充足，气候相当干燥。近些年，干旱缺水已经严重制约了新疆地区农业和经济的发展，而目前，该地区仍然有部分灌区以大水地面灌、淹灌为主，灌水技术落后，使得水资源浪费严重，费时费力。不少灌区依然存在重视建设，缺乏有效的管理，造成工程老化，严重者已经影响了灌溉的正常进行，与此同时，水资源供需矛盾日益尖锐，农业用水浪费严重。农业生产对水的依赖性越来越大，灾害性天气对农业生产的影响不断加剧，水危机已严重制约国民经济的快速可持续发展。因此，十分有必要发展农业节水技术，充分提高水资源的利用效率，推广节水灌溉技术。

滴灌技术从诞生至今，充分节省灌溉水资源，且满足计划湿润作物区的需水量及均匀度，已经发展了近一个世纪，在缺水地区也已显示非常可观的节水作用。地膜覆盖灌水，是一种新式节水型灌水技术，新疆采用地膜覆盖技术进行土壤保墒已得到广泛推广。膜下滴灌就是一种地膜覆盖灌水技术，是将覆膜种植技术与滴灌技术相结合的一种高效率的节约水资源技术，也是一项成功的节水与灌溉的新技艺。近些年，新疆地区的棉田广泛采用膜下滴灌技术，提高了肥料和水分的可控性，同时棉花灌溉的质量得到提高，降低灌溉用水量，将水与肥有机结合在一起，使棉花的出苗率得到提高，非常明显地提高了土地使用效率及水资源的利用效率，实现了棉花均衡的生长发育，确保棉花的增产、稳产，但是该技术的增产效果并未得到了有效的挖掘。膜下滴灌不仅能够减少棵间蒸发提高地温，而且还能减少灌溉水分的散失，从而达到节水增产的效果，使得农作物高产稳产并且节约了相当多的水资源。

该项技术的成功应用对建设节水型社会起到了巨大的推动作用，给新疆地区的农业发展带来了不可估计的农业经济效益，势必会对农业发展起到积极的促进作用，可以为中国节约相当一部分水资源。渗灌是随着喷灌、膜下滴灌的发展进一步出现的节水灌溉新技术，是利用埋在地下的渗水管，将压力水流经渗水管管壁上用肉眼观测不到的微孔，像人出汗似的将水渗流出来，湿润周围土壤的灌溉方法。在完善灌溉工程区输配水管网的基础上，根据作物需要合理确定渗灌深度，渗灌可以减少因地面灌和滴灌的地面蒸发而产生的水量损失，较滴灌和地面灌具有前瞻性成效。渗灌不仅可以保证足够的作物需水量，还可以节省人工，将输水管道埋入地下，灌水时，只需打开电门，水泵将水抽上来后，通过管路输水，自动输水到作物根部，并且可以多年重复利用。其余灌溉如滴灌需要铺设管道，清洗滴头，秋季还需回收支管，沟灌则需开挖渠道，人工分水，费时费力。另外，渗灌是用浸润的形式给水，供水较为均匀，土壤湿润层供水稳定，有利于维持土壤结构，疏松土壤质地，无板结，作物根系能够充分生长，从而使作物长势增强，改进品质并提高产量。膜下渗灌的管道系统安装完毕以后，使用年限大都在 8 年以上，机械损坏小。没有紫外线照射危害，没有回收、铺设和运输的机械损坏，同时也减少储存老鼠咬损等。膜下渗灌毛管可实现 8 年一换。渗灌供水流量不大，压力要求不高，可以减少耗能，节约使用能源。在蒸发量较高的新疆地区，为减少地表土壤水分蒸发，本文将地膜覆盖技术与渗灌技术相结合，并与地面灌、膜下滴灌技术对比分析探讨。

使用塑料薄膜覆盖作物的技艺也称为地膜栽培技术，其具有提墒、保墒、增加和保持温度、保持土壤水分、促使农作物早熟并且高产、减少棵间蒸发量、改善土壤中微生物的活动及物理性状等多方面的综合作用。外膜下滴灌技术多用于园艺花卉、蔬菜等有较高经济价值的作物。Sivanappan 和 Padmakumayi 曾对沟灌和滴灌进行对比试验，发现蔬菜作物滴灌用水量仅为沟灌的 1/5～1/3。Sivanappan 等在印度推荐使用滴灌系统来代替沟灌技术。Phene 等利用地下滴灌显著增加了西红柿的产量，同样也可以提高苜蓿和棉花的产量。美国曾在 20 世纪 80 年代初在温室内做过有关膜下滴灌的技术研究，但当时没形成完整的技术体系推广使用。

膜下滴灌技术是将滴灌技术与地膜栽培技术相结合的一种新型灌溉技术，也是地膜栽培技术的延伸与深化。膜下滴灌具有显著的淋盐、节水、节肥、增产的优点。国外膜下滴灌技术多用于园艺花卉、蔬菜等有较高经济价值的作物。Sivanappan 和 Padmakumayi 曾对沟灌和滴灌进行对比试验，发现蔬菜作物滴灌用水量仅为沟灌的 1/5～1/3。Sivanappan 等在印度推荐使用滴灌系统来代替沟灌技术。Phene 等利用地下滴灌显著增加了西红柿的产量，同样也可以提高苜蓿和棉花的产量。美国曾在 20 世纪 80 年代初在温室内做过有关膜下滴灌的技术研究，但当时没形成完整的技术体系推广使用。

渗灌是一种新型的灌溉方式，它可以有效地减少土壤地表水分蒸发和深层渗漏，是目前较理想的灌溉方式，渗灌又称地下灌溉，通过管路系统及埋设在地表下作物根系主要活动层的渗灌管，使水缓慢流出，渗入到土壤内部，再借助毛细管或重力作用将水分扩散到整个根层供作物吸收利用。这种先进的灌水技术使水直接进入作物根系层，同时又可以使地表蒸发及深层渗漏量大幅度减少，不会对田间管理带来不必要的麻烦，管理起来也较为方便。渗灌理论上不会产生重力水，所以，灌水后土壤团粒结构破坏程度小，地表仍然疏松干燥，可以减少地面蒸发，同时有利于提高土壤温度，保持较好的通气状态，土壤含水量适中，水、肥、气、热等因子协调，有利于土壤的肥力发挥。

二、西北地区常用施肥原则和施肥建议

（一）施肥原则

充分利用有机肥资源，增施有机肥，棉秆 100%还田。适当调整氮肥用量、增加生育中期施用比例，合理施用磷、钾肥。

施肥与高产优质栽培技术相结合，尤其要重视水肥一体化调控。

（二）施肥建议

1. 膜下滴灌棉田

皮棉单产在1 800～2 250kg/hm² 条件下，施用棉籽饼 750～1 125kg/hm²，氮肥（N）300～330kg/hm²，磷肥（P_2O_5）120～150kg/hm²，钾肥（K_2O）75～90kg/hm²；皮棉单产在2 250～2 700 kg/hm² 条件下，施用棉籽饼 1 125～1 500 kg/hm²，氮肥（N）330～360kg/hm²，磷肥（P_2O_5）150～180kg/hm²，钾肥（K_2O）90～120kg。对于 B、Zn 缺乏的棉田，补施水溶性好的硼肥 15.0～30.0kg/hm²，$ZnSO_4$ 22.5～30kg/hm²。氮肥基肥占总量 25%左右，追肥占 75%左右（现蕾期 15%，开花期 20%，花铃期 30%，棉铃膨大期 10%），磷肥、钾肥基肥占 50%左右，其他作追肥。全生育期追肥次数 8 次左右，从现蕾期开始追肥，“一水一肥”。前期氮多磷少，中后期磷多氮少，结合滴灌系统实行灌溉施肥。提倡选用水溶肥作追肥，但要配合尿素施用。一般前期尿素与水溶肥用量比例 2：1，中后期尿素：水溶肥 1：1.8。

2. 常规灌溉（淹灌或沟灌）棉田

皮棉单产在1 350～1 650kg/hm² 条件下，施用棉籽饼 750kg/hm² 或优质有机肥 15～22.5t/hm²，氮肥（N）270～300kg/hm²，磷肥（P_2O_5）105～120kg/hm²，钾肥（K_2O）30～45kg/hm²；皮棉单产在1 650～1 950kg/hm² 条件下，施用棉籽饼 1 125～1 500kg/hm² 或优质有机肥 22.5～30.0t/hm²，氮肥（N）300～345kg/hm²，磷肥（P_2O_5）120～150kg/hm²，钾肥（K_2O）45～90kg/hm²。对于 B、Zn 缺乏的棉田，注意补施 B、Zn 肥。

地面灌溉棉田 45%～50%的氮肥用作基施，50%～55%作追肥施用。30%的氮肥用在初花期，20%～25%的氮肥用在盛花期。50%～60%的磷、钾肥用作基施，40%～50%用作追肥。硼肥要叶面喷施，用量 1.5～2.25kg/hm²。锌肥做基肥施用，用量 15～30kg/hm²。

三、棉花施药机械类型和施药技术及其应用

随着中国社会经济的快速发展，高效施药机械与新型施药技术成为实现中国农业生产全程机械化的重要环节，是“公共植保、绿色植保”的主要组成部分，必将成为农业高产高效、农产品安全、环境保护目标的重要技术手段和方法。农林植物保护（植保）是保证农林作物健康成长、丰产丰收的重要措施之一。喷施农药是目前农林植保的常用生物灾害防治办法，主要目的是将植物病、虫、草害，以及其他有害生物消灭于危害之前，促进植物健康成长。长期以来，中国农药喷施以地面植保作业方式为主，且一直停留在传统的大容量和大雾滴喷雾的技术水平上，不仅作业效率低下，而且过量施用造成严重的环境污染和农产品品质下降等一系列问题，已难以满足农业可持续发展的需要。为了减少化学农药滥用造成的危害，精准施药技术及相关植保机械发展迅速，实现了化学农药的减施增效，并提高了化学农药的利用率。精准施药技术与装备在农业中的应用不仅大大提高了工作效率，且减少了农药浪费、保护了环境，为实现复杂的变量喷洒提供了可能，或将有利于改变传统农业劳动力人口需求过多的状况，推动农业向简约化、精准化及可持续化发展。

农业航空应用是现代农业关键技术的重要组成部分。农业航空施药技术的广泛应用是反映农业现代化水平的重要标志之一，大大推进了现代农业的发展和进步。航空静电喷施

技术作为农业植保技术领域先进的植保技术，大大改进了传统施药和地面施药器械施药的缺点与不足，航空静电喷雾系统的静电作用能有效提高药液雾滴在靶标表面的附着率和分布均匀性，在一定程度上达到了抑制雾滴飘移的目的。

静电喷雾技术作为现代植保机械施药的新技术而受到国内外各专家学者的广泛关注，该技术能较好地解决传统施药中存在的重要问题。然而，目前静电喷雾应用在农业植保技术领域无论是在地面器械喷药还是飞机空中施药上都存在一系列问题，如静电喷雾系统复杂、高压静电发生电源过重，以及静电喷头荷电效果、雾化效果较差等，都是影响静电喷雾效果重要的因素。因此，加快推进静电喷雾技术的发展是农业植保领域新的任务与挑战，在减少农药的施用量、降低对环境的污染和提高农产品质量等方面具有广阔的发展空间和良好的应用前景。

自新千年始，中国农药产量与使用量居全球第一。随着农药在农业生产中的广泛应用，农药用量大、施药次数多、操作人员中毒、农产品农药残留超标、环境污染等负面问题已严重威胁到从业人员、食品及环境的安全，造成了不应有的损失以及其他不良后果。其原因是中国施药机械与技术相对落后，农药有效利用率不足 30%。传统施药方式往往忽视一定区域内病虫害灾情的变化，采取一致的施药量，导致化学农药在部分作业区内用量不足，而在有些地方施量过度。精准施药是精准农业的重要组成部分，能够满足越来越高的环保要求，实现了低量、精准施药、少污染、高功效、高防效的作业要求。为了实现农药精确喷施，施药技术与施药装备机具正向着精准、低量、对靶、变量、自动化方向发展，它通过获取作物的病虫草害形貌与位置、密度与危害程度等喷雾对象信息，以及喷雾机位置、速度和喷雾压力等机器状态信息，对喷雾对象实施按需施药。目前，国际上对精准施药技术在提高农药利用率、减少农药残留和降低环境风险等方面的前景和潜力已形成共识，各国均在加大研发力度，它代表了 21 世纪精准农业上植保精准施药的发展方向。为提高中国植保机械精准作业与自动化水平，改变施药技术落后的局面，2001 年年初中国农业大学药械与施药技术研究中心通过承担国家“十五”科技攻关重点项目《精准高效施药技术与装备研发》，在国内最先开始对精准智能喷雾技术及精准施药植保装备的研发，将植保精准施药技装备应用于农业生产实践，并结合中国国情，结合农学、农药、植保等相关学科优势，将遥感技术、传感器探测技术、机电一体化技术、导航技术、信号采集及数据处理等多种现代化技术与方法应用于精准施药技术装备，在中国率先开发出了一系列新型现代化植保精准施药技术准备，并大量应用于农业生产。

四、植保精准施药技术装备研发与应用

（一）果园自动对靶静电喷雾机

为解决传统果园喷雾机连续喷药时农药使用量大、农药有效利用率低的问题，中国农业大学药械与施药技术研究中心在“十五”期间通过主持国家“十五”科技攻关重点项目《精准高效施药技术与装备研发》，于 2002 年成功研制出基于红外探测的中国第一台智能植保精准施药装备：自动对靶喷雾机，将目标物探测、自动化控制技术与喷雾技术相结合，靶标探测“电子眼”发现靶标（果树枝叶）时，喷雾机自动控制系统打开喷雾系统进行对靶喷雾，在没有果树枝叶的空挡，“电子眼”把信号传给自动控制系统，将喷雾系统关闭，喷雾机不对外喷雾施药，实现“有靶标时进行喷雾，没有靶标不喷雾”的作

业要求；同时，该喷雾机融合静电喷雾技术，应用高压静电（电晕荷电方式）使雾滴带电，带电的细雾滴作定向运动趋向植株靶标，最后吸附在靶标上，其沉积率显著提高，在靶标上附着量增大，覆盖均匀，沉降速度增快，尤其是提高了在靶标叶片的背面的沉积量，减少了漂移和流失。自动对靶静电喷雾技术的应用至少可节省农药50%~80%以上，明显提高了农药的利用率和防治效率、可大幅度地减少农药使用引起的环境污染。自动对靶喷雾机还解决了风送式低量喷雾与静电喷雾等关键技术问题，至2006年已在全国15个省市推广应用300多台套。

（二）自走履带式风送果园变量喷雾机

20世纪60年代以来，风送喷雾被联合国粮农组织作为一种先进高效的施药技术在全球推广，利用风送细雾滴，大大提高了雾滴在作物冠层中的穿透和在叶片背面的沉积量，可以明显改善雾滴在冠层沉积分布均匀性和病虫害防治效果。通常果树冠层作为一个立体靶标，药液难以深入穿透靶标内部实现均匀分布；同时，中国各地密植果园种植布局形态不一，果树在不同的生长期，冠层茂密程度各不相同，叶面指数LAI在生长期内由0至最大值不断增加，在生产中后期对于密度较大的果树冠层需要较大气流辅助雾滴穿透树冠实现均匀分布，对于果树生长早期叶片或密度较小的冠层则需较小的风量减少农药细雾滴的飘移。传统果园风送喷雾机采用单一风量工作模式，风量过大或过小均不利于雾滴在靶标作物上有效沉积，所以需要实时调节风速与风量，以保证良好的喷雾效果。为此，中国农业大学药械与施药技术研究中心于2007年通过承担国家“863”项目“农作物靶标光谱探测技术”与国家科技“十二五”科技支撑计划“新型施药技术与农用药械”项目成功研制出适用于低矮密植果园的变风量风送喷雾机，能够同时实现对靶喷雾与风量调节。变量控制系统采用机电一体化设计，指令接收和执行过程实现精确、实时管理；该机装备红外传感器实现自动对靶喷雾，采用组合式喷头技术控制喷雾量；风机调节装置基于步进电机驱动无级变速器，实现风机300~1 670r/min的无级变速，产生相应风量。在此变量喷雾系统基础上，重点探究了不同葡萄冠型与喷雾机风量之间的关系，为精准变量喷雾系统的进一步改进提供可靠的数据支持。

（三）基于LIDAR探测的果园自动仿形变量喷雾机

为进一步提高果园喷雾机自动化与精准喷雾作业性能，中国农业大学药械与施药技术研究中心在多年研究探索的基础上，通过主持“948”项目“农作物位变量施药键技术引进”与国家公益性行业（农业）科研专项“植保机械关键技术优化提升与集成示范”，于2015年成功研制出第三代果园精准变量喷雾机，该机采用扫描角度270°的LIDAR激光扫描传感器作为探测装置，能够满足对树行两侧果树同时变量的作业需求；为量化冠层所需风量和流量，实现局部调节风量和喷雾量的施药目标，根据果树冠层分布特点，确定了基于树冠轮廓距离的冠层分割模型该喷雾机以冠层分割模型作为变量处方，并依据该模型确定冠层单元所需风量和喷雾量的算法。变量控制系统采用中央控制执行装置，应用光机电一体化、自动化控制等技术，通过LIDAR探测果树冠层特征，通过冠层分割模型计算得到各冠层单元的边界、密度与体积，依据变量算法求得与冠层单元体积完全拟合的所需风量和喷雾量，调节电机和电磁阀的脉宽调制（pulse width modulation，PWM）信号以实时调节风机转速和喷头流量实时调节。与常规果园喷雾机相比，最多可节省45.7%的农药使用量，雾滴空中飘移与地面流失分别减少42.7%和67.4%。该机的成功研制实现了自动对靶、变风量、变喷雾量、仿形喷雾的集成与有机统一，为精准植保机具的结构设计和性能优化提供理论与方法参考。

（四）自走式精准变量喷杆喷雾机

作为大田生产中较为常见的喷雾方式，喷杆式喷雾机的主要作业对象是粮食或经济作物，对病虫害防治和除草的效果良好，但目前精准施药技术在大田作业的喷杆式喷雾机应用较少，带来了诸如农药有效利用率低、农产品中农药残留超标和环境污染等问题。为提升中国喷杆喷雾机的喷雾性能，降低喷雾作业过程中形成的农药雾滴飘移，中国农业大学药械与施药技术研究中心通过主持国家“863”计划“新型施药技术与农用药械”项目、国家公益性行业（农业）科研专项“黄淮流域小麦玉米水稻田间用节水节肥节药综合技术”根据中国水、旱田的实际情况，采用喷杆式低量喷雾、气流辅助输送雾滴、液压控制、喷幅标识和喷杆自动折叠等先进技术，先后研制出3WSF-200型自走式水旱两用风送低量防飘喷杆喷雾机、3WFP-300/500第二代导流式防飘喷杆喷雾机、3WDFP-500第三代自走式高地隙低量导流防飘喷杆喷雾机，实现了旱地作物、水稻上植保机械化作业，大大提高了作业效率，喷雾量分布均匀性得到显著改善，降低了作业过程中的农药飘移造成的环境污染。

（五）植保无人机

除了地面植保机械，精准农业航空技术是另一块核心发展领域，搭载了遥感技术和GPS导航系统的农用植保无人机近年来的发展十分迅速。植保无人机的突出优势是效率提升、喷洒精准化提高、人工成本和中毒风险降低。目前植保无人机主要以燃油发动机和电动机为动力装置，分为固定翼植保无人机、单旋翼植保无人机和多旋翼植保无人机。无人机防治技术研发的热点领域主要有低空低量喷雾技术、基于GPS/GIS的无人机航线规划技术、基于无人机采集大数据的农药喷洒定量分析技术等。与此同时，适配无人机的农药剂型也正在研发中。总的来看，无论地面还是空中的植保机械，都是朝着精准化、低量化、智能化和大数据的方向发展。

近年来，中国植保无人机农药喷洒作业的使用量日益增长，应用的农作物范围也越来越广，尤其在地面喷杆喷雾机难以进地作业地区具有广阔发展应用前景。植保无人机用于低空低量施药作业与传统人力背负喷雾作业相比具有作业效率高，劳动强度小；与有人驾驶大型航空飞机施药相比成本大大降低，并能够满足高效农业经济发展的需求。特别是对于水稻、中后期玉米、丘陵中种植的农经作物等地面机械难以进地进行农药喷雾作业的情况，至目前，中国研发了多种适合于这种不同地区小农户的植保无人机，以应对日益严峻的病虫害防治任务；同时，采用植保无人机进行农药喷施，人机分离、人药分离、高效安全，并能实现生长期全程植保机械化喷雾作业。

从喷洒效果上看：①具有直升机的高效作业性能和良好喷洒效果；②植保无人机速度变化灵活，可以从零直接飞到正常速度，低速条件下作业有较好的雾滴覆盖，特别是旋翼产生的下旋气流，可减少雾粒的飘散，同时由于下旋气流而产生上升气流可使农药雾滴直接沉积到植物叶片的正反面；③植保无人机的空中悬停的功能使其具有单株喷洒能力。

从成本和安全性上看：①植保无人机的整体使用费用相对较少，虽然购机费用较高，但无需机场建设，与有人机相比性价比较高；②植保无人机的安全系数较高，特别是旋翼机，在发动机失效时，利用旋翼的自转性，通过驾驶员正确的操作，其迫降着陆速度可接近于0，另外植保无人机能通过减缓速度快速反应来增加飞行安全性和可预见性。

中国通用轻小型农用植保无人机主要有中国农业大学研发的单旋“CAU-3WZN10A”与多旋翼“3WSZ-15”“863”项目研发的“Z-3”、大疆“MG-1”“安阳全丰3WQF120-12型”“无锡汉和水星一号”以及“广西田园3XY8D型”“天鹰-3”等。据农业农村部相关部门统计，截至2016年5月，全国在用的农用植保无人机共178种，至2017年有关应用部门不完全统计，全国各种型号的植保无人机装机容量已经接近上万台；可挂载5~20L的药箱（近2年市场上也有大于30L的植保无人机出现，但应用较少），喷幅在5~20m之间，可适用于不同的施药条件，喷雾作业效率高达6ha/h，能有效及时防治水稻病虫草害。至今，全国农业航空技术95%以上用于航空植保作业，还有5%左右用于农情信息获取、航空拍摄、农作物的辅助育种等。2015年，农林各种农业有人驾驶与无人航空器植保喷雾作业48 586h，主要用于湖南、湖北、江西、河南、福建与其他南方水稻等粮食作物产区。

未来，随着“2020年农药使用量零增长行动”计划的顺利实施，利用先进传感技术、电子信息和自动化等先进技术，加快推进研发精准施药技术与装备，突破中国植保作业中的瓶颈技术，对提高植物病、虫、草害防治能力，促进农业稳定发展和农民增收具有重要意义。

植保机械研究及行业正向着自动化、智能化和精准化方向发展。传统的植保机械以小型和人工农业机为主，常见的机型包括背负式手动喷雾器、背负式电动喷雾机、背负式动力喷雾机、背负式机动喷雾喷粉机、框架（或手推）式喷雾机、风送式喷雾机等，结构较简单，难以根据不同作物特点精确调整喷施量，效率低下、对操作者毒害较大。牵引式和悬挂式喷雾机与拖拉机配套完成喷洒作业，相对于传统人力植保机械有了很大提升，是中国目前主要的设备类型。相对而言，欧美发达国家已普及了大中型喷雾机，主要有自走型、牵引式和悬挂式三种配套形式，集现代微电子技术、仪器与控制技术、信息技术、光电机一体化技术和GPS定位技术为一体，特点是喷量少、喷洒精度高等。在中国虽未普及，但一系列符合中国国情的植保精准施药技术装备已被研发出来，典型的包括果园自动对靶静电喷雾机、履带自走式果园送喷雾机、基于LIDAR探测的果园自动仿形变量喷雾机、自走式精准变量喷杆喷雾机等，这些先进的植保机械将遥感技术、传感器探测技术、机电一体化技术、导航技术、信息采集及数据处理等技术与方法应用于精准施药装备。

（六）植保机械中的喷雾技术

喷雾技术是植保机械的核心技术，从喷头设计到喷药系统研发一直是研究热点。其中，喷头设计主要关注雾化效果、雾滴沉降性和雾滴分布均匀性等指标，针对不同的植物类型。

种植模式调整雾滴粒径、沉降性、黏附性和分布范围；喷药系统的设计则越来越多地针对地面机械或航空无人机特点，结合机器视觉技术、GIS/GPS定位技术、实时传感器和喷杆位姿自动调节技术等，确保农药雾滴准确、高效地作用于病害发生部位。

喷头作为药液雾化装置，直接影响了植保机械的喷施效率和质量。目前传统的扇形压力喷头和离心喷头仍是市场主流，而在此基础上借助辅助系统，发展高效能、智能化、长寿命的喷施技术是行业方向。故而，当今的喷药技术已不单是机械领域的研究方向，更多地融合了基础物理、计算机技术、航空技术、生物学技术等多领域的先进成果。

（本章作者：林涛，刘琦，牙森·沙力，崔建平，郭仁松，尔晨，孙婷，李鹏发）

本章参考文献

高鹏，简红忠，魏样，等. 2012. 水肥一体化技术的应用现状与发展前景［J］. 现代农业科技（8）：250，257.

高祥照，杜森，钟永红. 2015. 水肥一体化发展现状与展望［J］. 中国农业信息（4）：14-19，63.

郝毅. 2010. 浅谈棉花膜下滴灌技术［J］. 内蒙古水利（3）：94-95.

何雄奎. 2017. 植保精准施药技术装备［J］. 农业工程技术，37（30）：22-26.

李俊义，刘荣荣，王润珍，等. 1990. 棉花需肥规律研究［J］. 中国棉花（4）：23-24.

李明发. 2017. 新疆地区棉花膜下滴灌技术运用的思考［J］. 农业开发与装备（4）：167.

刘建英，张建玲，赵宏儒. 2006. 水肥一体化技术应用现状、存在问题与对策及发展前景［J］. 内蒙古农业科技（6）：32-33.

刘荣荣，王润珍，魏守军，等. 北疆特早熟棉区棉花需肥规律和氮肥施用时期研究［J］. 中国棉花（7）：5-7.

刘武兰，周志艳，陈盛德，等. 2018. 航空静电喷雾技术现状及其在植保无人机中应用的思考［J］. 农机化研究，40（5）：1-9.

申孝军，张寄阳，孙景生，等. 2009. 膜下滴灌技术的研究现状与展望［J］. 人民黄河，31（9）：64-66，69.

王荣栋，尹经章. 2005. 作物栽培学［M］. 北京：高等教育出版社.

吴晓青，赵晓燕，徐元章，等. 2019. 植物生物防治精准化施药技术的研究进展［J］. 中国农业科技导报，21（3）：13-21.

于舜章. 2009. 山东省设施黄瓜水肥一体化滴灌技术应用研究［J］. 水资源与水工程学报 20（6）：173-176.

张媛，田玲枝. 2018. 棉花滴灌施肥技术研究与应用［J］. 石河子科技（3）：3-4.

张子鹏，陈仕军. 2009. 水肥一体化滴灌技术在大田蔬菜生产上的应用初报［J］. 广东农业科学（6）：89-90.

第八章　机采棉采摘及储运

第一节　采棉机介绍

解决棉花收获的重要途径是机械化采收，也称为机采棉技术，其技术核心是性能优良的采棉机，国际上机采棉技术泛指运用机械化手段对棉花主产品（包括籽棉及未成熟的棉桃）进行一次或多次机械收获的技术。机采棉技术是涉及与机械化配套的农业高效种植综合技术体系和机械学、电子学、动力学、电气学、农艺学等多领域、跨学科、高技术的一项复杂系统工程。机采棉技术的发展对解放劳动力、提高劳动生产率、降低生产成本和提高植棉收入等方面都具有重要意义，当前该技术主要在我国西北内陆棉区的新疆生产建设兵团及北疆棉区规模化应用。

一、采棉机的分类及特点

根据采棉机采摘原理大致将采棉机分为两大类：选收式采棉机和统收式采棉机。统收式采棉机主要有刮板毛刷式、梳齿式、复指杆式、振动式等。选收式采棉机按其摘锭相对地面的位置一般可分为水平摘锭式和垂直摘锭式采棉机。目前，选收拾式采棉机中的水平摘锭式是全球应用最广泛的类型，其他机型多处于研发和试验阶段，成熟机型的保有量和作用范围均较少。

（一）水平摘锭式采棉机

水平摘锭式采棉机是目前应用最广，分布最广，作业效率最高，采收效果最好的采棉机类型，其采棉部件具有摘锭数多、布局合理、适应性强、操作性良好、可靠性及自动化控制水平高等优点，采净率可提高到95%以上，且籽棉含杂低，品级高。但这种采棉机结构复杂而精巧，对制造工艺及材料要求较高，价格昂贵，带打捆包膜功能的单机售价在400万~500万元。目前，世界范围内的生产厂家主要是美国的约翰迪尔和凯斯公司，代表机型有约翰迪尔公司的9970型5行采棉机和9976型6行采棉机，凯斯公司2555型5行采棉机与CPX610型6行采棉机。

（二）垂直摘锭式采棉机

垂直摘锭式采棉机由前苏联1939年研制成功，其结构相对简单，摘锭数较少，自动化程度低，操作性能差，工艺辅助时间长，适宜采摘分枝少而短，棉铃较集中，株高低于80cm的棉株，采摘率只有80%~85%，落地棉较多10%~20%，对棉株损伤率大，需要多次采摘，机器效率比水平摘锭采棉机低20%左右，作业生产率偏低。目前只在乌兹别克斯坦等一些前苏联国家使用，代表机型有XBA-1.2型、XBH-1.2型、XH3.6型和XC-

15 型采棉机。

（三）刮板毛刷式及梳齿式采棉机

属统收式采棉机，也称一次性摘棉机、摘铃机。工作原理与摘锭式采棉机完全不同，是一次性将吐絮棉铃、半吐絮棉铃及青铃（棉桃）全部采摘，此类机具一般配有剥铃壳，果枝、叶片分离及清理装置。其结构简单，作业成本低，适用范围广，由于不能分次采摘，籽棉等级低，含杂明显偏高，均未得到大面积应用。

二、国外采棉机发展历程及研究现状

世界上最早生产采棉机的国家是美国和前苏联，从 1850 年世界上第一台采棉机研制到目前，经历了 150 余年的发展，这期间采棉机械及采棉技术日趋完善，采棉机作为全球最顶端的农业装备，是世界先进农业的重要标志之一。目前，世界上实现棉花机械收获的国家有美国、澳大利亚、以色列及乌兹别克斯坦，但其使用的采棉机基本从美国进口。

（一）美国采棉机械及技术发展概况

美国早在 17 世纪就开始了采棉机械的研究。1850 年美国人兰巴托和普莱斯特获得了全球第一个采棉机专利，1871 年，美国人黑格斯发明了一次性采棉机，即现在的刮板毛刷统收采棉机，1889 年，美国发明家坎贝尔研制了世界上第一台水平摘锭式采棉机，其原理沿用至今，20 世纪 40 年代开始投入批量生产，二次世界大战后，由于劳动力的缺乏及科技水平的提高，机采棉得以迅速推广。到 1975 年美国棉花生产机械化程度已达到 95%以上，其中棉花机械采收率达到 99%以上，基本实现了采棉全程机械化，并成为世界上棉花生产机械化水平最高的国家。

美国原有 10 多家采棉机生产商，通过多年激烈竞争，约翰迪尔公司和凯斯公司占据了绝对优势的主导地位，目前两家公司均采用水平摘锭式原理生产采棉机，尤其是近 20 年来，通过多次重大技术改进，其生产的采棉机结构轻巧，效率高，适应性强，自动化程度高，代表着世界采棉机行业的最高端水平。进入 21 世纪后，由于采棉机的技术水平、生产率、采净率及采摘质量均显著提升，世界上主要产棉国均从两家公司进口采棉机，因而全球范围内的采棉机行业已被上述两家公司高度垄断。

约翰迪尔公司于 50 多年前第一个研制出 4 行和 5 行采棉机，1997 年开发出 9976 型 6 行采棉机，2006 年推出了第三代产品 9996 型自走式采棉机，可一次性完成田间采棉和机载打包，实现连续不间断的田间采棉作业。凯斯公司于 1943 年研制了世界第一台单行自走式采棉机，被誉为农业机械史上的重要里程碑，2006 年推广的带籽棉打垛功能的 ME625 型新型采棉机被称为收获行业的第二次革命。

目前，美国生产的采棉机主要为 5 行、6 行采棉机，均配备了籽棉智能型打垛工艺及设备，实现了籽棉成型与裹包，其中约翰迪尔公司生产的 7760 型 6 行多功能新型采棉机为机采棉圆形成模与裹包型采棉机，棉模直径 90 英寸（约 2. 29m），宽度 96 英寸（约 2. 44m）；而凯斯公司推出了 ME625 型 6 行智能型打垛采棉机，则实现棉花方形成模，棉模宽、高均为 8 英尺（约 2. 44m），长 16 英尺（4. 88m）。

总之，美国生产的采棉机均为自走式，全部采用水平摘锭，结构复杂，工艺水平高，技术成熟，操作性强，作业效率高，自动化控制水平高。适宜采收株型较大，棉桃较松散，株高 80 ~ 120cm 的棉花。其机采籽棉含杂率较低（6% ~ 8%），落地棉少（5% ~

10%），采净率高达95%。

（二）前苏联采棉机械及技术发展概况

前苏联于1924年开始采棉机的研制，并生产出第一台气吸式采棉机，经过十多年努力，到1939年，成功开发了第一台垂直摘锭式采棉机，经过改进后1948年开始批量生产。乌兹别克斯坦共和国作为前苏联棉花主要生产区，是前苏联机械化植棉设备的研究中心，也是目前棉花比较集中的国家，国内塔什干棉花机械局曾挤身世界著名的采棉机生产公司，因此棉花生产机械程度较高，到20世纪70年代末，棉花机械化采收程度达70%，20年代生产的采棉机主要是采收60cm和90cm等行距的系列机型，目前棉花机械化采收率已达90%以上。乌兹别克斯坦生产的采棉机主要特点是全部采用垂直摘锭式采棉部件，结构相对简单，制造较容易，自动化程度较低，人工辅助时间长，操作性能及采摘性能较差，效率低下。适宜采摘分枝少，棉桃集中，株高80cm以下需多次采摘的棉株，机采棉籽棉含杂及落地棉均较高，为10%~20%，采净率低，约85%，新疆生产建设兵团于20世纪50年代引进后效果较差，已停止使用，鉴于上述原因，其生产的采棉机仅在国内使用。

三、国内采棉机发展历程及研究现状

（一）国内采棉技术的发展历程

中国对棉花收获机械一直比较重视，对采棉机的研究始于20世纪50年代。1953年农业农村部首次引进了前苏联CXM-48型单行垂直摘锭式自走采棉机，由于采净率低，籽棉含杂高，缺乏相应清花设备，价格昂贵，未能在生产中推广。1958—1961年，新疆生产建设兵团、中国农业科学院农业机械化研究所、中国农业科学院棉花研究所及新疆农业科学院农业机械化研究所等多家单位在引进前苏联多种类型采棉机基础上，先后进行了摘铃机、垂直摘锭式采棉机、真空气吸式采棉机及一次摘棉机等研究，均因采摘效率低，落地棉高，含杂高，技术不成熟，效率低下等原因而终止。在1961—1990年近三十年的时间里，中国对采棉机也进行了多次引进及试验研究，但多限于部件原理性设计和试验联合体，其间先后因文化大革命及1975年新疆管理体制的变革两次中断，棉花机械化采收的研究基本停滞。从1952年开始引进前苏联CXM-48型单行采棉机到1990年的14XB-2.4Г型自走式采棉机为止，我国始终是按照前苏联棉花全程机械化模式，围绕垂直摘锭式方式进行研究，实践证明，引进的前苏联采棉机在采摘类型、采摘方式、作业效率及采摘质量上均不能适应新疆“矮、密、早、膜”高产栽培模式的技术需求。

1990年前后，国务院决定将新疆的棉花生产列为重点开发项目，并计划在1995年建成2 000万亩稳定的优质商品棉生产基地，面积、产量将逐渐达到全国的1/3，新疆棉花生产得到快速发展，面积及产量大幅增加，随之而来的劳动力短缺及棉花采收问题日益突出。在前苏联采棉设备不符合中国棉花生产实际情况下。1989年国家组织有关部门先后多次完成了包括美国在内的国外机采棉相关技术的调研与考察，同年在国家科委的支持下，新疆维吾尔自治区科委于正式将“采棉机及清花设备的引进试验研究”列为自治区重大科研专项，棉花收获机械化再一次被国家重视。1992—1994年，从新疆维吾尔自治区引进国内第一台美国凯斯公司生产的2022型水平摘锭双行采棉机在乌苏市哈图布呼国营农场进行棉花生产机械化成套机具选型开始，经过4~5年时间，对原苏联和美国约翰迪尔公司和凯斯公司的生产的采棉机进行了大量的试验比较，又在玛纳斯县建立示范点，结合山东棉花机械公司开发研制的国内第一条机采棉加工工艺，证明了水平摘锭式采棉机比垂直摘锭式采棉机更适合我国棉花生产实际情况。随后“九五”期间，借助国家攻关专项，新疆引进了美国约翰迪尔公司和凯斯公司价值 1.66 亿元的 104 台摘棉机，同时加大了采棉机的自主研发工作。1996 年“自走式采棉机研制”及“棉花生产及加工技术与成套设备”被列入国家科技部“九五”重点科技攻关项目，正式开启了国家级棉花采摘收获机的研究。1997 年研制了 3 行自走式采棉机和 2 行背负式采棉机，1999 年 5 月该项目研制的 4MZ—2（3）3 型自走式采棉机科研成果及新产品鉴定，标志着中国真正意义上的自走式采棉机的诞生，自此中国采棉机械化研究进入了一个新的发展阶段，棉花全程机械化生产得到快速发展。

进入 21 世纪以来，国家仍将棉花收获机械作为重点研发项目。2002 年中国农业机械化科学研究院与贵州平水机械有限责任公司联合开发了 4MZ-5 型自走式水平摘锭采棉机，由石河子贵航农机装备有限责任公司生产，2007 年投入使用，填补了国内空白，结束了中国棉花采收机械完全依赖进口的历史。2010 年中国农机院与贵州平水机械有限责任公司又联合开发了 4MZ-3 型自走式水平摘锭采棉机，由现代农装科技股份有限公司生产。2014 年中国农机院研发出 4MZ-6 型智能自走式采棉机，技术达到国际先进水平。2015 年新疆机械研究院股份有限公司、山东天鹅棉业机械股份有限公司、南京农业机械化研究所和常州东风农机集团等公司也相继进行了 3 行采棉机的研制，都处于研发试验阶段，尚未形成产品。至 2013 年，我国 3 行、5 行、6 行自走式采棉机保有量1 800台左右，其中国产 5 行采棉机 566 台，3 行采棉机 11 台，其余为迪尔和凯斯两家企业生产的采棉机。

（二）国内采棉技术的发展现状

虽然目前新疆棉花收获机械仍以美国翰迪尔和凯斯公司生产的采棉机为主，但其正面临着中国制造采棉机的强有力的挑战。据中国农机院官方信息，2017 年 11 月底，现代农装公司主导研发的“4MZ-6 型棉箱式 6 行高效智能采棉机”在天津清河农场进行了田间性能试验，采收效果得到了农户的认可。当前国内采棉机已经群雄崛起，梳理一下有星光正工、东华棉机、重庆机电集团、现代农装、新疆石河子贵航、新疆钵施然、山东天鹅棉业及新疆牧神等，南京农机化研究所、河北农机科学院等院所也在研发采棉机。其东华牌 4MZ-3 三行采棉机在新疆实现小批量销售，其 6 行采棉机不久也将走向市场。此外，新疆钵施然也向约翰迪尔、凯斯发起正面的冲锋，直接推出了 6 行机，并且是国产机里实现批量销售的企业。相信 2018 年将是国产采棉机展露头角的一年，甚至有人断言，不久之后，中国自主研发的多类型采棉机将打破美国凯斯、约翰迪尔在国内的垄断地位，国产采棉机将在全球范围内与约翰迪尔和凯斯成三足鼎立之势。

第二节　采棉机作业模式及技术指标

棉花收获机械化总体来说包括采收机械及机采棉配套生产技术两大方面。一方面，就目前而言，经过多年实践与创新，无论是国产采棉机还是进口采棉机，在技术性能上都比较成熟，基本能满足新疆“矮、密、早、膜”特有种植模式对棉花机械收获的要求。另一方面，机采棉配套生产技术涉及土地、品种、种植模式、落叶催熟、经营方式等，是一项复杂的系统工程，如何将成熟的采棉机械与这一复杂的系统工程进行高度有机整合，是衡量棉花机械收获性能的一项重要技术指标，最终关系到产品品质与棉花生产全程机械化的推广。

一、新疆棉花机械采收现状分析

（一）新疆机采棉种植情况

多年来，新疆棉花生产机械化水平一直走在全国前列，目前新疆生产建设兵团除棉花打顶、机械采收、化残膜回收等各别环节机械化程度较低，其余均实现全程机械化，综合机械化程度达80%左右，代表着中国棉花生产的最高水平。“十五”后，随着棉花机械化采收技术率先在新疆生产建设兵团试验、示范，取得了良好效果，并进行大面积推广，棉花全程生产机械化向前迈进了重要的一步。尤其是2010年以来，随着“招工难、用工贵”，新疆加快了机采棉进程，采棉机数量从2006年的304台增加到2010年的700台，5年增加1.3倍。据《新疆生产建设兵团统计年鉴2002—2015》统计，2002年新疆生产建设兵团机采棉面积38万亩，占种植面积的5.4%，2011年增至385万亩，机采率达到44.2%，2014年630万亩棉花实现了机械采收，机采比例达到70%，13年间年递增近10%。值得一提的是，新疆地方也于2008年开始进行机采示范推广，至2011年，实现机械采收33万亩，占全区机采总面积的7.94%，目前新疆棉花机械化采收正稳步向前推进。新疆玛纳斯县自2010年开始大力推广棉花机械采收技术，经过5年实践和改进，棉花机械采收技术得以大面积推广。截止到2016年棉花种植面积为3.8万hm^2，占农作物种植面积的52.3%，棉花采用机采种植模式3.6万hm^2，占棉花种植面积的94.7%。

（二）机采棉与手摘棉的纤维品质

在确定棉花品种、轧花清理道数及轧花锯片类型三个参数后，李岩（2016年）对3个品种的手采棉及机采棉进行了纤维品质分析。结果表明：手摘棉的部分指标优于机采棉，但多项指标性质基本一致，总体略优于机采棉，说明机采方式对棉花纤维指标的影响不大。两种采摘方式纤维上半部平均长度的均值、中位数基本相同，属于同一档位，但手采方式其长度整齐度范围更广；短绒率以手采棉较低，且差异明显。马克隆值差异不大，断裂比强度与纤维平均长度表现一致；颜色等级上，手采棉为白棉2级，机采棉为白棉3级，总体表现为上手采方式是优于机采方式。

在机采棉清理道数上，与“四清二排”（即四道籽棉清理，两道皮棉排杂）相比，“四清三排”增加了清理道数，加大了对纤维损伤；在使用大小锯片上，大锯片同样加大了对纤维损伤，使得纤维各项性能下降。

在用中棉49进行纺织性能比较时，除质数含量手采棉高于机采棉0.2/个·km，其余指标均优于机采棉，其中条干质量变异系数（CVm）低3.06%，+280%的千米棉结低144.6/个·km，断裂强度高15/cN，断裂伸长率高4.8%，纱线捻度高1/捻·（10cm），成纱质量总体优于机采棉，但部分性能基本一致，说明机采棉有很大的发展潜力。

综合分析表明，对纺纱一致性系数SCI的影响依次为品种>轧花锯片类型>轧花清理道数>采摘方式。

二、影响机采棉发展的客观因素

21世纪后，新疆兵团机采棉经历了从无到有，并在短短15年棉花机采率提高到70%

以上，而地方同期机采比例为20%左右，且进展缓慢。不难看出，新疆棉花生产机械化水平在本区内也存在明显差异，北疆高于南疆，兵团高于地方，这固然与南北疆经济发展有一定关系，但主要原因有：是否具备土地规模化经营这一机械化生产的基本物质基础，是否具备棉花规模经营的条件及与机采棉配套的加工工艺设备。

（一）规模化土地经营

高效集约机械化是棉产业持续发展的必然选择，农业生产只有在土地规模化基础上才能最大限度地发挥机械化作业优势，实现提质增效。实践证明，机械化生产只有在土地连片规模经营后才能实现，才能减轻劳动强度。据调查：新疆棉花由机械采收代替人工采摘，仅此一项可实现亩节支劳动力400~600元，累计节支15亿元左右。另外，实现机械采摘可有效杜绝原棉中的“异性纤维”，彻底解决长期困扰纺织企业的原棉异纤含量过高问题，为纺织企业带来可观的收益，提升棉花市场竞争力。因此土地规模化经营是棉花生产机械化最基本的物质基础条件之一，涵盖了土地规模、土地质量、机械化投入水平、人工劳动力的解放、产品质量等内容，简而言之，即归结于能否利于提高生产率。因此规模化土地平整显得尤为重要，建立适度土地规模，利用先进的激光平地技术对棉田进行精细化整地，使其具备联合整地机及机采棉作业要求，以推动棉花生产机械化的发展。目前新疆棉花生产方式主要有两类。

1. 农业生产经营单位

一类为农业生产经营单位，植棉面积1 181万亩。包括团（农）场、合作社、种植大户等。其中以新疆生产建设兵团为代表的农业生产经营单位率先对棉田进行了大规模的整合，单位土地面积在200~500亩不等，并于1998年引进美国光谱物理公司生产的系列激光平面发射器及控制系统对整合后的棉田进行了激光平地作业，同时应用联合整地机在棉花播种前对土地进行综合化机械作业，一次性完成松土、碎土、镇压、平整等作业工序，且作业质量好，效率高，并利于除草剂药效的发挥及棉田精量播种作业对整地质量的要求。鉴于上述原因，新疆兵团棉花机械化生产水平及原棉质量得到有效提升。

2. 基本农户

另一类为基本农户。据统计：2014年新疆地方植棉2 967万亩，其中基本农户植棉1 786万亩，占比60%以上，涉及全区63个县市和110多个团场、526个乡镇、5 526个村，种植农户92.93万户，全疆约有50%的农户（其中70%以上是少数民族）均属于此类人员，其生产组织方式仍以农户为单元进行。生产特点为：土地少，棉田小而不规则，产权分属多户，土地平整度差，肥力不均匀，模式不统一，品种多而乱。已成为土地规模化经营，影响机械化发展的主要阻碍因子，客观上限制了机采棉的发展。对此急需变革生产组织方式，变革的关键在于整合土地资源，通过土地流转、股田制、集中租用等方式，扩大生产单元，推进家庭农场、棉花专业合作社等新型生产组织发展，引导土地集中管理，建设高标准的农田，加快从“小、散、弱”的棉花生产组织方式向规模化、机械化方向发展。

（二）优化适宜机采配套技术的品种

为提高采摘质量与采摘效率，机采棉对机采品种的一致性、适应性及收获前的综合配套技术要求更为严格。借鉴国外机采品种及新疆棉花生产实际情况，新疆适宜机械采收的棉花品种应具备以下技术指标。

1. 对品种表型性状的要求

株高适中，在70~80cm之间。株型紧凑，偏早熟，整齐度好。果枝类型为Ⅰ—Ⅱ式，始果节位的第1铃距地面18cm以上，结铃部位相对集中，茎秆柔韧，抗倒伏，叶片中等通透性好，株型清秀，吐絮畅、快且集中，含絮力中等偏上，棉絮不夹壳，具有较强的抗撞击能力，落絮落棉少。

2. 对内在纤维品质的要求

与手摘棉相比，机采棉需在收获前15~20d喷施落叶剂，一定程度上缩短了纤维发育，因此要求机采棉品种熟性偏早，同时机械采收过程及籽棉加工过程主要对纤维长度有损伤，因此纤维品质内在指标要求更高，其长度较手摘棉应提高1~2mm，马克隆值在3.5~5.0之间为宜。

3. 对脱叶剂反应的要求

适宜机采的品种不仅要对后期的光、温反应敏感，更重要的是对脱叶剂反应敏感，以提高脱叶效果。落叶要青脱，即在叶片完全干枯前从叶柄处脱落，叶片要整片脱落，不挂枝，落叶期相对集中，便于机械适时采收。

（三）机采棉加工工艺有待提升

棉花生产机械化中的两个核心技术是性能优良的采棉机和先进配套的机采棉加工工艺与设备。总体来说，整个机采棉加工工艺包括前期籽棉预处理（籽棉烘干、清杂、清异纤），籽棉加工及皮棉清理三大内容，而籽棉清理工艺又是籽棉预处理中最核心技术，是机采棉技术及整个加工工艺能否顺利进行的关键环节之一，其好坏直接关系到加工皮棉的含杂率、纤维长度、异纤含量等重要技术指标。与传统手采棉加工相比，机采棉含杂较多，且在作业过程中需喷水清洗摘锭，加工工序相应增加。美国的加工工艺与设备已非常成熟，生产线基本实现智能化操作，实时对籽棉含水率进行电子监测，由电脑程序决定烘干、加湿的时间与程度，加工一致性较好。中国机采棉加工目前处于起步阶段，由山东天鹅棉业机械股份有限公司和河北省邯郸棉机有限公司生产的机采棉清理设备虽能基本满足机采棉的需求，但基本是仿制、照搬，机械化，智能化程度较低，加工差异性较大，适宜性较差，与美国成熟工艺有一定差距，一定程度上限制了新疆机采棉的发展。

第三节　机采棉采摘品质

采棉机按收获方法可分为两种类型，一次性采收采棉机及分次采收采棉机。由于采收方式及收获原理不同，两种收获方法对机采棉的品质影响差别较大。一次性采棉机是一次性将吐絮棉铃、半吐絮棉铃及青铃（棉桃）全部采摘，或分次采摘后，最后一次摘完残花和青桃，由于不能分次采收，采摘后的籽棉中青桃、铃壳、断果枝、叶片等杂质含量较大，籽棉混等混级严重。分次采收采棉机的采摘原理与一次性采棉机不同，其采摘部件可根据棉铃吐絮情况仅对吐絮棉铃进行分次采收，对籽棉损伤较小，不采收未吐絮青桃，籽棉杂质含量明显较低，采收质量相对较好，结构复杂，技术成熟，操作方便，工作效率高，采收性能好，生产中大面积使用的均属此类机型。

一、机采棉采摘品质及作业要求

（一）机采棉田间作业质量标准

依据采棉机类型及采摘方式，前苏联垂直摘锭式采棉机规定棉花采净率大于85%，落地棉损失率10%~15%，籽棉含杂率12%~15%；美国水平摘锭式采棉机规定棉花采净率大于90%，落地棉损失率8%~10%，籽棉含杂率10%~12%；

根据国际上对机采棉技术应用的评价指标以及中国对机采棉技术多年的试验研究经验，结合新疆植棉情况，从种植成本、种植模式、采摘后的认可度等方面对目前新疆水平摘锭式采棉机规定：籽棉采净率在93%以上，总损失率（机械撞落、挂枝、遗留）小于7%，籽棉含杂率小于10%。

（二）机采棉田间作业技术指标及要求

1. 依据棉花脱叶率及成熟情况适时集中采摘

通常为脱叶率90%以上、吐絮率95%以上、含水率12%以下。

2. 采摘前对边地角难及机械通道进行人工采收

平整田埂、土包及洼面，回收地面支管及毛管，清理棉田破损残膜及异物，保证采棉机械平稳前进，减少地膜、滴灌毛管等异性纤维混入籽棉的可能性，保证采收质量。

3. 检查报警装置及灭火器配置

确保机车“五净”（机净、油净、水净、空气净、工具净）和“四不漏”（不漏油、不漏水、不漏气、不漏电）。

4. 检查调整轮距，校准行走路线

按播幅接行行走，严禁跨幅采收，做到不错行、不隔行、不漏行。

5. 依据播幅调整采头距离

严格控制采收速度，采收时速在3.5~5km/h，减少因采收速度造成的籽棉损失及落棉率过高现象。

二、机采棉作业质量相关研究

机采棉作业品质通常以采净率、含杂率、损失率三项指标作为重要衡量标准。罗进军等（2015）在作业速度、种植模式、棉花品种相同条件下，于新疆生产建设兵团农八师研究不同机型采棉机的采净率与籽棉含杂率。试验表明：在采净率提高时，凯斯CPX620型采棉机、凯斯635型打包一体采棉机和贵航4MZ-5型采棉机的含杂率都随之提升，且幅度较大。且作业速度增加时，含杂率增加；何磊（2016）以脱叶率、种植模式和采棉机作业速度作为试验因素进行了机采棉含杂率及采净率的试验研究，结果表明机械收获棉花采净率影响因素依次为作业速度>脱叶率>种植模式；对机械收获棉花含杂率影响因素依次为脱叶率>作业速度>种植模式；综合评价影响因素顺序为作业速度>脱叶率>种植模式。

三、影响棉花机械采收质量的因素

棉花机械采收是一项综合、复杂的系统工程，涉及采收机械与前期土地，采收时的配套品种与技术及采收后贮运、加工等一系列环节，因此影响机采棉作业质量及采摘品质的因素也较多。就采收前的综合因素分析而言，影响机采棉的采收质量除上述研究的采收机型与作业速度、脱叶率、种植模式以外，土地、品种、配套综合栽培技术、机械化管理、化学试剂喷撒及成熟吐絮情况等均会影响机采棉采摘质量。

（一）机采棉的配套条件

1. 适宜的土地条件

为确保采棉机大型机械高效作业，对土地规模及质量要求较高。单位棉田规模应在100亩以上，土地较平整，质地均匀，棉田无明显异物，纵向落差不得高于20cm，单行采幅内的落差不得大于3cm，便于机车与采头平稳前进，提高作业速率与采收质量。此外要预留转弯车道，籽棉卸载及运输车道，机械检修区域等。

2. 适宜的种植制度

机械采收棉田应实行单作，间、套作棉田不适宜机械采收。

3. 配套运贮及加工技术

采棉机应配套相应的贮运机械，运棉车应根据采棉机的作业速度配备，一般一台采棉机配备运棉车3~4辆，运棉车应具备完备的消防设施。此外要有适合加工机采棉的配套加工生产线，确保机采棉加工的皮棉品级不低于机采棉籽棉采收时的品级，确保生产出高质量的商品棉。

（二）影响棉花机械采收的因素分析

1. 品种选用

适宜的机采品种是成功实现机械采收的基本条件。目前推广的机采棉品种虽能进行机械采收，但株型要求、品质要求等方面均存在不足，不能完全适宜与满足机采棉品种要求，根据现有栽培模式及采棉机械，适宜机采棉品种应具备以下要求。棉花最低有效铃位距地面18cm；适宜机械化田间管理，便于塑造理想株型，收获期株高以70~80cm为宜，Ⅰ~Ⅱ式分枝，通透性好，抗倒伏；结铃及吐絮相对集中，快而畅，含絮力好，不夹壳，具有较强的抗撞击能力；对脱叶剂敏感，叶片脱落期集中，自然脱落效果好。

2. 配套栽培模式及机械化管理

棉花要实现机械化采收，必须要与机械配套的种植模式结合，实现机艺融合。新疆棉花在实现机械采收前，为提高土地利用率及增加群体效应，通常采用（25+55）cm，1膜4行、1膜6行，甚至1膜8行的“矮、密、早”种植模式，单位群体密度通常在18 500~19 500株/亩，最高达22 000株/亩。由于前苏联采棉机是主要采收60cm和90cm等行距的系列机型，引进后在采摘类型、采摘方式、作业效率及采摘质量上均不能适应新疆“矮、密、早、膜”植棉模式，未得到推广；自20世纪90年代首次引进美国采棉机试验成功以来，机采棉配套技术得到快速发展。为适应现有采棉机械，在借鉴美国机采棉种植模式基础上，经过多年研究与发展，新疆机采植棉模式目前通常采用（66+10）cm宽窄行及76cm等行距的植棉模式，株距在9.5~10cm，理论播种密度在17 500~18 500株/亩。通过多年实践证明，这种（66+10）cm宽窄行及76cm等行距植棉模式具有通风透光性好，利于棉田机械化管理，通过适当增加株距、缩小窄行间距，塑造标准化个体株型，脱叶效果好，挂叶少，符合机采棉田作业要求及指标，与（25+55）cm常规植棉模式相比，不但不减产，还有增产效果，适应新疆“矮、密、早、膜”高产栽培模式的机械化技术需求。

3. 落叶催熟技术

化学脱叶是棉花机械采收的一项必备关键技术，关系到棉花能否够顺利实施机械采收及采收质量。正确使用化学脱叶剂利于提高落叶效果，降低籽棉含杂质，使棉花吐絮期提前且相对集中，促进棉花成熟，增加霜前花比例，改善棉花品质，提高采摘效率，提升采摘质量。

目前应用较为广泛的化学催熟剂和脱叶剂种类较多，主要包括脱必施、噻本隆、乙烯利、真功夫、脱叶磷、氯酸镁等。按照作用机理可分为两类，第一类为触杀型，如脱叶磷、氯酸镁等，它们通过杀死植物绿色组织起到催熟落叶作用，其作用效果快；第二类是通过促进内源乙烯的生成诱导叶柄离层形成，促进棉花铃开裂，如乙烯利、噻本隆等，其作用效果慢。

脱叶磷对成熟叶片脱落效果较好，喷后 2h 无雨即可，吸收及作用速度快，但不具备催熟及抑制二次生长的作用。在低温下成熟度较好地棉田，增加使用剂量脱叶效果较好。要提高催熟落叶效果，可与噻本隆、乙烯利混合使用，多数条件下表现良好。

噻本隆也叫脱叶灵、脱叶脲、脱落宝，是一种具有细胞分裂素活性的植物生长调节剂，植物吸收后，可抑制生长素的运输，不直接伤害叶片，促进叶柄与茎之间的分离组织自然形成而脱落，可有效抑制二次生长，是目前效果最好的脱叶剂，但催熟效果较差。噻本隆药剂起效慢，低温下尤其明显，在日均温低于 20℃ 时不建议使用，同时要求喷施后 24h 无雨，因此增加用量或添加辅助剂效果明显，一般喷施后 5d 叶片开始从基部脱落，15d 左右为叶片脱落高峰期，20d 后叶片脱落率可达 80%～90%。

乙烯利是促进植物成熟衰老的内在激素，可直接增加乙烯的生成，引起叶片脱落，促进棉铃开裂，但对抑制二次生长无效，其催熟效果好于脱叶效果。一般情况下，在生长旺盛或贪青晚熟棉田，喷施乙烯利可使叶片干枯，停止光合作用，从而促进铃开裂，因此乙烯利与其他药剂混合使用可达到加快叶片脱落，促进棉花成熟的效果。

乙烯利在棉花上的应用国内最早始于 20 世纪 70 年代中后期，作为催熟落叶技术近年来在新疆棉区研究较多。韩碧文（1983）研究得出，过早喷施乙烯利会造成棉花减产及品质下降，过晚施用催熟效果不理想，并指出判断乙烯利的最佳喷施时间是：需催熟的棉铃铃期多数在 45d 以上，纤维基本成熟，此时喷施乙烯利催熟不影响铃重；日最高气温仍在 20℃ 以上且距霜期有 15～50d 时间；适宜用量为 100～150ml/亩。据上海植物生理研究所激素研究室研究报道，50% 的棉铃吐絮的正常棉田喷施 500～1 000mg/L 的乙烯利比较适宜。

由于乙烯利仅具有较好的催熟效果，新疆棉田最早也是采用乙烯利作为化学脱叶剂，但在喷施后易造成叶片枯而不落，不利于机械采收。为达到落叶催熟效果，新疆近年来在脱叶剂的选用及使用方法上进行了大量研究，并在生产中逐渐探索乙烯利与其他脱叶剂混合使用的效果，以探索适宜新疆棉花机械采收的落叶催熟技术。

徐新洲等（2001）在研究脱叶剂对不同棉花品种脱叶催熟效果表明：多数药剂对叶片脱落和棉铃吐絮都具有较好的脱叶催熟效果，对于晚熟棉田，可采用化学催熟加脱叶；陈冠文等（2000）对脱叶剂的选择及配方研究表明，早喷施脱叶剂的棉田，喷药后气温较高时，药量可酌情减少，反之，药量酌情增加。而美国研究表明，含有乙烯利的混合物在适宜喷施后的 7～10d 可使叶片脱落程度达到机械收获要求，7～14d 后，吐絮棉铃增加一倍，14d 后开始收获。经过十多年的研究，基本乙烯利与脱落宝混合施用，可达到理想的落叶催熟效果，具体亩用量脱落宝 15~20ml，乙烯利 100~150ml，棉花自然吐絮率在50%以上，喷药后连续 10~15d 气温在 20℃以上，可使脱叶效果达 90%，棉铃吐絮率在90%以上，单铃重及纤维品质基本不受影响。南疆棉区一般在 9 月 15 日左右，北疆棉区偏早，一般在 9 月 5 日前后。

第四节 机采棉储运及加工要求

与人工采摘相比，机采棉采摘期短，采摘量大，其作业效率是人工采摘的百倍甚至千倍以上，因此机采棉的运输及存放能力也必须大大提高。以目前新疆使用较多的美国迪尔、凯斯两种品牌的采棉机为例，作业效率为 350~500 亩/d，相当于1 500人左右的人力手工采摘，因此采摘后的籽棉能否及时运输，并在籽棉收购企业有效堆垛存放也是棉花生产机械化的重要配套技术之一。

一、机采棉储运要求

机采棉的储运遵循的原则是：快速有效运输，合理有序堆放，减少储运环节对籽棉造成的含杂及异纤增加，品级下降等问题。

（一）机采棉的运输

机采棉采摘效率的大幅提高，客观要求需配备较强的运输能力。依据采棉机的作业速度及采摘效率配备足量的运棉车，科学组织调度。一般一台采棉机配备运棉车 3~4 辆，运棉车应具备完善的消防设施，以确保将采收后的籽棉及时安全运至存放地点堆垛存放。为提高运输效率和动输能力，运棉车要有自卸装置，其中高槽运棉车的车厢容积为 30~35m^3，专用棉模运输车的车厢应与籽棉棉模相符。运输籽棉的运棉车应在采摘后的机车道行使。从籽棉采摘到运至存放地点应做到全程机械化采摘、运输及装卸，实现棉不落地，减少储运过程中人为因素对籽棉异纤的污染。

（二）机采棉的存储

机采棉作业需对摘锭喷水进行清洗，采摘后的籽棉含水率较高，为防止籽棉存放期间因含水率高而出现的发霉，变质，变色等现象，对机采棉的存放有着严格的要求，一方面受籽棉加工速率及存放场地的影响，另一方面也受籽棉运输方式的影响。

在棉花机械采收推广前，新疆棉花主要是人工采摘，采摘期较长，进度慢，籽棉含水率较低，籽棉收购期相对较长。加工企业通常根据籽棉加工效率和堆放场地规模适时调节进行籽棉收购及存放，一般不会产生籽棉大量积压及因籽棉含水率较高而发生霉烂、变质现象，具有较强的灵活性，因而对收获后籽棉存储方式及规模没有严格的要求。21 世纪初，机采棉的推广，使棉花采摘效率大幅提升，采摘期大幅缩短，但籽棉含水率相对较高，收购企业原有的籽棉加工及存储方式已完全不能满足机采棉对籽棉加工及存储规模的需求。为解决上述问题，在机采棉推广初期，新疆棉花机械采收实行采摘、运输、存储分段操作模式，即先将机械采摘的籽棉多以散花的形式集中堆放（多为地头或地边），待籽棉收购加工企业有足够存储场地后，再进行二次装运，送至企业进行加工。这一方法不仅增加了采收成本，而且二次装运也直接造成籽棉损失及异纤含量的增加。

随着机采棉的大面积推广，机采棉的储运效率受到更为广泛的重视。在运输设备上，采棉机配备了籽棉智能型打垛工艺及设备，实现了籽棉成型与裹包，其中约翰迪尔公司生产的7760型6行多功能新型采棉机为机采棉圆形成模与裹包，棉模直径90英寸（约2.29m），宽度96英寸（约2.44m）；而凯斯公司推出了ME625型6行智能型打垛采棉机，则实现棉花方形成模，棉模宽、高均为8英尺（约2.44m），长16英尺（4.88m），实现了棉花从采摘、运输到存储棉不落地一次性作业；不论是圆形成模还是方形成模，机采籽棉压实成模后，紧实度高，在加工厂直接堆垛，通风差，长时间存储易造成籽棉霉变，加工品质下降，陈发（2010）对机采棉不同存储时间品质测定表明：存储半年后加工的机采棉普遍较存储1个月加工的皮棉等级差，皮棉平均降低一个等级。为缩短存储时间，提升加工品质，加工企业对加工技术及场地规模进行了升级改造，改进加工工艺，提高加工效率与品质，扩建存储场地，改善存储条件，缩短存储周期；总之机采棉的储运应做到：不因运输、存储环节导致产量损失及异纤含量的增加，不因机采棉储存时间降低棉花加工品质。

（三）机采棉存储技术要求

依据《机采棉加工技术规范》GB/T35834—2018，机采棉的存储应做到：机采棉仓库和货场的设置应符合GB/T22335—2018的要求；机采棉应标明不同的品种、长度、含杂率、回潮率和级别等，以此为依据分类存放；机采棉堆垛时，应堆成中间高四周低的形状，垛底应便于排水且堆垛高度不超过4m；机采棉采用棉模放置时，棉模应按规定存放并留出运模车装卸通道；定期测定籽棉及棉模内部温度，当温度超过33℃时，应立即采取通风倒垛措施或采取烘干措施或立即加工；机采棉棉模和籽棉垛宜用三防篷布封盖严密。

二、机采棉加工工艺

（一）中国现行手摘棉加工工艺轧花质量国家标准

棉花加工是通过轧花机等专用设备使棉纤维和棉籽分离，使之成为皮棉、短绒及棉籽的过程。棉花加工过程较为复杂，从加工工艺上大体分为籽棉预处理、轧花、打包等环节。棉花加工有一定的工艺要求及技术指标，从总体来说，加工时应最大程度降低有效纤维及纤维长度的损失，尽可能排除籽棉及皮棉中的杂质，减少黄根、毛头、疵点及不孕籽含棉率，保持棉纤维原有的自然品质，严禁混等混级加工，严禁将不同长度的籽棉混合加工，以提高原棉品质一致性。

皮棉不仅是棉花加工的主要产品，也是纺织企业的主要生产原料，其质量的好坏直接关系到成纱质量，进而影响到纺织企业的经济效益。目前皮棉质量的判定依据主要是棉花品级，而轧花工艺又是影响棉花品级的最重要因素之一，对此中国现行的棉花国家标准对轧花质量指标做了明确的具体规定（表8-1）。

表8-1　中国现行棉花轧花质量参考标准　（%）

皮棉级别	皮辊棉		锯齿棉		
	黄根率≤	毛头率≤	疵点（粒/100g）≤	毛头率≤	不孕籽含棉率（%）
一级	0.3	0.4	1 000	0.4	20~30

（续表）

皮棉级别	皮辊棉		锯齿棉		
	黄根率≤	毛头率≤	疵点（粒/100g）≤	毛头率≤	不孕籽含棉率（%）
二级	0.3	0.4	1 200	0.4	20~30
三级	0.5	0.6	1 500	0.6	20~30
四级	0.5	0.6	2 000	0.6	20~30
五级	0.5	0.6	3 000	0.6	20~30

注：引自 GB1103—2007《棉花细绒棉》

上述棉花轧花质量是传统加工工艺的参考指标，是对籽棉含水率、含杂率均较低的手摘棉，其典型加工工艺为：吸棉、籽棉分离与清理、配棉、轧花、集棉、打包、输送入库等作业环节，围绕该工艺，各地自行开发研制了适合本地区的辅助工艺设备，如籽棉烘干，皮棉清理等，因而各地加工工艺差别较大。

（二）机采棉加工工艺概述

由于机采棉籽棉含水率、含杂率均明显高于手摘棉，加工前必须通过专用设备对机采籽棉进行预处理，包括多次籽棉清理、烘干及皮棉清理。因此在传统加工工艺基础上，机采棉加工工艺加强了籽棉清理，增加了籽棉烘干、加湿及皮棉清理等设备及工艺。目前机采棉加工工艺可概括为四清三排二烘干，即四道籽棉清理，三道皮棉清理，二道烘干加湿，以保证机采棉的清杂效果，提高加工质量。

（三）机采棉籽棉预处理

1. 机采棉籽棉预处理的工艺流程

机采籽棉—通大气阀—重杂沉淀器—籽棉喂料控制器—烘干塔—1#倾斜式六辊籽棉清理机—提净式籽棉清理机—烘干塔—2#倾斜式六辊籽棉清理机—加收式倾斜六辊籽棉清理机/冲击式籽棉清理机—提净式籽棉喂花机。

2. 机采棉籽棉预处理的工艺要求

籽棉预处理是加工前，依据加工技术要求对籽棉进行烘干（或加湿）和清理杂质的过程。其基本要求是：充分松解籽棉，不能损伤棉纤维的自然品质，最小化影响纤维长度，保持棉纤维自然品质性状，力求清理加工后的棉纤维保持原有品质；控制好籽棉回潮率，最大限度清除籽棉中的各种杂质，使处理后的籽棉尽量达到加工要求，减少因籽棉水分、含杂不符合加工要求而造成的皮棉加工质量下降；经过预处理的籽棉由粗加工变为精细加工，与预处理前的籽棉相比，加工后的皮棉纤维长度损失在 1mm 以内，回潮率在 6.5%~8.0%，异纤含量小于 3‰，品级不低于加工前的籽棉品级；一、二级皮棉的棉籽毛头率≤0.4%，三至五级皮棉的棉籽毛头率≤0.6%。

3. 机采棉籽棉预处理的技术指标

经预处理后的籽棉，异性纤维清除率应≥60%（含棉花异性纤维清理机的籽棉预处理工艺），籽棉清杂效率应≥50%，清僵铃效率≥70%，清铃壳效率≥85%，烘干后的籽棉回潮率在 6.5%~8%，不均匀度≤1%，籽棉加湿量一次应≥2%，对棉纤维的长度损伤应控制在 1mm 以内。

采用郑州棉麻工程技术设计研究所生产烘干设备、河北邯郸棉机有限公司生产的籽棉清理设备及南京天山工贸有限公司生产的异性纤维清理机等组成的机采棉籽棉预处理工艺。王敏（2009）研究结果表明：残膜等异纤清除率在80%以上，毛发等异纤清除率在90%以上；籽棉平均脱水6%左右，回潮率控制在9%以下，平均除杂7%左右，籽棉含杂率控制在7%左右；经过预处理的机采籽棉可安全堆放45~60d，比未预处理的可多存放15~35d。

4. 机采棉籽棉预处理中的籽棉清理与烘干（加湿）

机采棉籽棉清理及烘干（加湿）是机采棉加工的必要环节，也是关键技术环节，有效地籽棉清理及合理调节棉纤维的回潮率可提高皮棉总体加工质量，其效果直接关系到机采棉加工能否顺利进行及皮棉成包质量。这里仅对机采棉加工前期预处理的籽棉清理及烘干加湿做简要介绍：

（1）机采籽棉杂质类型及清理　机采籽棉中的杂质按来源可分为纤维性杂质和非纤维性杂质，纤维性杂质主要包括不孕籽、索丝，杂草、线绳、残膜、毛发等，清理过程中应尽量清除；非纤维性杂质包括叶片、茎秆、铃壳等。

按杂质大小、轻重或软硬，可分为小而轻的杂质，如不孕籽、碎叶、干草等，这类杂质危害性较小，但与棉纤维的粘附性较强，清除较困难，可通过在棉花加工的多道工序中进行多级清理。大而重杂质如铃壳、僵瓣，砖头、石子等，对于这类杂质，清理较容易，工艺流程应遵循早清除、先清除、不破碎、少破碎，未破碎先排落的工艺原则。

籽棉清理是将籽棉中的杂质通过专用设备及工艺可使籽棉中的杂质得到有效清除，一般重大杂质采用离心式或自动沉降式清理，细小杂质采用冲击式可抛掷式清理。清理方法主要有气流法和机械法。气流法是利用籽棉与杂质在颗粒大小、质量和空气动力学性质上的差别，借助气流式清理设备将密度大于籽棉的杂质分离出去。机械法是利用籽棉与杂质颗粒大小、密度、表面弹性、硬度等差别，借助籽棉精理机将密度大于或小于籽棉的杂质分离出去。按工作原理可分为刺钉式籽棉清理机和锯齿式籽棉清理机。

（2）机采棉籽棉含水率的影响及控制　控制机采棉籽棉含水率有两个目的：一是保证棉花加工顺利进行，二是最大可能清除籽棉含杂，获得最佳品质的棉纤维。

当加工前的籽棉含水率过高或过低时，均不利于棉花加工，都需要运用烘干或加湿工艺对籽棉进行预处理。当籽棉含水率过高（超过9%）时，清理杂质及轧花中除杂效率低，易形成索丝；棉纤维基部与棉籽联结力增加，棉纤维本身强度增加，棉籽表皮变软，轧花时易形成带籽屑纤维；同时不利于棉纤维的分离，使毛头率增加，衣亏严重；杂质与纤维黏附性增大，特别是细小杂质难以清除；棉纤维变软，弹性及刚性降低，加工时易产生纤维性疵点；轧花时，含水率高的棉纤维易嵌塞于轧花机肋条间，使肋条堵塞，造成剧棉不良，不但降低生产率，还易产生黑棉，影响加工品质，严重时易发生安全隐患。当籽棉含水率过低时，纤维强度降低，刚性增加而变脆，抗断裂能力降低，加工时易产生拉断纤维现象，降低成纱性能。此外清花时易造成棉籽破碎，使皮棉中籽屑增加，降低皮棉质量。锯齿轧花机轧花时的适宜籽棉含水量为6.5%~8%，皮辊机为5.0%~6.0%。

应当特别注意的是，在进行籽棉烘干时，一般烘干温度控制在90℃左右，实际使用中热空气与棉纤维混合点的温度应严格控制在120℃以下（已有研究表明，棉纤维的分解温度为176℃，在此温度条件下，棉纤维生理水分发生转移，纤维结构严重破坏，当超过

120℃时，棉纤维就会受到影响，因此籽棉烘干时的温度不宜超过 120℃）。

一般情况下，通过加湿及烘干工艺，籽棉清理前水分控制在 12%左右，清理烘干后预轧前水分在 8%左右，皮棉滑道中的皮棉水分为 5%左右，在打包前可进行加湿处理，最终成包时皮棉水分可回升至 8%。

（四）机采棉加工技术规范

机采棉的加工环节是保证机采皮棉保值升级的重要步骤，通过对机采棉加工生产过程中影响皮棉质量的因素控制，提高机采棉的加工质量。机采棉的加工要求应符合中华人民共和国国家标准 GB/T35834—2018《机采棉加工技术规范》，该标准 2018-02-06 日发布，2018 年-06-01 日实施，具体内容如下。

1. 范围

本标准规定了机采棉加工过程的基本要求、加工要求和检验要求。

本标准适用于棉花加工企业加工机采棉的加工过程。

2. 规范性引用文件

下列文件对本文件的应用是必不可少的。凡是注日期的引用文件，仅注日期的版本适用于本文件，凡是不注日期的引用文件，其最新版本（包括所有的修改单）适用于本文件。

GB1103.1　棉花第 1 部分：锯齿加工细绒棉

GB6975　棉花包装

GB/T 18353　棉花加工企业基本技术条件

GB/T 22335—2018 棉花加工技术规范

GB/T32139 棉花加工术语

GB/T 30358　棉花加工工艺系统安装及制作通用技术条件

3. 基本要求

3.1　机采棉加工企业在棉花加工过程中应满足 GB/T 18353 的基本要求。

3.2　工作人员、其他人员防异性纤维要求应符合 GB/T 22335—2018 的规定。

4. 加工要求

4.1　加工前的准备

4.1.1　机采棉要求

4.1.1.1　机采棉中不得混入危害性杂物，在交售、收购过程中应符合 GB/T 22335—2018 的要求。

4.1.1.2　机采棉回潮率和含杂率应符合 GB/T 22335—2018 的要求。

4.1.2　机采棉的贮存

4.1.2.1　机采棉仓库和货场的设置应符合 GB/T 22335—2018 的要求。

4.1.2.2　机采棉应标明不同的品种、长度、含杂率、网潮率和级别等，以此为依据分类存放。

4.1.2.3　机采棉堆垛时，应堆成中间高四周低的形状，垛底应便于排水且堆垛高度不超过 4m。

4.1.2.4　机采棉采用棉模放置时，棉模应按规定存放并留出运模车装卸通道。

4.1.2.5　定期测定籽棉垛及棉模内部温度，当温度超过 33℃时，应立即采取通风倒垛措施或采取烘干措施或立即加工。

4.1.2.6　机采棉棉模和籽棉垛宜用三防篷布封盖严密。

4.2　工艺要求

4.2.1　机采棉加工工艺流程图见 GB/T 22335—2018 图 2。

4.2.2　工艺系统中应设置旁路系统，根据籽棉含杂率、回潮率高低选择不同的工艺路线。

4.2.3　机采棉清理工艺中，应设置不少于四道籽棉清理，能够清理籽棉中的棉叶、棉秆和铃壳等杂质。

4.2.4　机采棉清理工艺中，应设置异性纤维清理设备。

4.2.5　机采棉清理工艺中，应设置二道烘干设备，籽棉烘干次数按籽棉回潮率确定，与籽棉接触温度最高不超过 147℃，一般控制在 120℃以下。

4.2.6　工艺系统中，应有调湿设备，根据籽棉回潮率确定加湿量，剥绒部分可单独设立。

4.2.7 皮棉清理工艺中，应具备二道锯齿式皮棉清理机。

4.2.8　大功率设备应具备节能控制装置，生产线关键部位应具备检测元件，采集的数据应集中显示。

4.2.9　气力输送管网设计、安装应符合 GB/T 30358 规定的要求。

4.3　主要设备要求

4.3.1　棉花异性纤维清理机

4.3.1.1　异性纤维清除率应不小于 60%；

4.3.1.2　清理 100kg 籽棉耗电量应不大于 0.18kW · h。

4.3.2　籽棉干燥机

4.3.2.1　籽棉经过干燥后，棉纤维回潮率不均度应不大于 1%；

4.3.2.2　当环境温度为 20℃，籽棉棉纤维回潮率不低于 10%时，对于额定产量，干燥机去除棉纤维中每千克水热耗量应不大于11 000kJ；

4.3.2.3　当环境温度为 20℃，籽棉棉纤维回潮率不低于 10%时，对于额定产量，干燥机的干燥强度（以水计算）应不低于 7kg/（m^3 · h）。

4.3.3　籽棉和皮棉加湿机

4.3.3.1　一次加湿量应不小于 2%；

4.3.3.2　加湿 100kg 籽棉耗电量不大于 1kW · h；

4.3.3.3　加湿 100kg 皮棉耗电量．不大于 1kW · h。

4.3.4　籽棉清理机

4.3.4.1　清杂效率应不小于 50%；

4.3.4.2　清僵效率应不小于几 70%（带有清僵功能的籽棉清理机）；

4.3.4.3　清铃壳效率应不小于 85%（清铃机或提净式籽棉清理机）；

4.3.4.4　100kg 籽棉耗电量应不大于 0.18kW · h。

4.3.5　锯齿轧花机

4.3.5.1　加工标准级籽棉时，台时皮棉产量应不低于 800kg/h；

4.3.5.2　排出杂质中不孕籽含棉率应不大于 30%；

4.3.5.3 加工100kg皮棉耗电量应不大于3.5kW·h。

4.3.6 皮棉清理机

4.3.6.1 清杂效率（以清理前皮棉含杂率为基数）：清前含杂率大于2.5%时，清杂效率应不低于40%；

4.3.6.2 杂质含棉率：清理出的杂质中含棉率应不大于50%；

4.3.6.3 清理100kg皮棉耗电量应不大于1.5kW·h。

4.3.7 皮棉打包机

4.3.7.1 棉花打包机的公称力应不低于4 000kN，应具有取样装置，所取棉样应满足检验要求；

4.3.7.2 在规定的生产条件下，100kg皮棉耗电里应不大于1.8kW·h。

4.3.8 附属设备

生产线所配备的附属设备应与主机相匹配

4.3.9 设备操作要求

4.3.9.1 每个岗位都应有固定人员，并具有明确的职责和质量责任制；

4.3.9.2 工作人员都应经过培训，具有应对人身、机械安全及质量等方面的突发事故的能力；

4.3.9.3 机采棉生产线在启动前、应对所有的设备进行检查。在没有异常情况下，逐台按程序启动。启动顺序应从流水线最后一台设备开始向前进行，停止程序应从前向后进行；

4.3.9.4 设备启动后运转5~10min，确定无异常情况后再开始加工；

4.3.9.5 生产线工作面应随时保持清洁卫生，工具物料摆放有序，并放置专门收集特杂的特杂箱；

4.3.9.6 对容易混入特杂的淌棉道、集棉机左右、棉花打包机周围等重点工段和工位，应随时保持干净、整洁、物料摆放有序。

4.3.10 设备检修保养要求

4.3.10.1 制定检修计划，明确不同设备的检修细则内容。

4.3.10.2 设备检修、保养应符合设备使用要求。

4.4 加工质量要求

4.4.1 应按GB1103.1对机采棉分类别加工。

4.4.2 机采棉轧工质量应符合GB1103.1的规定。

4.5 耗电指标要求

棉花加工耗电量指标应符合GB/T18353的规定。

4.6 包装和贮存要求

4.6.1 机采棉加工后应进行包装并标注标识，包装及标识应符合GB6975的要求。

4.6.2 机采棉的质量标识应符合GB1103.1的要求。

4.6.3 机采棉棉包堆垛及贮存应符合GB/T 22335—2018的要求。

5. 检验要求

5.1 机采棉加工工艺及设备的检验应按照GB/T 22335—2018的规定进行。

5.2 机采棉加工质量的检验应按照GB1103.1的规定进行。

5.3 机采棉包装及标识的检验应按照GB6975的规定进行。

（本章作者：崔建平，王亮，王会平，汤秋香，林涛）

本章参考文献

陈发，王学农. 1999. 4MZ-2（3）型自走式采棉机的研制［J］. 新疆农机化（3）：17-18.

陈发，王学农. 2002. 机采棉技术在新疆的应用浅析［J］. 新疆农业大学学报（S1）：91-95.

陈冠文，李新裕，阎志顺，等. 2000. 南疆机采棉田化学脱叶技术试验［J］. 新疆农垦科技（6）：9-11.

程红梅，王红梅. 2015. 机采棉栽培及采收技术［J］. 农村科技（1）：24-25.

丁卫东，周亚立. 2008. 棉花加工（中级）［M］. 北京：中国劳动社会保障出版社.

端景波，张晓辉，王勇，等. 2014. 棉花机械化采收技术的现状与研究［J］. 中国农机化学报，35（3）：62-65.

樊庆鲁，陈冠文，尹飞虎，等. 2010. 不同配方棉花脱叶与催熟应用技术研究［J］. 新疆农业科学，47（12）：2 390-2 396.

高爱弟，郭健，邵叶文，等. 2015. 国产4MZ-5型自走式采棉机改进［J］. 新疆农机化（4）：29-31.

韩碧文，徐楚年，白玉良，等. 1981. 乙烯利催熟棉铃机理的探讨［J］. 北京农业大学学报（2）：47-53.

韩碧文，李丕明，奚惠达，等. 1983. 棉花应用乙烯利催熟技术及其原理［M］. 北京：中国农业出版社.

韩用兵. 2015. 影响采棉机作业质量的因素［J］. 农机科技推广（2）：42.

郝付平，韩增德，曾力，等. 2013. 国内外采棉机现状研究与发展对策［J］. 农业机械（31）：144-147.

何磊，刘向新，周亚立，等. 2016. 棉花机械采收质量影响因素分析［J］. 甘肃农业大学学报，51（1）：150-155.

侯殿亮，甘寿春，张明明，等. 2015. 浅谈新疆昌吉州机采棉配套高产栽培技术［J］. 中国棉花，42（7）：39-40.

黄勇，付威，吴杰. 2005. 国内外机采棉技术分析比较［J］. 新疆农机化（4）：18-20.

李东海. 2016. 实现规模化机采棉花和影响棉花机采质量的关键因素［J］. 南方农机，47（7）：32-33，45.

李慧敏. 2005. 新疆棉花机械化采摘技术的推广及应用［J］. 石河子科技（2）：8-9.

李丕明，韩碧文，奚惠达，等. 1981. 棉花应用乙烯利催熟技术及其原理［J］. 中国农业科学（3）：47-53.

李谦，籍俊杰，张峰. 2006. 农机农艺融合——研发适合我省棉花种植模式的智能型自走式采棉机［J］. 河北农机（12）：7-8.
李岩，马丽芸，汪军，等. 2016. 新疆机采棉品质现状与分析［J］. 棉纺织技术，44（2）：4-9.
刘晓丽，王学农，韩玲丽，等. 2012. 国内外梳齿式采棉机技术比较分析研究［J］. 农机化研究，34（3）：14-17，24.
刘昭桂. 2016. 棉花机械采收质量影响因素分析［J］. 农技服务，33（15）：167，115.
陆江林，石磊，陈长林，等. 2017. 适宜我国机采棉关键栽培技术的整合分析［J］. 甘肃科学学报，29（3）：81-85.
路战远，咸丰，范建伟，等. 2017. 棉花机械化采收技术规程［J］. 现代农业科技（11）：57，60.
罗进军，何磊，周亚立，等. 2015. 兵团第一师机采棉技术推广成效［J］. 新疆农垦科技，38（5）：5-7.
罗进军，何磊，周亚立，等. 2015. 不同型号采棉机对棉花采摘质量的影响［J］. 安徽农业科学，43（15）：331-333.
马晓梅，代勇强，李保成，等. 2016. 新疆机采棉区试新品系脱叶剂敏感性及品质产量性状分析［J］. 广东农业科学，43（2）：19-24.
马晓燕. 2016. 浅谈自走式采棉机的应用［J］. 农业工程技术，36（35）：49.
毛树春，李付光. 2016. 当代全球棉花产业［M］. 北京：中国农业出版社.
米日古丽·托合尼亚孜. 2018. 新疆棉花机械化采摘技术的推广及应用［J］. 农民致富之友（4）：150.
裴成军. 2017. 提高机采棉品质的方法探索［J］. 农业与技术，37（20）：59.
石生香，王海霞. 2016. 玛纳斯县机采棉高产栽培技术［J］. 农村科技（12）：11-13.
谭新. 2017. 机采棉如何通过栽培、脱叶、采收提升品质［J］. 农民致富之友（10）：51-52.
田景山，罗宏海，张旺锋，等. 2016. 机械采收方式对新疆棉品质的影响［J］. 纺织学报，37（7）：13-17，33.
王玲玲，郭健，邵叶文，等. 2015. 自走式国产采棉机机载打包机的介绍［J］. 新疆农垦科技，38（9）：36-37.
王献礼，贺美球，王文涛，等. 2017. 新疆阿拉尔植棉区提升棉花品质的十大主体技术［J］. 棉花科学，39（6）：24-26.
王新国. 2003. 国产采棉机技术应用与发展前景展望［J］. 新疆农机化（5）：30-31.
王玉红，阿拉尔. 2018. 提高机采棉加工质量的方案［J］. 农民致富之友（12）：35.
魏俊，王云霞. 2015. 国内外采棉机发展历程及研究现状［J］. 农业工程，5（5）：5-8，48.
谢俊华，黄先勇. 2017. 机采棉机械采收质量及技术要求——以第五师 81 团为例［J］. 湖北农机化（3）：39-40.
徐炳炎. 2000.棉花加工新工艺与设备［M］. 西安：西安地图出版社.
徐红，单小红. 1996. 棉花检验与加工［M］. 北京：中国纺织出版社.
徐新洲，聂新富，张学辉，等. 2001. 北疆机采棉化学脱叶试验初探［J］. 新疆农机化（2）：26-27，37.
于艳华. 2013. 新疆机采棉主要技术指标及栽培要点［J］. 中国棉花，40（12）：38-39.
张山鹰. 2012. 新疆机采棉发展现状及发展方向的思考［J］. 农业工程，2（7）：1-6.
张贤红，胡爱兵，马军，等. 2016. 江汉平原棉区机采棉栽培技术要点［J］. 农业科技通讯（12）：241-242.
张晓东. 2018. 机采棉技术推广与效益研究论述［J］. 农民致富之友（16）：183.
赵建所. 2018. 棉花机采所要求的特征特性及对采收质量的影响探讨［J］. 棉花科学，40（6）：16-18.
中国农业科学院棉花研究所. 2013. 中国棉花栽培学［M］. 上海：上海科学技术出版社.
周海燕，孙玉峰，郝付平，等. 2015. 我国棉花收获机械应用现状及展望［J］. 农业工程，5（3）：16-18.
周亚立，梅健. 2001. 机采棉棉模贮存和运输技术装备［J］. 新疆农垦科技（4）：19-21.
朱常青. 2013. 机采棉的运输、堆放和加工生产中的工艺研究［J］. 中国棉花加工（6）：12-14.
朱永强. 2015. 如何提高兵团机采棉加工质量［J］. 中国棉花加工（4）：44-46.

第九章　枣棉立体高效种植

第一节　枣棉间作的建园模式及树形要求

一、树龄选择

1~2 年定植枣园，枣树较小，对棉花影响微小。

4~5 年定植枣园，冠下区日最大光截获量不超过 65%，冠外区日最大光截获量不超过 25%，对棉花有较轻的影响。

7~8 年定植枣园，冠下区日最大光截获量不超过 85%，冠外区日最大光截获量不超过 55%，对棉花有一定影响。

10 年以上定植枣园，由于树冠直径大，遮阴明显，难以满足棉花生长的光照需求，不建议间作。

二、枣棉间作的种植方式

在枣树行间设置保护带，距枣树主干 100cm 处起垄作埂，在埂外种植棉花，保护带内禁止种植棉花。鉴于通风透光，枣树种植行向应选择南北向。枣树行距 4.0m，株距 1.5m。

三、树体管理

由于枣树枝细叶小，透光率高，宜于整形修剪，容易控制冠幅与树高。且枣树属于浅根性树种，因此，与核桃、杏树、苹果树等相比较而言，枣树栽培更适合间作。

为改善枣棉间作模式下棉花光环境条件，生产中可以通过对枣树整形修剪、合理控制冠幅，扩大透光率，有效降低枣树对棉花的遮荫影响。

枣树属强光性树种，培养树体结构时，以扩大叶面积、提高光合强度、通风透光、营养分配合理为标准，随树做形、随枝修剪。整形修剪应遵循去上留下、去内留外、去直留斜、去徒长枝留果枝。

（一）树冠整形

采用小冠疏层型或自然开心型修剪方式，枣树冠高控制在 3~3.5m，树冠直径控制在 2~3m 范围内（表 9-1）。

（二）树体修剪

合理进行夏季修剪和冬季修剪，改善透光条件，提高光能的利用率，有效解决枣树冠层对棉花的影响，从而达到提高整体光能利用率和提高产量、增加效益的目的。

表 9-1 常见丰产树形结构（汤秋香，2019）

树形	结构特点	优点	栽植模式
自然开心形	树高 2~2.5m，无中央领导干，干高 40~60cm，选留 2~4 个生长健壮、长势均衡的主枝，均匀分布空间，与地面夹角控制在 45~50°。	树形低矮、树冠内不光秃，通风、透光良好，结果多，着色好，树形培养快，便于管理和采收。	适于枣棉间作
小冠疏层形	树高 2.5~3m，干高 50cm 左右，全树 6~7 个主枝，分三层着生在中心干上。第一层主枝 3 个，主枝的水平夹角 120°，主枝与中心干的夹角 70°，主枝长 1~1.2m。第二层主枝 2 个，层间距 80cm，主枝长 0.8~1m。第三层主枝 1~2 个，层间距 60~70cm，主枝长 0.6m，三层主枝之间不能相互重叠，其余枝条培养成辅养枝或结果枝。	树形树冠小、紧凑、骨架牢固、形成快，光照条件好，便于管理。	适于枣棉间作
自由纺锤形	树高 2.5m 左右，干高 80cm，主枝 8~10 个，旋转排列于较直立的中心干上，不分层，不重叠，主枝间距 20~40cm，主枝长 0.5~1.0m，主枝上不培养侧枝，直接着生结果枝组，最下部培养大枝组，上部培养小枝组，全树呈下大上小，下宽上窄，下粗上细的纺锤形。	树形骨架牢靠，负载量大，利于早结果、早丰产。	适于枣棉间作

1. 冬季修剪

即休眠期修剪，因新疆冬季寒冷多风、气候干燥、剪口易裂，剪口芽不易萌发，故应在萌芽前修剪为宜。

（1）短剪　即短截，指对当年生枣头和二次枝的修剪。对于发展空间不大、保留 2~3 个二次枝的称中短截；对枣头生长势弱、有发展空间的枣头和二次枝，仅在基部保留潜伏芽（长 5~6cm）的修剪称重短截。

（2）回缩　即缩剪，是把生长衰弱、枝条过长下垂和影响骨干枝生长的结果枝条，在适当部位短截回缩，以抬高角度，复壮树势。

（3）疏枝　将密挤枝、交叉枝、竞争枝、枯死枝、病虫枝、细弱枝及没有发展空间的各种枝条从基部剪除。要求剪口平滑，不留残桩，以利愈合。

2. 夏季修剪

即生长季节修剪。在展叶至盛花期进行，以疏梢、摘心为主，改善通风透光条件，减少枣头营养的消耗，促进座果。

（1）枣头摘心　6—7 月，枣头尚未木质化时，保留 3~4 个二次枝，将顶梢剪去，促进枣头当年结果。

（2）开张角度　对角度小、生长直立或较直立的枝条，用撑、拉、吊等方法，把枝条角度调整到适当的程度，以缓和树势，改善通风透光条件。

（3）抹芽 枣萌芽后，对各类枝条上的萌芽，需要的保留，多余的及时抹除，以减少营养无效消耗。

（4）清除根蘖 枣树不定芽萌生出的根蘖苗，消耗大量母株营养，不利结果和管理，应及时清除。

第二节 枣棉间作棉花的配置模式优化

一、配置模式对枣棉间作模式下棉花的影响

（一）宽窄行、等行距对枣棉间作模式下棉花的影响

研究表明，在枣棉间作条件下种植密度对棉花光合及干物质积累特征影响显著，棉花种植密度在整个生育期与叶面积指数（LAI）、叶绿素相对值（SPAD）值呈正相关，但盛花期以前，中、高密度差异不显著；盛花期后，差异达到显著水平，各处理变化趋势一致。净光合速率（Pn）生育期呈单峰曲线，盛花期以前与种植密度呈正相关，各处理在盛花期达到峰值。等行距棉花前期 Pn 低于宽窄行，盛花期后逐渐高于等行距，受枣树遮荫影响，冠下区净光合速率（Pn）显著低于冠外区，平均低 2~5μmol/m²/s。高密度宽窄行降低干物质积累最大速率出现时间（To），提高干物质最大增长速率（V_m），分别比中、低密度高 11%、52. 8%。中、低密度等行距 V_m 高于宽窄行，高密度反之，干物质快速积累持续天数（△T）、Logistic 生长函数拐点 1（T_1）、Logistic 生长函数拐点 2（T_2）表现为高密度>中密度>低密度。表明冠下区受枣树遮荫影响程度高于冠外区，等行距配置在中、低密度下群体优势优于宽窄行，随着密度的增大和生育期的向后推移，宽窄行配置群体优势明显，与棉田冠层结构及通风透光性有关。因此，枣棉间作棉田适宜宽窄行、高密度配置，可增强棉花光合作用，增加干物质积累量，从而提高棉花产量。宋锋惠等（2011 年）研究认为，枣树对棉花有显著遮荫效应，随着棉花与枣树距离的增加棉花冠层光合有效辐射（PAR）、净光合速率（Pn）逐渐增大，且产量也逐步提高。

（二）宽窄行、等行距对枣棉间作棉花产量及构成因素的影响

棉花产量以高密度宽窄行配置模式表现最好，其次是高密度等行距、中密度宽窄行、中密度等行距、低密度等行距模式，低密度宽窄行模式表现最差。说明枣棉间作产量与密度呈正相关，且密度改变对不同行距配置棉花产量影响显著。在低密度条件下等行距模式产量显著高于宽窄行，但随密度的提高宽窄行模式产量提高幅度显著高于等行距。对产量构成因素分析发现，密度对棉花产量构成影响程度依次为结铃数>衣分>铃重，枣树冠下区棉花受影响显著，且等行距受影响程度高于宽窄行。因此，枣棉间作条件下棉花高密度宽窄行种植利于实现高产。

（三）宽窄行、等行距对枣棉间作棉花叶面积指数（LAI）的影响

在不同配置模式下棉花 LAI 在整个生育期呈单峰曲线变化。盛花期以前，中、高密度棉花 LAI 差异不显著，冠下区中密度 LAI 略大于高密度，而冠外区高密度>中密度>低密度，盛花期后随密度增加棉花 LAI 逐渐增大，盛铃期达到峰值，其中高密度宽窄行峰值最大。从行距配置来看，盛花期前等行距利于棉花 LAI 增大，由于盛花期后个体生长优势减弱，群体优势逐渐增强，宽窄行配置通风透光性较好，较高水平 LAI 持续期长。因此，枣

棉间作条件下，高密度 LAI 前期增长缓慢，而中后期 LAI 较大，且宽窄行模式优势显著，有利于提高棉花中后期叶源量，增加光合有效面积。

（四）宽窄行、等行距对枣棉间作棉花叶片 SPAD 值的影响

叶绿素是植物叶片进行光合作用的重要物质基础，叶片叶绿素相对值（SPAD 值）与叶绿素含量呈显著正相关。棉花盛花期以前叶片 SPAD 值增加缓慢，盛花期至盛铃期叶片 SPAD 值快速增大，吐絮期达到最大值，各处理变化趋势一致。随密度增加叶片 SPAD 值有增大趋势，行距配置间也有差异，低密度等行距模式冠下区叶片 SPAD 值大于宽窄行，其余处理均是等行距模式小于宽窄行模式。表明枣棉间作密度配置对棉花叶片 SPAD 值影响程度高于行距配置。

（五）宽窄行、等行距对枣棉间作棉花净光合速率（Pn）的影响

在整个生育期内棉花净光合速率（Pn）动态变化呈单峰曲线，冠下区净光合速率（Pn）显著低于冠外区，不同处理在盛花期前表现为随着密度逐渐增大，叶片净光合速率（Pn）呈逐渐降低趋势，开花期差异达到显著水平。冠外区叶片净光合速率（Pn）在盛花期达到峰值，且中密度>低密度>高密度，峰值过后，低、中密度净光合速率（Pn）下降较快。就行距配置而言，等行距配置模式在开花期前净光合速率（Pn）显著高于宽窄行，开花期后则反之，表明宽窄行配置利于棉花中后期净光合速率（Pn）提高。受枣树遮荫影响，冠下区棉花净光合速率（Pn）显著低于冠外区，中密度宽窄行和高密度等行距在开花期达到峰值，其余处理均在盛花期达到峰值，盛花期后高密度净光合速率（Pn）下降速度明显加快，等行距处理到吐絮期达到最低水平，为 12. 5μmol/m^2/s。

（六）宽窄行、等行距对枣棉间作棉花干物质积累 Logistic 方程模拟分析

枣棉间作棉花干物质积累经 Logistic 方程拟合，R^2均达到 0. 97 以上，经 F 检验达极显著水平。干物质积累最大速率 V_m最大为高密度宽窄行冠下区，达到 294. 7kg/d，且达到积累速率最大时刻 t_0的时间最早，为出苗后 74d，其次是高密度宽窄行冠外区为 80d。快速积累期起始时刻 t_1同样是高密度宽窄行较早，分别为 57d、58d，其余处理均在 66d 以上，以低密度等行距冠外区、宽窄行冠下区进入干物质快速积累期较晚，为 76d，而快速积累持续期△t 以高密度等行距冠外区最长，为 59d。表明配置模式对棉花干物质积累特征影响显著，随着密度增加，宽窄行模式干物质积累进入快速积累期提前，V_m显著提高，△T 缩短；而等行距模式低、高密度干物质积累进入快速积累持续期晚，V_m显著偏低，但△T 较长。

二、边行棉花与枣树间的距离对枣棉间作模式下棉花的影响

枣棉种植间距对棉花净光合速率（Pn）、气孔导度（Gs）、胞间 CO_2浓度（Ci）的影响主要集中在盛花期以前，而对蒸腾速率的影响则贯穿整个生育期。适当增加枣棉间距，可减小枣树对棉花的不利影响，有利于提高间作棉花的产量。从光合特性、产量、水分利用效率和土地利用效率的角度考虑，枣棉种植间距选择 100cm 为宜。

（一）边行棉花与枣树间的距离对棉花净光合速率（Pn）的影响

在蕾期，枣棉种植间距 80cm、枣棉种植间距 100cm、枣棉种植间距 120cm 棉花净光合速率（Pn）差异不显著，但较单作棉花分别降低了 5. 1%、9. 7%、10. 8%；花期后，枣棉间作和单作间净光合速率（Pn）差异逐减小，甚至大于单作；铃后期，枣棉种植间

距 80cm、枣棉种植间距 100cm、枣棉种植间距 120cm 间净光合速率（Pn）差异不显著。

（二）边行棉花与枣树间的距离对棉花蒸腾速率的影响

蒸腾速率随枣棉种植间距的增大而逐渐增大，各生育期均表现一致，其中在苗期由于棉花营养生长旺盛，蒸腾速率达到最大值，随着生育期的后移，转向以生殖生长为主，蒸腾速率开始缓慢下降。综上所述，枣棉种植间距对棉花蒸腾速率有显著的影响。

（三）边行棉花与枣树间的距离对棉花气孔导度的影响

蕾期、盛花期、铃期，气孔导度随枣棉种植间距的增加而逐渐增加，而枣棉种植间距 100cm、枣棉种植间距 120cm 气孔导度差异不显著，但是在铃后期枣棉种植间距 80cm、枣棉种植间距 100cm、枣棉种植间距 120cm 气孔导度均较低。

（四）边行棉花与枣树间的距离对棉花胞间 CO_2浓度的影响

随着枣棉间距离的减小，棉花叶片胞间 CO_2浓度呈现逐渐增加的趋势，尤其是距离枣树最近的边行棉花受到的影响最为严重，可能与枣树长期遮阴有关。

（五）边行棉花与枣树间的距离对棉花产量、水分利用效率的影响

不同枣棉种植间距棉花产量由大到小表现为枣棉种植间距 100cm、枣棉种植间距 120cm、枣棉种植间距 80cm，其中枣棉种植间距 100cm 与枣棉种植间距 120cm 差异不显著；水分利用效率由大到小表现为棉花单作、枣棉种植间距 120cm、枣棉种植间距 100cm、枣棉种植间距 80cm，其中枣棉种植间距 100cm、枣棉种植间距 120cm 和 棉花单作均无显著差异。

（六）边行棉花与枣树间的距离对棉田土壤养分的影响

土壤中速效 N、速效 P 和 速效 K 的质量分数表现出明显的分布差异性。在水平分布上，随距枣树距离的增加，土壤中速效 N、速效 P 质量分数均表现出先下降再上升的变化规律，距离树体 130cm 左右的土壤速效 N、速效 P 质量分数最低，而速效 K 质量分数则相对较为平稳。

三、棉花种植密度对枣棉间作模式下棉花的影响

合理的高密度种植能够改善间作棉花光合效率，有利于间作棉花获得更高的产量。

（一）棉花种植密度对间作棉花光合特性的影响

光合作用是棉花生长发育和产量形成的基础。在枣棉间作模式下，与低密度和高密度比较，中密度棉花具有更高的净光合速率（Pn）和蒸腾速率（Tr），而气孔导度（Gs）和胞间 CO_2浓度（Ci）没有明显的变化。随枣棉间距离的减小，棉花净光合速率（Pn），蒸腾速率（Tr）和气孔导度（Gs）减小，而胞间 CO_2浓度（Ci）增加。与枣树行中间 300cm 处比较，枣树行北边 60cm 处和枣树行南边 60cm 处的 Pn、Tr 和 Gs 平均分别减少 29.21%，27.42%和 26.45%，而 Ci 增加 19.34%，差异极显著；枣树行北边 60cm 处的 Pn、Tr 显著高于枣树行南边 60cm 处，可能因为枣树南边树冠长势较好，对下层棉花的影响更严重。枣树行北边 150cm 处、枣树行南边 150cm 处的 Pn、Tr、Gs 和 Ci 与枣树行中间 300cm 的差异不显著。

（二）棉花种植密度对间作棉花干物质积累的影响

随着生育期的推进，不同密度配置的间作棉花干物质质量表现为蕾期增长较缓，从花期到铃期快速增长，吐絮期干物质积累下降。随着密度增加，棉花干物质质量显著增加。

另外，高密度的间作棉花干物质质量下降较快，可能是因为枣棉间作模式下高密度的棉花种内竞争激烈加快了棉花衰老。

（三）棉花种植密度对间作棉花叶面积指数的影响

叶面积指数（LAI）反映了棉花群体冠层结构，叶面积指数太小、太大均对棉花不利。枣棉间作系统中，随着生育期推进，不同密度的间作棉花叶面积指数均表现出先增加然后减小的变化趋势，与单作棉花叶面积指数变化规律较一致。种植密度的变化直接影响棉花冠层结构，改变棉花叶面积指数。随着密度增加，间作棉花叶面积指数增加。

（四）棉花种植密度对间作棉花叶绿素含量的影响

叶绿素含量是反映叶片生理活性变化的重要指标之一，与叶片光合性能密切相关，而叶片 SPAD 值可以间接反映叶绿素含量。与枣树间作的棉花 SPAD 随着密度的增加而降低，低密度和中密度的间作棉花 SPAD 显著高于高密度。间作棉花的 SPAD 受到枣树的影响，尤其是边行棉花 SPAD 显著下降，与枣树的遮阴密切相关。研究表明，与 枣树行中间 300cm 处比较，枣树行北边 60cm 处和枣树行南边 60cm 处的 SPAD 平均减少 48.12%，差异达极显著水平；而枣树行北边 150cm 处、枣树行南边 150cm 处和枣树行中间 300cm 处的 SPAD 差异不显著。另外，枣树行北边边行棉花的 SPAD 稍微高于枣树行南边，可能因为枣树南边树冠较大，对棉花的遮阴较重。

（五）棉花种植密度对间作棉花荧光特性的影响

叶绿素荧光动力学技术能够用于研究光合作用过程中光系统对光能的吸收、传递、耗散和分配。在枣棉间作系统中，不同密度的间作棉花最大光化学效率(Fv/Fm)差异不显著；中密度的间作棉花实际光化学效率（Φ_{PSII}）显著高于低密度和高密度；低密度和中密度的间作棉花电子传递速率（ETR）显著大于高密度。随着枣棉间距离的减小，棉花最大光化学效率（Fv/Fm）、实际光化学效率（Φ_{PSII}）和电子传递速率（ETR）减小。枣树行北边 60cm 处和枣树行南边 60cm 处的 Fv/Fm、Φ_{PSII}和 ETR 较枣树行中间 300cm 处分别平均降低 41.23%，46.47%和 34.21%，差异极显著。枣树行北边 150cm 处、枣树行南边 150cm 处的 Fv/Fm 较枣树行中间 300cm 处稍增加，可能与枣树适度的遮阴有关。

（六）棉花种植密度对间作棉花产量的影响

在枣棉间作系统中枣树的影响导致棉花冠层结构和光合特性在空间尺度上高度异质化，进而影响了棉花产量形成。中密度棉花的皮棉产量显著高于低密度和高密度，中密度棉花的皮棉产量平均为 104kg/亩，比低密度和高密度分别高 18.2%和 6.8%，差异显著。随着密度增加，间作棉花单株结铃数和铃重显著降低，低密度、中密度和高密度的衣分变化不明显。密度和年份对间作棉花产量及产量构成因子的交互作用不明显。

（七）棉花种植密度对间作棉花生育进程的影响

现蕾期前，种植密度对间作棉花生育进程没有影响，可能与枣树树冠未成型、对棉花没有遮阴效应。现蕾期、盛蕾期、开花期、盛花期和盛铃期棉花生育进程分别推迟 3d、3d、2d、3d 和 5d，其中盛铃期差异最大。

（八）棉花种植密度对间作棉花农艺性状的影响

低密度的间作棉花株高显著高于中、高密度；真叶数和始节高度随密度减少呈递减趋势；果枝台数随密度减少而增加。

四、枣棉间作模式下棉花配置模式优化

（一）间作带宽

鉴于枣树施肥灌水沟宽 1.0m，棉花最大间作带宽为 3.0m。

（二）间距与行数

在合理的范围内，减小间作棉花行距，以减轻枣树对间作棉花的影响，有利于间作棉花截获更多光照。同时，枣树与边行棉花的距离 80~100cm，有利于机械操作，不影响枣树和棉花的正常生长，减少根系对水肥的竞争。

结合生产中常用的播种机械，窄行行距应控制在 10~25cm，宽行行距应控制在 40~50cm，对不同树龄的枣树间作棉花种植模式见表 9-2。

表 9-2　枣棉间作田棉花种植模式（汤秋香，2019 年）

树龄	枣棉间作田棉花种植模式
1~2 年	棉花与枣树间距 100cm，采用 2.3m 地膜，1 膜 8 行种植，播幅 2.6m，棉花行株距配置模式为［（20cm+40cm+20cm+40cm+20cm+40cm+20cm）+60cm］×12cm。
4~5 年	棉花与枣树间距 110~122.5cm，采用 1.8m 或 2.1m 地膜，1 膜 6 行种植，播幅 2.1m 或 2.4m，棉花行株距配置模式为［（25cm+40cm+25cm+40cm+25cm）+55cm］×11cm 或［（30cm+45cm+30cm+45cm+30cm）+60cm］×11cm。
7~8 年	棉花与枣树间距 147.5~152.5cm，采用 1.2m 或 1.45m 地膜，1 膜 4 行种植，播幅 1.4m 或 1.6m，棉花行株距配置模式为［（25cm+45cm+25cm）+45cm］×11cm 或［（30cm+45cm+30cm）+55cm］×11cm。
10 年以上	树冠遮荫影响严重，不建议间作棉花。

（三）膜宽

根据不同树龄枣树，枣树行间的棉花可采用不同宽幅的地膜，如 2.3m 地膜、2.1m 地膜、1.8m 地膜、1.45m 地膜、1.2m 地膜。

（四）枣棉间作棉花配置模式

1. 1~2 年树龄的枣树间作棉花

对［（20cm+40cm+20cm+40cm+20cm+40cm+20cm）+60cm］×12cm 的枣棉间作田棉花行株距配置模式，枣树与边行棉花的距离为 100cm，枣树行间棉花采用 2.3m 地膜，可铺设一幅地膜，每膜以宽窄行方式种植 8 行棉花，其中窄行行距为 20cm、宽行行距为 40cm，平均行距为 50cm，株距为 12cm，理论株数为11 112株/亩。

2. 4~5 年树龄的枣树间作棉花

对［（25cm+40cm+25cm+40cm+25cm）+55cm］×11cm 的枣棉间作田棉花行株距配置模式，枣树与边行棉花的距离为 122.5cm，枣树行间棉花采用 1.8m 或 2.1m 地膜，可铺设一幅地膜，每膜以宽窄行方式种植 6 行棉花，其中窄行行距为 25cm、宽行行距为 40cm，平均行距为 66.7cm，株距为 11cm，理论株数为9 086株/亩。

对［（30cm+45cm+30cm+45cm+30cm）+60cm］×11cm 的枣棉间作田棉花行株距配置模式，枣树与边行棉花的距离为 110cm，枣树行间棉花采用 1.8m 或 2.1m 地膜，可铺设一幅地膜，每膜以宽窄行方式种植 6 行棉花，其中窄行行距为 30cm、宽行行距为

45cm，平均行距为66.7cm，株距为11cm，理论株数为9 086株/亩。

3.7~8年树龄的枣树间作棉花

对［（25cm+45cm+25cm）+45cm］×11cm的枣棉间作田棉花行株距配置模式，枣树与边行棉花的距离为152.5cm，枣树行间棉花采用1.2m或1.45m地膜，可铺设一幅地膜，每膜以宽窄行方式种植4行棉花，其中窄行行距为25cm、宽行行距为45cm，平均行距为100cm，株距为11cm，理论株数为6 061株/亩。

对［（30cm+45cm+30cm）+55cm］×11cm的枣棉间作田棉花行株距配置模式，枣树与边行棉花的距离为147.5cm，枣树行间棉花采用1.8m或2.1m地膜，可铺设一幅地膜，每膜以宽窄行方式种植6行棉花，其中窄行行距为30cm、宽行行距为45cm，平均行距为100cm，株距为11cm，理论株数为6 061株/亩。

4.10年以上树龄的枣树间作棉花

树冠遮荫影响严重，不建议间作棉花。

第三节　枣棉间作棉花的氮管理

一、施氮对枣棉间作模式下棉花的影响

（一）施氮对枣棉间作棉田根际微生物区系的影响

土壤中的细菌、真菌、放线菌等微生物类群，对养分转化和土壤肥力形成起重要作用。合理施肥不仅为棉花提供所需养分，促进棉花生长发育，而且能增加土壤微生物数量，从而改变土壤理化性状，提高土壤肥力。汤秋香等（2014年）研究表明，枣棉间作模式下不同施氮量对土壤微生物多样性的影响是复杂的，微生物数量随生育期的推移而波动，随棉花生育进程推移，微生物总数量不断增加，花铃期达到最大，吐絮期开始下降。同时，氮肥的施入能促进土壤中微生物的繁殖，随氮肥用量的增加，微生物（细菌、真菌和放线菌）数量也随之增加，但氮肥用量达最大临界值时，对微生物（细菌、真菌和放线菌）数量的增殖有一定的抑制作用，具体表现为过量施氮会降低土壤微生物的数量，适量施氮能显著增加蕾期、花期和吐絮期微生物的总数量及其铃期枣棉间作交际行棉花根际土壤微生物数量。同时，枣棉间作系统中土壤微生物区系中细菌数量最多，其次为放线菌，真菌数量最少，且生育期变化不明显。石大伟等（2013年）研究表明，施氮肥对枣棉间作模式下棉花根际土微生物数量有不同程度的增加效应；另外，枣棉间作模式下棉花根际微生物数量距离枣树根的远近不同，根际微生物数量也呈规律性变化，棉花根际微生物数量从距枣树第一行至第五行棉呈明显的递减趋势。

（二）施氮对枣棉间作棉田土壤硝态氮分布的影响

汤秋香等（2015年）研究表明，施氮可增加枣棉间作模式下棉花单株结铃数，使棉花增产；增产效果随着氮肥用量的增加而增大，但当施氮量超过一定范围后则有下降的趋势。同时，施氮能明显提高土壤硝态氮含量，施中量氮肥（30kg/亩）在保证产量的基础上能减少土壤硝态氮残留；枣棉间作根系存在养分竞争，且不同位点、不同施氮量及不同生育时期存在显著差异；在距枣树50~100cm区域氮肥竞争强，花期后竞争开始增大，盛铃期达到最大，但随着距离加大竞争减弱；花期至铃期，近冠区0~20cm土层土壤硝态氮

含量高于2 040cm，铃期后两者差异减小。

（三）施氮对枣棉间作棉花干物质和氮素积累的影响

棉花干物质及氮素积累均符合 Logistic 方程，棉株生物量和氮素积累量在无氮、低氮中表现出近冠区大于远冠区，中氮、高氮则相反。施氮不足易降低远冠区棉花干物质和氮素积累速率，施氮过量则会抑制近冠区棉花光合产物参数的协调，且氮素过量引起的负面效应要小于氮素亏缺。适宜的施氮量有利于棉花前期的生物量和氮素的快速积累，表现为快速积累起始日早、最大生长速率出现日早，最大增长速率高、旺盛生长持续时间短，有助于棉花产量的形成。氮肥施用量过多或过少均不利于棉花光合产物特征参数的协调。

（四）氮素对枣棉间作棉花不同部位叶片生理特性的影响

氮素缺乏会引起叶片的叶面积指数、SPAD 值、硝酸还原酶活性、可溶性蛋白质和可溶性糖含量的下降，在棉花主茎功能叶上表现尤为突出；氮素过多会导致盛铃后期叶片硝酸还原酶活性下降较快，可溶性蛋白质和可溶性糖积累过多，不利于向棉铃转化；遮阴降低了棉花对氮肥的需求量。

（五）氮素对枣棉间作棉花根系的影响

适量增施氮肥对棉花根系的生长具有显著的促进作用，可使棉花主根长度、根长密度、根干质量、根系活力、可溶性蛋白质含量、可溶性糖含量、NR 活性保持适当的水平，同时近冠区、远冠区根系生长也有明显差异，说明枣树遮阴对棉花根系生长有抑制作用。当氮素过多或缺乏会导致根系活力，渗透物质含量与相关酶活性的大幅度下降，加速根系衰老，并诱发整个植株根系衰老。

（六）施氮量对枣棉间作棉花产量及其构成因素的影响

在合理施肥的前提下，间作能显著提高棉花单株结铃数和单铃重，从而提高产量，并且近冠区棉花达到较高产量所需的氮肥小于远冠区，氮肥过多或不施氮均不利于棉花产量的形成，尤其是过量施氮肥；不同施氮量对衣分影响不大；皮棉产量则随施氮量增加呈先上升后下降趋势。

（七）施氮量对枣棉间作棉花纤维品质的影响

适宜的施氮量可以改善棉纤维的品质，优化氮肥管理措施能够显著提高纤维长度和比断裂比强度，并确保马克隆值处于最优的品质范围内，但对伸长率和整齐度无影响。遮阴会降低纤维断裂比强度、纤维伸长率、成熟度和马克隆值。与上部棉花比较而言，中部棉花所需的氮肥量较高，且施氮不足主要影响比强度和马克隆值，而氮肥过量影响的则是纤维长度和整齐度。就间作和氮肥对棉纤维品质的影响程度而言，对下部和上部棉纤维品质的影响大于中部。

（八）施氮对枣棉间作棉花叶片光合生理的影响

施氮能提高棉花叶面积指数，过高或过低的施氮量均不利于棉花合理冠层结构的搭建。不论是近冠区还是远冠区，主茎功能叶的 SPAD 值在盛花期和盛铃期有较高值，说明盛花期和盛铃期是棉花叶片生理功能最旺盛的关键时期。净光合速率与供氮量的关系呈二次曲线，供氮量或叶片含氮量达到一定值后，光合速率不再增加。间作引起同化力（即 ATP 和 NADPH）供应不足，限制了光合碳同化。此时，光合速率降低的主要原因是叶肉细胞光合活性降低引起的碳氮代谢失调，而不是由于气孔导度降低引起的 CO_2供应不足。低氮条件下近冠区棉叶 P_n、G_s、以及 Tr 均高于不遮阴处理，说明适量的施肥反而能使间作遮阴叶片的光合能力高于正常生长的棉花。同时，在高氮水平时近冠与远冠棉叶的气体交换参数值差异变小，说明氮素过多使棉花光合性能的下降可能并不是间作遮阴造成的。此外，低氮条作下近冠区棉花叶片 F_o 升高，说明遮阴已经产生光抑制，使棉株 PSII 反应中心受到破坏或可逆失活，但不同施氮量对叶片初始荧光（F_o）和最大光化学效率（F_v/F_m）总体影响不大，若要达到与不遮阴相同的量子产量需增加施肥量。综上所述，间作棉花的叶绿素荧光特征在不同施氮量处理中变化不明显，而光合特性指标则与氮肥有很好的关联性，可作为光氮互作系统中重要的测试指标。

二、枣棉间作模式下氮肥优化

（一）基肥

基施农家肥2 000～2 500kg/亩，油渣 50～100kg/亩，增加土壤有机质，改善土壤结构，提高土壤的保水保肥能力。把氮肥总量的 30%、磷肥总量的 60%、钾肥总量的 30%即纯氮 12～15kg/亩，纯磷 11.5～13.8kg/亩，纯钾 4～5kg/亩作基肥，混拌均匀，通过拖拉机加挂撒肥器，在播种整地前均匀撒施，立即机械深翻入土。

（二）追肥

1. 枣棉间作模式下沟灌棉田分区追施氮肥

枣树和棉花间因根系重叠，近冠区养分竞争强，远冠区养分竞争弱，养分竞争对棉花产量有一定影响。分不同追肥深度、分不同施肥区域、分不同追施氮肥量，供给棉花花铃期生长所需的养分，有助于棉花多结铃、结大铃，增加棉花单产。

（1）分区追肥深度　近冠区施肥区追肥深度为 8～10cm；远冠区施肥区追肥深度为 13～15cm。

（2）分区施肥方式　采用开沟追肥机械，在棉花施肥区域沟施氮肥。

（3）分区施肥区域

①近冠区施肥区

Ⅰ.1～2 年树龄的枣树间作棉花

对［（20cm+40cm+20cm+40cm+20cm+40cm+20cm）+60cm］×12cm 的枣棉间作田棉花行株距配置模式，其近冠区指距离枣树 100～120cm 的遮阴区域，即近枣树的第 1 行、第 2 行、第 7 行和第 8 行。其施肥区位于近冠区窄行内，即第 1 行和第 2 行所在的窄行 20cm 内，第 7 行和第 8 行所在的窄行 20cm 内，近冠区及其施肥区见图 9-1。

Ⅱ.4～5 年树龄的枣树间作棉花

对［（25cm+40cm+25cm+40cm+25cm）+55cm］×11cm 的枣棉间作田棉花行株距配置模式，其近冠区指距离枣树 122.5cm～147.5cm 的遮阴区，即近枣树的第 1 行、第 2 行、第 5 行和第 6 行。其施肥区位于近冠区窄行内，即第 1 行和第 2 行所在的窄行 25cm 内，第 5 行和第 6 行所在的窄行 25cm 内，近冠区及其施肥区见图 9-2。

对［（30cm+45cm+30cm+45cm+30cm）+60cm］×11cm 的枣棉间作田棉花行株距配置模式，其近冠区指距离枣树 110cm～140cm 的遮阴区，即近枣树的第 1 行、第 2 行、第 5 行和第 6 行。其施肥区位于近冠区窄行内，即第 1 行和第 2 行所在的窄行 30cm 内，第 5 行和第 6 行所在的窄行 30cm 内，近冠区及其施肥区见图 9-3。

Ⅲ.7～8 年树龄的枣树间作棉花

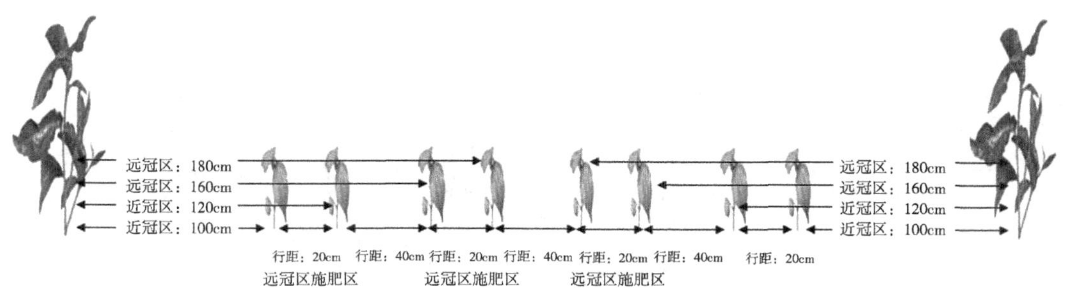

图 9-1　1~2 年树龄的枣树间作棉花（马辉，2016 年）

［（20cm+40cm+20cm+40cm+20cm+40cm+20cm）+60cm］×12cm 模式

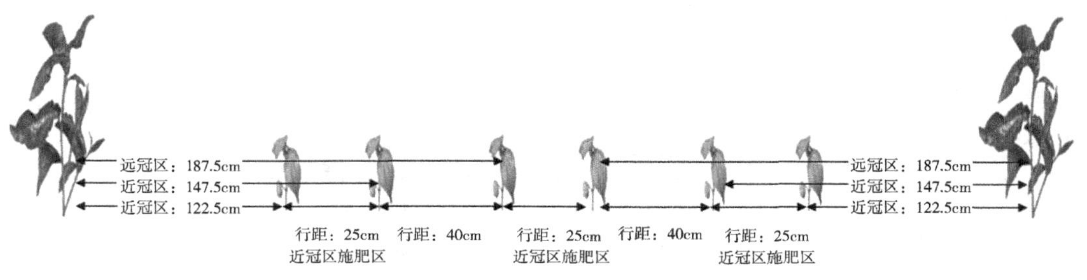

图 9-2　4~5 年树龄的枣树间作棉花（马辉，2016 年）

［（25cm+40cm+25cm+40cm+25cm）+55cm］×11cm 模式

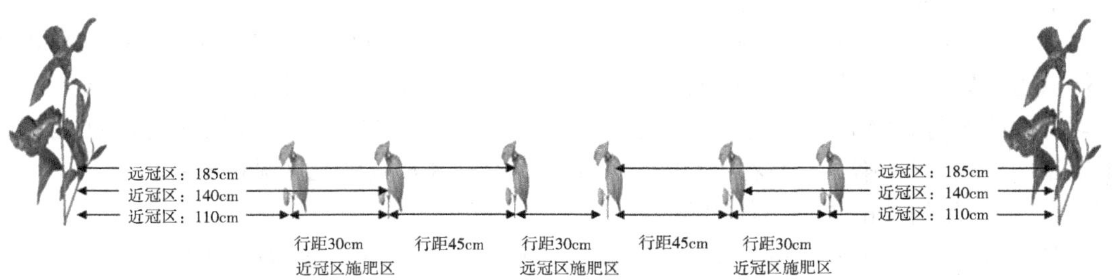

图 9-3　4~5 年树龄的枣树间作棉花（马辉，2016 年）

［（30cm+45cm+30cm+45cm+30cm）+60cm］×11cm 模式

对［（25cm+45cm+25cm）+45cm］×11cm 的枣棉间作田棉花行株距配置模式，其近冠区指距离枣树 152. 5cm 的遮阴区，即近枣树的第 1 行和第 4 行。其近冠区施肥区位于第 1 行和第 2 行所在的窄行 25cm 内，第 3 行和第 4 行所在的窄行 25cm，近冠区及其施肥区见图 9-4。

对［（30cm+45cm+30cm）+55cm］×11cm 的枣棉间作田棉花行株距配置模式，其近冠区指距离枣树 147. 5cm 的遮阴区，即近枣树的第 1 行和第 4 行。其近冠区施肥区位于第 1 行和第 2 行所在的窄行 30cm 内，第 3 行和第 4 行所在的窄行 30cm 内，近冠区及其施肥区见图 9-5。

②远冠区施肥区

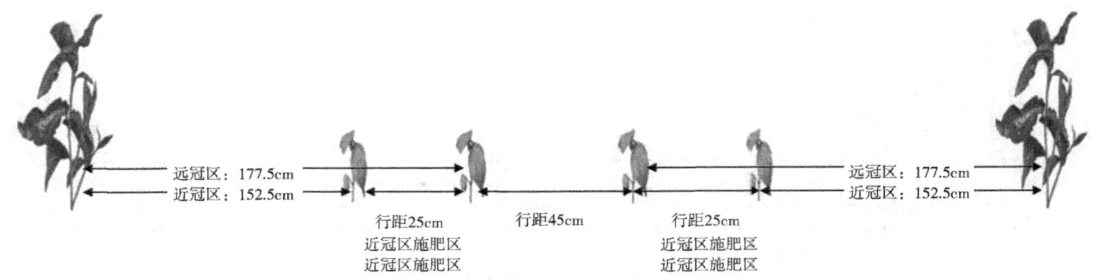

图 9-4　7~8 年树龄的枣树间作棉花（马辉，2016 年）

［（25cm+45cm+25cm）+45cm］×11cm 模式

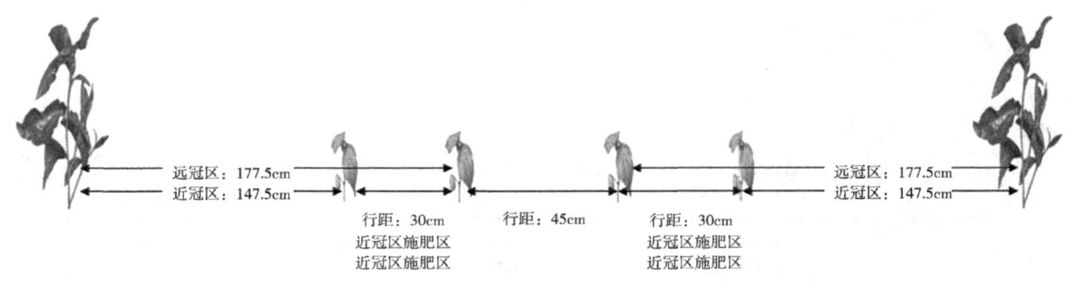

图 9-5　7~8 年树龄的枣树间作棉花（马辉，2016 年）

［（30cm+45cm+30cm）+55cm］×11cm 模式

Ⅰ. 1~2 年树龄的枣树间作棉花

对［（20cm+40cm+20cm+40cm+20cm+40cm+20cm）+60cm］×12cm 的枣棉间作田棉花行株距配置模式，其远冠区指距离枣树 160cm~180cm 的非遮阴区，即近枣树的第 3 行、第 4 行、第 5 行和第 6 行。其施肥区位于远冠区窄行内，即第 3 行和第 4 行所在的窄行 20cm 内，第 5 行和第 6 行所在的窄行 20cm 内，远冠区及其施肥区见图 9-1。

Ⅱ. 4~5 年树龄的枣树间作棉花

对［（25cm+40cm+25cm+40cm+25cm）+55cm］×11cm 的枣棉间作田棉花行株距配置模式，其远冠区指距离枣树 187. 5cm 的非遮阴区，即近枣树的第 3 行和第 4 行。其施肥区位于远冠区窄行内，即第 3 行和第 4 行所在的窄行 25cm 内，远冠区及其施肥区见图 9-2。

对［（30cm+45cm+30cm+45cm+30cm）+60cm］×11cm 的枣棉间作田棉花行株距配置模式，其远冠区指距离枣树 185cm 的非遮阴区，即近枣树的第 3 行、第 4 行。其施肥区位于远冠区窄行内，即第 3 行和第 4 行所在的窄行 30cm 内，远冠区及其施肥区见图 9-3。

Ⅲ. 7~8 年树龄的枣树间作棉花

对［（25cm+45cm+25cm）+45cm］×11cm 的枣棉间作田棉花行株距配置模式，其远冠区指距离枣树 177. 5cm 的非遮阴区，即近枣树的第 2 行和第 3 行。其施肥区位于第 1 行和第 2 行所在的窄行 25cm 内，第 3 行和第 4 行所在的窄行 25cm，远冠区及其施肥区见图 9-4。

对［（30cm+45cm+30cm）+55cm］×11cm 的枣棉间作田棉花行株距配置模式，其远冠区指距离枣树 177.5cm 的非遮阴区，即近枣树的第 2 行和第 3 行。其施肥区位于第 1 行和第 2 行所在的窄行 30cm 内，第 3 行和第 4 行所在的窄行 30cm 内，远冠区及其施肥区见图 9-5。

（4）分区施肥量

一是近冠区施肥区追肥量：对 1~2 年树龄、4~5 年树龄和 7~8 年树龄的枣树间作棉花种植模式，近冠区施肥区共追肥 3 次。

第 1 肥：于 6 月底揭膜后追施，近冠区施肥区追施尿素 20kg/亩，针对旺长棉花，第一肥推迟至单株结铃 1~2 个时追肥，以防止旺长。

第 2 肥：于 7 月 10 日左右追施，近冠区施肥区追施尿素 15kg/亩。

第 3 肥：于 7 月 25 日左右追施，近冠区施肥区追施尿素 10kg/亩。

二是远冠区施肥区追肥量：对 1~2 年树龄、4~5 年树龄和 7~8 年树龄的枣树间作棉花种植模式，远冠区施肥区共追肥 2 次。

第 1 肥：于 6 月底揭膜后追施，远冠区施肥区追施尿素 15kg/亩，针对旺长棉花，第一肥推迟至单株结铃 1~2 个时追肥，以防止旺长。

第 2 肥：于 7 月 10 日左右追施，远冠区施肥区追施尿素 10kg/亩。

第 3 肥：于 7 月 25 日左右追施，远冠区施肥区通常第三水不追肥。

2. 枣棉间作模式下滴灌棉田滴施氮肥

根据滴灌棉田氮在土壤中的移动及分布规律分配氮肥基肥追肥比例。建议氮肥的 60%滴施，以减少氮肥的挥发和渗漏损失，滴灌氮肥采用可溶性好的滴灌专用肥作为追肥滴入，以促进棉花对氮素的吸收，提高氮肥利用率，又可保证棉花全程生长稳健。

按照蕾期轻施、初花期增施、盛花期及盛铃期重施的原则追肥。滴灌棉田除头水和尾水外，基本上实行“一水一肥”，施肥时间同灌溉时间，一般全生育期共滴肥 6~7 次，滴施尿素搭配磷酸二氢钾或水溶性复合肥（总养分含量≥50%），其中 6 月中下旬（盛蕾期至始花期）滴肥 1 次，滴施尿素 3~4kg/667m^2，或用高氮低磷低钾型水溶性复合肥 2~3kg/667m^2；7 月棉花正值花铃期，是需水需肥高峰期，每 7~8d 滴肥一次，滴肥不少于 4 次，每次滴施尿素 5~8kg/667m^2 搭配磷酸二氢钾 2~3kg/667m^2，或用前期滴施高氮低磷低钾型水溶性复合肥 4~6kg/667m^2，中期滴施中氮高磷中钾型水溶性复合肥 5~7kg/667m^2，后期滴施低氮中磷高钾型水溶性复合肥 5~7kg/667m^2；8 月滴肥 1 次，滴施尿素 3kg/667m^2 搭配磷酸二氢钾 1kg/667m^2，或用低氮低磷高钾型水溶性复合肥 3~4kg/667m^2。

第四节　枣棉间作棉花的水管理

一、供水量对枣棉间作模式下棉花的影响

（一）不同供水量对枣棉间作模式下棉花干物质积累的影响

水分胁迫使棉花和枣树产生激烈的竞争，而充足供水会导致棉花旺长，不利于棉花干物质的积累。随生育期的推进，前期水分充足有利于棉花干物质的积累，进入花期以后充足供水或水分胁迫均会使棉花干物质的形成受到抑制。

枣棉间作模式下适量供水，棉花苗期植株干物质量累积显著低于单作模式；进入花期后，随棉花冠层高度增加，则植株干物质量显著高于单作模式。初花期以后，枣棉间作模式植株干物质量均与单作模式差异显著，棉株干物质积累比单作模式大。

供水对枣棉间作模式下棉花植株的影响呈现2个极端，即中度水分胁迫和充足供水对植株干物质量的积累有不利影响，上述影响随生育期的推进又有所不同，前期充足供水有利于干物质的积累，进入花期以后充足供水和中度水分胁迫均会使干物质形成受到抑制。适量供水下植株干物质量含量在生育期后期达最大。

对棉花叶片干物质量的测定结果表明：苗期，枣棉间作模式下适量供水棉花叶片干物质量与单作模式差异显著，均低于单作模式。但是进入初花期以后，均与单作模式差异不显著。除苗期外，枣棉间作中水分胁迫下棉花叶片干物质量较适量供水、充足供水偏低。

对棉花茎秆干物质量的测定结果表明：苗期，单作棉花茎秆干物质累积较多，但进入花期以后，枣棉间作模式中适量供水下茎秆干物质量逐渐超过单作棉花。花期以后，适量供水、充足供水下茎秆干物质量差异不显著，但是由于中度水分胁迫下，枣棉竞争激烈，与适量供水和充足供水相比棉花茎秆干物质量差异显著；进入花期以后，适量供水下茎秆干物质量显著高于中度水分胁迫、充足供水，表明枣棉间作模式下不同供水量在棉花茎秆干物质积累方面有不同的作用，中度水分胁迫影响棉花茎秆干物质量的积累，而充足供水对棉花茎秆的干物质累积也有一定的影响。

对棉花铃干物质量的测定结果表明：与单作模式相比，适量供水在铃期差异不显著，在初花期和盛花期均显著高于单作模式。不同供水对铃干物质量的影响为：盛花期适量供水与中度水分胁迫和充足供水均有显著差异；进入铃期以后，水分胁迫、适量供水铃干物质量差异不显著，但显著高于充足供水，主要是由于供水量较大，棉花旺长，花期和铃期出现延迟。因此，枣棉间作模式下适量供水与水分胁迫更有利于棉花开花结铃。

（二）枣棉间作模式下水分对棉花生长发育的影响

充足供水下棉花株高、茎粗、叶片数、花数最高，适量供水下蕾数、果枝数和前期铃数最高，轻度水分胁迫下后期铃数最高，但茎粗最小，中度水分胁迫下株高、蕾数、开花数、铃数和果枝数最低。适量供水和轻度水分胁迫下产量最高，充足供水次之，中度水分胁迫产量最低。适度水分亏缺有利于增加果枝数，促进蕾铃，提高产量，随着水分亏缺程度的增加，棉花产量显著下降。

棉花产量与果枝数、蕾数和铃数极显著相关，在枣棉间作模式下，通过保持果枝数为一定水平增加蕾数和铃数是棉花高产的关键。后期水分胁迫对棉花产量具有不利影响，在减量灌溉的条件下，可以考虑将前期的水分后移，通过水分的合理运筹来实现枣棉间作模式下的高产高效。

1. 枣棉间作条件下水分对棉花株高、茎粗和叶片数的影响

（1）枣棉间作条件下水分亏缺对棉花株高的影响　陈旭等（2018年）表明，生育期充足供水会引起棉花生长过快，中度水分胁迫会导致棉花株高过矮。苗期株高增长较缓慢，进入蕾期后棉花生长速度明显加快，株高在6月6日至6月26日，增速较大，7月6日之后株高不再增长。

李发永等（2014年）研究表明，在枣棉间作模式下棉花生育阶段早期，即从出苗期（35d）至现蕾期（49d），枣棉间作对棉花株高的增长影响不明显，从现蕾期（49d）至

盛花期（84d）枣棉间作对棉花株高的影响逐渐增大，表明间作系统棉花在生育期后期在光竞争方面较为激烈，棉花倾向于增加自身高度，获得更多的光热资源。供水量对棉花株高的影响随着出苗后天数的增加差异逐渐明显，供水量越大后期株高增长越快、株高越高。

（2）枣棉间作条件下水分亏缺对棉花茎粗的影响　陈旭等（2018 年）研究表明，适度增加供水量有利于增加棉株的茎粗，就棉花抗倒伏而言，适度增加供水量对生产是有利的。同时茎粗增长在 7 月 16 日前趋于稳定，其中在 6 月 26 日至 7 月 6 日期间增长最快，增加 6 月 26 日至 7 月 6 日期间灌溉量能够显著提高棉花的抗倒伏能力。

李发永等（2014 年）研究表明，前期（从苗期至初花期）茎秆直径增加较快，但是出苗 70d 左右（初花期左右）棉花茎秆直径增长逐渐放缓，盛花期以后茎秆直径逐渐达到最大值。供水量较小，水分在系统中容易成为限制性因素，导致枣棉对水分的激烈竞争。同时，由于对光的需求，棉花需要不断地增加自身高度，所以易导致其侧向生长减弱。供水量较高，水分在枣棉之间不再是竞争的关键因子，因此棉花侧向生长不易受到限制，其茎秆直径增长较快。适量供水，既可以减少枣棉间水分的过度竞争，又有利棉花茎秆直径适度增长。

（3）枣棉间作条件下水分亏缺对棉花叶片数的影响　水分亏缺或充足供水都可以增加棉株叶片数，6 月 26 日前水分亏缺下棉花叶片数多于充足供水，6 月 26 日后充足供水下棉花叶片数多于水分亏缺处理。随生育期的推进，棉花叶片数呈先增加后减小的趋势，在 6 月 6—26 日期间叶片数增长迅速，其中充足供水下叶片数快速增长期持续到 7 月 6 日，说明增加供水量能够延迟叶片脱落，水分亏缺条件下棉花叶片数表现为前期增长快，后期脱落快。

2. 枣棉间作条件下水分对棉花蕾数、开花数、铃数和果枝数的影响

果枝数、蕾数、铃数和棉花产量都表现为正常供水>轻度水分胁迫>充足供水>中度水分胁迫，说明适度的逆境条件能提高作物的抗逆性，间作模式通过改变作物生长微环境提高作物产量。

（1）枣棉间作条件下水分亏缺对棉花蕾数的影响　棉花蕾数随着供水量的增加呈先增加后减少的趋势，轻度水分亏缺对蕾数影响不大。棉田在 7 月 6 日达到盛蕾期，适量供水蕾数显著高于中度水分胁迫、轻度水分胁迫、充足供水；从 7 月 6 日以后蕾数开始减少，中度水分胁迫下降速度最快，说明棉花在后期水分亏缺不利于蕾的生长。

（2）枣棉间作条件下水分亏缺对棉花开花数的影响　水分亏缺促进棉田早开花，但后期不利于开花数的增加。6 月 26 日至 7 月 16 日期间中度水分胁迫开花数显著高于轻度水分胁迫、适量供水、充足供水，且开花数随着供水量的增加而减少；7 月 16 日到达盛花期，之后开花数逐渐减少，其中中度水分胁迫下开花数减少的最快，棉花开花数表现为充足供水>轻度水分胁迫>适量供水>中度水分胁迫。

（3）枣棉间作条件下水分亏缺对棉铃数的影响　供水量过多或过少都不利于棉花结铃，其中适量供水下棉铃数最多，中度水分胁迫下棉铃数最小。棉铃数随着生育期的推进呈先增加后减小的趋势，7 月 6 日达到最大值。在 7 月 6 日之前，中度水分胁迫下棉铃数显著低于轻度水分胁迫、适量供水、充足供水，棉铃数表现为：适量供水>轻度水分胁迫>充足供水>中度水分胁迫；7 月 6 日之后，棉铃数逐渐减少，其中适量供水下棉铃数减少

速度最快，其次是中度水分胁迫，棉铃数表现为：轻度水分胁迫>充足供水>适量供水>中度水分胁迫。

(4) 枣棉间作条件下水分亏缺对棉花果枝数的影响 中度水分亏缺对棉花果枝数影响较大，整个生育期中度水分亏缺下棉花果枝数显著低于轻度水分胁迫、适量供水、充足供水。果枝数从 8 月 5 日后趋于稳定。6 月 26 日之前，除中度水分亏缺外，轻度水分胁迫、适量供水、充足供水下果枝数无显著差异；6 月 26 日之后，棉花果枝数表现为：适量供水>轻度水分胁迫>充足供水>中度水分胁迫。

（三）枣棉间作条件下不同灌溉量对棉花产量的影响

李发永（2014 年）研究表明，枣棉间作条件下，不同供水量对棉花产量存在显著影响，其中适量供水和轻度水分胁迫下产量表现较好，充足供水次之，中度水分胁迫下产量最低。适量供水产量较中度水分胁迫和充足供水分别高 62.5%和 13.9%，在轻度水分胁迫下产量较中度水分胁迫、充足供水分别高 55.6%和 9.0%，在充足供水下产量较中度水分胁迫高 42.7%，在适量供水下产量与轻度水分胁迫无显著差异。

赵盼盼等（2013 年）研究表明，棉花籽棉产量由大到小依次为轻度水分胁迫>适量供水>充足供水>中度水分胁迫。与适量水分相比，在轻度水分胁迫下籽棉产量提高 10.57%，而中度水分胁迫、充足供水下籽棉产量分别下降 4.65%、1.12%。

（四）枣棉间作条件下棉花产量与生长发育指标的关系

通过分析产量与蕾期、花铃期、盛铃期、吐絮期的株高、叶片数、茎粗、果枝数、蕾数、铃数和开花数的相关性可以得出，花铃期后在保障铃数的前提下，轻度水分胁迫能够达到较高的产量，得益于间作微环境对逆境胁迫的响应机制。

1. 枣棉间作条件下棉花产量与生长发育指标的通径分析

枣棉间作条件下，棉花产量与株高、茎粗、叶片数的通径分析结果表明，籽棉产量与株高和茎粗均呈正相关，与叶片数呈负相关，株高直接作用于产量（0.753），茎粗通过株高对产量的贡献最大（0.5083），但茎粗通过叶片数对产量产生负效应（-0.3577），通过正负抵消，间接作用对产量的贡献较小（0.150），叶片数主要通过直接作用对产量产生负效应（-0.684）。

枣棉间作条件下，棉花产量与蕾数、铃数、开花数、果枝数的通径分析表明，籽棉产量与蕾数、铃数和果枝数均呈显著正相关，与开花数呈负相关，果枝数直接作用于产量（0.918），R^2= 0.9134，对 R^2 总贡献最大。蕾数和铃数通过果枝数对产量的贡献最大（0.8519 和 0.9051）。在保持果枝数为一定水平下增加蕾数和铃数是棉花高产的关键。

2. 枣棉间作条件下棉花产量与生长发育指标的相关性分析

将中度水分胁迫、轻度水分胁迫、适量供水、充足供水下的棉花产量与蕾期、花铃期、盛铃期、吐絮期的株高、茎粗、叶片数、果枝数、蕾数、铃数和开花数相关性分析表明，枣棉间作模式下棉花产量与蕾期蕾数呈显著正相关，相关系数为 0.987，与花铃期蕾数、果枝数呈显著正相关，相关系数分别为 0.955 和 0.986，与花铃期铃数呈极显著正相关，相关系数为 0.993，与盛铃期铃数、果枝数呈显著正相关，相关系数分别为 0.951 和 0.963，与吐絮期果枝数呈显著正相关，相关系数为 0.984，与吐絮期铃数呈极显著正相关，相关系数为 0.999。

二、枣棉间作下滴灌对土地利用效率的影响

枣棉间作模式下土地当量比均>1，表明枣棉间作模式总土地当量比均大于单作系统。枣棉间作模式下供水量过低、适量供水、充足供水土地当量比在1.01~1.12，其中轻度水分胁迫、适量供水差异不显著，但显著高于充足供水。枣棉间作模式下土地当量比在1.11~1.24，其中适量供水显著高于轻度水分胁迫、充足供水。综上所述，适量供水具有较高的土地利用效率。

红枣和棉花在土地利用方面又有所不同，总体上红枣土地当量比大于棉花，其中红枣土地当量比在0.59~0.69，均为适量供水>轻度水分胁迫和充足供水。棉花土地当量比在0.41~0.53，轻度水分胁迫高于适量供水和充足供水。由此可见，充足供水对红枣和棉花产量均有不利影响，从而影响土地生产效率。

三、不同灌水量对枣棉间作下棉花光合特性的影响

不同水分处理盛花期棉花叶片净光合速率、蒸腾速率的日变化均表现为“单峰曲线”，中度水分胁迫、轻度水分胁迫、适量供水、充足供水间存在显著差异。

（一）枣棉间作模式下不同供水对间作棉花叶片净光合速率（P_n）日变化的影响

中度水分胁迫、轻度水分胁迫、适量供水、充足供水下棉花叶片净光合速率的日变化均表现为单峰曲线，且峰值均出现在14：00时，之后逐渐下降，说明光合作用不存在“午休”现象。中度水分胁迫、轻度水分胁迫、适量供水、充足供水下净光合速率的峰值依次为29.93μmol/（m^2·s）、26.35μmol/（m^2·s）、28.53μmol/（m^2·s）和25.58μmol/（m^2·s），其中轻度水分胁迫、适量供水的峰值高于中度水分胁迫、充足供水。

对8：00~20：00时段内的光合速率日平均值由大到小排序依次为适量供水>轻度水分胁迫>中度水分胁迫>充足供水。方差分析表明，轻度水分胁迫与中度水分胁迫、适量供水之间差异不显著，但显著高于充足供水。

（二）枣棉间作模式下不同供水对棉花叶片蒸腾速率（T_r）日变化的影响

中度水分胁迫、轻度水分胁迫、适量供水、充足供水下棉花叶片蒸腾速率的日变化呈现规律性的变化，为典型的“单峰曲线”，峰值出现在16：00时，中度水分胁迫、轻度水分胁迫、适量供水、充足供水的峰值分别为13.63mmol/（m^2·s）、13.78mmol/（m^2·s）、14.15mmol/（m^2·s）和13.08mmol/（m^2·s），其中适量供水、轻度水分胁迫的峰值高于中度水分胁迫、充足供水。

中度水分胁迫、轻度水分胁迫、适量供水、充足供水下蒸腾速率日变化的平均值由大到小依次为轻度水分胁迫>适量供水>中度水分胁迫>充足供水。与适量供水相比，轻度水分胁迫下蒸腾速率增加1.61%，而中度水分胁迫和充足供水分别降低0.53%、3.23%。方差分析表明，轻度水分胁迫与中度水分胁迫、适量供水之间差异不显著，但显著高于充足供水。

（三）不同供水对枣棉间作下棉花水分利用率的影响

赵盼盼等（2013年）研究表明，中度水分胁迫、轻度水分胁迫、适量供水下水分利用效率的最大值出现在14：00时，充足供水下水分利用效率的最大值出现在12：00时。同时，中度水分胁迫、轻度水分胁迫、适量供水和充足供水下水分利用效率日变化的平均

值由大到小依次为适量供水>轻度水分胁迫>充足供水>中度水分胁迫。与轻度水分胁迫相比，适量供水下水分利用效率仅增加 0.06%，而中度水分胁迫、充足供水水分利用效率则分别下降 3.27%、1.80%。方差分析表明中度水分胁迫、轻度水分胁迫、适量供水、充足供水之间水分利用效率差异不显著。

王娟等（2015 年）研究表明，中度水分胁迫、适量供水、充足供水下，边行棉花距离枣树 0.5m 模式棉花对水分的利用效率较高，边行棉花距离枣树 1.5m 模式棉花对水分的利用效率较低。轻度水分胁迫下，边行棉花距离枣树 1m 模式棉花对水分的利用效率稍高于边行棉花距离枣树 0.5m 模式。就种植模式而言，边行棉花距离枣树 1.5m、边行棉花距离枣树 0.5m 模式下棉花对水分的利用效率随水分胁迫程度的减轻而减小；边行棉花距离枣树 1m 模式下，轻度水分胁迫下棉花对水分的利用效率最高，其次是中度水分胁迫。

（四）水分胁迫对枣棉间作模式下棉田土壤物理性质的影响

轻度水分胁迫、适量水分下土壤含水量较高，紧实度适中，具有较强的保墒蓄水能力。

1. 水分胁迫对间作棉田土壤含水量的影响

轻度水分胁迫、边行棉花距离枣树 0.5m，适量供水、边行棉花距离枣树 0.5m 下的土壤重量含水量显著高于中度水分胁迫、边行棉花距离枣树 1.5m，轻度水分胁迫、边行棉花距离枣树 1.5m，轻度水分胁迫、边行棉花距离枣树 1m，适量供水、边行棉花距离枣树 1.5m 和充足供水、边行棉花距离枣树 1.5m。就供水而言，在中度水分胁迫下，边行棉花距离枣树 1m、边行棉花距离枣树 0.5m 土壤含水量显著高于边行棉花距离枣树 1.5m；轻度度水分胁迫下，边行棉花距离枣树 0.5m 土壤含水量显著高于边行棉花距离枣树 1m、边行棉花距离枣树 1.5m；适量供水下，边行棉花距离枣树 0.5m 土壤含水量显著高于边行棉花距离枣树 1.5m，边行棉花距离枣树 0.5m 与边行棉花距离枣树 1m、边行棉花距离枣树 1.5m 与边行棉花距离枣树 1m 差异不显著；充足供水下，边行棉花距离枣树 1.5m、边行棉花距离枣树 1m 和边行棉花距离枣树 0.5m 三种模式土壤含水量差异不显著。同一种植模式下，随供水量的增加，土壤重量含水量也逐渐增加。就种植模式而言，边行棉花距离枣树 1m、边行棉花距离枣树 0.5m 种植模式土壤含水量高于边行棉花距离枣树 1.5m。

中度水分胁迫下，边行棉花距离枣树 1m、边行棉花距离枣树 0.5m 田间持水量显著高于边行棉花距离枣树 1.5m；轻度水分胁迫、适量供水下，边行棉花距离枣树 0.5m 田间持水量显著高于边行棉花距离枣树 1m、边行棉花距离枣树 1.5m，但是边行棉花距离枣树 1m、边行棉花距离枣树 1.5m 之间差异不显著；充足供水下，边行棉花距离枣树 0.5m 田间持水量显著高于边行棉花距离枣树 1.5m、边行棉花距离枣树 1m。

2. 水分胁迫对间作棉田土壤容重的影响

轻度水分胁迫和适量供水下土壤容重较小。轻度水分胁迫下，容重从小到大依次为轻度水分胁迫、边行棉花距离枣树 1.5m<轻度水分胁迫、边行棉花距离枣树 1m<轻度水分胁迫、边行棉花距离枣树 0.5m；适量供水下，容重从小到大依次为适量供水、边行棉花距离枣树 1.5m<适量供水、边行棉花距离枣树 1m<适量供水、边行棉花距离枣树 0.5m，均表现出随着棉花与红枣的间距减小，土壤容重逐渐大的趋势，且适量供水下土壤容重大于轻度水分胁迫。

3. 水分胁迫对间作棉田土壤孔隙度的影响

随着土壤容重的增加，孔隙度呈降低趋势。中度水分胁迫、边行棉花距离枣树 0.5m，适量供水、边行棉花距离枣树 0.5m 下土壤孔隙度显著高于中度水分胁迫、边行棉花距离枣树 1m，充足供水、边行棉花距离枣树 1.5m，充足供水、边行棉花距离枣树 0.5m。土壤孔隙度大小排序依次为中度水分胁迫、边行棉花距离枣树 0.5m >适量供水、边行棉花距离枣树 0.5m >轻度水分胁迫、边行棉花距离枣树 1.5m >中度水分胁迫、边行棉花距离枣树 1.5m >适量供水、边行棉花距离枣树 1m >轻度水分胁迫、边行棉花距离枣树 1m>充足供水、边行棉花距离枣树 1m >轻度水分胁迫、边行棉花距离枣树 0.5m >适量供水、边行棉花距离枣树 1.5m >充足供水、边行棉花距离枣树 0.5m >中度水分胁迫、边行棉花距离枣树 1m >充足供水、边行棉花距离枣树 1.5m。

（五）枣棉间作模式下棉花水分优化

1. 播前灌溉

枣棉间作田枣树与棉花均需要冬灌或春灌，为便于农事操作，枣树与棉花播前灌溉同时进行。

（1）冬灌　冬灌可充分利用冬闲水，缓解春季水源紧张的矛盾，还可起到杀灭越冬虫源，降低害虫越冬基数的作用，在有条件的地区应成为主要的播前水灌溉方式。冬灌应尽可能在 12 月 20 日前节束，防止冬灌时间过晚导致枣树冻害现象的发生。冬灌灌量要充足，以达到压盐抑碱、蓄水保墒的目的，供水量为 170~230m^3/亩。

（2）春灌　冬灌不足或未经冬灌的棉田采用春灌，春灌时间以不影响播种期为原则，一般要求在 3 月 20 日前结束，灌水量 100~150m^3/亩。

2. 生育期灌溉

要合理安排协调间作田枣树与棉花灌溉时间：枣树与棉花的需水特点有明显差异，枣棉既有需水同步期，又有冲突期，需水同步时可同时灌溉，但出现用水冲突时，须单独对枣树或棉花进行灌溉，此时应特别注意防止串灌。

（1）沟灌　生育期枣棉间作田沟灌方式为枣树和棉花共用地头的同一条灌溉水渠，田间枣树和间作的棉花可分别在同一条水渠上开沟灌溉，满足枣树和棉花在不同时期的灌水需求。间作棉田第一水通常在 6 月下旬，约 10d 后即 7 月 10 日左右灌溉第二水，以后每隔 15~20d 灌溉一次，全生育期一般灌溉 4 次左右，每次灌溉量 75~85m^3/亩，停水时间在 8 月 25 日之前。

（2）滴灌　根据棉花长势、天气状况、土壤墒情确定合理的滴水起始时间，一般年份可在 6 月上旬开始滴水。沙质地、出现旱象早、棉苗较弱的棉田可适当提前，反之则适当推迟。6 月底前，可视具体情况滴水 1~3 次，每次滴水量 8~15m^3/亩。7 月，棉花进入花铃期，生殖生长加快，加之气温逐渐升高，滴水量应逐步加大，滴水周期应逐步缩短一般滴水 4~5 次，轮灌周期 5~7d，每次滴水量 20~25m^3/亩。8 月，一般滴水 3~4 次，每次滴水量 20~25m^3/亩，轮灌周期 7~9d。9 月上旬，对土壤墒情不足、早衰迹象明显的棉田，为促进吐絮、增加铃重，可酌情滴水 1 次，滴水量为 10~12m^3/亩。

第五节　枣棉间作棉花耐荫品种筛选

枣棉间作模式是新疆绿洲生态农业高矮搭配比较合理的农林间作模式。与新疆核桃、苹果、香梨及杏树相比，枣树的遮阴性相对较小，通风性好，但在枣棉间作系统内仍存在光照、水分、温度、养分之间的竞争矛盾，而棉花在竞争中处于弱势，体现在枣树树冠对棉花有遮阴作用，使棉花生育期延长，对棉花花铃期影响最大，导致棉花产量下降。选择适宜与枣树间作的耐阴棉花品种是实现棉花高产、高效的重要举措。

生产上没有筛选出较适宜枣棉间作的棉花品种，农民主要使用当地单作棉田主栽品种。单作棉田主栽品种多属中熟品种，生育期较长，受枣树遮阴的影响大，光合作用能力下降，植株生长发育不良，从而导致棉花产量降低，甚至会影响到枣树生长。选用6个早中熟、丰产、抗病的棉花品种中棉所43、中棉所49、新陆中26、新陆中36、新陆早50和品系6011，通过对其农艺性状及产量调查比较分析，筛选出适宜新疆枣棉间作种植的棉花品种，为新疆枣棉间作棉花高产栽培提供理论依据。

一、枣棉间作棉花耐荫品种筛选研究

枣棉间作对不同棉花品种苗期和现蕾期生育进程无显著影响，但延长开花期至吐絮期生育阶段。叶面积指数不同程度降低，其中新陆早50和中棉所43现蕾期至开花期叶面积指数增加较快，盛花期后下降缓慢，有利于增加中后期棉花光合有效面积。不同棉花品种产量显著降低，主要原因是单株结铃数下降；其次是铃重和衣分。不同棉花品种结铃在纵向上多集中在中下部、在横向上多集中在内围。综合分析认为，枣棉间作条件下，中棉所43、新陆早50农艺性状较其余品种合理，产量较高，适宜枣棉间作种植。

（一）枣棉间作对不同棉花品种生育进程的影响

不同棉花品种从出苗到现蕾期，生育进程基本保持一致，差异不明显。开花期差异逐渐显现，新陆早50于6月28日进入开花期，生育进程明显快于其余品种，新陆中36进入开花期最晚，比新陆早50晚近10d。就棉花全生育期而言，品系6011生育期最短，仅133d；新陆中36号生育期最长，为141d。品系6011盛铃期至吐絮期显著快于其余品种，仅27d，其余品种均在30d以上，这也是其生育期较短的原因。

（二）枣棉间作对不同棉花品种农艺性状的影响

不同棉花品种株高均降低，其中新陆早50表现明显，株高68.2cm，显著低于其余品种，但其果枝数与成铃数显著高于其余品种，主茎平均节间长度最短；新陆中36株高最高，但果枝数、单株结铃数较低，主茎平均节间长度大，真叶数少。就农艺性状而言，新陆早50、中棉所49表现较好。

（三）枣棉间作对不同棉花品种叶面积指数的影响

不同棉花品种叶面积指数在苗期和现蕾期均较低，且差异不明显。现蕾期至开花期叶面积指数增加较快，特别是新陆早50和中棉所43叶面积指数增长速度明显高于其余品种，并在盛花期达到峰值，分别为4.1和4.0。新陆中26和新陆中36叶面积指数峰值也出现在盛花期，但新陆中26盛花期后下降速度较快，新陆中36峰值则显著低于新陆早50和中棉所43，而品系6011叶面积指数整个生育期均在较低水平，不利于棉花中后期群体光合有效叶面积的形成。

（四）枣棉间作对不同棉花品种棉铃空间分布的影响

枣棉间作不同棉花品种棉铃的纵向分布多以中下部棉铃为主，其中新陆早50下部铃比例最高，接近50%；中棉所43中部铃比例最大。枣棉间作棉铃横向分布以内围铃为主，其中品系6011内围铃比例最高，达95%，其余品种均在85%左右。分析认为，枣棉间作棉花结铃多以中下部为主，且内围铃比例较高，与枣树对棉花遮荫影响有关。

（五）枣棉间作对不同棉花品种产量及其构成因素的影响

枣棉间作条件下，中棉所43皮棉产量最高，其次是新陆早50和中棉所49，品系6011产量最低。从产量构成因素来分析，不同棉花品种单株结铃数差异显著，以新陆早50结铃数最多，而新陆中26最少。铃重和衣分以新陆早50最高，而品系6011较低。分析认为，枣棉间作对棉花单株结铃数影响最大，是棉花产量降低的主要原因；其次是铃重、衣分。

二、适宜枣棉间作的棉花品种特征特性

（一）新陆早50

1. 特征特性

新陆早50植株呈塔形，Ⅱ式果枝，株型较紧凑，叶色深绿，叶片较小、缘皱、上举。叶柄绒毛少，茎秆较硬、光滑、茸毛稀少、柔韧性好，抗倒伏。棉铃卵圆形、中等大小，分布均匀。果枝始节位5.0节，衣分44.9%，子指9.9g，生育期126d左右，霜前花率96.3%。生育期长势稳健，吐絮畅，含絮力强。结铃性强，脱落少，后期不早衰，易于管理。

2. 纤维品质

经农业农村部棉花品质监督检测中心测试，纤维上半部平均长度30.16mm，比强度29.4cN/tex，马克隆值4.01，断裂伸长率6.8%，整齐度指数85.95%，短绒指数4.33，纺纱均匀性指数154.57，反射率80.65%，黄色深度7.05，纤维品质达到优质棉标准。

3. 抗病性

新疆早熟棉区试鉴定结果（发病高峰期）：枯萎病病指1.16，属于高抗枯萎病类型；黄萎病病指63.52，属于感黄萎病类型。

（二）中棉所43

1. 特征特性

中棉所43生育期133d左右，属于中早熟棉品种；出苗快，前中期长势强健；株高94cm，主茎节间长4.1cm；叶片中等偏小，叶色淡绿，叶毛稍多；第一果枝着生节位、高度分别为5.1节、11.6cm；结铃性强，单株结铃7~8个；植株塔形，Ⅱ型果枝，较紧凑；茎秆较粗壮，不倒伏；铃长卵圆形，单铃重5.2g；衣分42.6%；子指10.9g；吐絮畅而集中，易收摘，纤维洁白，有丝光。

2. 抗病性

区域试验和生产试验抗病性鉴定结果表明，平均枯萎病病指4.4，黄萎病病指20.6，属于抗枯萎病、抗耐黄萎病品种。

3. 纤维品质

经农业农村部棉花品质监督检验测试中心检测，纤维上半部平均长度30.1mm，整齐度73.6%，比强度30.1cN/tex，伸长率5.81，马克隆值4.86，适合纺40~50支优质纱。

第六节　枣棉间作模式下棉花病虫害的防治

病虫害已成为蕾铃脱落的直接原因，棉蓟马、棉铃虫、棉蚜、棉叶螨破坏叶片、咬食蕾铃，引起蕾铃脱落。黄萎病和枯萎病侵害棉株维管束，造成蕾铃脱落；红叶茎枯病破坏叶片，叶面积减少，光合产物减少，引起蕾铃脱落。坚持“预防为主，综合防治”的植保方针，加强虫情监测，防止由于人为疏忽造成病虫害蔓延。

一、病害

（一）棉花枯萎病

1. 新疆棉花枯萎病生理小种

对新疆棉花枯萎病生理小种研究表明，枯萎病菌优势小种仍为 7 号生理小种，其致病性一方面较强，另一方面病菌的致病性分化比较复杂，主要分为强、弱 2 种致病型，也存在多种与 7 号生理小种有区别的致病性分化。强致病型主要分布于南、北疆，弱致病型主要分布于东疆。

2. 棉花枯萎病发生规律

（1）传播与扩散　棉花枯萎病是一种土传病害，病菌主要在土壤中和棉籽内、外以潜伏菌丝或孢子越冬，棉花枯萎病远距离传播的主要途径是调运带菌棉花种子。

（2）枯萎病发病时间与条件　枯萎病是典型的维管束病害，在整个生育期均可发生，一般出现两个发病高峰。枯萎病发生时间较早，子叶期即可发病，现蕾期前后为第一次发病高峰，到结铃期发病明显减轻。7 月下旬至 8 月上旬结铃期，地温达 32℃以上时，病情停止发展，出现“高温隐症”或症状减轻。结铃后期随着气温和地温下降至 24℃左右时，病情又有回升，出现第 2 个发病高峰期。枯萎病一般在地温达到 20℃开始发病，25～28℃时达到发病高峰，当温度超过 33℃时，枯萎病菌一般停止发作。据此，新疆枯萎病发病时间一般在苗期至蕾期。

3. 症状

受棉花的生育期、品种抗病性、病原菌致病力及环境条件的影响，棉花枯萎病呈现多种症状类型，现分述如下。

黄色网纹型：幼苗子叶或真叶叶脉褪绿变黄，叶肉仍保持绿色，病部出现网状斑纹，逐渐扩展成斑块，最后整叶萎蔫或脱落，黄色网纹型是棉花枯萎病早期常见典型症状之一。

黄化型：黄化型大多从叶片边缘发病，子叶和真叶的局部或整叶变黄，最后叶片枯死或脱落，叶柄和茎部的导管部分变褐。

紫红型：苗期遇低温，子叶或真叶呈现紫红色，病叶局部或全部出现紫红色病斑，病部叶脉也呈现红褐色，叶片随之枯萎脱落，棉株死亡。

青枯型：棉株遭受病菌侵染后突然失水，叶片变软下垂萎蔫，接着棉株青枯死亡。

皱缩型：叶片皱缩、增厚，叶色深绿，节间缩短，棉株矮化，一般不死亡，往往与黄色网纹型混合出现。

枯萎病有时与黄萎病混合发生，症状复杂。枯萎病鉴定横剖病茎，可见发病棉株的维管束颜色较深，木质部有深褐色条纹。

4. 棉花枯萎病防治

选用抗病品种：选育和推广抗枯萎病品种是防治枯萎病，改造重病区为轻病区或零星病区最有效的方法。

种子消毒处理：浓硫酸脱绒，消灭种子菌源。

加强栽培管理：棉田增施底肥和磷、钾肥，切忌偏施氮肥，提高棉株抗病力，减轻棉花枯萎病的为害。

实行轮作倒茬：水旱轮作，有效压低土壤菌源，减少病原。

及时消灭零星病点：对零星病株及时拔除，就地焚烧。在病株周围 $1m^2$ 的土壤灌药消毒，常用药剂有溴甲烷、氯化苦、氨水、治萎灵等。

（二）棉花黄萎病

1. 新疆棉花黄萎病生理小种　新疆棉花黄萎病生理小种为 3 号，新疆棉花

黄萎病菌存在明显的致病性分化，既有致病力强的 A 型，也有中等致病性的 B 型，还有弱致病力的 C 型，并以中等致病性为主。

2. 棉花黄萎病发生规律

（1）侵染、传播途径　棉花黄萎病是侵害棉株维管束的病害，在土壤中定殖的黄萎病菌，遇上适宜的温、湿度，从病菌孢子和微菌核萌发出的菌丝体接触到棉花的根系，即可从根毛或伤口侵入根系。棉花黄萎病的扩展蔓延迅速，其传播途径包括棉籽传病、病株残体传病、带菌土壤传病、流水和农业操作传病。黄萎病菌在土壤中的适应性很强，病菌在土壤中一般能活 20 年以上，一旦传入黄萎病菌，若不及时采取措施将以很快的速度蔓延为害，有棉花癌症之称。棉花黄萎病在新疆呈点片状普遍发生，北疆重于南疆。目前黄萎病在南北疆发生面积和发病率均有扩大蔓延的趋势。

（2）黄萎病发病时间与条件　黄萎病在棉花整个生育期均可发病。一般苗期很少表现出症状，5~6 片真叶时开始显现，现蕾后开始发病，花铃期为发病高峰期。棉花黄萎病发病的最适温度为 22~25℃，28℃时减轻，高于 30℃发病缓慢或停止，高于 35℃症状暂时隐蔽。如遇多于年份，湿度过高而温度偏低，则黄萎病发展尤为迅速，病株率成倍增长。

3. 症状

黄萎病先在中下部叶片出现症状，逐渐向上发展，发病初期叶片变厚，叶边和叶脉间出现不规则黄色病斑，后逐渐扩展，叶片边缘向上卷曲，严重时除叶脉为绿色外，其余部分褐色枯干，叶片由下而上逐渐脱落，蕾铃稀少。总剖病茎，木质部上产生浅褐色变色条纹。主要症状类型有以下 5 种。

（1）黄色斑驳型　黄色斑驳型是黄萎病常见的症状，病叶边缘失水、萎蔫，叶脉间的叶肉褪绿或出现黄绿镶嵌的不规则形黄斑，逐渐扩大成叶片主脉仍保持绿色。病叶边缘向上略微卷曲，病叶变褐，枯焦脱落成光杆。

（2）落叶型　落叶型病株叶片叶脉间或叶缘处突然出现褪绿萎蔫状，病株叶片失水、变黄，一触即掉，棉株枯死前成光杆。病株主茎顶梢、侧枝顶端变褐枯死，病铃、苞叶变褐干枯，蕾、花、铃大量脱落。

（3）矮化型　病株叶片浓绿，叶肉肥厚，边缘微向下卷，株型矮化但不皱缩丛生。

（4）急性萎蔫型　夏天久旱后暴雨或大水漫灌后，棉株叶片突然萎蔫，最后叶片全部脱落，棉株成为光杆，剖开病茎可见维管束变成淡褐色。

（5）枯斑型　叶片症状为局部枯斑或掌状枯斑，枯死后脱落。

以上不同症状类型的黄萎病，剖杆后共同特征都是维管束变色，有浅褐色条纹（黑褐色则为枯萎病）（表9-3）。

表9-3　棉花枯萎病和黄萎病症状比较（马辉，2019年）

部位	枯萎病	黄萎病
株形	棉株茎枝节间缩短弯曲，顶端有时枯死，导致株形矮化、丛生。	一般棉株不矮缩，顶端不枯死，后期可整株凋枯，严重时整株落叶成光杆，枯死。
枝条	有半边枯萎、半边无病症的现象。	棉株下部有时发出新的枝条。
叶片	顶端叶片先显病状，但叶片不变软，下部叶片有时反而呈健态，症状多样。	下部叶片先显病状，叶片变软，逐渐向上发展。
叶脉	叶脉常变黄，呈现明显的黄色网状。	叶脉保持绿色，脉间叶肉及叶缘变黄，多呈斑块。
叶形	常变小增厚，有时发生皱缩，呈深绿色，叶缘向下卷曲。	叶片大小、性状正常，唯叶缘稍向上卷曲。
茎秆	褐色或黑褐色条纹	黄褐色条纹

4. 棉花黄萎病防治

贯彻“预防为主、综合防治”的方针，因地制宜采取防治措施。

（1）抗病、耐病品种　选育和推广抗、耐黄萎病品种是防治黄萎病，改造重病区为轻病区或零星病区最有效的方法。

（2）实行轮作倒茬　提倡与禾本科作物轮作，尤其是与水稻轮作，效果最为明显。

（3）及时消灭零星病点　对零星病株及时拔除，就地焚烧。采用氯化苦对土壤进行消毒；36%三氯异氰尿酸可湿性粉剂和80%乙蒜素乳油叶面喷雾。

（三）棉花立枯病

棉花立枯病是新疆棉花苗期的重要病害，南、北疆各棉区普遍发生，为害严重。

1. 病原

棉苗立枯病病原为立枯丝核菌，属担子菌无性型丝核菌属。

2. 症状

幼苗出土前引起烂种、烂芽和烂根。幼苗出土后，则在幼茎基部靠近地面处发生褐色凹陷的病斑；继而向四周发展，颜色逐渐变成黑褐色；直到病斑扩大缢缩，切断了水分、养分供应，造成子叶下垂萎蔫，最终幼苗枯倒。发病棉苗一般在子叶上没有斑点，但有时也在子叶中部形成不规则的褐色斑点，以后病斑破裂而穿孔

3. 流行规律

棉种由播种到出苗，均会受到棉苗立枯病菌的侵染，造成烂种、烂芽、病苗和死苗。低温高湿不利于棉苗的正常生长而有利于病菌的侵染，所以在棉花播种出苗期间如遇低温阴雨，棉苗立枯病发生一定严重。棉苗立枯病菌在5~33℃的温度条件下都能生长。病害发生与土壤温度的关系十分密切，棉籽发芽时遇到低于10℃的土温，会增加出苗前的烂

种和烂芽；病菌在15~23℃时最易于侵害棉苗。棉苗立枯病发病的侵害主要在5月上中旬。高温有利于病菌的发展和传播，也是引起苗病的重要条件。棉苗出土后，长期阴雨是引起棉苗死亡的重要因素。

4. 防治技术

(1) 种子包衣 种子包衣能有效防治棉苗立枯病，明显提高出苗率，促进棉苗生长。

(2) 苗期预防 出苗后如长期遇低温、多雨天气，苗期有烂根病爆发的可能时，应用50%多菌灵+65%代森锌可湿性粉剂250~500倍液，或用25%多菌灵可湿性粉剂300~1 000倍液，或用50%菌丹200~500倍液喷雾。

(3) 苗期防治 甲基立枯磷是保护性杀菌剂，对立枯病有较好的防治效果。

(四) 棉花红叶茎枯病

红叶茎枯病为非侵染生理性病害，蕾期始发，铃期盛发。

1. 病症

病叶自上而下、从外向内发展，叶边缘成黄褐色，叶肉褪绿，叶片变红，叶厚皱缩，叶柄基部变软干缩，叶片萎蔫下垂脱落，主根细短、须根少，根尖变黑。

2. 发生规律

蕾铃期长时间干旱、土壤板结缺氧，根系发育吸收受阻，造成营养失调，当突遇暴雨或连阴天气过程，往往造成红叶茎枯病暴发；沙土、地力瘠薄、盐碱地、基肥不足和缺磷钾地易发病。

3. 防治方法

常发病田增施有机肥，采用配方施肥；出现症状时，及时喷施0.2%磷酸二氢钾水溶液，连喷2~3次。

二、虫害

枣树间作棉花，仍以棉蚜、棉铃虫、棉叶螨和棉蓟马为主要防治对象，棉叶螨和棉铃虫可同时为害棉花和枣树，其中棉叶螨易为害枣树，且扩散速度快。枣棉间作田棉叶螨的防治是“四虫”防治的重中之重。

(一) 棉叶螨

棉叶螨又称棉花红蜘蛛，新疆棉田害螨种类较多，分布广泛，棉叶螨在北疆发生为害重于南疆，暴发年份，造成大面积减产甚至绝收。

1. 棉红蜘蛛发生规律

棉叶螨秋冬季节以雌成螨在冬绿肥、杂草、土缝内、枯枝落叶下越冬，翌年2月下旬至3月上旬开始，在越冬或早春寄主上为害，待棉苗出土后再移至棉田为害。杂草上的棉叶螨是棉田主要螨源。每年6月中旬为苗螨为害高峰期，7月中旬至8月中旬为伏螨危害高峰期。天气是影响棉叶螨发生的首要条件，天气高温干旱、久晴无降雨，棉叶螨易大面积发生，而大雨、暴雨对棉叶螨有一定的冲刷作用，可迅速降低虫口密度，抑制和减轻棉叶螨危害。

2. 棉叶螨为害特点

棉叶螨在棉叶背面吸食汁液，使叶面出现黄斑、红叶和落叶等为害症状。轻者棉苗停止生长，蕾铃脱落，后期早衰；重者叶片发红，干枯脱落，棉花变成光秆。

3. 棉叶螨防治措施

枣棉间作田棉叶螨发生偏重，且防治难度大。从5月中旬至8月底，多年枣棉间作地枣树和棉花常发生棉叶螨混合危害，枣树重于棉花，防治上务必坚持“早调查、早发现、早防治”的联防原则。

（1）清除螨源　早春季节，清除田旋花等杂草，减少螨源；及时清除带螨棉株，将带螨棉株带出田外销毁，防止蔓延扩散；清理田园，特别是枣棉间作地第2年春季嫁接时，剪下的枝条应及时清理出地。

（2）化学防治　为做好药剂预防棉叶螨，通常在枣树萌芽前喷施波美5度石硫合剂或50~80倍索利巴尔；枣树开花后8~10d喷施20%四螨嗪或20%哒螨灵2 000~3 000倍液。棉田发现中心或点片螨株时及时药剂挑治。棉叶螨对单一农药易产生抗药性，可轮换使用1.8%阿维菌4 000~5 000倍液、螨危240g/L悬浮剂4 000~6 000倍液、20%扫螨净乳油3 000~4 000倍液、20%哒螨灵可湿性粉剂1 500~2 500倍液、15%哒螨灵乳油15 00~2 000倍液喷雾防治。在喷药时，采取“围圆打点、围点打片”的方法，谨慎大面积用药。

（3）生物防治　要注意保护利用天敌，尽可能选择对天敌杀伤小的杀螨剂。

（4）农业防治　枣树和棉花出现旱情或点片受旱时，棉叶螨危害加重，应及时灌水，并加大灌量和灌溉次数，增加田间湿度，营造不利于棉叶螨生长发育的环境。

（二）棉铃虫

棉铃虫属鳞翅目夜蛾科，是一种暴发性、致灾性、毁灭性害虫。

1. 棉铃虫发生规律

棉铃虫时代重叠，一般一年发生2代，有不完整的第三代。以蛹在土壤内越冬，地埂居多，越冬蛹一般5月中旬开始羽化，6月中下旬第一代幼虫进入为害高峰期。7月下旬第二代幼虫进入为害高峰期，幼虫主要为害棉花的花蕾和幼龄，7月间一代老龄幼虫和二代幼虫同时为害，棉花受害重，7月底二代幼虫开始入土化蛹；8月上中旬第二代成虫大量出现，8月中下旬第三代幼虫开始为害；9月随着气温的下降，老熟幼虫钻入土中化蛹，深度3~6cm，最深达10cm。棉铃虫世代重叠及各虫态发生历期参差不齐，加大了防治工作的难度。

2. 棉铃虫为害特点

棉铃虫主要为害棉花的嫩蕾、嫩尖、心叶和幼铃，主要是2~3代棉铃虫为害，其中一龄幼虫主要为害嫩尖和嫩叶，二龄幼虫开始为害蕾、花、铃。幼蕾被为害后苞叶张开脱落，棉铃被为害后造成烂铃和僵瓣。

3. 棉铃虫综合防治

（1）物理防治　利用棉铃虫成虫的趋光性，安装频振式杀虫灯诱杀成虫，降低田间虫卵发生密度。在棉铃虫第一代羽化盛期（6月中旬至7月上旬），插萎蔫的杨树枝把诱集成虫，把46~60cm长的带叶杨树枝条8~10枝捆在一起，倒插在棉田间，使枝把稍高于棉株，每亩分散插立10~15把，并于棉铃虫羽化盛期每天日出前捉蛾捕杀。

（2）农业防治　一是种植玉米诱集带，诱杀虫卵。在棉田四周种植早熟玉米，利用棉铃虫成虫在黎明以后集中在玉米喇叭口内栖息和在玉米上产卵的习性，在玉米大喇叭口期每天早晨日出前消灭成虫。二是翻耕或冬灌，以灭杀越冬蛹；开春后结合整地铲埂除蛹，压低越冬基数。三是选用转基因抗虫棉品种。

（3）生物防治　利用天敌、喷施 Bt 制剂、阿维菌素等防治棉铃虫。

（4）化学防治　坚持“主治第二代、挑治一三代”，用药要对路，药剂要交替，以免害虫产生抗药性。在幼虫低龄期，选用药剂有 5%高效氯氰菊酯乳油 1 000倍液、2.5%联苯菊酯乳油 3 000倍液、1.8%阿维菌素乳油 4 000～5 000倍液、40%辛硫磷 1 500倍液等喷雾防治。根据棉铃虫的活动习性，以 10：00 以前或 19：00 以后用药为宜。施药关键期是卵孵盛期。掌握防治指标：百株累计落卵量达 20 粒或三龄前幼虫达 10～15 头时，用药剂喷雾防治。

（三）棉蚜

棉蚜具有危害时间长、危害重、繁殖速率快、难防治等特点，是制约新疆棉花优质高产发展的主要害虫之一。

1. 新疆棉蚜发生规律

冬季在不同寄主上越冬的棉蚜，春季先在越冬寄主上繁殖一段时间。棉花出土后，有翅蚜迁飞进入棉田。春夏在棉田繁殖为害，秋季又产生有翅蚜飞回越冬寄主上越冬。在南疆，棉蚜迁飞进入棉田的时间一般在 5 月上中旬，点片形成在 5 月中下旬，全田发生则在 6 月下旬。棉蚜从零星发生到点片发生要 7～10d，到全田发生要 20～30d，一般在 6 月下旬或 7 月上旬棉蚜数量达到最高峰，以后随着气温升高、天敌增多，棉蚜数量下降，7 月底至 8 月初棉蚜数量再度回升，到 8 月中下旬则形成第二次高峰。

气候是影响棉蚜数量消长的关键性因素，干旱少雨、较高的温度适合棉蚜发生，且繁殖能力强，据资料分析，棉蚜适宜发生的气温为 22～27℃，伏蚜为 23～29℃，秋蚜为 16～20℃。天敌是影响棉蚜消长的另一个重要因素，连续不断喷药，大量天敌被杀伤是棉蚜猖獗发生的主要原因之一，新疆棉田常见的蚜虫天敌种类多达 25 种，其中以瓢虫类占多数。棉田天敌一般在 6 月上旬出现，6 月中下旬，也即当地小麦成熟时，麦田天敌大量转入棉田，棉田天敌数量急剧增长。棉蚜在冬天会寄生在寄主上，对棉蚜越冬寄主进行防控是治蚜的根本。

2. 新疆棉蚜为害特点

棉蚜为刺吸式口器，通常集中在棉叶背面、嫩茎、幼蕾和苞叶上吸食汁液，造成棉叶卷缩、畸形，影响棉花光合作用，使棉株生长缓慢、蕾铃大量脱落。根据发生时间分为苗蚜（5 月、6 月）、伏蚜（7 月）和秋蚜（8 月）。新疆夏、秋两季“伏蚜”和“秋蚜”严重为害棉花，其集中在棉花叶背、嫩头和嫩茎上为害，严重时使顶芽生长受阻，造成叶片卷缩、发育迟缓，蕾铃脱落；同时棉蚜排泄大量蜜露，招致霉菌，不仅影响棉株光合作用，还会污染棉花纤维，使棉纤维含糖量增加，品质下降。

3. 棉蚜综合防治

根据棉蚜发生特点，棉蚜防治在“预防为主、综合防治”

的基础上，强调充分利用和发挥自然天敌的控制作用，以增加棉田前期天敌数量入手，辅之以科学合理的化学农药的使用，达到持续控制蚜害的目的。

（1）物理防治　有翅蚜有趋黄色的习性，生产上可以利用黄色波段频振式杀虫灯进行诱杀，从而有效降低有翅蚜种群密度及后代发生数量。

（2）生物防治　以生物防治为主，保护利用天敌，充分发挥生物防治作用。

（3）保益控害　采取荫蔽施药方法，采用内吸性农药以点片涂茎的方法加以防治棉蚜，既可有效地控制棉蚜数量，又可最大限度保护田间天敌生存发展。使用生物农药，尽量减少对天敌的杀伤。

（4）蚜源防治　消灭家庭花卉和温室蔬菜上的越冬蚜虫，用10%吡虫啉可湿性粉剂2 000倍液或0.36%苦参碱水剂1 000倍液喷雾；在4月中下旬和10月上中旬防治石榴等室外越冬寄主上产卵前或孵化后产生有翅蚜前的棉蚜，用40.7%毒死蜱乳油2 000倍液喷杀。

（5）化学防治　点片发生时，用40%氧乐果乳油稀释5~10倍涂于棉茎红绿相间处一侧，长2~5cm。发生重的棉田，当益害比小于1：150且卷叶率>30%时可考虑化学喷雾防治，及时喷洒35%硫丹乳油1 500倍液或20%灭多威乳油、44%丙溴磷乳油1 500倍液、20%吡虫啉可溶液剂3 000~4 000倍液、43%辛·氰氯氰乳油1 500倍液、90%灭多威可溶粉剂3 500倍液、20%丁硫克百威乳油1 000倍液防治伏蚜、20%丁硫克百威乳油2 000倍液防治蚜虫，防止扩散。在喷施农药时，切忌将其喷到枣树上。枣树对氧化乐果比较敏感，忌氧化乐果喷雾防蚜。

（四）棉蓟马

1. 棉蓟马发生规律

蓟马喜干旱，最适宜的温度为20~25℃，当气温在27℃以上时对其有抑制作用；相对湿度40%~70%、春季久旱不雨即是棉蓟马大发生的预兆。棉蓟马一般在棉花出苗后，陆续侵入棉田为害，躲在叶背面边缘取食。棉蓟马主要在苗期为害棉花。

2. 棉蓟马为害特点

蓟马成虫和若虫多集中于棉株嫩头和叶背吸取汁液，棉花被害后，子叶肥厚，背面出现银白色的小斑点；生长点焦枯，造成多头棉和公棉花，为害严重的，造成缺苗，使棉株生育期推迟，结铃少而减产。

3. 棉蓟马防治

4月下旬，棉花出苗后，预防棉蓟马为害一般选用吡虫啉、啶虫脒类农药，或与拟除虫菊酯类农药（高效氯氰菊酯、功夫菊酯）、有机磷类（毒死蜱、乐斯本）混用防治。

第七节　枣棉间作棉花的产量及效益分析

一、枣棉间作对棉花产量及构成因子的影响

夏婵娟等（2012年）研究表明，在枣棉间作模式下，虽然枣树对棉花构成了遮阴影响，但也改善了田间小气候，故棉花产量可能会随影响程度的强弱而产生空间分布的不均衡。研究表明，影响枣棉间作模式下棉花产量空间构成的主要因素是光照强度（光合有效辐射），其次是空气温湿度、土壤温湿度等。因此，棉花产量的空间构成主要随距枣树主干的远近距离而发生相应的变化。即距枣树越近，棉花产量越低。枣棉间作模式下棉花籽棉的平均产量为227.3kg/亩，而单作棉花的籽棉产量达到380.1kg/亩。与单作籽棉单产相比，枣棉间作模式下籽棉单产减产40.2%。造成枣棉间作模式下棉花减产、距枣树越近棉花产量越低的原因，首先是由于枣棉间作模式下光能分布特征所造成的，其次与枣树、棉花存在一定的争水、争肥有关。

段志平等（2018 年）研究表明，在枣棉间作模式下，枣树的存在会影响棉花冠层结构布局，引起光合特性的变化，进而影响棉花的产量形成。间作与单作棉花的产量构成因素即收获株数、成铃数、单铃重均呈显著性差异，而单株结铃数、衣分无显著性差异。单作棉花的皮棉产量为 149. 9kg/亩，在两行枣树之间种植 4 行棉花间作模式下的皮棉产量为 87. 5kg/亩，在两行枣树之间种植 2 行棉花间作模式下的皮棉产量为 78. 3kg/亩，间作棉花比单作棉花分别降低 41. 61%和 47. 74%，在两行枣树之间种植 4 行棉花间作模式比在两行枣树之间种植 2 行棉花间作模式高 11. 73%，两者差异显著。间作棉花的收获株数比单作分别降低 28. 26%和 49. 41%，在两行枣树之间种植 2 行棉花间作模式下棉花的收获株数比在两行枣树之间种植 4 行棉花间作模式降低了 29. 48%。在两行枣树之间种植 2 行棉花间作模式下棉花单铃重最大，其次为单作和在两行枣树之间种植 4 行棉花间作模式，可能是因为在两行枣树之间种植 2 行棉花间作模式下密度较小，有利于发挥棉花个体优势，因此单铃重较高，但由于无法发挥棉花群体优势、收获株数较少，因而最终产量较低。研究结果表明，棉花在产量形成过程中必须保持一定的收获株数和较高的成铃数、铃重、衣分才能进一步提高产量，同时表明实行适合的高密度间作栽培种植是极具发展潜力的。

郭仁松等（2014 年）研究表明，与单作棉花相比，枣棉间作模式下皮棉产量降低，枣树行东侧冠下区与冠外区差异不显著，而与单作棉花、西侧冠下区差异显著，表现为单作棉产>冠外区>东侧冠下区>西侧冠下区，与单作棉花相比，分别降低 11. 5%、15. 2%和 27. 9%，说明枣棉间作模式下棉花产量显著下降，东侧冠下区棉花产量受影响程度低于西侧冠下区。就产量构成因素而言，枣棉间作对单株成铃数影响最大，其次是单铃质量、衣分和收获株数。枣棉间作小气候的改变导致单株结铃数降低，蕾铃脱落增大，单铃质量下降，是棉花产量降低的主要原因。

二、枣棉间作模式下影响棉花产量形成的因素分析

（一）间作与单作棉花株高的动态变化

株高可间接地反映棉花的生长状况。株高过高表明棉花营养生长旺盛，造成棉花冠层荫蔽，不利于光合作用与产量形成；株高过低则棉花无法发挥个体优势，也不利于产量增加。随着生育期的推进，棉花株高表现为先快速增长、后缓慢增长，最后趋于稳定。棉花生育初期，以营养生长为主，株高快速增加；花期后，营养生长与生殖生长并进，生殖生长逐渐增强，株高增长缓慢；生育后期，以生殖生长为主，株高趋于稳定。

间作与单作相比，棉花苗期株高差异不明显，盛花期之后差异显著，可能是由于棉花处于苗期时枣树正值萌芽期和展叶期，枣树个体较小，对间作棉花基本没有形成遮阴，而在棉花盛花期之后由于枣树与棉花共生期较长，枣树个体逐渐增大，进入开花期与坐果期，对间作棉花产生遮阴影响。在棉花整个生育期，在两行枣树之间种植 4 行棉花间作模式下的棉花平均株高比单作显著下降 5. 85%，在两行枣树之间种植 2 行棉花间作模式下的棉花平均株高比单作显著下降 3. 10%。而在两行枣树之间种植 4 行棉花与在两行枣树之间种植 2 行棉花两种间作模式中，间作棉花整个生育期内株高差异不显著，在两行枣树之间种植 4 行棉花间作模式中的棉花平均株高比在两行枣树之间种植 2 行棉花下降 2. 85%。

（二）间作与单作棉花叶面积指数动态变化

叶面积指数反映了作物群体冠层结构。叶面积过小则不利于叶片截获光能，叶面积过大，则会影响作物冠层结构的合理布局。研究表明，间作与单作棉花叶面积指数随着生育期的推进，均呈“单峰型”曲线变化。棉花在苗期以营养生长为主，叶面积增长迅速，此时枣树处于萌芽展叶期，二者之间影响较小；棉花在花期后以生殖生长为主，叶面积增长缓慢，此时枣树开花结果，果实逐渐膨大，对间作棉花产生一定影响；棉花在吐絮期之后叶面积逐渐下降，此时枣树果实逐渐成熟，枣树个体达到最大，对其间种植的棉花产生遮阴影响。

间作与单作相比，在整个生育期内存在显著性差异，单作峰值为 4.95，间作 4 行棉花峰值为 3.68，间作 2 行棉花峰值为 3.17。单作棉花的叶面积指数远高于间作棉花，可能是由于随着枣树个体逐渐长大，对间作棉花造成遮阴，进而影响间作棉花的叶面积指数。在两行枣树之间种植 4 行棉花间作模式下棉花的平均叶面积指数比单作棉花显著下降 10.4%，在两行枣树之间种植 2 行棉花间作模式下的棉花叶面积指数比单作显著下降 5.39%。而在两行枣树之间种植 4 行棉花与在两行枣树之间种植 2 行棉花两种间作模式中，间作棉花的叶面积指数也存在显著性差异，可能是由于 2 行棉花配置中种植棉花密度较小，造成棉花叶面积指数较小，在两行枣树之间种植 4 行棉花间作模式下的棉花平均叶面积指数比在两行枣树之间种植 2 行棉花模式显著下降 5.29%。

（三）间作与单作棉花倒四叶 SPAD 值的动态变化

叶片的叶绿素含量与叶片的光合性能密切相关，在一定范围内随着叶绿素含量的增加，叶片的净光合速率增加。而 SPAD 值可间接反映叶绿素含量。研究表明，随着棉花整个生育进程的推移，单作与间作棉花倒四叶的 SPAD 值逐渐增大，吐絮期达到最大，在吐絮期之后开始有所下降，但下降幅度不大，而在棉花花铃期，倒四叶 SPAD 值维持在 60~70，有利于棉花光合作用。

间作与单作相比，在两行枣树之间种植 4 行棉花与在两行枣树之间种植 2 行棉花配置相比，倒四叶 SPAD 值均无明显差异，表明虽然间作条件下一年生枣树对棉花有一定遮阴影响，但对叶片 SPAD 值影响不大。可能是由于在单作与间作模式下，大田管理一致，包括灌水与施肥等管理措施均保持一致，而叶片叶绿素含量与水肥条件等也有很大的关系，因此间作与单作相比，倒四叶的叶片 SPAD 值差异不显著。在两行枣树之间种植 4 行棉花间作模式下棉花的平均 SPAD 值比单作下降 4.45%，在两行枣树之间种植 2 行棉花间作模式下棉花的平均 SPAD 值比单作下降 2.23%，不同的间作模式相比，在两行枣树之间种植 4 行棉花间作模式下的平均 SPAD 值比在两行枣树之间种植 2 行棉花间作模式下降 2.28%。

（四）间作与单作地上部单株干物质积累

干物质积累是产量形成的基础。研究表明，随着生育期的推进，间作棉花与单作棉花的干物质积累表现为“S”型曲线，即棉花蕾期增长缓慢，从花期到铃期快速增长，盛铃期过后棉花开始吐絮，干物质积累下降，可能与叶面积指数的变化规律有着很大的关系。

间作棉花与单作棉花相比，在棉花处于苗期、蕾期时，由于一年生枣树正值开花期，对枣树行间棉花的影响不明显，因此棉花干物质的积累差异不显著，而随着棉花生育期的后移，枣树开始坐果，果实逐渐膨大，需要吸取更多的水分养分，因此对枣树间棉花产生较大影响，间作棉花与单作棉花干物质积累存在显著性差异。在两行枣树之间种植 4 行棉花间作模式下单株棉花干物质积累量比单作棉花显著下降 13%，在两行枣树之间种植 2 行棉花间作模式下单株棉花干物质积累量比单作显著下降 6.6%。在两行枣树之间种植 2 行棉花间作模式明显高于单作和在两行枣树之间种植 4 行棉花间作模式，可能是因为在两行枣树之间种植 2 行棉花间作密度小，有利于棉花发挥个体优势，养分和水分吸收能力较强，因而干物质积累量较大。在两行枣树之间种植 4 行棉花间作模式的单株干物质积累比在两行枣树之间种植 2 行棉花间作模式显著下降 6.85%。经方程模拟，在两行枣树之间种植 2 行棉花间作模式的最大累积量为 166.76g/株，最大积累日期较晚，出现在出苗后第 94d，快速积累持续期为 51d。而在两行枣树之间种植 4 行棉花间作模式与单作相比，棉花生育后期干物质质量显著低于单作，最大累积速率在出苗后 87d，而单作最大累积速率出现在出苗后第 92d，快速累积持续期比单作少 3d，日最大积累量比单作少 0.49g/（d·株），最大积累日期提前，说明在两行枣树之间种植 4 行棉花间作模式中积累的干物质较少，进而影响到产量的增加。

（五）间作与单作棉花倒四叶净光合速率（Pn）的变化

光合作用是干物质和产量形成的基础。而净光合速率是指光合作用速率减去呼吸作用速率，是评价光合作用强弱的一项重要指标。研究表明，在单作与枣棉间作模式下，棉花倒四叶净光合速率表现为单峰型曲线，从棉花苗期到花铃期呈上升趋势，在花铃期达到最高，之后下降，单作峰值为 31.77μmol/（m^2·s），4 行棉花间作峰值为 26.63μmol/（m^2·s），2 行棉花间作峰值为 27.22μmol/（m^2·s），一定程度上净光合速率较高有利于棉铃的发育与铃重的增加。

与单作相比，枣棉间作模式下在棉花苗期叶片净光合速率基本没有差异，可能是因为此时枣树处于萌芽展叶期，个体较小并未对间作棉花造成遮阴，因此对间作棉花叶片净光合速率没有影响；而在棉花花铃期，枣树个体逐渐增大处于果实膨大期，对间作棉花造成较大程度的遮阴，因而降低了叶片净光合速率，与单作相比存在显著性差异，大约减少了 14.32%~22.13%。在棉花整个生育期内，在两行枣树之间种植 4 行棉花间作模式下棉花的净光合速率比单作下降 15.51%，在两行枣树之间种植 2 行棉花间作模式下棉花的净光合速率比单作下降 11.8%，间作棉花净光合速率峰值低，持续时间较短，不利于光合产物的积累，对后期产量及品质影响较大。而在两行枣树之间种植 4 行棉花配置与在两行枣树之间种植 2 行棉花配置之间差异不显著，在两行枣树之间种植 4 行棉花间作模式下棉花的净光合速率比在两行枣树之间种植 2 行棉花间作模式下降 4.21%。

（六）间作与单作棉花倒四叶气孔导度（Gs）的变化

叶片气孔导度表示的是气孔张开的程度，对蒸腾作用有着直接的影响，反映了蒸腾速率的强弱。同时还决定着 CO_2 的供应，直接影响着光合作用。研究表明，在单作与枣棉间作模式下，棉花倒四叶气孔导度表现为单峰型曲线。从苗期到花铃期逐渐上升，在花铃期达到最大值，之后下降。单作峰值为 0.91mmol/（m^2·s），4 行棉花间作峰值为 0.62mmol/（m^2·s），2 行棉花间作峰值为 0.62mmol/（m^2·s），表明 CO_2 的供应充足，有利于作物光合作用。吐絮期之后，棉花气孔导度急剧下降，可能是因为温度升高导致叶片气孔关闭，减小了叶片的气孔导度。

间作与单作相比，在棉花苗期时，叶片气孔导度无明显差异，可能是由于棉花苗期时，枣树处于萌芽期，个体较小，对间作棉花没有影响；在棉花花铃期，单作叶片气孔导度显著高于间作棉花叶片，间作叶片气孔导度大约减少 31. 87%~46. 03%，可能是由于棉花花铃期时，枣树正值果实膨大期，个体较大，对间作棉花形成遮阴，因此间作棉花叶片气孔导度较小。在棉花整个生育期内，在两行枣树之间种植 4 行棉花间作模式下棉花的气孔导度比单作下降 13. 26%，在两行枣树之间种植 2 行棉花间作模式下棉花的气孔导度比单作下降 9. 25%。而在两行枣树之间种植 4 行棉花配置与在两行枣树之间种植 2 行棉花配置之间差异不显著，在两行枣树之间种植 4 行棉花间作模式下棉花的气孔导度比在两行枣树之间种植 2 行棉花下降 4. 42%。

（七）间作与单作棉花倒四叶胞间 CO_2 浓度（Ci）的变化

胞间 CO_2 浓度是光合生理生态中的一个重要参数，其作为光合作用的反应物之一，可以提高光合作用速率。研究表明，在单作与枣棉间作模式下，棉花整个生育期内叶片胞间 CO_2 浓度呈现为一个“V”字形，表现为棉花苗期到花铃期胞间 CO_2 浓度下降，在棉花花铃期达到最低值，之后逐渐升高。单作模式胞间 CO_2 浓度最低值为 133. 82μmol/mol，在两行枣树之间种植 4 行棉花间作模式下胞间 CO_2 浓度最低值为 152. 34μmol/mol，在两行枣树之间种植 2 行棉花间作模式下胞间 CO_2 浓度最低值为 160. 17μmol/mol，表明叶片光合速率的增加或减少会导致胞间 CO_2 浓度减少或增加，即胞间 CO_2 浓度与净光合速率呈现反向关系。

与单作相比，间作棉花在苗期时，枣树正值萌芽展叶期，对间作棉花影响不显著，因此单作棉花、间作棉花的胞间 CO_2 浓度无明显差异，而在棉花生育后期差异显著，随着枣树生育时期的推移，枣树个体逐渐增长，对间作棉花遮阴程度增大，因此间作棉花胞间 CO_2 浓度逐渐增加，表明间作棉花净光合速率降低并不是由气孔因素引起，可能与光系统Ⅱ光化学效率降低有关。在盛花期，间作棉花的胞间 CO_2 浓度较单作棉花增加 16. 77%。在棉花整个生育期，在两行枣树之间种植 4 行棉花间作模式和在两行枣树之间种植 2 行棉花间作模式下棉花的胞间 CO_2 浓度分别比单作棉花增加 4. 18% 和 0. 84%。间作棉花在盛花期时在两行枣树之间种植 4 行棉花间作配置与在两行枣树之间种植行棉花配置存在显著性差异，在两行枣树之间种植 4 行棉花 间作模式下的棉花胞间 CO_2 浓度比在两行枣树之间种植 2 行棉花间作模式增加 3. 32%。

（八）间作与单作棉花倒四叶蒸腾速率（Tr）的变化

蒸腾速率是衡量蒸腾作用强弱的一项重要的生理指标，是指在一定时间内单位叶面积蒸腾的水量。研究表明，在单作与枣棉间作模式下，棉花倒四叶蒸腾速率呈“单峰型”曲线变化，从棉花苗期到花铃期，蒸腾速率逐渐增强，在花铃期达到最大值，之后随着生育时期的推移而下降，与净光合速率的变化趋势相一致。在棉花花铃期，叶片蒸腾速率相对较高，在盛花期时达到最大值，单作峰值为 16. 55mmol/（m^2·s），在两行枣树之间种植 4 行棉花间作模式下峰值为 13. 43mmol/（m^2·s），在两行枣树之间种植 2 行棉花间作模式下峰值为 13. 83mmol/（m^2·s），吐絮期后棉花以生殖生长为主，叶片蒸腾速率开始下降。

间作与单作相比，在棉花苗期无明显差异，棉花生育后期差异显著，主要是由于棉花花铃期时枣树处于果实膨大期，个体较大，对间作棉花造成遮阴，间作棉花蒸腾速率显著降低。与单作相比，在盛花期间作棉花叶片蒸腾速率下降了 17. 54%。在整个生育期，在两行枣树之间种植 4 行棉花间作模式和在两行枣树之间种植 2 行棉花间作模式下的棉花蒸腾速率分别比单作平均下降了 9.18%和 6.09%，而在两行枣树之间种植 4 行棉花配置模式与在两行枣树之间种植 2 行棉花配置模式的棉花叶片蒸腾速率差异不显著，在两行枣树之间种植 4 行棉花间作模式下棉花的蒸腾速率比在两行枣树之间种植 2 行棉花下降 3.29%。

（九）枣棉间作模式下花铃期小气候变化对棉花产量的影响

与单作棉田相比，枣棉间作光合有效辐射降低，西侧冠下区、东侧冠下区、冠外区平均降幅分别为 31.2%、23.7%、15.8%。枣棉间作棉田温度峰值出现在 18：00，比单作棉田早 4h，温度高 2.1℃，38℃以上持续时间长达 4h，不利于棉花生长及产量形成。西侧冠下区相对湿度最低，但土壤含水量却最高。枣棉间作皮棉产量降低，依次为单作棉花>冠外区>东侧冠下区>西侧冠下区，分别降低 11.5%、15.2%和 27.9%。相关分析表明，PAR、相对湿度与皮棉产量呈显著正相关，温度与皮棉产量呈显著负相关。因此，枣棉间作模式下 PAR 的降低，温度、相对湿度、土壤含水量的升高是棉花产量降低的主要原因，而小气候的变化对棉花单株结铃数影响最大，其次是单铃质量和衣分。

1. 枣棉间作棉田遮荫日变化特征

枣棉间作模式下棉田遮荫面积日变化呈“倒抛物线”形状，上午随着太阳高度角变化，枣树行间遮阴面积下降较快，在 14：00 遮阴面积最小，但仍有 25%~30%的面积处于遮阴状态，主要集中在枣树冠下区。14：00 遮阴面积逐渐增大，增长速度显著低于上午下降速度。12：00 以前、17：00 以后棉田遮阴达 50%以上，枣树行东西两侧最大遮阴程度基本一致，但受遮阴时间不一致，东侧遮阴时间显著高于西侧约 2h，因此对棉花生长影响不同。

2. 枣棉间作棉田花铃期光合有效辐射（PAR）日变化特征

在枣棉间作模式中，棉花是弱势群体，尤其在光竞争方面。PAR 日变化均呈抛物线变化趋势。棉花冠层位置，枣棉间作棉田 PAR 低于单作棉田，上午单作、东侧冠下、冠外光强增大较快，受遮阴的影响，西侧冠下区缓慢增大，12：00~14：00 时快速增大，在 14：00 时前后出现峰值，东侧冠下区峰值为 1 783μmol/（m^2·s），比单作低 107μmol/（m^2·s），并且东侧冠下区下午 PAR 下降速度高于冠外区、西侧冠下区。而 1.5m 处东侧光强增长速度比冠层位置快，利于上午东侧冠下棉花光合作用。棉花光饱和点在 14 00~1 500μmol/（m^2·s），间作棉田在 13：30—15：00 时达到光饱和点，能满足棉花基本光合作用需要，而达到光饱和点的时间长有利于增加光合产物积累量。

3. 枣棉间作棉田温度日变化特征

枣棉间作模式下，枣树遮阴、防风效应对区域温度影响较大。除棉花冠层东侧冠下外，冠外区、西侧冠下区均呈单峰曲线变化。单作棉田温度在上午高于东侧冠下区、冠外区和西侧冠下区，棉花冠层与地面 1.5m 处表现一致。14：00 单作棉田温度达到峰值，而枣棉间作温度峰值出现略晚，棉花冠层温度峰值出现顺序及表现为单作<东侧冠下区<西侧冠下区<冠外区，1.5m 处温度峰值出现表现为单作<东侧冠下区<冠外区<西侧冠下区。单作区温度在 14：00 达到峰值后逐渐下降，而枣棉间作区则逐渐上升，棉花冠层处上升较为显著，在 18：00 达到峰值，比单作高 7.3~8.9℃，且枣棉间作棉田 38℃以上高温持续 4h，当温度超过 38℃后对棉铃生长发育影响较大，可导致棉铃脱落，影响棉花产量形成。

4. 枣棉间作棉田相对湿度日变化特征

枣棉间作棉田空气相对湿度显著高于单作棉田，10：00空气相对湿度最高，随着时间推移逐渐降低，1.5m处最小值出现在16：00前后，而棉花冠层处最小值出现在14：00，随后空气相对湿度逐渐升高。1.5m处单作棉田空气相对湿度整体水平低于东、西侧冠下区和冠外区，冠层处单作棉田空气相对湿度整体水平高于冠下区和冠外区，而14：00—16：00单作棉田空气相对湿度显著低于冠外区、东侧冠下区、西侧冠下区，而增温效应也可能是枣棉间作相对湿度较大的一个重要原因。

5. 棉间作棉田气候因子日均及最大值变化

单作棉田冠层日均温度、最大温度显著低于枣棉间作，而日均光强、最大光强、日均相对湿度和最大相对湿度则高于枣棉间作。日均温度、最大温度与皮棉产量呈负相关，而日均光强、最大光强、日均相对湿度和最大相对湿度与皮棉产量呈显著正相关。枣棉间作日均温度比单作棉田高0.2~0.8℃，最大温度比单作棉田高0.5~2.5℃。相关性分析表明，棉花皮棉产量与冠层处光照强度、1.5m处温度及相对湿度关系密切，其对皮棉产量的影响程度表现为冠层处光照强度>1.5m处温度及相对湿度。

6. 枣棉间作棉田土壤含水量变化

花铃期是棉花需水需肥的关键时期，土壤含水量的高低对棉花生长及棉铃发育有重要影响。枣棉间作与单作棉田土壤含水量差异显著，西侧冠下区土壤含水量显著高于其他处理，而东侧冠下区与冠外区土壤含水量则低于单作区。说明枣树冠下区棉花根系吸收水分较少，由于枣树的遮阴作用棉花叶片水分蒸腾量低于冠外区，因此叶片光合作用弱，合成有机物较少，进一步影响生物量积累及产量形成。

三、枣棉间作效益分析

（一）经济效益

林涛（2013年）在“果树类型及配置方式对南疆间作棉花产量、品质及经济效益的影响研究”中对南疆枣棉间作经济效益进行了评价，认为枣棉间作直接经济效益显著高于单作棉花。经测算，在枣棉间作模式中棉花收益1 890元/亩，红枣收益5 500元/亩，净收益4 940元/亩；在棉花单作模式中棉花收益2 600元/亩，净收益1 005元/亩。由此，枣棉间作净效益较单作棉花高3 935元/亩。

夏婵娟（2012年）在“枣棉间作的生态效应对棉花产量的影响”中研究表明，受枣棉间作生态小气候的影响，与枣树间作的棉花单产降低，但枣棉间作整体效益高于单作棉花：枣棉间作地的产值由棉花收益和枣果收益构成，在间作地中棉花面积占55%左右、红枣面积占45%，枣棉间作模式总产值可达到1 716.5元/亩，而单作棉花仅为1 499元/亩，单位面积枣棉间作总产值较单作棉花增加25%以上。

李发永（2014年）在“适宜滴灌定额提高枣棉间作中棉花产量和土地生产效率”中认为，枣棉间作收益受不同年份红枣和棉花市场价格的影响，呈现出枣棉间作综合收益低于单作枣树、高于单作棉花，或枣棉间作综合收益高于单作枣树和单作棉花的趋势，且枣棉间作在应对市场风险方面具有非常突出的优势，合理的水肥调控完全可以降低市场价格风险，实现枣棉间作效益最大化。

何景雪（2014年）在“南疆三地州枣粮棉不同间作模式经济效益”中分析表明，枣棉间作在产果期较单作棉花高，在枣树幼龄期和产果期选择枣棉间作模式，适当地减少种子和人工的投入，增加肥料、农药和动力的投入将有利于进一步提高整体经济效益，枣棉间作模式的推广可以可以有效地提高农户的收入。

段志平（2018 年）在“枣棉间作系统棉花产量的形成与影响因素”中研究表明，在两行枣树之间种植 4 行棉花间作模式下其总收入为 5 306.7元/亩，在两行枣树之间种植 2 行棉花间作模式下总收入为 5 033.3元/亩，而棉花单作总收入仅为 4 193.3元/亩，枣棉间作比棉花单作分别高 26.55%和 20.03%，表明枣棉间作可有效地提高农民经济收益，同时在两行枣树之间种植 4 行棉花为最佳种植模式，既可以保证棉花高产又可以实现最大经济收益。

（二）生态效益

枣棉间作林带具有防风效应，与棉花间作的枣树株行距较小，且并排呈均匀分布，风穿过枣树时，加大了气流的摩擦力，消耗了风的动能，使风力减弱、风速降低，防风效能呈现随风速增大而增大的趋势。研究表明，当风速达到 2.1m/s 时，枣棉间作的防风效能达到近 50%，而且仍有增加的趋势。对于 3m×4m 株行距的枣棉间作模式，风速日变化测得数据分析表明，风穿过枣树后消耗了气流的动能而使风力减弱，防风效能的平均值为 38.6%。随着风力的减弱、湍流交换的改变，热量和水分也发生了相应的变化，枣树林带可使风速降低而起到降低温度、提高湿度、减少蒸发，有效防止“干热风”现象的发生，成为间作棉花生长的“天然屏障”。同时，枣棉间作模式可保持水分、防止水土流失和土壤侵蚀。另外，枣棉间作模式还可减少棉田害虫数量，抑制枣园杂草丛生，维护生态平衡。

（本章作者：汤秋香，马辉，米娜娃·马汗，苏丽丽，李晓君，徐高羽）

本章参考文献

陈旭，康郁，龚莉莎，等. 2018. 枣棉间作下水分对棉花生长发育的影响［J］. 塔里木大学学报，30（4）：44-50.

段志平，刘天煜，张永强，等. 2018. 枣棉间作系统棉花产量的形成与影响因素［J］. 干旱地区农业研究，36（3）：93-100.

郭仁松，田立文，林涛，等. 2014. 枣棉间作棉田花铃期小气候变化特征及对产量的影响［J］. 西北农业学报，23（2）：92-98.

李发永，王龙，王兴鹏，等. 2014. 适宜滴灌定额提高枣棉间作中棉花产量和土地生产效率［J］. 农业工程学报，30（14）：105-114.

林涛，田立文，郭仁松，等. 2013. 果树类型及配置方式对南疆间作棉花产量、品质及经济效益的影响研究［J］. 新疆农业科学，50（3）：393-400.

石大伟，林涛，田立文，等. 2013. 枣棉间作系统中氮肥对土壤微生物影响研究［C］. 中国环境科学学会学术年会论文集.

宋锋惠，吴正保，史彦江. 2011. 枣棉间作对棉花产量和光环境的影响［J］. 新疆农业科学，48（9）：1 624-1 628.

汤秋香，林涛，苏秀娟，等. 2014. 施氮对南疆干旱荒漠绿洲枣棉间作棉田根际微生物区系的影响研究［J］. 中国农学通报，30（21）：118-123.
汤秋香，李玉，林涛，等. 2015. 施氮对南疆干旱荒漠绿洲枣棉间作土壤硝态氮时空分布的影响［J］. 中国农学通报，31（30）：185-192.
王娟，江天才，万素梅. 2015. 水分胁迫对间作棉田土壤物理性质及水分利用效率的影响［J］. 新疆农业科学，52（7）：1 230-1 236.
夏婵娟，史彦江. 2012. 枣棉间作的生态效应对棉花产量的影响［J］. 西安工程大学学报，26（2）：161-167.
赵盼盼，赵金祥，孙勇，等. 2013. 不同水分处理对枣园间作棉花光合特征及水分利用效率的影响［J］. 西北农业学报，22（11）：54-58.